浙江省普通本科高校"十四五"重点教材
科学出版社"十四五"普通高等教育本科规划教材

环境数据分析

（第二版）

庄树林　编著

科学出版社

北　京

内 容 简 介

本书是面向新工科建设的新形态教材，介绍了数理统计分析及机器学习、深度学习的基础理论和软件操作，加强了统计分析和数据科学的融合。全书共 12 章，内容包括数据描述性分析及探索性分析、科学绘图、环境数据分布与假设检验、参数及非参数检验、方差分析、相关分析、回归分析、生存分析、降维分析、聚类分析、分类分析及机器学习、深度学习，特别设置了知识拓展、思考题、逸闻趣事等。本书重视实战操作训练，演示了 Excel、SPSS、Python 及 GPT-4 的分析过程，对软件操作及界面进行了详细介绍，完整展现了数据分析的思路和过程。所有习题、例题数据及解题方法均配套电子文件。

本书为浙江省普通本科高校"十四五"重点教材、浙江省"十四五"普通高等教育本科规划教材、科学出版社"十四五"普通高等教育本科规划教材，适用于多学科的本科生及研究生课程教学，也可供多学科领域的科研工作者及相关管理人员使用。

图书在版编目（CIP）数据

环境数据分析 / 庄树林编著. —2 版. —北京：科学出版社，2023.11
浙江省普通本科高校"十四五"重点教材　科学出版社"十四五"普通高等教育本科规划教材
ISBN 978-7-03-076905-3

Ⅰ. ①环⋯　Ⅱ. ①庄⋯　Ⅲ. ①环境管理–统计分析–高等学校–教材　Ⅳ. ①X32

中国国家版本馆 CIP 数据核字（2023）第 212123 号

责任编辑：赵晓霞　李　洁 / 责任校对：杨　赛
责任印制：吴兆东 / 封面设计：陈　敬

科学出版社 出版
北京东黄城根北街 16 号
邮政编码：100717
http://www.sciencep.com

北京中科印刷有限公司印刷
科学出版社发行　各地新华书店经销

*

2018 年 8 月第 一 版　开本：787×1092　1/16
2023 年 11 月第 二 版　印张：20 1/4
2024 年 12 月第四次印刷　字数：486 000

定价：86.00 元
（如有印装质量问题，我社负责调换）

第二版前言

随着数据科学的快速发展以及 ChatGPT 引发的大模型时代变革,统计理论、分析方法和大数据的有机融合推动了研究范式的重大改变。从传统统计学到机器学习已成为数据分析发展的必然趋势,有必要在巩固统计分析的基础上,引入大数据分析技术。本书是面向新工科建设的新形态教材,加强了统计分析和数据科学的融合。通过系统学习本书,读者不仅能掌握数理统计分析方法,还能快速掌握机器学习、深度学习基本操作,独立建立预测模型。

数据分析需从实际案例出发,要在具体操作过程中深入理解概念,促进感性知识到理论知识的升华。本书特别加强软件操作训练,不仅介绍了统计分析的多种软件操作,还特别介绍机器学习、深度学习从软件安装到构建预测模型的全过程。前 8 章基于统计学分析,融入 Python 分析方法,后 4 章聚焦机器学习及深度学习。

(1) 全面修订各章内容,系统扩展知识体系,增加知识拓展、思考题、逸闻趣事,丰富例题和习题。本书还针对需求增加了 Logistic 曲线拟合、环境库兹涅茨曲线拟合、贝叶斯核机器回归以及基于 GPT-4 的因子分析、主成分分析、聚类分析、分类分析、机器学习、深度学习等。

(2) 全书加强基于 Python 的大数据分析方法及基本操作,突出科学绘图,浅显易懂地讲授机器学习及深度学习基本过程,强化多种模型的实战训练,并引入 GPT-4 分析。

(3) 通过系统学习本书,能够制作基于 Python 的各类分析"计算器":分析新的数据时,只需更新数据,重新运行程序,自动获得结果或生成模型,免除烦冗操作。

(4) 数据分析采用 Microsoft Excel 2021、IBM SPSS Statistics 29、Anaconda 3 等软件,其中 Anaconda 3 为开源软件。基于 Python 的数据分析也适用于熟悉 R 语言及其他语言的读者。

(5) 相关例题、习题数据及软件分析结果可通过电脑版微信扫描封底二维码下载。

(6) 本书配套的在线课程"环境数据分析",可通过学银在线、中国大学 MOOC 进行学习。另外,本书还有知识图谱课程,可在智慧树学习。

本书的编写得到了浙江大学环境与资源学院和浙江大学本科生院的大力支持以及相关领导、诸多同事的鼓励。感谢崔世璇、张家晨、高雨晨、赵启明、苟艺源、沈礼来、吴怡趣、黄美玲、钱银盈、宋源洁、詹婷洁、刘旭君、陈玺羽、赵雅萱、邱语等研究生以及周坚红、张海燕、张焕新、阮菲、马麟娟、李春明、褚克克、兰义兵、罗洁、万芳、黄艺舟、刘殿雷、赵鹏等老师对本书编写做出的贡献;感谢美国休斯顿大学明湖分校张春龙教授对本书提出的宝贵建议。再次感谢本书第一版所有参与者的重要贡献。特别感谢国内外诸多高校的教育工作者、专家学者、广大读者以及南京大学紫金全兴环境基金对本书的大力支持,这给予我不断前行的巨大精神动力。在本书出版过程中还得到了科学出版社赵晓霞编辑及其同事们的大力帮助。借此宝贵机会,我一并表示诚挚感谢,并致以崇高敬意!

  党的二十大报告指出:"加强基础学科、新兴学科、交叉学科建设",写一本跟上时代的教材,是我撰写本书的初衷。期望本书的出版能让初学者既牢固掌握统计分析,又快速入门机器学习,实现"从无到有""学以致用"。本书有幸入选浙江省普通本科高校"十四五"重点教材、浙江省"十四五"普通高等教育本科规划教材以及科学出版社"十四五"普通高等教育本科规划教材,希望不负重托,不辱使命。受限于我的理论知识、编程水平以及写作能力,本书定有不妥之处,敬请大家批评指正。

庄树林
2023 年 4 月于浙江大学

第 一 版 序

随着经济的快速发展以及科学技术的持续进步，当前环境数据的产生与收集速度加快，数据呈爆炸式增长，数据模式高度复杂化。可靠又精准的分析有利于全面获知环境污染发生过程，追踪环境质量的演变态势，推动环境质量综合评价和人体健康风险评估，有效提升环境管理与规划的精细化水平和污染监管、预警与应急水平，更好地服务于重大环境决策和污染精准治理乃至环境健康、可持续发展、绿色经济及气候变化，实现量化决策、动态调整的管理目标。

在环境大数据背景下，环境数据分析既是机遇也是挑战。有效分析海量、多维、多态的环境数据，并从中挖掘出更多信息；架构环境大数据分析与环境管理决策之间的桥梁，显得尤为重要。基于环境统计分析理论框架，通过环境数据分析能使原本死板的数据充满生命力，可为决策人员提供有用的隐含信息。对于环境专业的学生及相关研究人员而言，掌握环境数据分析技术已成为一项必备技能。这需要初学者牢固掌握统计分析的基本理论知识，逐渐学会合理选择数据分析方法，熟练进行软件操作，并基于专业角度和统计学角度综合解答。

首先，补充统计学知识。从理论统计学入手，大致了解数理统计理论，构建自己的知识框架。进而上升到应用统计学领域，了解描述统计学和推断统计学基本知识，熟练掌握常用的数据分析方法，如统计描述法、假设检验法、t检验法、方差分析、相关分析、回归分析等。进一步深入学习高级统计分析方法，如时间序列分析、生存分析、典型相关分析、主成分分析、因子分析、对应分析、最优尺度分析、多重响应分析、聚类分析、预测与决策模型等。

其次，实践操作是掌握统计分析技能的必经之路，必须掌握如何通过软件挖掘更多的隐含信息。Excel软件在表格管理和统计图制作方面功能强大，容易操作，在Excel中熟练运用基本技能，有利于加深对数据分析基本过程的理解，并为深入学习高级统计软件夯实基础；SPSS是一款功能强大且容易上手的常用统计分析软件，集数据整理、分析功能于一身，界面友好。在学习统计分析过程中，可以按照数据清洗与整理、描述统计、可视化分析、算法实现的路径去探索，将Excel和SPSS两款软件结合并采用可视化的方法，洞察数据中有价值的信息，清晰明了地展现分析结果，所谓"有图有真相，一图胜千言"。

再次，环境与健康密不可分，环境与人类健康、生活息息相关，环境中存在的大量化学、物理、生物因素均可对人类健康与生活产生影响。该书提供了与工作生活密切相关的环境实例，是一本对于环境及相关专业学生与专业人员不可多得的工具书和教材，对于医学、生物学、农学等相关专业的人士也很有裨益。

最后，希望正在学习环境数据分析的广大读者朋友们注重学习方法，保持良好的总结习惯以及探索精神，选择需要的知识与技能深入探索，尝试理解这些技能的实际用途，从而分析并解决实际问题。

　　该书涵盖统计分析的重点知识，通俗易懂，既适合数据分析初级阶段的入门者，又适合数据分析高级阶段的读者。此外，大量环境实例通过 SPSS 软件进行分析，辅以 Excel 相应功能对比介绍，有益于加强读者对统计原理的理解以及实战操作能力的提升，特此推荐。

李志辉
2018 年 4 月于广州

第一版前言

　　环境数据分析指针对各类环境问题，选择恰当的分析方法和软件进行数据的统计推断及挖掘，以辅助开展环境问题的现状分析、原因分析和趋势预测。环境数据分析要求分析人员既掌握数据分析技能，又精通环境专业知识。本书介绍数据分析的基本原理与方法，结合例题，演示了如何通过Microsoft Excel 2010 和SPSS Statistics 20.0 软件进行操作分析，并灵活运用图表将分析结果直观化展示。为方便读者练习，本书例题数据已上传科学出版社数字资源平台，请扫描本书封底二维码查询。

　　本书在介绍理论知识的基础上，辅以环境实例分析，既抓住统计分析方法的重要知识点，又补充介绍相关数据分析经验，完整展现整个分析思路。本书全面地涵盖了数据分析的整个流程，包括数据获取、数据管理与准备、数据分析、结果报告，对软件界面及操作、输出结果都进行了详细的解释；较为详细地介绍了各种数据分析方法的适用条件，并演示了多种软件操作过程，为读者选择环境数据分析方法提供指导。本书案例贴合实际，分析简单明了，便于初学者学习理解。

　　本书主要包括三大部分，共14章。第1、2章介绍环境数据分析概述、环境数据分布；第3～6章介绍环境数据的分布类型及相关检验，包括环境数据分布类型检验、参数检验和非参数检验；第7～14章介绍环境数据的多种分析方法，包括环境数据相关分析、环境数据回归分析、环境数据时间序列分析、环境数据降维分析、环境数据尺度分析、环境数据多重响应分析、环境数据生存分析和环境数据聚类分析。

　　第1章介绍了环境数据的基本类型、前处理、统计描述、探索分析和图形化分析，在统计描述中介绍了数据分析的常用术语，在环境数据图形化部分演示了常用图形的软件操作过程。第2章环境数据分布，包括样本均值分布、t 分布、χ^2（卡方）分布和F 分布，具体介绍了如何通过软件分析判断数据服从何种分布。第3章环境数据分布类型检验，介绍了统计假设检验的基本步骤，并结合案例利用软件实现具体的统计假设检验分析。第4、5章介绍环境数据参数检验，包括t检验和方差分析，介绍了t 检验和方差分析的基本原理、类型和适用条件，演示了软件分析的过程。第6章环境数据非参数检验，包括二项检验、χ^2检验、K-S检验和游程检验等。第7、8章介绍环境数据相关分析和回归分析，包括双变量相关分析、偏相关分析、距离相关分析、线性回归分析、非线性回归分析、Logistic回归分析和多项式回归分析，演示了Excel 和SPSS 软件分析的过程。第9章介绍了环境数据时间序列分析的基本原理、数据预处理、图形化观察及检验和两种常用模型，结合环境案例演示了软件分析的过程，分析了变量动态变化的过程和特点。第10章介绍了环境数据降维分析的基本原理和在环境领域的应用，包括软件分析中常用的因子分析、对应分析和最优尺度分析。第11章环境数据尺度分析，包括信度分析和多维尺度分析，开展了不同环境样本或变量的定位直观分析。第12章环境数据多重响应分析，介绍了软件中定义多响应集常用的多重二分法和多重分类法，结合案例介绍了描述多重响应集的多重响应频率分析和交叉表分析。第13章环境数据生存分析,包括寿命表法、Kaplan-Meier 法和Cox回归法,结合案例演示了软件的操作过程。第14章介绍了环境数据聚类分析的概念、步骤和分类,用于研究"物以类聚"现象。

  本书的编写得到了浙江大学环境与资源学院领导、本科与成人教育科、环境科学系、环境健康研究所和环境与资源实验教学中心相关领导及学院同事的鼓舞与支持。感谢研究生张小芳、崔世璇、詹婷洁、鲁莉萍、王京鹏、潘柳萌、王佳英、丁可可、吕翾、陈佳炎、张焕新对本书编写提供的莫大帮助。本书在编写和出版过程中得到了科学出版社朱丽编辑及其同事们的大力支持和帮助。借此宝贵机会,编者一并表示最诚挚的感谢!

  当前数据分析从传统的统计分析进一步扩展到大数据分析,然而由于编者学识水平有限,书中仅个别之处浅显提及大数据分析,没有深入介绍。本书的编写时间相对仓促,并且受限于编者写作能力,书中难免存在不妥之处,请读者批评指正。

庄树林
2018年4月于浙江大学

目 录

第二版前言
第一版序
第一版前言
- 第1章 数据统计描述与图形化 ··· 1
  - 1.1 数据统计概述 ·· 1
  - 1.2 数据分析过程 ·· 3
  - 1.3 数据基本类型 ·· 3
  - 1.4 数据分析软件 ·· 4
    - 1.4.1 使用软件 ·· 4
    - 1.4.2 软件安装、运行 ··· 5
  - 1.5 数据探索性分析 ··· 7
    - 1.5.1 数据管理 ·· 7
    - 1.5.2 数据转换 ·· 8
    - 1.5.3 异常值及缺失值处理 ··· 8
  - 1.6 数据描述性分析 ··· 9
    - 1.6.1 集中趋势描述 ·· 10
    - 1.6.2 离散趋势描述 ·· 10
    - 1.6.3 频率分析 ·· 12
  - 1.7 数据图形化形式 ··· 14
    - 1.7.1 散点图 ··· 14
    - 1.7.2 线图 ·· 16
    - 1.7.3 面积图 ··· 17
    - 1.7.4 饼图 ·· 18
    - 1.7.5 条形图 ··· 21
    - 1.7.6 直方图 ··· 23
    - 1.7.7 误差条图 ·· 25
    - 1.7.8 箱形图 ··· 27
    - 1.7.9 小提琴图 ·· 29
    - 1.7.10 森林图 ··· 29
    - 1.7.11 热图 ·· 31
  - 习题 ·· 33
- 第2章 环境数据分布与假设检验 ·· 35
  - 2.1 总体与样本 ·· 35

          2.1.1 总体与样本概述 35
          2.1.2 样本统计量与总体参数 35
          2.1.3 抽样 35
          2.1.4 抽样误差 38
          2.1.5 样本量计算 38
          2.1.6 统计功效 40
    2.2 抽样分布 40
          2.2.1 抽样分布概述 40
          2.2.2 概率密度函数 41
          2.2.3 正态分布 42
          2.2.4 正态分布检验 42
          2.2.5 t 分布 45
          2.2.6 χ^2 分布 46
          2.2.7 F 分布 47
          2.2.8 二项分布 48
    2.3 参数估计 48
          2.3.1 参数估计概念 48
          2.3.2 点估计 48
          2.3.3 置信区间估计 49
    2.4 统计假设检验基本思想 50
          2.4.1 统计假设检验概述 50
          2.4.2 统计假设检验基本步骤 50
          2.4.3 统计假设检验两类错误 51
          2.4.4 单侧检验与双侧检验 51
    2.5 典型分布类型检验 52
          2.5.1 Z 检验 53
          2.5.2 比率检验 54
    习题 56
第3章 环境数据 t 检验 57
    3.1 t 检验概述 57
          3.1.1 t 检验定义 57
          3.1.2 t 检验分类 57
          3.1.3 t 检验适用条件 58
          3.1.4 t 检验的分析流程 58
    3.2 样本 t 检验 58
          3.2.1 单样本 t 检验 58
          3.2.2 独立样本 t 检验 60
          3.2.3 配对样本 t 检验 63

习题 ··· 66
第4章 环境数据方差分析 ··· 67
4.1 方差分析概述 ··· 67
4.1.1 方差分析定义 ·· 67
4.1.2 方差分析分类 ·· 67
4.1.3 方差分析基本术语 ·· 67
4.1.4 方差分析适用条件 ·· 68
4.1.5 方差分析基本流程 ·· 68
4.1.6 方差分析基本思想 ·· 68
4.1.7 多重比较 ·· 69
4.2 单因素方差分析 ·· 70
4.2.1 单因素方差分析概述 ··· 70
4.2.2 单因素方差分析基本步骤 ··· 70
4.2.3 方差分析趋势检验 ·· 74
4.3 双因素方差分析 ·· 74
4.3.1 双因素方差分析概述 ··· 74
4.3.2 有交互作用的双因素方差分析 ··· 75
4.3.3 无交互作用的双因素方差分析 ··· 80
4.4 多因素方差分析 ·· 83
4.4.1 多因素方差分析概述 ··· 83
4.4.2 多因素方差分析适用情形 ··· 83
4.5 重复测量方差分析 ·· 84
4.5.1 重复测量方差分析概述 ·· 84
4.5.2 重复测量方差分析适用条件 ·· 85
4.5.3 重复测量方差分析流程 ·· 86
4.6 协方差分析 ··· 88
4.6.1 协方差分析概述 ··· 88
4.6.2 协方差分析基本原理 ··· 88
4.6.3 协方差分析条件 ··· 88
4.7 Hotelling T^2 检验 ·· 89
4.7.1 Hotelling T^2 检验概述 ··· 89
4.7.2 Hotelling T^2 数学模型 ··· 90
4.7.3 Hotelling T^2 检验适用条件 ··· 90
4.8 多元方差分析 ·· 92
4.8.1 多元方差分析概述 ·· 92
4.8.2 多元方差分析适用条件 ·· 93
4.9 常用试验设计方差分析 ··· 95
4.9.1 试验设计基本原则 ·· 95

4.9.2　完全随机设计 ·· 95
　　　4.9.3　随机区组设计 ·· 95
　　　4.9.4　配对设计 ·· 97
　　　4.9.5　析因设计 ·· 97
　　　4.9.6　正交设计 ·· 99
　习题 ··· 100

第5章　环境数据非参数检验 ··· 101
5.1　非参数检验 ··· 101
　　5.1.1　非参数检验概述 ·· 101
　　5.1.2　非参数检验分类 ·· 101
　　5.1.3　非参数检验的适用范围 ·· 101
　　5.1.4　非参数检验的特点 ·· 102
　　5.1.5　方法比较 ·· 102
5.2　单样本非参数检验 ··· 102
　　5.2.1　二项分布检验 ·· 102
　　5.2.2　单样本卡方检验 ·· 104
　　5.2.3　K-S检验 ·· 106
　　5.2.4　S-W检验 ·· 107
5.3　两配对样本非参数检验 ··· 108
　　5.3.1　两配对样本卡方检验 ·· 108
　　5.3.2　符号检验 ·· 112
　　5.3.3　Wilcoxon 符号秩检验 ··· 112
5.4　两独立样本的非参数检验 ··· 113
　　5.4.1　两独立样本卡方检验 ·· 116
　　5.4.2　分层卡方检验 ·· 118
　　5.4.3　Mann-Whitney U 检验 ·· 119
　　5.4.4　两独立样本 K-S 检验 ·· 120
　　5.4.5　莫斯极端反应检验 ·· 121
5.5　多相关样本非参数检验 ··· 122
5.6　多独立样本非参数检验 ··· 125
　习题 ··· 127

第6章　环境数据相关分析 ··· 128
6.1　相关分析概述 ··· 128
　　6.1.1　相关分析定义 ·· 128
　　6.1.2　相关关系分类 ·· 128
　　6.1.3　相关分析类别 ·· 128
　　6.1.4　相关分析数据基本要求 ·· 129
　　6.1.5　相关分析样本量计算 ·· 129

  6.1.6 相关分析注意事项 ………………………………………………………… 129
6.2 相关系数 ……………………………………………………………………………… 130
  6.2.1 相关系数定义 …………………………………………………………………… 130
  6.2.2 相关程度 …………………………………………………………………………… 130
  6.2.3 相关系数分类 …………………………………………………………………… 130
  6.2.4 相关系数热力图 ………………………………………………………………… 131
6.3 Pearson 相关分析 …………………………………………………………………… 132
  6.3.1 Pearson 相关分析概念 ………………………………………………………… 132
  6.3.2 Pearson 相关系数公式 ………………………………………………………… 132
  6.3.3 Pearson 相关分析要求 ………………………………………………………… 132
6.4 Spearman 等级相关分析 …………………………………………………………… 135
  6.4.1 Spearman 等级相关分析概念 ………………………………………………… 135
  6.4.2 Spearman 等级相关系数公式 ………………………………………………… 135
  6.4.3 Spearman 等级相关分析要求 ………………………………………………… 135
6.5 Kendall 等级相关分析 ……………………………………………………………… 136
  6.5.1 Kendall 等级相关分析概念 …………………………………………………… 136
  6.5.2 Kendall's tau-b 相关系数公式 ……………………………………………… 136
  6.5.3 Kendall's tau-b 相关分析要求 ……………………………………………… 137
6.6 偏相关分析 …………………………………………………………………………… 138
  6.6.1 偏相关分析概述 ………………………………………………………………… 138
  6.6.2 偏相关系数公式 ………………………………………………………………… 138
  6.6.3 偏相关分析案例 ………………………………………………………………… 139
习题 …………………………………………………………………………………………… 140

第 7 章 环境数据回归分析 ……………………………………………………………… 141

7.1 回归分析概述 ………………………………………………………………………… 141
  7.1.1 回归分析定义 …………………………………………………………………… 141
  7.1.2 回归分析分类 …………………………………………………………………… 141
  7.1.3 回归分析基本术语 ……………………………………………………………… 142
  7.1.4 回归分析基本步骤 ……………………………………………………………… 142
  7.1.5 回归分析样本量计算 …………………………………………………………… 143
  7.1.6 回归分析注意事项 ……………………………………………………………… 143
7.2 线性回归分析 ………………………………………………………………………… 144
  7.2.1 线性回归概念 …………………………………………………………………… 144
  7.2.2 线性回归适用条件 ……………………………………………………………… 144
  7.2.3 线性回归评价指标 ……………………………………………………………… 144
  7.2.4 一元线性回归 …………………………………………………………………… 145
  7.2.5 多元线性回归 …………………………………………………………………… 148
7.3 非线性回归分析 ……………………………………………………………………… 152

环境数据分析

- 7.3.1 非线性回归概念 ········· 152
- 7.3.2 非线性回归分类 ········· 153
- 7.4 多项式回归分析 ········· 155
  - 7.4.1 多项式回归概述 ········· 155
  - 7.4.2 一元 n 次多项式回归 ········· 155
  - 7.4.3 多元二次多项式回归 ········· 158
- 7.5 Probit 回归 ········· 159
  - 7.5.1 Probit 回归概念 ········· 159
  - 7.5.2 二分类 Probit 回归 ········· 159
- 7.6 Logistic 回归分析 ········· 161
  - 7.6.1 Logistic 回归概念 ········· 161
  - 7.6.2 Logistic 回归类型 ········· 162
  - 7.6.3 Logistic 回归基本原理 ········· 162
  - 7.6.4 Logistic 回归模型的假设检验 ········· 163
  - 7.6.5 Logistic 回归适用范围 ········· 163
  - 7.6.6 二元 Logistic 回归 ········· 163
  - 7.6.7 多元 Logistic 回归 ········· 167
- 7.7 曲线拟合 ········· 169
  - 7.7.1 曲线拟合概念 ········· 169
  - 7.7.2 Logistic 曲线拟合 ········· 170
  - 7.7.3 环境库兹涅茨曲线(EKC)拟合 ········· 172
- 7.8 贝叶斯核函数回归 ········· 175
  - 7.8.1 贝叶斯核函数回归定义 ········· 175
  - 7.8.2 贝叶斯核函数回归应用 ········· 175
- 习题 ········· 178

第 8 章 环境数据生存分析 ········· 179
- 8.1 生存分析 ········· 179
  - 8.1.1 生存分析概述 ········· 179
  - 8.1.2 生存分析组成 ········· 179
  - 8.1.3 生存函数 ········· 180
  - 8.1.4 生存曲线 ········· 180
  - 8.1.5 生存分析种类 ········· 180
- 8.2 寿命表 ········· 181
  - 8.2.1 寿命表概述 ········· 181
  - 8.2.2 寿命表原理 ········· 181
- 8.3 Kaplan-Meier 法 ········· 183
  - 8.3.1 Kaplan-Meier 法概述 ········· 183
  - 8.3.2 Kaplan-Meier 法与寿命表法比较 ········· 183

8.4 Cox 回归法 ··· 187
8.5 ROC 曲线 ··· 192
 8.5.1 ROC 曲线概述 ··· 192
 8.5.2 ROC 空间 ··· 192
 8.5.3 ROC 曲线定义 ··· 193
 8.5.4 AUC 值 ·· 194
 8.5.5 ROC 曲线作用 ··· 194
 8.5.6 ROC 曲线可视化 ·· 195
习题 ··· 197

第 9 章 环境数据降维分析 ··· 198
9.1 数据降维 ··· 198
 9.1.1 数据降维定义 ·· 198
 9.1.2 数据降维作用 ·· 198
 9.1.3 数据降维方法 ·· 198
9.2 因子分析 ··· 199
 9.2.1 因子分析概述 ·· 199
 9.2.2 因子分析算法 ·· 199
9.3 主成分分析 ·· 205
 9.3.1 主成分分析概述 ··· 205
 9.3.2 主成分分析算法 ··· 205
9.4 对应分析 ··· 209
 9.4.1 对应分析概述 ·· 209
 9.4.2 对应分析算法 ·· 210
9.5 最优尺度分析 ··· 213
 9.5.1 最优尺度分析概述 ·· 213
 9.5.2 分类主成分分析 ··· 213
 9.5.3 多重对应分析 ·· 217
 9.5.4 非线性典型相关分析 ··· 219
9.6 多维尺度分析 ··· 221
 9.6.1 多维尺度分析概述 ·· 221
 9.6.2 多维尺度分析原理 ·· 221
 9.6.3 多维尺度分析类型 ·· 222
 9.6.4 经典多维尺度分析 ·· 222
 9.6.5 标准化多维尺度分析 ··· 223
 9.6.6 考虑个体差异的多维尺度分析 ································· 225
 9.6.7 多维邻近尺度分析 ·· 227
习题 ··· 228

第 10 章　环境数据聚类分析 ································· 229
10.1　聚类分析概述 ································· 229
10.1.1　聚类分析概念 ································· 229
10.1.2　聚类分析算法 ································· 230
10.1.3　聚类分析步骤 ································· 230
10.1.4　聚类统计量 ································· 232
10.1.5　聚类分析评估指标 ································· 235
10.2　主要聚类算法 ································· 236
10.2.1　K-均值聚类 ································· 236
10.2.2　BIRCH 层次聚类 ································· 241
10.2.3　两步聚类 ································· 243
10.2.4　高斯混合聚类 ································· 245
10.2.5　DBSCAN 聚类 ································· 247
10.2.6　CLIQUE 聚类 ································· 248
习题 ································· 250

第 11 章　环境数据分类分析 ································· 252
11.1　分类分析概述 ································· 252
11.1.1　分类分析定义 ································· 252
11.1.2　分类分析类别 ································· 252
11.1.3　特征与标签 ································· 253
11.1.4　分类分析基本流程 ································· 253
11.1.5　常用分类算法 ································· 254
11.1.6　分类算法选择 ································· 254
11.2　K 最近邻分类器 ································· 255
11.2.1　K 最近邻分类概述 ································· 255
11.2.2　Python 中的 KNN 分类器 ································· 256
11.3　决策树分类器 ································· 257
11.3.1　决策树概述 ································· 257
11.3.2　Python 中的决策树 ································· 258
11.4　随机森林分类器 ································· 259
11.4.1　随机森林概述 ································· 259
11.4.2　Python 中的随机森林 ································· 260
11.5　支持向量机分类器 ································· 263
11.5.1　支持向量机概述 ································· 263
11.5.2　支持向量机基本思想 ································· 263
11.6　朴素贝叶斯分类器 ································· 264
11.6.1　朴素贝叶斯概述 ································· 264
11.6.2　Python 中的朴素贝叶斯 ································· 265

11.7	集成学习分类器	266
	11.7.1 AdaBoost算法	266
	11.7.2 Python中的AdaBoost算法	267
习题		269

第12章 环境数据机器学习 270

12.1	机器学习概述	270
	12.1.1 机器学习定义	270
	12.1.2 机器学习分类	271
	12.1.3 机器学习流程	271
12.2	数据收集与预处理	273
	12.2.1 数据来源	273
	12.2.2 数据预处理	274
12.3	特征工程	276
	12.3.1 特征工程定义	276
	12.3.2 特征工程步骤	276
	12.3.3 特征选择	276
	12.3.4 特征提取	278
12.4	模型构建	280
	12.4.1 数据分割	280
	12.4.2 模型训练	281
12.5	模型评估	283
	12.5.1 预测误差评估	283
	12.5.2 拟合程度评估	286
12.6	机器学习基本框架	287
	12.6.1 机器学习模板	287
	12.6.2 机器学习案例分析	289
12.7	深度学习	293
	12.7.1 深度学习定义	293
	12.7.2 深度学习主流算法	294
	12.7.3 深度学习框架	296
	12.7.4 深度学习流程	297
	12.7.5 基于Keras的深度学习模板	298
	12.7.6 深度学习案例分析	300
习题		303
参考文献		304

第1章 数据统计描述与图形化

1.1 数据统计概述

统计学是研究客观现象总体数量特征、数量关系和演变规律的一门综合性学科,具体运用数学学科和其他相关学科知识,收集并整理数据,进行描述性、探索性或验证性分析,提炼隐含在数据中的有效信息,研究各种随机现象的本质与内在规律性,并预测趋势发展。

统计学经历了古典统计学(17世纪中叶至18世纪中叶)、近代统计学(18世纪末到19世纪末期)和现代统计学(20世纪迄今)三个发展阶段。信息时代产生的海量、多维数据进一步催生了大数据分析及数据科学。统计学主要分为社会经济统计学和数理统计学,应用范围目前已覆盖社会科学、自然科学和工程技术等各个领域。

环境数据分析包括传统的环境统计分析及正在兴起的环境大数据分析。针对各类环境数据分析,需要先定义环境问题,将实际环境问题转变为环境数据问题,通过实验或网络搜索获取相关数据,选择恰当的分析方法和软件进行数据统计推断及挖掘,从而辅助开展环境问题现状分析、规律总结和趋势预测。

知识拓展 1-1　数据统计及大数据分析部分大事记

(1) 公元前 8000 年,苏美尔的商人用黏土珠记录出售的商品,这是有记载的最早计数。

(2) 公元前 450 年,希腊数学家希皮亚斯(Hippias)采用均值方法,利用国王执政时间的平均值推断出首届奥运会的举办时间。

(3) 公元前 400 年,已知最早的抽样推断被记载于印度史诗《摩诃婆罗多》中,当时国王计算两个树枝果实和叶子数量,乘以树枝数量估算整棵树的果实和叶子数量。

(4) 公元 2 年,西汉进行了中国历史上第一次较为准确的人口普查。

(5) 公元 840 年,伊斯兰数学家金迪(Al-Kindi)通过频数分析破解伊斯兰教密码,将阿拉伯数字传播至欧洲。

(6) 1050 年,北宋数学家贾宪发现贾宪三角形,并用于高次开方运算。南宋数学家杨辉 1261 年著作《详解九章算法》记录了贾宪三角形,所以杨辉三角形又称贾宪三角形。1303 年"杨辉三角"计算出二项分布八次幂,奠定了概率论的数学基础。法国数学家布莱士·帕斯卡(Blaise Pascal)在 1654 年发现杨辉三角,称为帕斯卡三角形。

(7) 1150 年,随机抽样被用于英国皇家制币厂年度检验硬币纯度和质量。

(8) 1560 年,意大利数学家吉罗拉莫·卡尔达诺(Girolamo Cardano)计算掷骰子的各种概率,概率的概念初具雏形。

(9) 1657 年，荷兰物理学家克里斯蒂安·惠更斯(Christiaan Huygens)撰写第一本关于概率理论的书 On Reasoning in Games of Chance。

(10) 1713 年，瑞士数学家丹尼尔·伯努利(Daniel Bernoulli)提出大数定律，即预测结果的准确性随实验次数增多而变高。

(11) 1749 年，德国统计学家戈特弗里德·阿亨瓦尔(Gottfried Achenwall)创造了统计学词汇"statistik"，确定了统计学科名称。

(12) 1761 年，英国数学家托马斯·贝叶斯(Thomas Bayes)证明了贝叶斯定理，奠定了条件概率的基础。

(13) 1798 年，苏格兰人约翰·辛克(John Sinker)在 Statistical Account of Scotland 中首次采用统计学词汇"statistics"。

(14) 1808 年，德国数学家约翰·卡尔·弗里德里希·高斯(Johann Carl Friedrich Gauss)和皮埃尔-西蒙·拉普拉斯(Pierre-Simon Laplace)提出正态分布，奠定了误差研究的基础。

(15) 1877 年，英国科学家弗兰西斯·高尔顿(Francis Galton)首次提出平均数回归概念。

(16) 1892 年，英国统计学家卡尔·皮尔逊(Karl Pearson)发表著作 The Grammar of Science，其一系列著作奠定了现代统计学思想基础。

(17) 1908 年，英国统计学家威廉·西利·戈塞特(William Sealy Gossett)提出小样本 t 检验。

(18) 1911 年，美国统计学家赫尔曼·霍尔瑞斯(Herman Hollerith)使用打孔机处理美国人口普查数据，这是机器处理数据的一次历史性变革。

(19) 1935 年，英国统计学家罗纳德·艾尔默·费希尔(Ronald Aylmer Fisher)提出现代试验设计，为现代统计学做出了历史性贡献。

(20) 1936 年，英国数学家、逻辑学家艾伦·麦席森·图灵(Alan Mathison Turing)通过提出抽象计算模型——"图灵机"，把计算和自动机联系起来；1950 年，他发表划时代论文"Computing Machinery and Intelligence"，针对"机器能否思考"提出著名的图灵测试。

(21) 1937 年，美国统计学家乔治·内曼(Jerzy Neyman)在统计检验中提出了置信区间，开创了现代科学抽样理论。

(22) 1952 年，美国计算机科学家亚瑟·塞缪尔(Arthur Samuel)开发跳棋程序，创造了"机器学习"(Machine Learning)词汇。

(23) 1956 年，美国计算机科学家约翰·麦卡锡(George McCarthy)和马文·明斯基(Marvin Minsky)等在美国达特茅斯学院首次提出人工智能(artificial intelligence, AI)概念，标志着人工智能学科的诞生。

(24) 1962 年，美国数学家约翰·图基(John Tukey)发表论文"The Future of Data Analysis"，正式提出数据分析这一学科。1977 年，约翰·图基发表著作 Exploratory Data Analysis，开创了数据探索性分析领域。

(25) 1998 年，美国科学家约翰·马西(John Mashey)在 USENIX 大会上最早提出"大数据"(big data)词汇。

(26) 2006 年，加拿大计算机科学家杰弗里·埃弗里斯特·辛顿(Geoffrey Everest Hinton)提出神经网络深度学习(deep learning)算法。

1.2 数据分析过程

数据分析具体涉及"取数、理数、用数"。数据分析的一般步骤是确定分析目的和方案、收集数据并进行数据预处理、分析数据、数据图形化等步骤(图1-1)。数据分析人员需懂业务、懂分析、懂工具、懂设计，要牢固掌握数据分析的基本原理与方法，选择合适的软件灵活分析数据，借助图表将结果直观地展示。

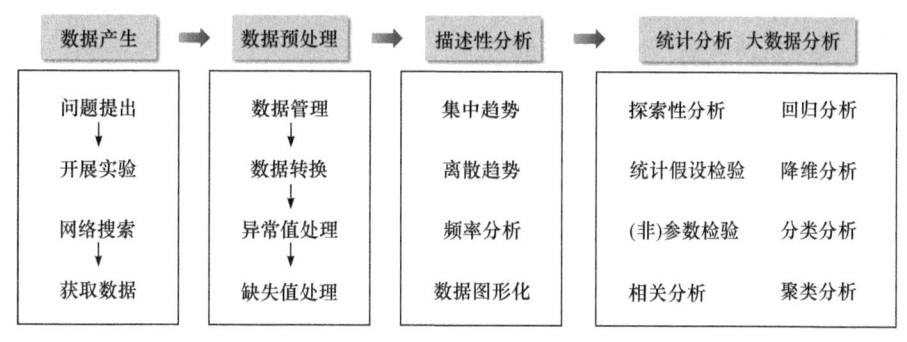

图 1-1　数据分析过程

知识拓展 1-2　大数据分析

大数据具有 5V 属性，即数据量(volume)、速度(velocity)、类型(variety)、价值(value)、真实性(veracity)。1998 年，约翰·马西在 USENIX 国际会议上首次提出"大数据"。2007 年，美国数据库专家吉姆·格雷(James Gray)认为在实验观测、理论推导和计算仿真等科学研究范式后，将迎来第四范式——"数据探索"。大数据分析提供了数据分析的新思维和新手段，由计算领域发端，并逐渐延伸到各个学科领域，提供了全新的思维方式和探知客观规律、改造自然与社会的新手段。

1.3 数据基本类型

统计分析包括问题、数据和方法三要素，核心在于数据与分析方法。明确数据基本类型是数据分析的前提，数据类型决定分析方法，即"数据跟着问题走，方法围着数据转"。

数据一般分为定类、定序、定距和定比四大类型，对应的统计测量尺度分别为定类尺度、定序尺度、定距尺度及定比尺度。

(1) 定类尺度：按事物或某种现象的属性进行分类或分组，是最低层次的计量尺度。定类数据对应的是定类尺度的数值，不具有顺序、距离或起点，不能进行排序或分级，也不能比较大小，仅能用于有限统计量，如"班级""性别""污染类型"等。

(2) 定序尺度：也称等级尺度或顺序尺度，包含类别信息和次序信息，按照某种逻辑顺序将事物进行分级和排序，无法测量类别之间的准确差值，只能比较大小，不能进行数学运算。由定序尺度计量形成的定序数据比定类数据包含的信息更多，但仅反映观测对象等级、顺序关系，属于品质数据，如"学历""年龄段""污染程度"。

(3) 定距尺度：将事物进行排序或分类，可测量事物类别或次序之间的距离。由定距尺度计量形成的数据一般以自然或物理单位为计量尺度，可以进行加减运算，但不能进行乘除运算，如"温度""分数"等。

(4) 定比尺度：用于描述对象计量特征，衡量两个测量值之间的比值。由定比尺度计量形成的数据可以进行加减乘除运算，如"质量""浓度""体积"。

四类数据包含的信息量由少到多排列为定类数据＜定序数据＜定距数据＜定比数据。定类数据和定序数据信息量低，属于属性数据，用于"定性"；定距数据和定比数据信息量高，属于数值数据，用于"定量"。

数据分析的原则：夯实统计基础，用好统计软件，强化数据意识。统计理论、统计工具以及统计意识对于数据分析人员缺一不可！统计理论是学习统计的基础。统计工具是快速实现统计目的的手段。统计意识涉及统计者所掌握的方法论，来源于长期理论学习和经验积累。对统计理论理解不深，易导致统计工具使用不当甚至错误使用，结果适得其反。统计意识不足则会局限于统计过程和统计数据本身，片面地看待分析结果而忽略专业场景，导致数据分析虽有统计学意义，但不一定有专业意义，易得出与专业不符的结论。针对数据分析，需要扎实掌握统计理论，强化统计意识，在数据分析实战过程中灵活运用统计工具，不断提升数据分析业务能力。

1.4 数据分析软件

相关软件操作主要采用 Microsoft Excel 2021、IBM SPSS Statistics 29 以及 Jupyter Notebook。本书附带各章例题、习题的原始数据及分析结果，读者可扫描封底二维码下载"环境数据分析"压缩包(解压后统一放置 D 盘，最终路径为 D:\环境数据分析\)。

1.4.1 使用软件

(1) Microsoft Excel 2021：提供插入函数、图表功能和数据分析工具，自带数据分析模块和多种插入函数。关于统计分析主要采用数据分析模块，在菜单"文件"界面点击"选项"，在跳出界面点击"加载项"，选择分析工具库，点击"转到"，在新界面勾选"分析工具库"，点击"确定"，完成数据分析模块的加载；在菜单"数据"界面点击数据分析模块，即可进行数据分析。

(2) IBM SPSS Statistics 29：提供数据获取、数据管理与准备、数据分析、结果报告的完整过程；具有包括数据汇总、计数、交叉分析、分类、描述性统计分析、因子分析、回归分析及聚类分析等在内的多种统计分析功能。

(3) Jupyter Notebook：操作便捷，通过浏览器运行代码，能够完整记录代码、说明文字、图表、公式等，以 HTML、LaTeX、PNG、SVG 等富媒体格式展示结果。Jupyter Notebook 适用于 Julia、Python、R 及 MATLAB 等语言。在 Windows 或 Mac 系统下安装 Anaconda 软件，或在 iPhone、iPad、iPod touch 等 iOS 设备上安装 Carnets 软件后，均可使用 Jupyter Notebook。

1.4.2 软件安装、运行

Anaconda 是 Python 和 R 的开源发行版，用于数据科学、统计分析、机器学习、深度学习等领域。Anaconda 包括 Pandas、Scikit-learn、SciPy、NumPy、Matplotlib 等在内的 180 多个科学包及 1000 多个开源库。

知识拓展 1-3　Python 数据分析重要工具库

NumPy：是 Python 的数值计算库，提供多种数值计算和常用算法函数，能快速处理数组，高效储存和处理大型矩阵。NumPy 与 SciPy 和 Matplotlib 经常组合使用。

SciPy：是基于 NumPy 的科学计算库，集成数学、科学及工程领域的数学及统计学相关算法与函数，包括线性代数、傅里叶变换、常微分方差求解以及统计等。

Matplotlib：用于制图及二维数据可视化，是 seaborn、cartopy、animatplot、ggplot、geoplot 等众多可视化库的底层依赖，提供图表套件和基础功能。Matplotlib 与 seaborn 互为补充，后者是对前者进行的二次封装。

Scikit-learn：简称 sklearn，是 Python 的机器学习库，基于 NumPy、SciPy、Matplotlib 等构建，具有各类机器学习算法。

Pandas：是 Python 的分析结构化数据工具包，主要用于数据整理与清洗、数据分析与建模、数据可视化与制表等。

Statsmodels：是 Python 的经典统计分析库和数据可视化库，用于回归和线性模型、时间序列分析模型、线性混合效应模型、方差分析以及广义矩估计等多类统计模型。

在 Anaconda 官网(https://www.anaconda.com/)下载合适版本的 Anaconda 软件，根据官方说明进行软件安装。安装结束后，在 Windows 系统开始菜单中出现包括 Jupyter Notebook 在内的程序，点击 Jupyter Notebook 即启动其运行。另外，Jupyter Notebook 可与 ChatGPT 相结合。例如，Chapyter 插件(https://www.szj.io/posts/chapyter)将 GPT-4 整合到 Jupyter Notebook 编码环境，进一步提升编码效率。

Jupyter Notebook 运行如下。

(1) 启动 Jupyter Notebook 后，自动打开浏览器，弹出 Jupyter Notebook 主界面(图 1-2)。

图 1-2　Jupyter Notebook 主界面

(2) 该界面显示 C:\Users\user_name 目录下的文件夹及文件(此处 user_name 泛指电脑用户名)。在 Windows 系统下，使用 win + R 快捷键打开运行对话框，输入 netplwiz 命令，点击确定，自动弹出用户名。

(3) 在 Jupyter Notebook 主界面右侧点击菜单 New，选择 Python 3 (ipykernel)，跳出运行界面(图 1-3)，在代码行输入具体命令，点击 ▶ 运行，执行命令。程序产生的 ipynb 格式文件自动保存在 C:\Users\user_name 目录下。

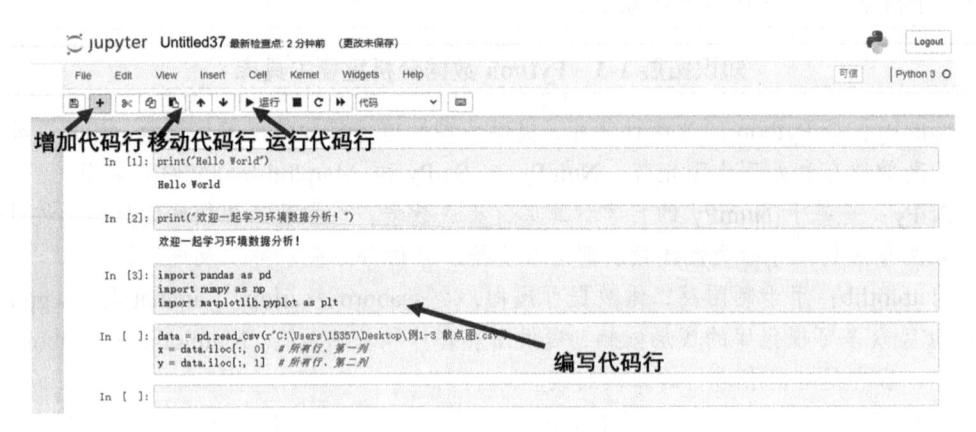

图 1-3　Jupyter Notebook 运行界面

(4) 针对 C:\Users\user_name 目录下的 ipynb 格式文件，在图 1-2 Jupyter Notebook 主界面鼠标点击文件，跳出运行界面，点击 ▶ 运行，执行命令。针对其他目录下的 ipynb 格式文件，点击 Upload，选择 ipynb 文件，点击上传，文件保存到 C:\Users\user_name 目录下，或者直接将 ipynb 文件或文件夹复制到 C:\Users\user_name 目录下。

知识拓展 1-4　程序包、第三方库及扩展插件的安装

在 Jupyter Notebook 运行界面输入 pip list，运行后可查看已安装的程序包。

如需安装程序包，可采用两种方式：①在 Jupyter Notebook 运行界面代码行输入 pip install xxx(程序包名称)，如 pip install seaborn。②在第三方库中检索 whl 格式文件，找到对应版本号下载至指定文件夹，打开文件夹后，Shift+右键打开命令行，pip install xxx，如 pip install statsmodels-0.13.2-cp37-cp37m-win_amd64.whl。

如果升级程序包，采用 pip install -user -upgrade xxx(程序包名称)。

如果安装扩展插件(Nbextension)，在 Anaconda Prompt 终端分别执行如下命令：

pip install jupyter_contrib_nbextensions

pip install jupyter_nbextensions_configurator

jupyter contrib nbextension install -user

执行命令后，重新打开 Jupyter Notebook，在主页出现 Nbextensions，进入可查看插件。

本章练习需提前安装 sklearn、XlsxWriter、dtale、zepid 等程序包。当执行程序报错提示 No module named 'xxx' 时，采用命令 pip install xxx(xxx 为程序包名称)安装，重新运行命令。

1.5 数据探索性分析

探索性数据分析(exploratory data analysis, EDA)是一种系统性数据分析方法，是对统计假设检验的补充，可用于图、表和汇总统计量分析。最初收集、调查得到的资料往往是原始数据资料，需进一步进行数据清洗(数据管理、数据转换、异常值及缺失值处理)，通过整体性或分组探索性分析，从复杂数据中厘清数据的特征，挖掘隐藏在数据背后的规律。

1.5.1 数据管理

数据管理是数据分析的前提和重要步骤，涉及数据、数据对象、数据结构的定义。

在 Excel 中，通过【开始】→【数字】→【设置单元格格式】，对数据的属性进行定义；通过【公式】→【名称管理器】→【定义名称】，对数据区域进行名称定义。

在 SPSS 中，通过【变量视图】定义每列数据名称、类型、宽度、标签、度量标准。

在 Jupyter Notebook 中，Pandas 用于读取数据；DataFrame 用于列表创建、数组管理。Pandas 提供数据导入导出(io)接口，常用 pd.read_excel 和 pd.read_csv 函数读取文件。

(1) pandas.read_excel 读取 xls、xlsx 格式文件：

pandas.read_excel(io, sheet_name = 0, header = 0, names = None, index_col = None,…)

io 为路径，sheet_name = 0 默认 Sheet1，header = 0 默认第一行是列名，不读取第一行数据，如果读取第一行数据，需指定 header = None。例如：

import pandas as pd
data = pd.read_excel(r"D:\环境数据分析\第一章\例 1-2 散点图.xlsx", sheet_ name = "sheet1")

(2) pd.read_csv 读取 csv 格式文件：

pd.read_csv(io, header = 0,encoding = "gbk", names = None, index_col = None, …)

例如：data = pd.read_csv(r'D:\环境数据分析\第一章\例 1-2 散点图.csv', encoding = " gbk")。

pd.read_excel 逐行读取文件，读取速度比 pd.read_csv 相对慢，当数据量较大时，推荐采用 pd.read_csv 读取 csv 文件。

(3) 查看数据：

data. iloc[:,['行名 1', '列名 2']] #iloc 代表 integer location，按位置选择数据
data = data.iloc[:,['列名 1', '列名 2']] #选出指定列名的两列
data.head() #显示文件表头,默认读取 5 行
data.describe() #给出描述性统计数据
print(data) #输出数据

知识拓展 1-5　XlsxWriter 简介

XlsxWriter 能够实现基于 Pandas 的自动化表格操作，可将文本、数字等数据形式写入 Excel 的多个工作表，并支持格式化等功能。通过 pip install XlsxWriter 命令安装插件。

1.5.2 数据转换

数据转换是对数据的变量进行重新编码、转置、排序、四则运算、求变量秩次等转化，同时对数据文件进行合并、分组、加权、筛选等操作。

在 Excel 中，通过【开始】→【编辑】对数据进行排序、筛选、查找和选择、插入函数等处理。

在 SPSS 中，通过【数据】对数据进行排列、转置、合并、拆分；通过【转换】对数据进行转换、个案排秩等处理。

在 Jupyter 中，基于 Pandas 对数据进行合并、排序、分组；通过 drop_duplicates 删除重复值；通过 merge、append、join、concat 进行数据合并；通过 sort 进行数据排序；通过 groupby 对数据进行分组。

1.5.3 异常值及缺失值处理

异常值和缺失值是数据分析中的常见现象。针对异常值和缺失值通常有三种处理方法。一是删除元组，在数据样本量足够大的情况下，剔除异常值或缺失值不影响总体情况；二是补齐数据，基于统计学方法用均值、众数及其他数值替换异常值或缺失值；三是不处理。

在 Excel 中，通过数据有效性、筛选、查找、计数等功能找到缺失值和异常值。若标准差远远大于均值，可粗略判定数据异常值。缺失值可通过菜单栏的【开始】→【查找和选择】→【定位条件】，选择【空值】进行查找。

在 SPSS 中，【分析】菜单中的【描述统计】→【探索】能生成关于个案或不同分组个案的综合统计量及图形，可检测异常值、极端值、数据缺口；也可通过描述统计的【频率】查找异常值，或借助【图形】中【箱图】功能直观显示异常值，箱图上带有"*"的个案即为异常个案。针对数值变量，也可通过直方图、含有正态检验的直方图寻找异常值。

通过【转换】菜单下【替换缺失值】功能处理缺失值。可根据数据特点选择【序列平均值】、【邻近点的平均值】或【邻近点的中位值】进行替换，或根据原始问卷结合客观情况估计一个缺失值的样本值，或以一个类似个案的值补充缺失值。

在 Python 中，通过 sklearn 采用稳健协方差(robust covariance)、孤立森林(isolation forest)、局部异常因子(local outlier factor)等方法进行离群点检测(outlier detection)；通过单类支持向量机(one-class SVM)进行奇异值检测(novelty detection)；通过 SimpleImputer 估算器进行缺失值填补。

知识拓展 1-6　自动化的探索性数据分析库

基于 Python 的自动化探索性数据分析开源库，如 D-Tale、Dataprep、Pandas-Profiling、Sweetviz、Autoviz 等，可辅助进行探索性数据分析。

D-Tale：面向 Pandas 支持的 DataFrame、Series、MultiIndex 等数据结构对象。

Pandas-Profiling：可实现机器学习数据集的可视化交互报告，在大数据集上广泛应用。

Sweetviz：能够以单行代码运行探索性数据分析并输出 HTML、bokeh 等应用程序。

以 D-Tale 为例，对世界二氧化碳排放数据进行探索性数据分析。将如下内容复制到 Jupyter Notebook 代码行，运行命令，界面如图 1-4 所示。

import dtale #首次运行，需通过 pip install dtale 安装
import pandas as pd
data = pd.read_excel(r"D:\环境数据分析\第一章\习 1-8 国家二氧化碳排放.xlsx")
data = dtale.show(data)
data

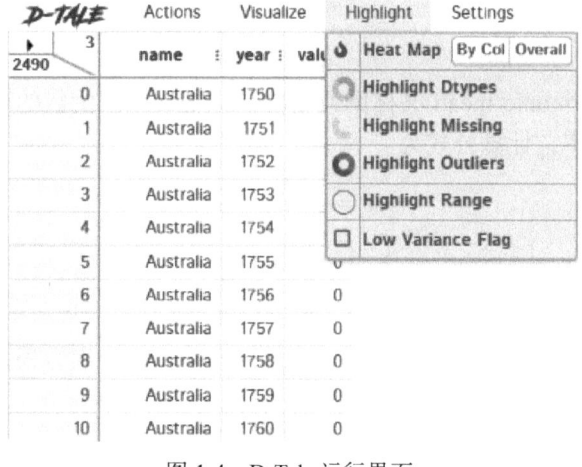

图 1-4　D-Tale 运行界面

1.6　数据描述性分析

描述性分析(descriptive analysis)可用来分析数据的特征，了解样本的基本统计指标，判断集中趋势、离散程度和分布形状。在进行统计分析和数据建模前，需对数据进行描述性分析，常用指标有样本量、平均值、最大值、最小值、标准差、方差、极差和标准误差等。

逸闻趣事 1-1　飞机幸存概率分析

美国哥伦比亚大学统计学家亚伯拉罕·瓦尔德(Abraham Wald)在 1943 年基于 400 架作战飞机统计数据推断了飞机幸存概率。具体假定安全返回、未曾中弹、中弹 1～5 次的飞机数量，推导出中弹 1～5 次后的飞机幸存概率。根据飞机各部位中弹次数及相应部位面积，得出安全返回的飞机引擎中弹次数最少但中弹幸存概率最低的结论。

一般想当然认为机身中弹最多的部位需加强防护，但这会导致"幸存者偏差"(survivorship bias)。统计的样本全部是幸存返回的飞机，忽略未返回飞机的数据，导致样本结果与实际结果存在极大偏差。相关研究由美国海军分析中心(Center for Naval Analyses)整理并于 1980 年正式发表(Wald A. 1980. A method of estimating plane vulnerability based on damage of survivors. Center for Naval Analyses)。

1.6.1 集中趋势描述

集中趋势(central tendency)反映的是样本数据向某一中心值接近的程度，主要有数值平均数和位置平均数。数值平均数包含算术平均数、调和平均数、几何平均数等形式。

1) 算术平均数

算术平均数(arithmetic mean)就是观察值总和除以观察值个数的商，是反映集中趋势的最重要指标。算术平均数包括简单算术平均数和加权算术平均数。

如样本容量为 n，观测值为 $x_1, x_2, \cdots, x_n$，则样本算术平均数记作 $\bar{x}$，计算公式为

$$\bar{x} = \frac{1}{n}\sum_{i=1}^{n} x_i$$

2) 调和平均数

调和平均数(harmonic mean)又称倒数平均数，是观测值倒数的算术平均数的倒数，常用于计算平均速率，计算公式为

$$H = \frac{n}{\frac{1}{x_1} + \frac{1}{x_2} + \cdots + \frac{1}{x_n}}$$

3) 几何平均数

几何平均数(geometric mean)是 n 个观测值的连乘积的 n 次方根，常用于描述对数正态分布或等比级数资料的集中趋势。计算公式为

$$G = \sqrt[n]{x_1 x_2 \cdots x_n}$$

4) 位置平均数

位置平均数(location mean)用来反映数据分布的集中趋势，主要有众数、中位数。众数(mode)是总体中出现次数最多的变量值，有时一组数据有多个众数或没有众数。中位数(median)是将数据按大小顺序排列形成的数列中间的数值，记作 Me，取值为

$$\text{Me} = x_{\frac{n+1}{2}} \quad (n\text{为奇数})$$

$$\text{Me} = (x_{\frac{n}{2}} + x_{\frac{n}{2}+1})/2 \quad (n\text{为偶数})$$

思考题 1-1 如何正确使用算术平均数和标准差？

在处理实验或采样时，针对相同实验条件同一随机变量的不同取值，通常给出算术平均数和标准差，但这未必严谨。算术平均数、几何平均数和中位数的运用要根据随机变量的分布特征确定。如果随机变量服从正态分布，可采用算术平均数；如果随机变量服从对数正态分布，可采用几何平均数；如果随机变量不服从正态分布或对数正态分布，可采用中位数描述变量。

1.6.2 离散趋势描述

离散趋势描述数据偏离中心位置的趋势，常用指标有极差、四分位数间距、方差、标准差、标准误差和变异系数等，其中方差和标准差最为常用。

1) 极差

极差(range)是一组数据最大值(y_{max})与最小值(y_{min})的差，反映数据的最大变异幅度，也称变幅，记作 R。

$$R = y_{max} - y_{min}$$

2) 方差

方差(variance)是指具有 n 个观测值($x_1, x_2, \cdots, x_n$)的样本，每个样本值与总体样本平均数之差的平方值的平均数，分为总体方差和样本方差。

总体方差 σ^2 计算公式：

$$\sigma^2 = \frac{\sum_{i=1}^{N}(x_i - \mu)^2}{N}$$

式中，N 为有限总体的容量。

样本方差 s^2 计算公式：

$$s^2 = \frac{\sum_{i=1}^{n}(x_i - \bar{x})^2}{n-1}$$

式中，$n-1$ 为自由度。

3) 标准差

标准差(standard deviation)是方差的正值平方根，包括总体标准差和样本标准差。

总体标准差 σ 计算公式：

$$\sigma = \sqrt{\frac{\sum_{i=1}^{N}(x_i - \mu)^2}{N}}$$

样本标准差 s 计算公式：

$$s = \sqrt{\frac{\sum_{i=1}^{n}(x_i - \bar{x})^2}{n-1}}$$

4) 变异系数

变异系数(coefficient of variation, CV)是样本标准差 s 与样本平均数 $\bar{x}$ 之比的百分数，表示相对变异程度，反映平均数有较大差异或具有不同度量单位的几组数据的变异程度。

$$CV(\%) = \frac{s}{\bar{x}} \times 100\%$$

利用 Excel 插入函数可快速分析数据，表 1-1 列出部分函数的类型及名称。

表 1-1　Excel 插入函数

分类	函数类型	函数名称
集中趋势描述	算术平均数($\bar{x}$)	AVERAGE
	几何平均数(G)	GEOMEAN
	众数(Mo)	MODE

续表

分类	函数类型	函数名称
集中趋势描述	调和平均数(H)	HARMEAN
	中位数(Me)	MEDIAN
离散趋势描述	样本标准差(s)	STDEV
	总体标准差(σ)	STDEVP
	样本方差(s^2)	VAR
	总体方差(σ^2)	VARP

1.6.3 频率分析

频率分析(frequency analysis)借助图表及多种数据指标描述数据的分布特征，主要指标有频数、百分数、累积百分数(cumulative percentage)、平均数、中位数、众数、标准差、方差、极差、最小值、最大值、平均值的标准误差、偏度(skewness)、峰度(kurtosis)、四分位数(quartile)、用户自定义百分位数。

例 1-1 已知某区域土壤未受污染时的玉米平均质量约为 300g，现调查该区域土壤受污染后 100 个玉米的质量，试分析该组数据平均数、标准差、方差等参数。

Excel 分析

(1) 打开"D:\环境数据分析\第一章\例 1-1 玉米穗重.xlsx"。

(2) 选中空白单元格，点击工具栏【公式】→【插入函数】选项，弹出插入函数窗口，在搜索函数(S)一栏选择 AVERAGE(图 1-5)。

图 1-5 插入函数对话框

(3) 点击【确定】，跳出 AVERAGE 对话框(图 1-6)。

图 1-6 AVERAGE 参数对话框

(4) 选择计算区域，点击【确定】，给出计算结果。

另外，与其他函数一样，在单元格内直接输入"＝AVERAGE"即可调用函数(图1-7)。

图 1-7　Excel 插入函数

SPSS 分析

在 SPSS 中【分析(A)】→【描述统计】选项下的【描述(D)...】和【探索(E)...】均可以进行统计描述。下面使用【描述(D)...】分析。

(1) 导入 "D:\环境数据分析\第一章\例 1-1 玉米穗重.xlsx"。

(2) 选择【分析(A)】→【描述统计】→【描述(D)...】选项，打开描述性对话框[图 1-8(a)]。

(3) 单击【选项(O)】，打开【描述：选项】对话框[图 1-8(b)]，勾选参数，点击【继续】，在描述性对话框点击【确定】，生成结果如表 1-2 所示。

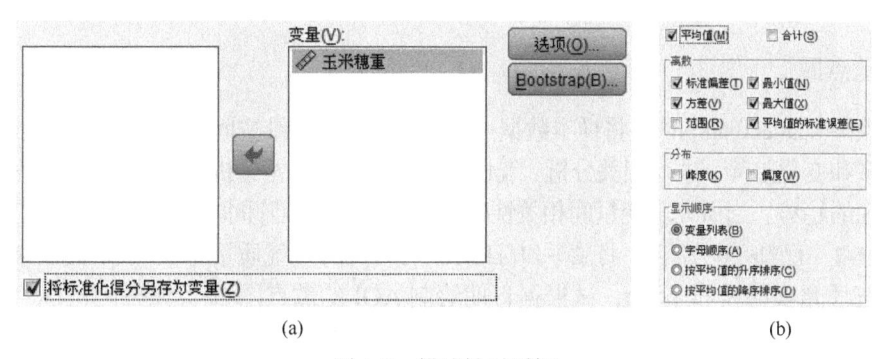

图 1-8　描述性对话框

表 1-2　描述分析结果

项目	N	极小值	极大值	均值		标准差	方差
	统计量	统计量	统计量	统计量	标准误	统计量	统计量
玉米穗重	100	280	300	289.36	0.600	5.999	35.990
有效的 N(列表状态)	100						

Python 分析

运行 "D:\环境数据分析\第一章\例 1-1 玉米穗重.ipynb"，或将下面内容复制到 Jupyter Notebook 代码行，执行代码，输出结果如图 1-9 所示。

```
import pandas as pd
data = pd.read_excel(r"D:\环境数据分析\第一章\例 1-1 玉米穗重.xlsx")
data.describe()
```

图 1-9　Python 描述性分析

1.7　数据图形化形式

数据图形化是将相对抽象的大量数据以图形化形式展现，直观表达数据蕴含的信息，有助于归纳数据规律以及预测数据的演变趋势。

1977 年，美国数学家约翰·图基发明箱形图(boxplot)和茎叶图(stem-and-leaf display)，将可视化引入数据科学。1982 年，美国统计学教授爱德华·塔夫特(Edward Tufte)发表论文"The Visual Display of Quantitative Information"，认为"图形表现数据，比传统的统计分析更加精确和有启发性"。

1.7.1　散点图

散点图(scatter diagram)是将样本数据点绘制在二维或三维空间，用点的位置表示变量间数量关系和变化趋势。进行相关分析、线性回归分析、协方差分析前，通常先绘制散点图判断变量间的趋势。当研究多变量间相关性时，采用散点图矩阵同时绘制自变量间的散点图。

例 1-2　已知 2017 年 2 月 2～14 日某市两周内的空气质量指数 AQI(数据来自全国城市空气质量实时发布平台)，试根据日期绘制 AQI 的散点图。

Excel 作图流程

(1) 打开"D:\环境数据分析\第一章\例 1-2 散点图.xlsx"。

(2) 框选数据，在菜单栏中依次选择【插入】→【散点图】→【仅带数据标记的散点图】选项，即可生成 AQI 的简单散点图(图 1-10)。

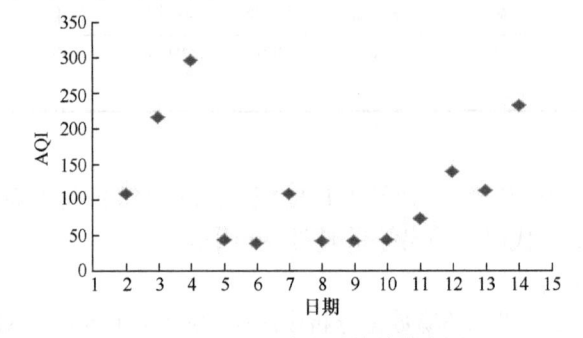

图 1-10　Excel 输出的简单散点图

SPSS 作图流程

(1) 导入 "D:\环境数据分析\第一章\例 1-2 散点图.xlsx"。

(2) 依次选择【图形(G)】→【旧对话框(L)】→【散点/点状(S)…】选项,打开散点图/点图主对话框,在散点图/点图主对话框中选择【简单分布】,点击【定义】打开简单散点图主对话框(图 1-11)。

(3) 本例中【Y 轴(Y)】栏添加 AQI,【X 轴(X)】添加日期,点击【确定】按钮即生成 AQI 的简单散点图(图 1-12)。

图 1-11 简单散点图主对话框   图 1-12 SPSS 输出的简单散点图

SPSS 中所有图形输出结果均可进行图形编辑。右键点击散点图,即可打开图表编辑列表,双击可打开属性编辑窗口(图 1-13)。

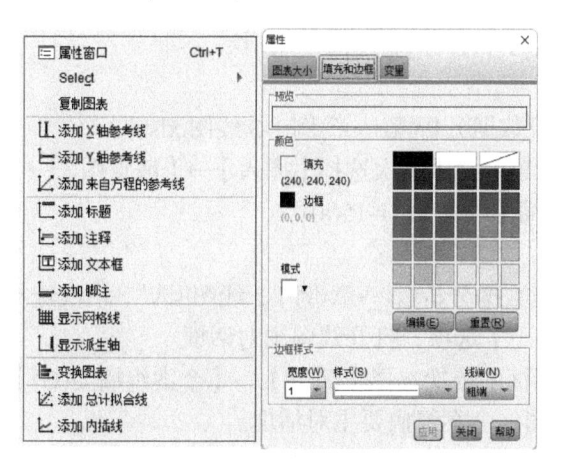

图 1-13 图表编辑列表及属性编辑窗口

Python 作图流程

运行 "D:\环境数据分析\第一章\例 1-2-散点图.ipynb",主要代码和结果如下:

```
import pandas as pd
import matplotlib.pyplot as plt
import seaborn as sns
```

```
data = pd.read_csv(r"D:\环境数据分析\第一章\例 1-2 散点图.csv")
fig = sns.stripplot(x = 'Date',y = 'AQI',data = data)
fig = fig.get_figure()
fig.savefig(r"D:\环境数据分析\第一章\例 1-2 散点图.png",dpi = 1200) #保存 png 格式图片
```
Python 输出结果如图 1-14 所示。

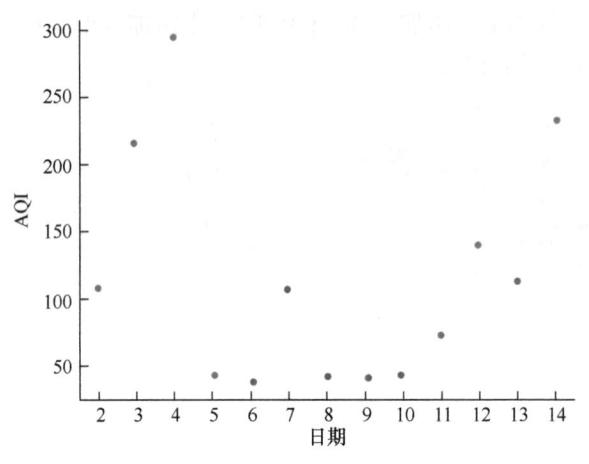

图 1-14 Python 输出的散点图

1.7.2 线图

线图(line chart)是用线段的升降表示统计指标随时间、影响因素等的变化趋势。

例 1-3 已知 2017 年 2 月 2～14 日某市两周内的空气质量指数 AQI(数据来自全国城市空气质量实时发布平台)，试制作简单线图。

Excel 作图流程

(1) 打开 "D:\环境数据分析\第一章\例 1-3 线图.xlsx"。

(2) 框选数据，在菜单栏中依次选择【插入】→【散点图】→【带直线的散点图】选项，即可生成 AQI 的简单线图[图 1-15(a)]。

SPSS 作图流程

(1) 打开 "D:\环境数据分析\第一章\例 1-3 线图.sav"，依次选择【图形(G)】→【旧对话框(L)】→【线图(L)…】选项，打开线图主对话框。

(2) 在线图主对话框中依次选择【简单】→【个案组摘要(G)】选项，点击【定义】按钮打开定义简单线图：个案组摘要主对话框。

(3) 【线的表征】包含五个选项，本例中选择其他统计量(如均值)(S)。【变量(V)】栏添加 AQI，【类别轴(X)】添加日期，点击【确定】生成 AQI 的简单线图[图 1-15(b)]。

Python 作图流程

运行 "D:\环境数据分析\第一章\例 1-3 线图.ipynb"，主要代码及结果如下：

```
import pandas as pd
import matplotlib.pyplot as plt
data = pd.read_csv(r"D:\环境数据分析\第一章\例 1-3 线图.csv")
```

x = data.iloc[:, 0]

y = data.iloc[:, 1]

plt.plot(x, y)

plt.xlabel('Date') #设置 X 轴标签

plt.ylabel('AQI') #设置 Y 轴标签

plt.show()

输出结果如图 1-15(c)所示。

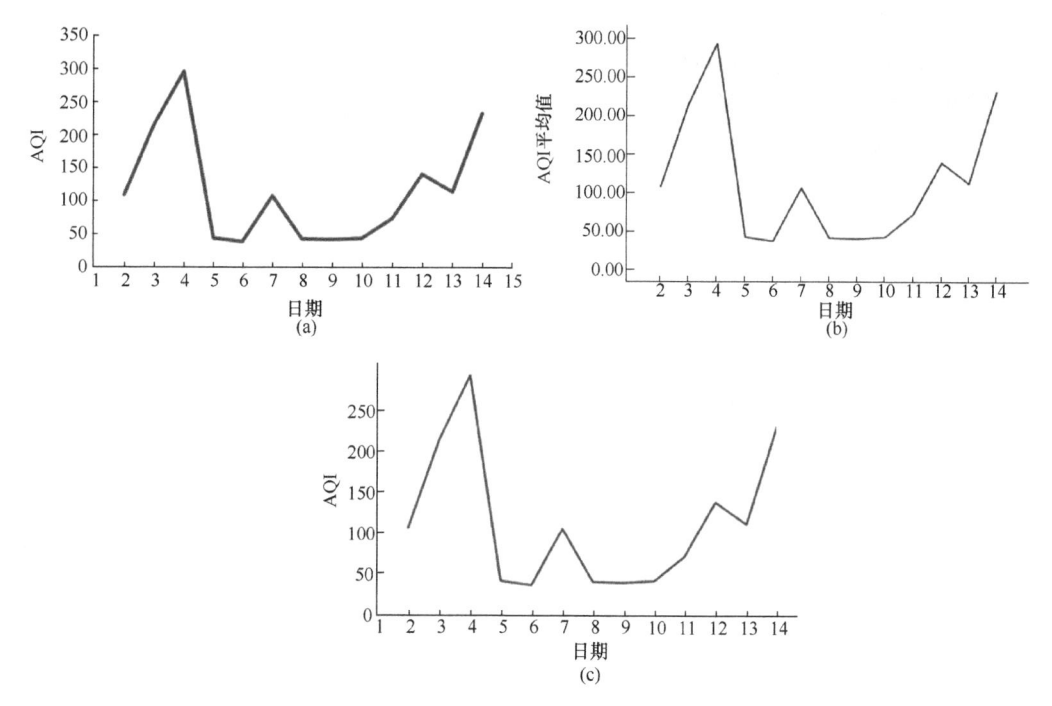

图 1-15　Excel、SPSS 及 Python 分别输出的线图

1.7.3　面积图

面积图(area plot)用线段下的面积反映数量变化程度，用于描述总体趋势。采用堆积面积图能较好地展示多类别中部分与整体的关系。离散数据一般不适合采用面积图分析。

例 1-4　已知 2017 年 2 月 2～14 日某市两周内的空气质量指数 AQI(数据来自全国城市空气质量实时发布平台)，试制作面积图。

Excel 作图流程

(1) 打开"D:\环境数据分析\第一章\例 1-4 面积图.xlsx"。

(2) 框选数据，在菜单栏中依次选择【插入】→【面积图】→【二维面积图】选项，即可生成 AQI 的简单面积图[图 1-16(a)]。

SPSS 作图流程

(1) 打开"D:\环境数据分析\第一章\例 1-4 面积图.sav"。

(2) 依次选择【图形(G)】→【旧对话框(L)】→【面积图(A)…】，打开面积图主对话框。

(3) 在面积图主对话框中依次选择【简单箱图】→【个案组摘要(G)】选项，点击【定义】按钮打开定义简单面积图：个案组摘要主对话框。

(4) 【面积的表征】包含五个选项，分别为个案数(N)、个案数的%(A)和累积个数(C)、累积%(M)和其他统计量(如均值)(S)，本例中选择其他统计量(如均值)(S)。【变量(V)】栏添加 AQI，【类别轴(X)】添加日期，点击【确定】按钮生成 AQI 简单面积图[图 1-16(b)]。

Python 作图流程

运行"D:\环境数据分析\第一章\例 1-4 面积图.ipynb"，主要代码及结果如下：

import pandas as pd

import matplotlib.pyplot as plt

data = pd.read_excel(r"D:\环境数据分析\第一章\例 1-4 面积图.xlsx")

x = data.iloc[:, 0]

y = data.iloc[:, 1]

plt.fill_between(x, y)

plt.xlabel('Date')

plt.ylabel('AQI')

plt.show()

输出结果如图 1-16(c)所示。

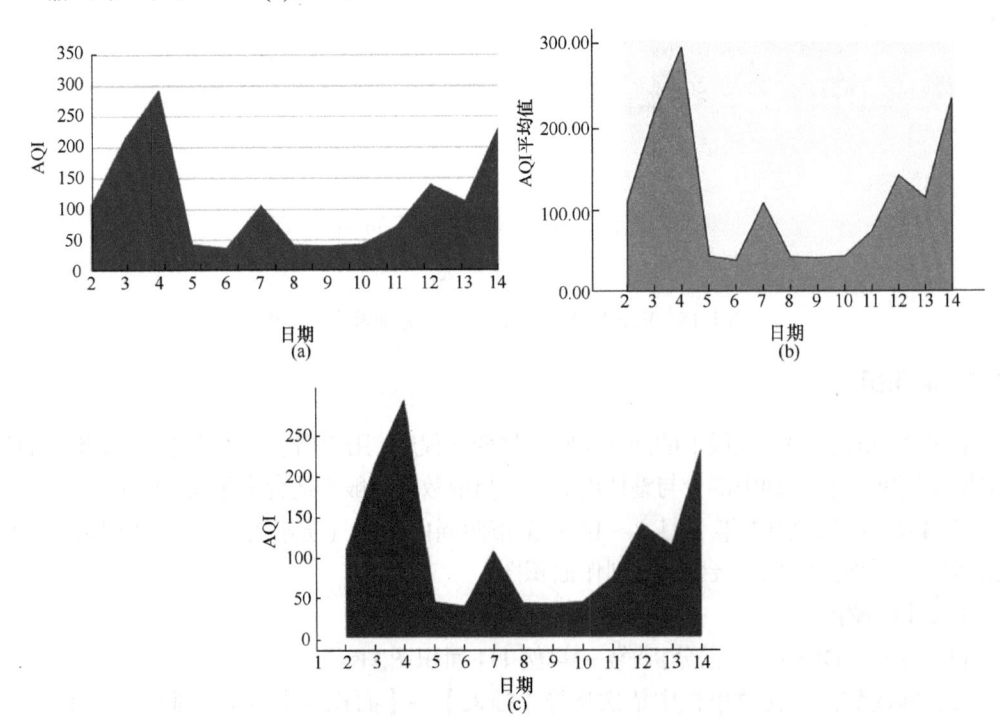

图 1-16　Excel、SPSS 及 Python 分别输出的面积图

1.7.4　饼图

饼图(pie chart)是显示数据各个组成所占比例的图形，以扇形面积表示各定性变量的

频率分布。所有定性变量的总频率和等于 100%。饼图主要有二维饼图和三维饼图形式。二维饼图包括普通饼图、分离型饼图、复合饼图、复合条饼图。

复合饼图将主饼图中所占比例较小的对象放大后用另一张饼图突出表示。分离型饼图是将某类别的扇形区域从饼图中分离出来，直观反映其在总体的占比以及各个类别情况。

例 1-5 已知某年 7 月居民垃圾分类教育程度调查问卷数据，试绘制居民垃圾分类了解情况的二维及三维饼图。

Excel 作图流程

(1) 打开 "D:\环境数据分析\第一章\例 1-5 饼图.xlsx"。

(2) 框选数据，在菜单栏中依次选择【插入】→【饼图】→【二维饼图】选项，即可生成 AQI 的饼图。Excel 中的饼图能够自动更新，当源数据比例改变时，其图表中对应各个部分的比例会自动调整。

(3) 依次选择【插入】→【饼图】→【三维饼图】选项，即可生成居民垃圾分类情况了解程度占比的简单三维饼图。三维饼图分为普通三维饼图和分离型三维饼图。在绘图区双击或者右键点击选择【三维旋转】，弹出对话框如图 1-17 所示。其中，【旋转】功能下 X 方向的角度设置可以控制第一扇区起始角度，Y 方向的角度设置可以控制饼图向纸面里外翻转。

图 1-17 三维饼图"三维旋转"选项卡

(4) 在要突出显示的扇形区双击弹出"设置数据系列格式"对话框(图 1-18)，在"系列选项"下通过设置"第一扇区起始角度"或"点爆炸型"，分别旋转饼图和分割扇形。或者在插入时选择"分离型三维饼图"直接绘制。综合以上设置方式，得到饼图样式(图 1-19)。

图 1-18 三维饼图"设置数据系列格式"选项卡

由图 1-19 的饼图可得出居民对垃圾分类的了解程度占比由高至低依次为比较了解、基本了解、非常了解、不了解。

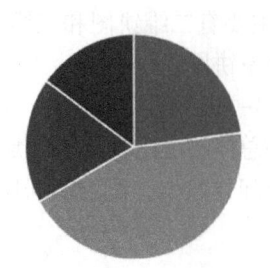

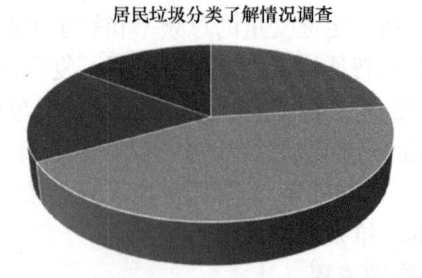

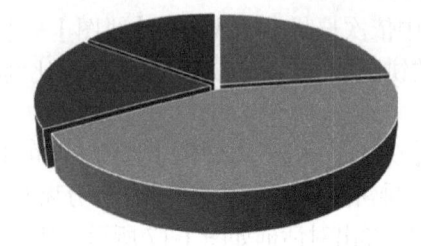

图 1-19　Excel 系列饼图

SPSS 作图流程

(1) 打开 "D:\环境数据分析\第一章\例 1-5 饼图.sav"。

(2) 依次选择【图形(G)】→【旧对话框(L)】→【饼图(E)…】选项，打开饼图主对话框。

(3) 在饼图主对话框中选择【个案组摘要(G)】选项，点击【定义】按钮打开定义饼图：个案组摘要主对话框。

(4) 分区的表征栏可选择【个案数(N)】、【个案数的%(A)】和【变量和(S)】三个选项。本例选择【变量综合】，在【定义分区(B)】栏添加垃圾分类了解程度这一变量，在【变量和(S)】选择了解百分比这一变量，点击【确定】按钮即生成主要污染物的饼图[图 1-20(a)]。

Python 作图流程

运行 "D:\环境数据分析\第一章\例 1-5 饼图.ipynb"，主要代码及结果如下：

import pandas as pd

import matplotlib.pyplot as plt

data = pd.read_excel(r"D:\环境数据分析\第一章\例 1-5 饼图.xlsx")

x = data.iloc[:, 1]

y = data.loc[:,'垃圾分类了解情况'].values.tolist()

plt.pie(x,labels = y, labeldistance = 1.2, explode = (0.1,0.1,0.1,0.1))

plt.rcParams['font.sans-serif'] = ['SimHei'] #显示中文

plt.savefig(r'D:\环境数据分析\第一章\例 1-5 饼图.png',dpi = 1200)

plt.show()

输出结果如图 1-20(b)所示。

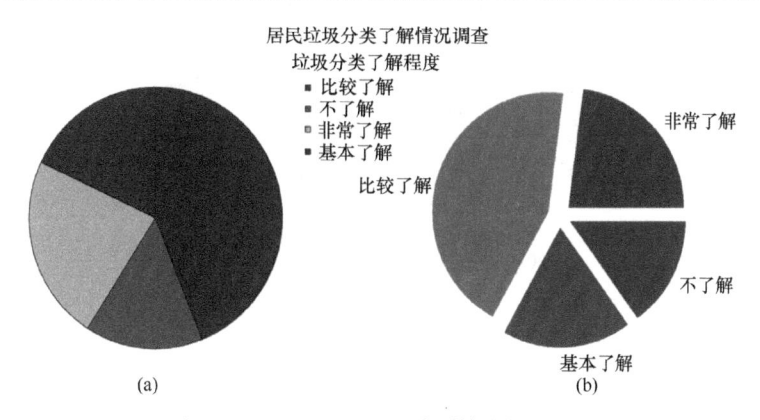

图 1-20　SPSS、Python 分别输出的面积图

1.7.5　条形图

条形图(bar chart)利用相同宽度的直条表征某项指标的大小，通常采用组数、组宽度、组限三个要素描绘条形图，可分为垂直条形图和水平条形图。

例 1-6　已知 74 座城市某年 7~9 月 $PM_{2.5}$ 浓度，试用简单条形图绘制 $PM_{2.5}$ 浓度平均值。

Excel 作图流程

(1) 打开"D:\环境数据分析\第一章\例 1-6 条形图.xlsx"。

(2) 框选数据，在菜单栏中依次选择【插入】→【柱形图】→【二维柱形图】→【簇状柱形图】选项，即可生成 $PM_{2.5}$ 浓度均值的垂直柱形图[图 1-21(a)]。

SPSS 作图流程

(1) 打开"D:\环境数据分析\第一章\例 1-6 条形图.sav"。

(2) 依次选择【图形(G)】→【旧对话框(L)】→【条形图(B)…】选项，打开条形图主对话框。

(3) 在条形图主对话框中依次选择【简单箱图】→【个案组摘要(G)】选项，点击【定义】按钮生成定义简单条形图：个案组摘要主对话框。

(4) 本例"条的表征"选择【其他统计量(例如均值)(S)】，【变量(V)】栏添加 $PM_{2.5}$，【类别轴(X)】添加月份，点击【确定】按钮即生成 $PM_{2.5}$ 浓度均值的条形图[图 1-21(b)]。

Python 作图流程

运行"D:\环境数据分析\第一章\例 1-6 条形图.ipynb"，主要代码及结果如下：

```
import pandas as pd
import matplotlib.pyplot as plt
import seaborn as sns
data = pd.read_csv(r"D:\环境数据分析\第一章\例 1-6 条形图.csv")
sns.set(style = 'dark',palette = 'tab20') #设置图标底纹和柱状颜色
fig = sns.barplot(x = data['Month'],y = data['PM2.5']) #选择横纵坐标内容
scatter_fig = fig.get_figure()
```

结果显示如图 1-21(c)所示。

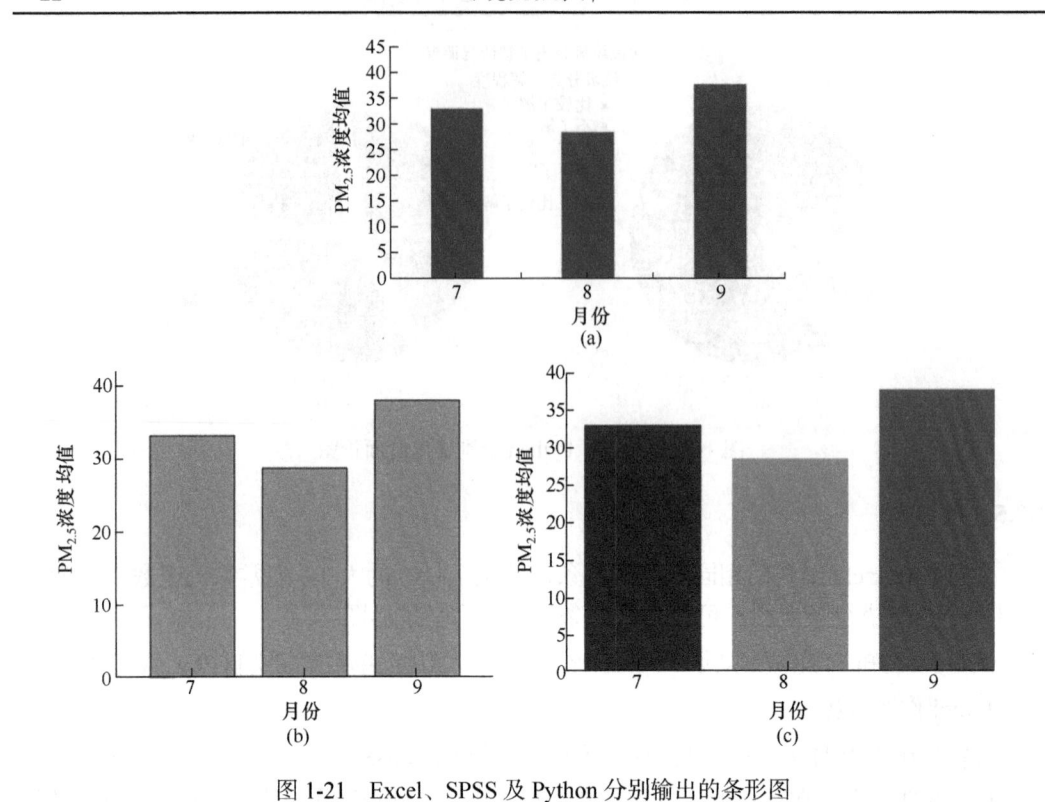

图 1-21　Excel、SPSS 及 Python 分别输出的条形图

知识拓展 1-7　绘制带误差棒的误差条形图

运行"D:\环境数据分析\第一章\知识拓展-1-误差条形图.ipynb":

import pandas as pd

import matplotlib.pyplot as plt

import numpy as np

data = pd.read_csv(r"D:\环境数据分析\第一章\例 1-6 条形图.csv")#导入数据

x = ["七月", "八月", "九月"]

y = data.iloc[:,1]

x_err = data.iloc[:,2]

plt.rcParams['font.sans-serif'] = ['SimHei']#显示中文

plt.bar(x, y, yerr = x_err, ecolor = 'r')

plt.bar(x, y, yerr = x_err, ecolor='r')

plt.xlabel('月份') #添加横坐标名称

plt.ylabel('PM$_{2.5}$ 浓度均值') #添加纵坐标名称

输出结果如图 1-22 所示。

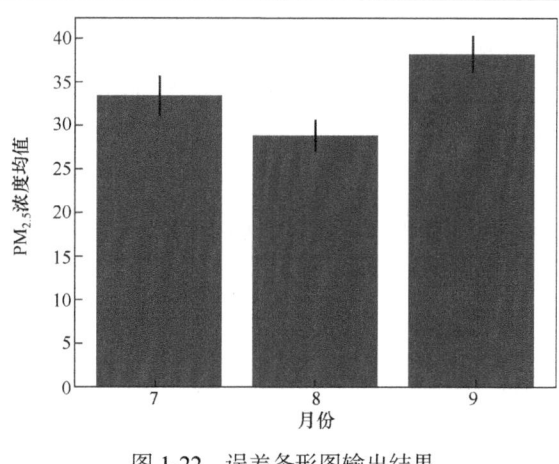

图 1-22　误差条形图输出结果

知识拓展 1-8　使用 Python 制作 1500～2018 年国际大城市人口动态变化条形图

运行"D:\环境数据分析\第一章\知识拓展-2-世界人口动态条形图.ipynb",动态展示历年人口的变化(图 1-23)。

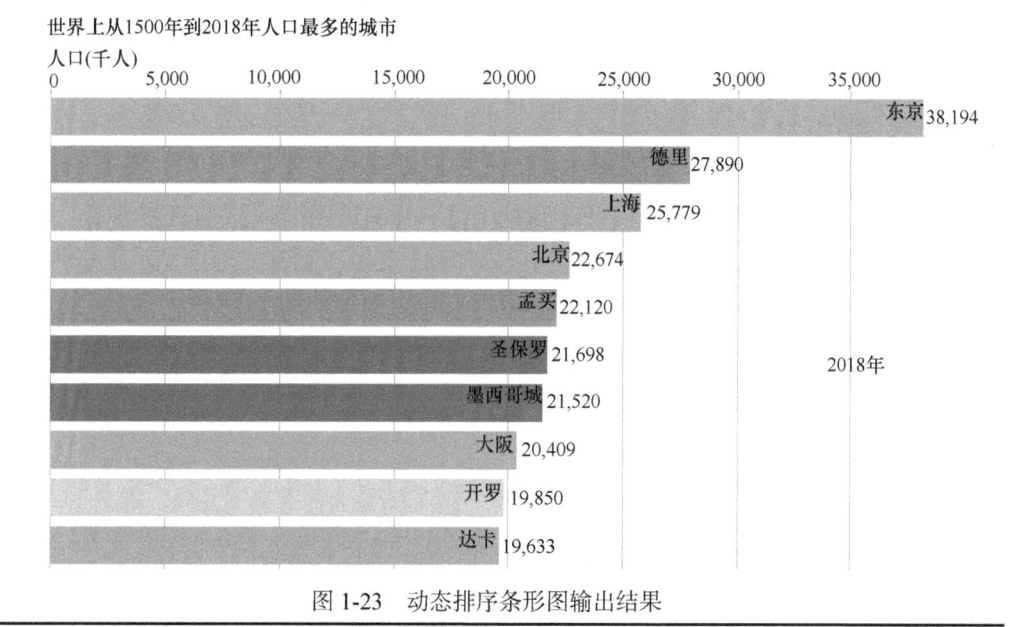

世界上从1500年到2018年人口最多的城市

城市	人口(千人)
东京	38,194
德里	27,890
上海	25,779
北京	22,674
孟买	22,120
圣保罗	21,698
墨西哥城	21,520
大阪	20,409
开罗	19,850
达卡	19,633

2018年

图 1-23　动态排序条形图输出结果

1.7.6　直方图

直方图(histogram)是频数直方图的简称。通过一系列宽度相等、高度不等的长方形给出数据分布图。一般纵轴表示数据的分布,而横轴表示数据类型。长方形宽度表示数据范围的间隔,长方形高度表示给定间隔内的数据数。英国统计学家卡尔·皮尔逊首次引入直方图用于连续变量(定量变量)的概率分布估计。

例 1-7　根据 74 座城市 7～9 月的 $PM_{2.5}$ 浓度,绘制各月份 $PM_{2.5}$ 浓度直方图。

Excel 作图流程

(1) 打开"D:\环境数据分析\第一章\例 1-7 直方图.xlsx"。

(2) 在菜单栏中依次选择【数据】→【数据分析】，打开数据分析主对话框，选择直方图并点击【确定】按钮。

(3) 在直方图主对话框中，将 222 次监测数据 $PM_{2.5}$ 浓度添加到【输入区域(I)】，【接收区域(B)】选择 $PM_{2.5}$ 浓度间隔范围，并在输出选项栏选择输出区域，勾选【累积百分率(M)】和【图表输出(C)】选项，生成 $PM_{2.5}$ 浓度直方图，输出结果如图 1-24 所示。

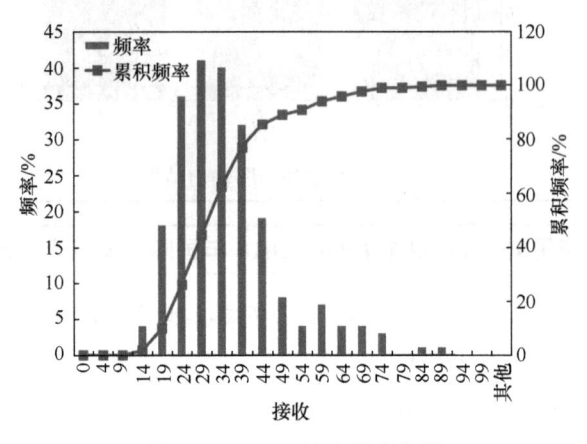

图 1-24　Excel 输出的直方图

SPSS 作图流程

(1) 打开"D:\环境数据分析\第一章\例 1-7 直方图.sav"。

(2) 依次选择【图形(G)】→【旧对话框(L)】→【直方图(I)…】，打开直方图主对话框。

(3) 在直方图主对话框中将变量 $PM_{2.5}$ 添加到【变量(V)】中，勾选显示正态曲线(D)，点击【确定】按钮，可生成 $PM_{2.5}$ 浓度直方图，输出结果如图 1-25 所示。

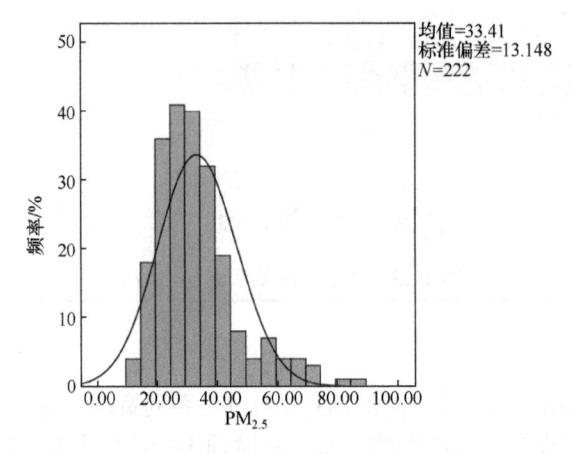

图 1-25　SPSS 输出的直方图

Python 作图流程

运行"D:\环境数据分析\第一章\例 1-7 直方图.ipynb"，主要代码及结果如下：

```
import pandas as pd
import matplotlib.pyplot as plt
import numpy as np
from scipy.stats import norm
data = pd.read_csv(r"D:\环境数据分析\第一章\例 1-7 直方图.csv",index_col = 0)
plt.hist(data,bins = 20,edgecolor = 'black',density = True) #绘制直方图
x = np.arange(0, 100, 1)
y = norm.pdf(x, np.mean(data), np.std(data))
plt.plot(x, y)
plt.xlabel('PM2.5')
plt.ylabel('Probability')
plt.show()
```
输出结果如图 1-26 所示。

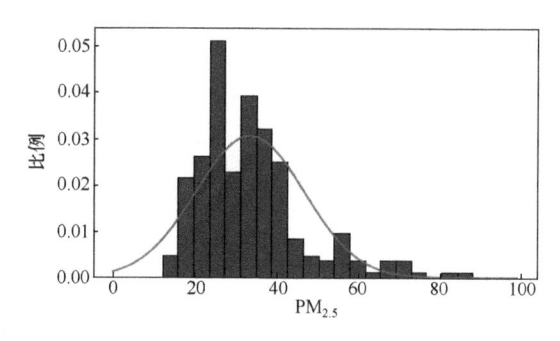

图 1-26 Python 输出的直方图

知识拓展 1-9　Excel 频数直方图输入区域的确定

具体以例 1-7 的数据为例，根据 Sturge 分组公式，确定输入区域。

(1) 根据数据求变幅 R。$R = y_{max} - y_{min}$。例 1-7 数据：$R = 88 - 12 = 76$。

(2) 预估分组数 k。采用 Sturge 公式估计：$k = 1 + 3.3 \lg N$(N 为总体或样本容量)
$$k = 1 + 3.3 \lg 222 = 8.7 \approx 9 (预选 9 组)$$

(3) 确定组距 C。前后两组上限之差由 $C = R/k$ 来估计
$$C = 76/9 = 8.44 (取 9)$$

(4) 选定各组的上限 L_i 及总分组数。最小组上限 $L_1 > y_{min}$，最大组上限 $L_k > y_{max}$，$L_i = L_{i-1} + C$。
$$L_1 = 15 > 12,\ L_2 = L_1 + 9 = 24,\ \cdots,\ L_9 = 90 > 88$$

(5) 初步确定输入区域为 15、24、33、42、51、60、69、78、90。在文件例 1-7 直方图.xlsx 中输入此输入区域，进一步制作直方图。

1.7.7　误差条图

误差条图(error bar chart)常用于描述数据的离散程度，主要有置信区间、样本均值和

个体标准差、样本均值和标准误差等形式，适合比较多次平行实验的差异程度。

误差条图还可辅助用于统计推断时组间信息的对比，但不能简单比较两样本均值的大小而判断是否有统计学差异。正确方法是先通过统计假设检验判断是否有显著差异，有差异，才可通过误差条图将样本差异图形化。

例 1-8 已知 74 座城市某年 7～9 月 $PM_{2.5}$ 浓度，试制作 $PM_{2.5}$ 浓度误差条图。

SPSS 作图流程

(1) 打开"D:\环境数据分析\第一章\例 1-8 误差条图.sav"。

(2) 依次选择【图形(G)】→【旧对话框(L)】→【误差条形图(O)…】选项，打开误差条形图主对话框。

(3) 在误差条图主对话框中依次选择【简单】→【个案组摘要(G)】，点击【定义】按钮打开定义简单误差条形图：个案组摘要主对话框。

(4) 本例中【变量(V)】栏添加 $PM_{2.5}$，【类别轴(C)】添加月份，【条的表征】可根据需要选择均值的置信区间、均值的标准误和标准差(R)三个选项。本例选择默认选项均值的 95%置信区间，点击【确定】按钮即生成 $PM_{2.5}$ 浓度均值的简单误差条图(图 1-27)。

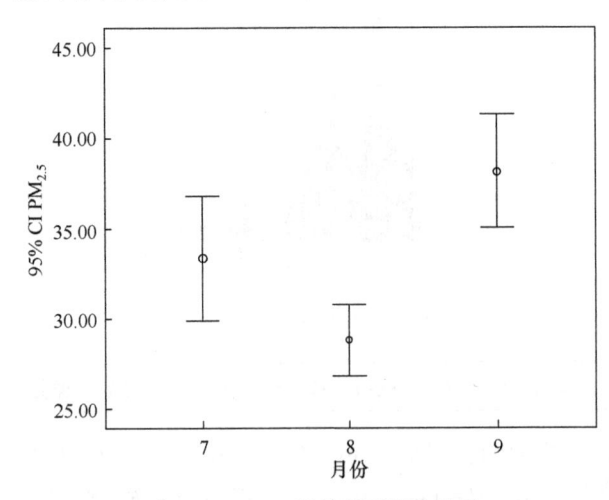

图 1-27　SPSS 误差条图输出结果

Python 作图流程

运行"D:\环境数据分析\第一章\例 1-8 误差条图.ipynb"，主要代码及结果如下：

import pandas as pd
import matplotlib.pyplot as plt
import numpy as np
data   = pd.read_csv(r"D:\环境数据分析\第一章\例 1-8 误差条形图.csv")
x = ["七月","八月","九月"]
y   = data.iloc[0:3,4]
xe = data.iloc[0:3,5]
plt.rcParams['font.sans-serif'] = ['SimHei'] #显示中文
plt.errorbar(x, y, yerr = xe, fmt = 'o', capsize = 4, capthick = 2)

输出结果如图 1-28 所示。

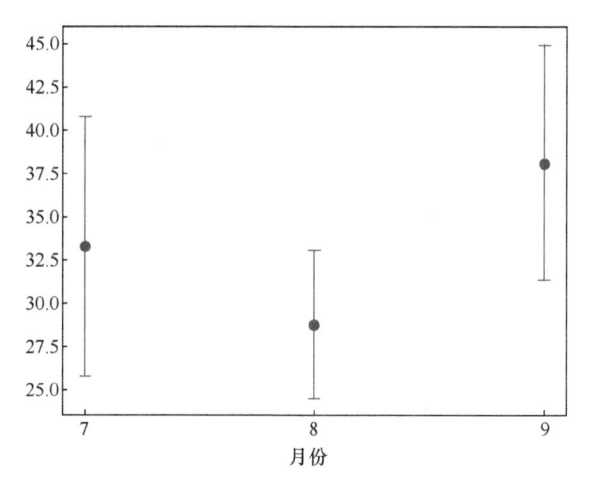

图 1-28 Python 误差条图输出结果

1.7.8 箱形图

箱形图可综合描述变量的平均水平和变异程度，箱体越长，数据变异程度越大(图 1-29)。箱体中间横线为中位数，若中间横线在箱体的中点表明数据分布对称。上下两端分别为 75%百分位数(Q_3)和 25%百分位数(Q_1)。从箱体延伸的 T 形条称为内围或细线。内围条延伸至箱体高度的 1.5 倍，若所有数据都落在内围之间，则延伸至最小或最大值处。箱形图的两端连线分别是除异常值外的最小值和最大值。

箱形图还可显示数据的异常值和极端值。内围之外的值称为离群值，用"。"表示，落在箱体外超过箱体高度 3 倍的离群值称为极端值，用"*"表示(图 1-29)。

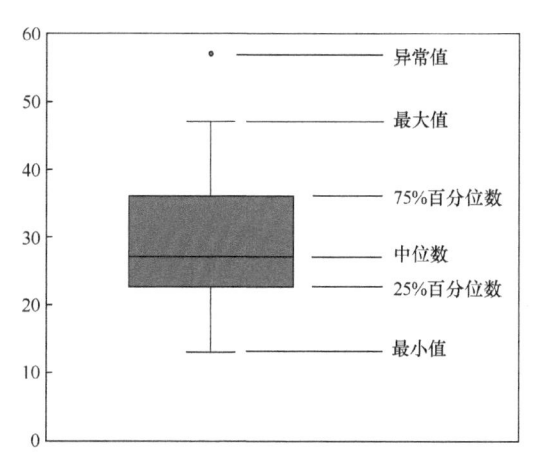

图 1-29 箱形图解析

例 1-9 已知 74 座城市某年 7～9 月 $PM_{2.5}$ 浓度，试制作 $PM_{2.5}$ 浓度箱形图。

<mark>Excel 作图流程</mark>

(1) 打开"D:\环境数据分析\第一章\例 1-9 箱形图.xlsx"。

(2) 框选数据，在菜单栏中依次选择【插入】→【箱形图】，生成图 1-30(a)。

SPSS 作图流程

(1) 打开"D:\环境数据分析\第一章\例 1-9 箱形图.sav"。

(2) 依次选择【图形(G)】→【旧对话框(L)】→【箱图(X)⋯】选项，打开箱图主对话框。

(3) 在箱图主对话框中依次选择【简单】→【个案组摘要(G)】选项，点击【定义】按钮打开定义简单箱图：个案组摘要主对话框。

(4) 本例中【变量(V)】栏添加 $PM_{2.5}$，【类别轴(C)】添加月份，点击【确定】按钮即生成 $PM_{2.5}$ 浓度的简单箱形图[图 1-30(b)]。箱形图中间的深色黑线表示 $PM_{2.5}$ 浓度的中位数，箱体的顶部和底部分别表示 $PM_{2.5}$ 浓度的 75%百分位数和 25%百分位数，箱体内包含 50%的个案。箱体长度反映不同月份 $PM_{2.5}$ 浓度的变异程度。

Python 作图流程

运行"D:\环境数据分析\第一章\例 1-9 箱形图.ipynb"，主要代码及结果如下：

import pandas as pd

import matplotlib.pyplot as plt

import seaborn as sns

data = pd.read_csv(r"D:\环境数据分析\第一章\例 1-9 箱形图.csv")

sns.boxplot(x = data["Month"],y = data["PM2.5"],color = 'lightblue',width = 0.5,flierprops = {'marker':'o','markerfacecolor':'red',}) #异常值形状、填充色

plt.show()

输出结果如图 1-30(c)所示。

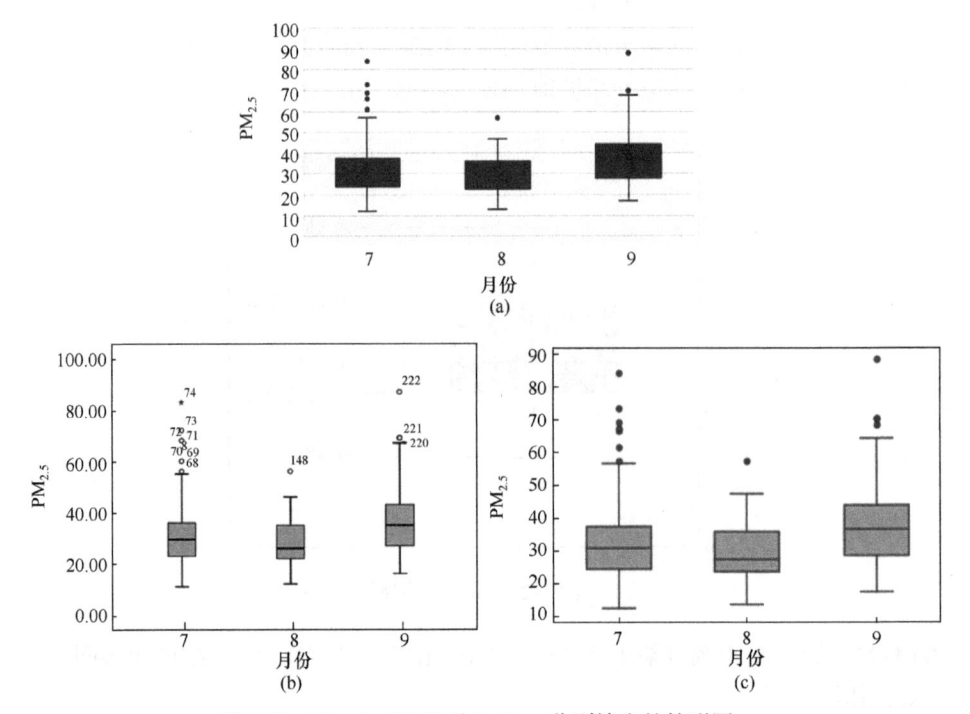

图 1-30　Excel、SPSS 及 Python 分别输出的箱形图

1.7.9 小提琴图

小提琴图(violin plot)结合箱形图和密度图的特征，展示多组数据的分布状态及概率密度，一般用于连续型数据。在小提琴图中，可获取与箱形图中相同的信息，中间白点为中位数，中心黑色条上下两端分别为75%百分位数和25%百分位数，两端连线分别是除异常值外的最小值和最大值，连线之外的值为离群值。

例 1-10 已知74座城市某年7~9月$PM_{2.5}$浓度，试制作$PM_{2.5}$浓度小提琴图。

<u>Python 作图流程</u>

运行"D:\环境数据分析\第一章\例 1-10 小提琴图.ipynb"，主要代码及结果如下：

```
import pandas as pd
import matplotlib.pyplot as plt
import seaborn as sns
data = pd.read_csv(r"D:\环境数据分析\第一章\例 1-10 小提琴图.csv")
sns.violinplot(x = data["Month"], y = data["PM2.5"])
plt.xlabel('Month')
plt.ylabel('PM2.5')
plt.show()
```

输出结果如图 1-31 所示。

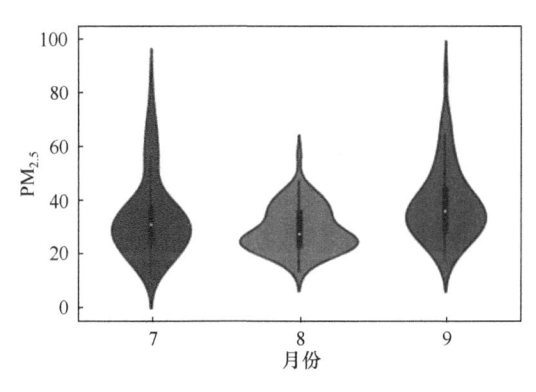

图 1-31 Python 输出的小提琴图

1.7.10 森林图

森林图(forest plot)是针对不同研究提出同一问题的图形化方法，简单直观地展示单一研究和汇总研究，常用于 Meta 分析、观察性研究和临床试验、风险分析及生存分析等。具体以一条垂直的无效线(横坐标为 1 或 0)为中心，用若干条平行于坐标轴的线段表示每个被纳入研究的效应量及95%置信区间，用菱形描述多个效应量及95%置信区间。

例 1-11 根据冠状动脉疾病患者病例相关数据(血管位置、病变复杂性等数据)，试绘制森林图分析。

<u>Excel 作图流程</u>

(1) 打开"D:\环境数据分析\第一章\例 1-11 森林图.xlsx"。

(2) 框选数据 A1~D7，在菜单栏中依次选择【插入】→【图表】→【股价图】，选择【盘高-盘低-收盘图】。在生成图的基础上，对坐标轴刻度、交叉点等进行调整即可。注意，数据需按高 95% CI、低 95% CI、效应量顺序存储(图 1-32)。

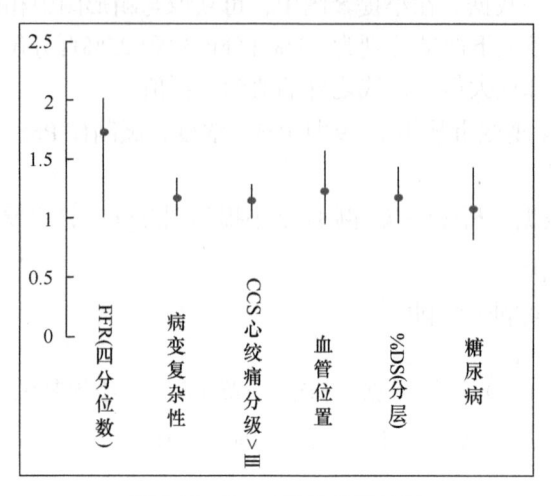

图 1-32 Excel 产生的森林图

Python 作图流程

运行 "D:\环境数据分析\第一章\例 1-11 森林图.ipynb"，主要代码及结果如下：

```
import pandas as pd
import matplotlib.pyplot as plt
pip install zepid #第一次执行需要安装 zepid；再次运行无须重复此步
from zepid.graphics import EffectMeasurePlot
data = pd.read_csv(r"D:\环境数据分析\第一章\例 1-11 森林图.csv",encoding='gbk')
label = data.loc[:,'变量'].values
label = label.tolist()#读取数据并转化格式
label
effect = data.loc[:,'风险比 HR'].values
effect = effect.tolist()#读取数据并转化格式
effect
lower = data.loc[:,'95%置信区间 lower'].values
lower = lower.tolist()#读取数据并转化格式
lower
upper = data.loc[:,'95%置信区间 upper'].values
upper = upper.tolist()#读取数据并转化格式
upper
plt.rcParams['font.sans-serif'] = ['SimHei'] #显示中文
p = EffectMeasurePlot(label = label, effect_measure = effect, lcl = lower, ucl = upper)
p.labels(effectmeasure = 'HR')
```

```
p.colors(pointshape = "D")
ax = p.plot(figsize = (6,4))
ax.spines['top'].set_visible(False)
ax.spines['right'].set_visible(False)
ax.spines['bottom'].set_visible(True)
ax.spines['left'].set_visible(False)
```
输出结果如图 1-33 所示。

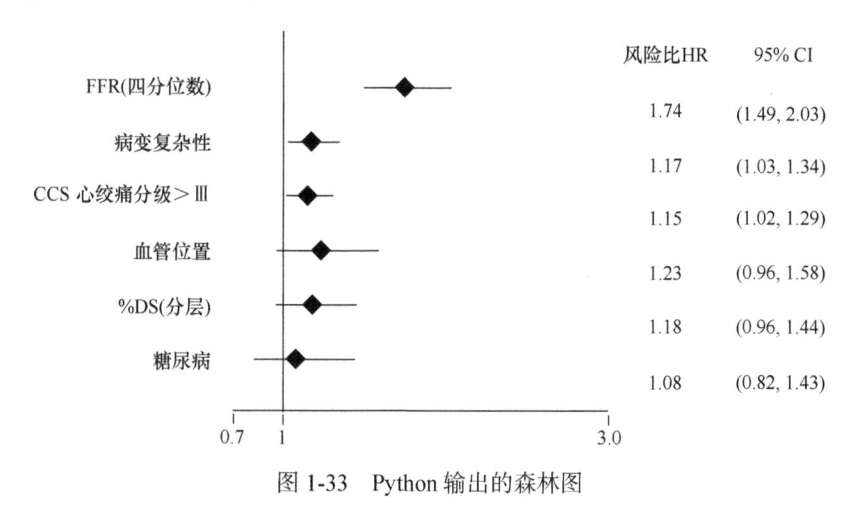

图 1-33 Python 输出的森林图

1.7.11 热图

热图(heat map)用颜色代表数字，直观展示数据的差异对比。热图的每个色块代表一个数值，通过色块颜色变化反映二维矩阵中数值的大小。

例 1-12 根据 sklearn 库自带鸢尾花数据集，试对萼片长度(sepal_length)、萼片宽度(sepal_width)、花瓣长度(petal_length)、花瓣宽度(petal_width)相关系数数据进行热图绘制。

<u>Excel 作图流程</u>

(1) 打开 "D:\环境数据分析\第一章\例 1-12 热图.xlsx"。

(2) 选中数据，在【开始】菜单栏中依次选择【样式】→【条件格式】→【新建规则】，打开新建格式规则对话框。

(3) 选择规则类型为【基于各自值设置所有单元格的格式】，【编辑规则说明】中，选择格式样式为双色刻度，最小值选择最低值颜色为蓝色，最大值选择最高值颜色为红色，点击确定。

(4) 在菜单栏中依次选择【单元格】→【格式】→【设置单元格格式】。

(5) 选择分类为自定义，在类型中输入英文状态下的三个分号(;;;)，点击确定，生成热图如图 1-34(a)所示。

Python 作图流程

运行"D:\环境数据分析\第一章\例 1-12 热图.ipynb",主要代码及结果如下:

import pandas as pd

import matplotlib.pyplot as plt

import seaborn as sns

import numpy as np

iris = datasets.load_iris() #导入鸢尾花数据

x, y = iris.data, iris.target

pd_iris = pd.DataFrame(np.hstack((x, y.reshape(150, 1))),columns = ['sepal length(cm)','sepal width(cm)','petal length(cm)','petal width(cm)','class'])

pd_iris.corr(method = 'pearson')   #计算 Pearson 相关系数

sns.heatmap(pd_iris.corr(method = 'pearson').drop(['class'], axis = 1).drop(['class'], axis = 0),annot = True) #绘制鸢尾花数据集相关性热力图

plt.show()

输出结果如图 1-34(b)所示。

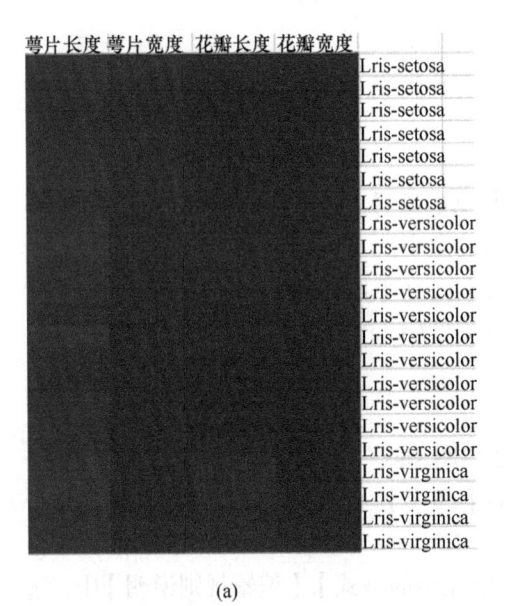

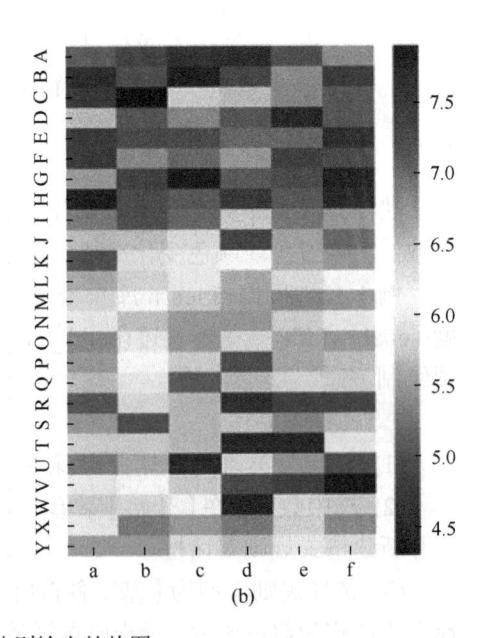

图 1-34 Excel 和 Python 分别输出的热图

知识拓展 1-10　基于 ChatGPT 的代码生成和诊断

ChatGPT 或 GPT-4 能够辅助代码生成、解释、查询报错信息、调试等任务。在 ChatGPT 对话框(https://chat.openai.com/)进行提问,即时实现代码生成及错误诊断。

(1) 关于代码生成,在 ChatGPT 对话框输入命令及数据,自动生成代码,如下:

第 1 章　数据统计描述与图形化

> 请编写一段Python代码，对下列数据进行线性拟合。
> 空气铅 0.98 0.85 1.25 1.44 1.03 1.58 1.23 1.55 1.45 1.54 1.68 1.9 1.65 1.08 1.63 1.66 1.89 1.56 1.9 2.2 2.03 1.78 1.54 1.77 2.05 1.88
> 脐血铅 1.42 1.47 1.5 1.58 1.59 1.62 1.63 1.64 1.64 1.65 1.65 1.7 1.72 1.75 1.78 1.8 1.81 1.82 1.83 1.86 1.87 1.93 1.94 1.96 1.99 2.05

要对给定的数据进行线性拟合，你可以使用NumPy库中的polyfit函数。以下是代码示例：

```python
import numpy as np
# 给定数据
air_lead = np.array([0.98, 0.85, 1.25, 1.44, 1.03, 1.58, 1.23, 1.55, 1.45, 1.54, 1.68, 1.9, 1.65,
    1.08, 1.63, 1.66, 1.89, 1.56, 1.9, 2.2, 2.03, 1.78, 1.54, 1.77, 2.05, 1.88])
blood_lead = np.array([1.42, 1.47, 1.5, 1.58, 1.59, 1.62, 1.63, 1.64, 1.64, 1.65, 1.65, 1.7,
    1.72, 1.75, 1.78, 1.8, 1.81, 1.82, 1.83, 1.86, 1.87, 1.93, 1.94, 1.96, 1.99, 2.05])
# 进行线性拟合
slope, intercept = np.polyfit(air_lead, blood_lead, 1)
# 输出线性回归方程
print("Linear Regression Equation: y = {:.2f}x + {:.2f}".format(slope, intercept))
```

(2) 关于代码诊断，在 ChatGPT 对话框输入代码，ChatGPT 给出代码诊断信息，如下：

> 下列代码是否存在错误？
> ```python
> import pandas as pd
> data = pd.read_csv("D:\环境数据分析\第一章\例 1-3 线图.csv")
> x = data.iloc[:, 0]
> y = data.iloc[:, 1]
> plt.plot(x, y)
> plt.xlabel('Date') #设置 X 轴标签
> plt.ylabel('AQI') #设置 Y 轴标签
> plt.show()
> ```

根据你提供的代码，有以下问题：

1. **文件路径问题**：文件路径中的反斜杠（`\`）在Python中被视为转义符。在字符串中，如果你要表示一个单独的反斜杠，你需要使用双反斜杠（`\\`）或者在字符串前面加一个 `r`（例如，`r"D:\环境数据分析\第一章\例 1-3 线图.csv"`）。
2. **缺少模块导入**：代码中使用了 `plt`，但是没有导入Matplotlib库。你需要导入Matplotlib的子模块，例如 `import matplotlib.pyplot as plt`。
3. **文件不存在**：如果指定的CSV文件路径不正确或者文件不存在，`pd.read_csv` 会抛出 `FileNotFoundError`。确保文件存在于指定的路径。
4. **数据格式问题**：如果CSV文件的格式不正确，或者第一行不是列名，`pd.read_csv` 可能无法正确读取数据。
5. **数据列数问题**：如果CSV文件中的数据列数与代码中的列数不匹配，可能会导致 `data.iloc[:, 0]` 或 `data.iloc[:, 1]` 出现索引错误。

习　题

1. 针对部分数据缺失的 Iris 数据集(D:\环境数据分析\第一章\习 1-1Iris 数据集-空缺部分.xlsx)进行探索性分析，包括数据计数、缺失值补全等。针对完整 Iris 数据集进行柱状图、计数图等可视化图像绘制。

2. 针对 2021 年全国分地区废水、废气和固废主要排放物的排放情况(D:\环境数据分析\第一章\习 1-2 废气.xlsx、习 1-2 废水.xlsx、习 1-2 固废.xlsx)，试用 Pandas 对该数据进行合并、统计、排序。

3. 针对某水域进行采样检测某污染物含量(D:\环境数据分析\第一章\习 1-3 污染物.xlsx)，试用 Python 查找存在缺失值的采样点，并用均值对其进行补充。

4. 针对某地土壤生物比例(D:\环境数据分析\第一章\习 1-4 土壤生物.xlsx)，试用 Excel 和 SPSS 绘制各种类土壤生物比例的饼图。

5. 针对某植物 5 个组别的株高(D:\环境数据分析\第一章\习 1-5 株高.xlsx)，试用 Python 绘制该数据的直方图、箱形图、小提琴图、误差条图。

6. 针对某 10 个化合物(X1～X10)能够诱导多种基因表达异常(D:\环境数据分析\第一章\习 1-6 热图.xlsx)，试绘制基因表达的热图。

7. 针对企鹅数据集绘制 x/y 轴直方图、分层分组直方图、按列分面直方图(数据来源：https://gitee.com/nicedouble/seaborn-data/raw/master/penguins.csv)。

8. 根据 Kaggle 的各国历年二氧化碳排放数据(D:\环境数据分析\第一章\习 1-8 国家二氧化碳排放.xlsx)，试用 Python 绘制该数据的动态条形图。

第 2 章　环境数据分布与假设检验

2.1　总体与样本

2.1.1　总体与样本概述

总体是研究对象的全体,分为有限总体和无限总体。构成总体的单位为个体。总体所包含的个体数量称为总体容量。总体容量分为有限容量和无限容量两种,总体具有三大典型特征:①同质性,同一总体内的各个体必须在某方面具有相同性质;②变异性,同一总体中的个体存在变异性;③大量性。

构成总体的单位为个体,样本中所包含的个体数目 n 称为样本容量(样本量)。样本是总体的代表和反映,是统计推断的基本依据。

2.1.2　样本统计量与总体参数

样本统计量是能反映样本分布特征的随机变量,其取值取决于从总体中所选出的特定样本或样本集,如样本均值 $\bar{x}$ 和样本方差 s^2。

总体参数是对研究对象总体中某变量的概括性描述,如总体均值 μ、总体方差 σ^2 等。样本的统计量反映总体参数特征(表 2-1)。

$$\mu_{\bar{x}} = \mu \tag{2.1}$$

$$\sigma_{\bar{x}}^2 = \frac{\sigma^2}{n} \tag{2.2}$$

$$s_{\bar{x}} = \frac{s}{\sqrt{n}} \tag{2.3}$$

表 2-1　总体参数与样本统计量

总体数	总体参数	符号表示	样本统计量
1 个	均值	μ	$\bar{x}$
	比例	p	$\hat{p}$
	方差	σ^2	s^2
2 个	均值之差	$\mu_1 - \mu_2$	$\bar{x}_1 - \bar{x}_2$
	比例之差	$p_1 - p_2$	$\hat{p}_1 - \hat{p}_2$
	方差比	$\dfrac{\sigma_1^2}{\sigma_2^2}$	$\dfrac{s_1^2}{s_2^2}$

2.1.3　抽样

当总体容量较大或为无限容量时,需通过抽样调查方式进行研究。从总体中抽取一部分样本的过程称作抽样。抽样的目的是获得能够描述总体的样本统计量，以此推断总体的特征和规律。为保证样本的代表性，常采用随机抽样与非随机抽样方法。

随机抽样又称概率抽样，是按照随机性、独立性的原则在总体中随机抽取样本，所得样本称为随机样本。每个个体被抽中的机会均等，且个体的抽样不影响其他个体。最常用的随机抽样方法包括简单随机抽样、等距抽样、分层抽样和整群抽样。

简单随机抽样对总体不做分组、排队处理，凭借随机概率得到样本，分为重复抽样和不重复抽样。

等距抽样根据一定距离对总体进行抽样，又称系统抽样。先将总体中的个体按照一定顺序进行排列并依次编号，再根据总体数 N 和样本容量 n 计算抽样距离 $D=\dfrac{N}{n}$，并在相同的距离或间隔内抽取个体。

分层抽样是将总体按照某一特征或标志分成若干互不交叉的层，然后从各层中采用随机抽样的方法抽取子样本，再将若干子样本组合成总体。

整群抽样是将总体分为若干互不交叉的群，要求各个群是总体的代表，再对其中的一个或某几个群进行全面分析。

非随机抽样又称非概率抽样，不遵循随机的原则，根据研究人员的主观经验和主观考虑因素或其他限制条件来抽取样本。

思考题 2-1 针对大数据，是否不再需要抽样？

数据科学家维克托·迈尔-舍恩伯格(Viktor Mayer Schnberger)和肯尼斯·库克耶(Kenneth Cukier)在《大数据时代：生活、工作与思维的大变革》(*Big Data: A Revolution That Will Transform How We Live, Work, and Think*)一书提到：大数据不具有随机样本，而是全体数据，在大数据时代，"样本 = 总体"，是否不再需要抽样？

大数据虽已渗透到社会活动的许多领域，但从统计数据来源的角度看，迄今为止，大数据技术所能采集到的样本依然只是总体当中的一小部分，抽样研究依然会占有比较重要的地位。在大数据时代，通过样本来研究总体仍然是一种经济实用的统计分析手段。

知识拓展 2-1　Python 中的随机抽样

Python 的 random sampling、systemic sampling、stratified sampling、cluster sampling 等模块可用于随机抽样。

1) 简单随机抽样(random sampling)

import random
data = range(100)　　#总体数目为 100
print(random.sample(data,5))　　#从 100 个人中随机抽取 5 个
输出结果：4, 19, 82, 45, 41。

2) 等距抽样(systemic sampling)
sample = [element for element in range(1, 100, 5)] #100 个人中，每 5 个人随机抽取 1 人
print (sample)

输出结果：1, 6, 11, 16, 21, 26, 31, 36, 41, 46, 51, 56, 61, 66, 71, 76, 81, 86, 91, 96。

3) 分层抽样(stratified sampling)

import pandas as pd

import numpy as np

from sklearn.model_selection import train_test_split

data = pd.read_excel (r"D:\环境数据分析\第二章\分层抽样.xlsx")

stratified_sampleA, stratified_sampleB = train_test_split(data, test_size = 0.7)

print ("A 样本为：", stratified_sampleA)

print ("B 样本为：", stratified_sampleB)

输出结果：A 样本为 7, 9, 5；B 样本为 9, 7, 4, 3, 14, 40, 15。

4) 整群抽样(cluster sampling)

import numpy as np

import random

clusters = 5

pop_size = 100 #1～5 依次分配 100 个样本

sample_clusters = 2   #随机选出 2 个聚类 ID

cluster_ids = np.repeat([range(1,clusters+1)], pop_size/clusters)

cluster_to_select = random.sample(set(cluster_ids), sample_clusters)

index = [i for i, x in enumerate(cluster_ids) if x in cluster_to_select]

cluster = [el for idx, el in enumerate(range(1, 101)) if idx in index]

print (cluster)

输出结果：1, 2, 3, 4, 5, 6, 7, 8, 9, 10, 11, 12, 13, 14, 15, 16, 17, 18, 19, 20, 81, 82, 83, 84, 85, 86, 87, 88, 89, 90, 91, 92, 93, 94, 95, 96, 97, 98, 99, 100。

例 2-1 采集某条河流 200 份样本，编号为 1～200，试对这 200 份水样进行随机抽样。

Excel 分析

(1) 打开"D:\环境数据分析\第二章\例 2-1 水样编号.xlsx"。

(2) 在菜单【数据】中选择【数据分析】模块，在对话框中选择【抽样】(图 2-1)，点击【确定】按钮后，弹出抽样对话框(图 2-2)，在输入区域选中数据：$A$2:$A$201，即 200 个水样编号的单元格区域。抽样方法选择随机抽样，样本数为 50。

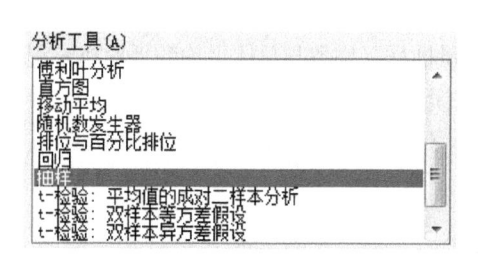

图 2-1 数据分析对话框   图 2-2 抽样对话框

SPSS 分析

(1) 打开"D:\环境数据分析\第二章\例 2-1 水样编号.sav"。

(2) 依次选择【数据(D)】→【选择个案…】选项,打开对话框(图 2-3),选择【随机个案样本(D)】,点击【样本(S)…】按钮,弹出选择个案:随机样本二级对话框(图 2-4)。选择【正好为(E)】,抽样数 50,从第 1 到 200 个,点击【继续(C)】按钮。选择【过滤掉未选定的个案(F)】,点击【确定】,即可得到随机抽取的 50 个水样编号。

图 2-3 选择个案对话框   图 2-4 选择个案:随机样本二级对话框

Python 分析

运行"D:\环境数据分析\第二章\例 2-1 水样编号.ipynb",主要代码及结果如下:

```
import random
data = range(200) #针对 200 个样本编号,随机抽取 50 个水样
print(random.sample(data,50))
```

运行结果:40、113、79、175、54、127、115、166、194、146、147、118、130、57、68、87、13、75、94、9、138、117、98、15、180、164、69、90、22、193、5、110、86、188、27、14、137、124、72、102、71、18、165、44、35、2、37、182、192、158。

2.1.4 抽样误差

抽样误差是指在抽样过程中,由抽样的随机性而导致样本出现的代表性误差。抽样所得样本的结构与总体的结构不完全一致,因此抽样误差不可避免。抽样误差越大,样本对总体的代表性越小,反之,则样本对总体的代表性越大。抽样误差主要包括抽样平均误差与抽样极限误差。

(1) 抽样平均误差是抽样平均数的标准差,衡量抽样平均数与总体平均数平均离差程度。

(2) 抽样极限误差是样本指标与总体指标的误差范围,用绝对值形式表示,代表一定把握程度下样本指标与总体指标之间的抽样误差不超过某一给定的最大可能范围。

2.1.5 样本量计算

样本含量(sample size)简称样本量,是指抽取样本所包含的受试对象数量。样本量是影响数据分布的重要因素,其数值大小取决于抽样误差、研究对象的差异程度以及统计推断的置信度等。根据中心极限定理(central limit theorem)，当样本量足够大时，无论总体呈何种分布，样本均值的分布近似服从正态分布。

开展实验前，需基于统计功效(statistical power)、检验水准(significance level)、效应量(effect size)和标准差计算最小样本量，还需考虑第一类、第二类错误。

(1) 从抽样误差出发，计算样本量。

在简单随机抽样中，样本量与抽样误差的关系可以用公式表示为

$$N = \frac{Z_{\alpha/2}^2 P(1-P)}{\Delta^2} \tag{2.4}$$

式中，N 为样本量；Δ 为抽样误差；α 为显著性水平；$Z_{\alpha/2}$ 为正态分布条件下与置信水平相关的系数；P 为样本占总体的百分比。可看出样本量与抽样误差成反比。

(2) 基于专业软件的样本量计算。

G.Power 是德国杜塞尔多夫大学开发的专门用于统计功效、样本量计算的软件，可进行先验分析与事后分析，并生成数据统计图，其中共有 Exact、F tests、t tests、X^2 tests、Z tests 五种统计方法。

Python 的 Statsmodels 模块基于显著性水平 α、统计功效和效应量计算样本量。

在线样本量计算器：http://powerandsamplesize.com/Calculators/。

例 2-2 对某区域土壤重金属污染进行采样调查，当统计功效为 0.8，效应量为 0.5，显著性水平为 0.05，试采用 G.Power 软件计算样本量。

本例题总体方差未知，因此检验类型选择"t tests"，"Correlation: Point biserial model"，"A priori: Compute required sample size-given α, power, and effect size"。

如图 2-5 所示，在输入参数中选择 Tail(s) 为 Two，Effect size |ρ| 为 0.5，α err prob 为 0.05，Power(1−β err prob) 为 0.80，单击【Calculate】。

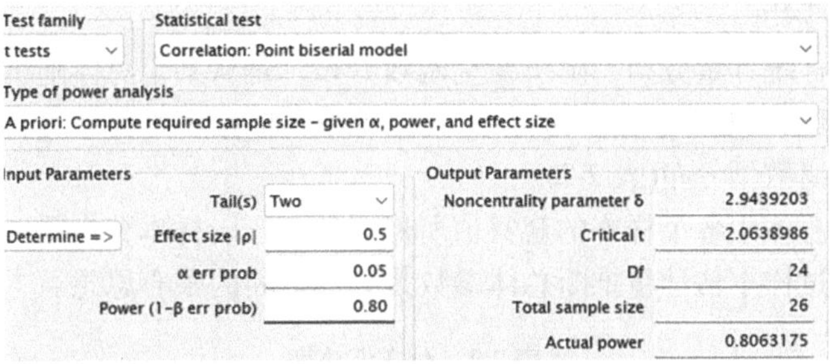

图 2-5 G.Power 计算样本量

计算的样本量(total sample size)为 26，实际统计功效(actual power)为 0.8063175。

逸闻趣事 2-1 卡特疫苗事件：论样本量的重要性

1955 年美国加利福尼亚州伯克利的卡特(Cutter)公司在生产脊髓灰质炎疫苗时，病毒灭活不彻底，含有马奥尼株活病毒的两批疫苗直接或间接导致 22 万多人染病，引起脊髓灰质炎大流行，这是美国医药工业史迄今为止最严重的疫苗安全事故。

导致这一悲剧的因素较多，一个关键原因是卡特公司未采用正确方法进行甲醛灭活。

甲醛处理时间与病毒灭活程度的线性关系只适合处理几百剂疫苗,当一次性处理成千上万剂疫苗时,甲醛处理时间与病毒灭活程度不再有线性关系。卡特公司当时未意识到样本量不同对病毒灭活时间的影响,机械执行生产工艺程序导致病毒灭活不彻底。

2.1.6 统计功效

统计功效又称检验效能($1-\beta$),是统计学中的一个重要测度指标,是在给定显著性水平下假定效应的确存在(正确拒绝原假设)的概率,也就是统计学差异($P < 0.05$)能反映真实效应的可能性。统计功效受样本量、显著性水平、效应大小(效应量)、抽样误差、统计假设检验类型以及单/双侧检验等多种因素制约。

在其他条件保持不变时,样本量越大,统计功效越大。统计功效低,导致不能检测到真实效应的存在;如果针对某个效应采用过高的统计功效,样本量相应增大,可能造成不必要浪费,并引入混杂因素,容易检测到无实际专业意义的细微差异。

思考题 2-2 如何适当增强统计功效?

为增大统计功效,需要在实际允许情况下有效设计实验,合理增加数据量,特别是增加组别样本量,尽可能减少数据损失;通过扩大可测得的效应大小来增强效应大小(效应量)。具体可通过重复测量降低组间设计或加强组内设计来增强效应大小,或加大实验干预力度,引进控制变量,甚至针对特殊区间的自变量采用"取两头、弃中间"的策略,放大个体间差异,增强观察效应。

2.2 抽 样 分 布

2.2.1 抽样分布概述

抽样分布又称统计量分布、随机变量函数分布,是从某个总体随机抽取的 n 个样本的估计量(如均值或方差等)所形成的分布。抽样分布根据随机变量是否具有连续性划分为连续型分布与离散型分布(表 2-2)。

总体分布是总体中各个样本的观察值所形成的分布。样本分布是一个样本中各个观察值的分布。通过样本估计量推断总体参数是统计推断的核心思想。

表 2-2 分布汇总表

离散型分布	连续型分布
	均匀分布
	正态分布
二项分布	指数分布
多项分布	伽马分布
伯努利分布	偏态分布
泊松分布	贝塔分布
超几何分布	韦伯分布
	卡方分布
	F 分布
	t 分布

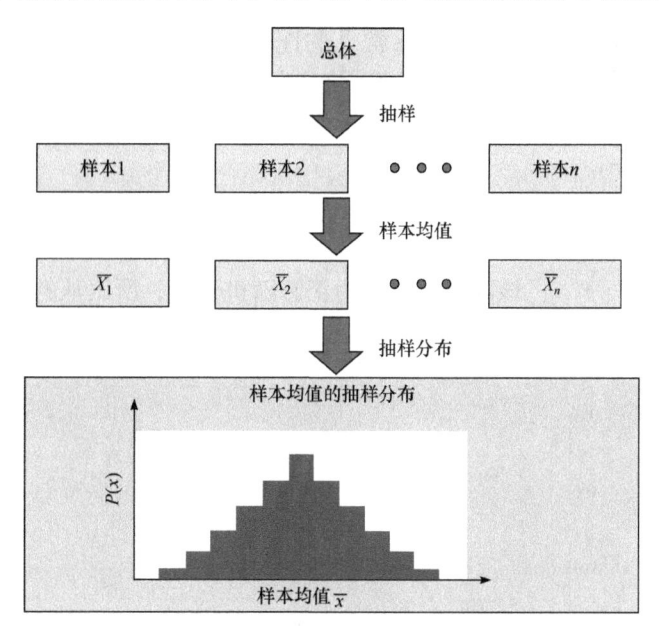

图 2-6 是以均值为例的抽样分布。由大样本的均值组成的分布为正态分布。

图 2-6　抽样分布原理图(以样本均值为例)

思考题 2-3　样本量大于 30 的样本分布是否是正态分布？

不能混淆"样本均值"和"样本本身"的分布，针对绝大多数总体，当样本量大于 30 时，样本均值的分布近似服从正态分布，但样本量大不能说明样本服从正态分布。例如，自然数 1～10000 组成的样本服从均匀分布，有的数据本身分布就是非正态。另外，一些总体近似对称分布，样本虽小于 30，但样本本身近似服从正态分布。

2.2.2　概率密度函数

若随机变量 X 的分布函数 $F(x)$ 可导，则其一阶导函数 $f(x) = F'(x)$ 称为 X 的概率密度函数，简称密度函数，概率分布曲线的纵高称为概率密度。

$$P(a \leqslant x \leqslant b) = \int_a^b f(x)\mathrm{d}x$$

Excel 插入函数中有针对各种分布求算概率密度值的函数，其中基于一般正态分布与标准正态分布的函数包括 NORMDIST、NORMINV、NORMSDIST、NORMSINV，其功能及使用时需输入的参数如表 2-3 所示。

表 2-3　四种基于正态分布求算密度值的函数

函数	功能	需输入的参数
NORMDIST	计算正态分布概率	X 数值、算术平均值、标准偏差、返回累积分布函数
NORMINV	返回正态分布函数值	分布概率、算术平均值、标准偏差
NORMSDIST	计算标准正态分布概率	X 数值
NORMSINV	返回标准正态分布函数值	分布概率

2.2.3 正态分布

正态分布(normal distribution)是最常见的连续概率分布，其概念由数学家亚伯拉罕·棣莫弗(Abraham de Moivre)最早提出。该分布被数学家约翰·卡尔·弗里德里希·高斯(Johann Carl Friedrich Gauss)率先应用于天文学研究，正态分布因此又称高斯分布(Gaussian distribution)。

若随机变量 x 服从一个位置参数为 μ、方差为 σ^2 的概率分布，且其概率密度函数表示为 $f(x)=\dfrac{1}{\sqrt{2\pi}\sigma}e^{-\frac{(x-\mu)^2}{2\sigma^2}}$，该随机变量称为正态随机变量，所服从的分布为正态分布，记作[$X \sim N(\mu,\sigma^2)$]。正态分布的密度曲线是对称的钟形曲线(图 2-7)。

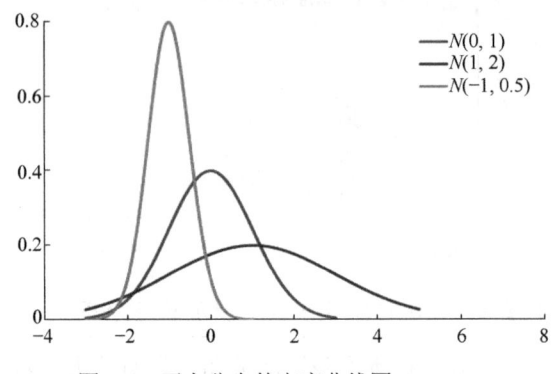

图 2-7 正态分布的密度曲线图 $N(-3，3)$

标准正态分布(standard normal distribution)又称 u 分布，是期望值 $\mu = 0$ 且标准差 $\sigma = 1$ 的特殊形式的正态分布，记为 $N(0,1)$。在-1.96~1.96 范围，标准正态分布曲线下的面积等于 0.95，在-2.58~2.58 范围，曲线下面积为 0.99。

2.2.4 正态分布检验

检验正态分布方法主要有基于偏度系数和峰度系数的判别法、P-P 图或 Q-Q 图法、频数分布直方图法以及非参数检验法。

(1) 计算偏度系数和峰度系数。通过偏度系数、峰度系数等统计量判断连续型随机变量是否满足正态分布。D'Agostino's K^2 用于检验样本数据是否来自服从正态分布的总体，是通过计算样本数据的峰度和偏度来判断其分布是否偏离正态分布。

(2) 采用 P-P 图、Q-Q 图等进行分析。P-P 图、Q-Q 图根据变量的观测累积比例与指定分布的累积比例之间的关系，检验数据是否符合指定的分布。

(3) 非参数检验法。

单样本柯尔莫戈洛夫-斯米诺夫(Kolmogorov-Smirnov, K-S)检验适合样本量大于 50 的检验。

夏皮洛-威尔克(Shapiro-Wilk, S-W)检验适合样本量小于 50 的检验。当样本量小于 50 时，倾向于 S-W 检验结果；当样本量大于 50 时，倾向于 K-S 检验结果。

Anderson-Darling 检验(简称 Anderson 检验)适用于检验样本数据($n > 300$)是否服从

'norm' 'expon' 'gumbel' 'extreme1' 'logistic'分布。Anderson 检验是 K-S 检验的增强版，在度量经验累积概率与理论累积概率差时考虑了所有的差异点，因而更加严谨。

例 2-3 已知某学校 111 名学生的期末成绩，试判断该组数据是否服从正态分布。

检验方法一：看偏度系数和峰度系数。

(1) 打开 "D:\环境数据分析\第二章\例 2-3 期末成绩.sav"。

(2) 依次选择【分析(A)】→【描述统计(E)】→【频率(F)…】选项，打开 "频率" 主对话框，将期末成绩选入 "变量(V)" 框。

(3) 点击【统计(S)】选项，打开 "频率：统计" 二级对话框，在 "分布" 框组中勾选【偏度(W)】和【峰度(K)】，点击【继续(C)】(图 2-8)。点击【图表(C)】，打开 "频率：图表" 二级对话框，在 "图表类型" 框组选择【直方图(H)】，并勾选【在直方图中显示正态曲线(S)】，点击【继续】，在主对话框点击【确定】(图 2-9)。

图 2-8　频率：统计对话框　　　　　图 2-9　频率：图表对话框

输出结果如图 2-10 所示，根据直方图绘出的曲线很像正态分布曲线；基于峰度和偏度检验结果(表 2-4)，偏度 = 0.391、峰度 = −0.346，可认为近似服从正态分布。

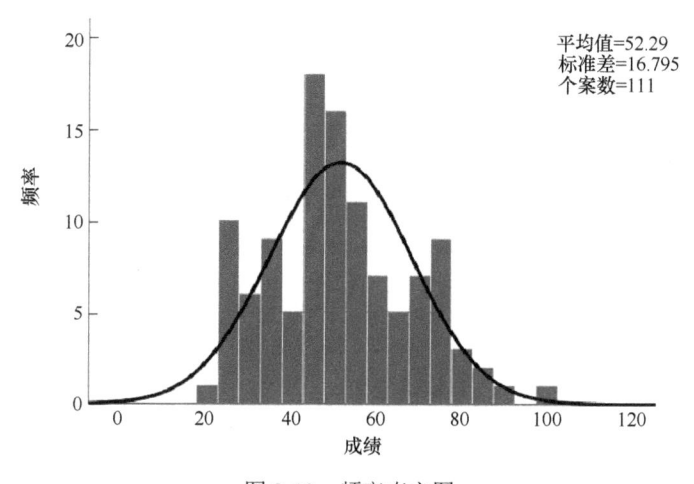

图 2-10　频率直方图

表 2-4　峰度和偏度检验结果

N	有效	111
	缺失	0
偏度		0.391
偏度的标准误差		0.229
峰度		−0.346
峰度的标准误差		0.455

检验方法二： 单样本 K-S 检验与 S-W 检验。

本例题中检验数据量为 111，大于 50，使用 K-S 检验。

(1) 打开 "D:\环境数据分析\第二章\例 2-3 期末成绩.sav"。

(2) 依次选择【分析(A)】→【非参数检验(N)】→【单样本(O)…】选项，打开"单样本非参数检验"主对话框。

(3) 选择【字段】栏目，将期末成绩选入"检验字段(T)"。

(4) 选择【设置】栏目，在"自定义检验(T)"下勾选【检验实测分布和假设分布(柯尔莫戈洛夫-斯米诺夫检验)(K)】。

(5) 点击【选项(K)…】按钮，弹出"柯尔莫戈洛夫-斯米诺夫检验选项"二级对话框，勾选【正态(R)】并点击【确定】按钮，如图 2-11 所示。

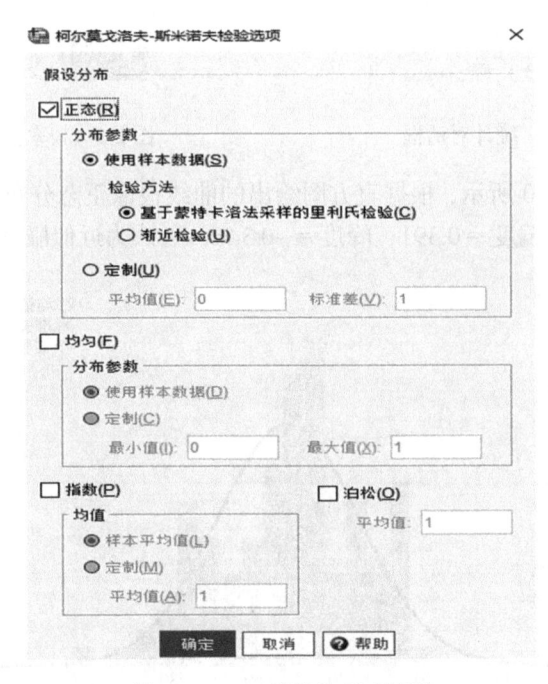

图 2-11　K-S 检验选项对话框

在主对话框点击【运行】，获得结果(表 2-5)。

表 2-5 单个样本 K-S 检验结果

原假设	检验	显著性[a]
期末成绩的分布为正态分布，均值为 52，标准差为 16.795	单样本柯尔莫戈洛夫-斯米诺夫检验	0.136

a. 显著性水平为 0.050。基于 10000 个蒙特卡洛样本且起始种子为 806355168 的里利氏法。$P=0.136>0.05$，说明服从正态分布。

检验方法三：Q-Q 图检验。

(1) 打开 "D:\环境数据分析\第二章\例 2-3 期末成绩.sav"。

(2) 依次选择【分析(A)】→【描述统计(E)】→【Q-Q 图…】选项，打开 "Q-Q 图" 主对话框，将期末成绩选入 "变量(V)" 框，在 "检验分布(T)" 框组的下拉列表框选择【正态】，其余为默认即可，点击【确定】按钮。

(3) 得到常规 Q-Q 图(图 2-12)，横纵坐标分别表示为实际累积概率和理论累积概率，直线的截距为均值、斜率为标准差。数据点近似地分布在直线附近，可认为服从正态分布。

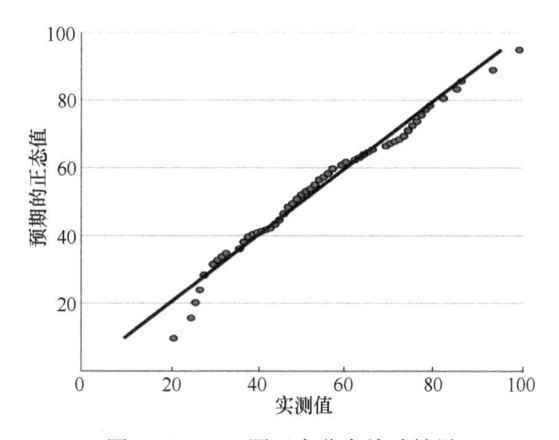

图 2-12 Q-Q 图正态分布检验结果

思考题 2-4 P-P 图与 Q-Q 图的异同之处。

除通过 Q-Q 图检验正态性，也可采用 P-P 图进行检验。P-P 图与 Q-Q 图的定义方式和用途相同，但检验方法存在差异。P-P 图是根据变量累积概率(比例)与指定分布累积概率间的关系绘制的散点图，可检验数据是否服从指定的分布，若服从，则数据点应近似处于一条直线上。Q-Q 图比较数据与待检验分布的分位点数呈现的是用于比较两个概率分布的概率图，如分布类似或分布线性，Q-Q 图各点趋近在一条直线上。

2.2.5 t 分布

t 分布(t-distribution)主要根据小样本来估计方差未知的正态总体的均值，由英国数学家威廉·希利·戈塞特(William Sealy Gosset)于 1908 年提出。若总体方差已知，采用正态分布来估计总体均值，当总体方差未知时，无法得到样本平均数总体的正态分布参数，采用样本标准差代替总体标准差得到统计数 $s_x = \dfrac{s}{\sqrt{n}}$，并用其替代标准正态公式中的 σ_x

得到统计量 t，$t = \dfrac{\bar{x} - \mu}{s_x}$。

设 $X \sim N(0,1)$、$Y \sim \chi^2(n)$，X 与 Y 相互独立，那么称随机变量

$$T = \dfrac{X}{\sqrt{Y/n}}$$

为服从自由度为 n 的 t 分布，记为 $T \sim t(n)$。

其概率密度函数为

$$f(t) = \dfrac{\Gamma\left(\dfrac{n+1}{2}\right)}{\sqrt{n\pi}\ \Gamma\left(\dfrac{n}{2}\right)} \left(1 + \dfrac{t^2}{n}\right)^{-\dfrac{n+1}{2}}$$

t 分布曲线如图 2-13 所示。

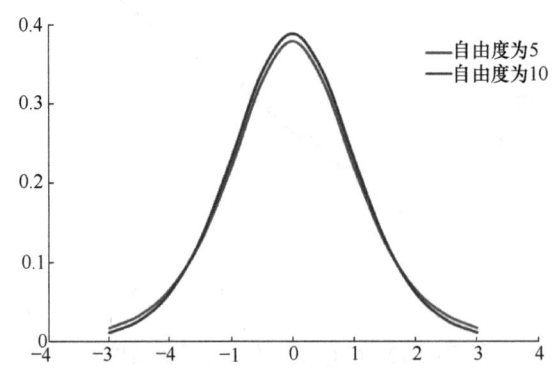

图 2-13 不同自由度下的 t 分布

t 分布曲线左右对称，以 $t = 0$ 为中心向两侧递降，与标准正态分布相比，其顶部较低，两尾较高。t 分布受自由度 $df = n - 1$ 制约，当 $df > 30$ 时，t 分布与标准正态分布曲线接近，当 $df \to \infty$ 时，t 分布与标准正态分布曲线重合。

2.2.6 χ^2 分布

卡方分布(Chi-Square distribution，χ^2 分布)，由弗·罗·赫尔默特(Friedrich Robert Helmert)和卡尔·皮尔逊(Karl Pearson)推导出，是由正态分布派生出来的分布。

定义如下：设 $x_1, x_2, x_3, \cdots, x_n$ 相互独立，均服从标准正态分布 $N(0,1)$，则称变量 $\chi^2 = \sum\limits_{i=1}^{n} x_i^2$，服从自由度为 n 的 χ^2 分布，记为 $\chi^2 \sim \chi^2(n)$，n 表示独立变量的个数。当自由度较大时，χ^2 分布近似为正态分布(图 2-14)。χ^2 分布的概率密度函数为

$$f(\chi^2) = \frac{(\chi^2)^{\frac{n}{2}-1}}{2^{\frac{n}{2}}\Gamma\left(\frac{n}{2}\right)} e^{-\frac{1}{2}\chi^2} \quad (\chi^2 \geqslant 0)$$

$$f(\chi^2) = 0 \quad (\chi^2 < 0)$$

图 2-14　不同自由度下的卡方分布

χ^2 分布曲线形状取决于自由度 df，df 越小，分布曲线越向左偏。

2.2.7　F 分布

F 分布也称 Fisher-Snedecor 分布，是两个服从 χ^2 分布的独立随机变量各除以其自由度后比值的连续概率分布，由英国统计学家罗纳德·艾尔默·费希尔(Ronald Aylmer Fisher)于 1924 年提出。其定义为：在同一正态分布的总体 $N(\mu, \sigma^2)$ 中随机抽取两个独立样本，两样本的 χ^2 值除以自由度之比为 F 值($F = \dfrac{\chi_1^2/n_1}{\chi_2^2/n_2}$)，后来又引申至两样本的方差之比为 F 值($F = \dfrac{s_1^2}{s_2^2}$)。服从自由度为 (n_1, n_2) 的 F 分布记为 $F \sim F(n_1, n_2)$，其中 n_1 和 n_2 分别为分子和分母方差自由度，位置不可交换。其分布如图 2-15 所示。

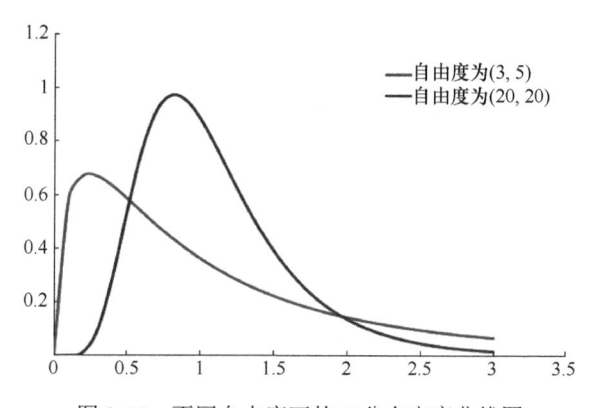

图 2-15　不同自由度下的 F 分布密度曲线图

与 χ^2 分布类似，F 分布曲线形态取决于自由度 df 大小，df 越小，峰形越向左偏。

2.2.8 二项分布

二项分布(binomial distribution)是 n 次独立的伯努利试验(Bernoulli experiment)中成功次数的离散概率分布，是一种具有广泛用途的离散型随机变量的概率分布，当 $n=1$ 时，二项分布即为伯努利分布。

若随机变量 X 有概函数 $p_k = P\{X=k\} = C_n^k \cdot p^k \cdot q^{n-k} (k=0,1,2,\cdots,n)$，其中 $0 < p < 1$，$q = 1-p$，则 X 服从参数为 n、p 的二项分布，记为 $X \sim B(n, p)$。

二项分布应用条件：①每次试验的结果只能是两种互斥结果中的一种，如阳性或阴性、生存或死亡等；②各次试验的结果互不影响，即各次试验独立；③在相同试验条件下，各次试验中出现某一结果 A 具有相同的概率。其分布如图 2-16 所示。

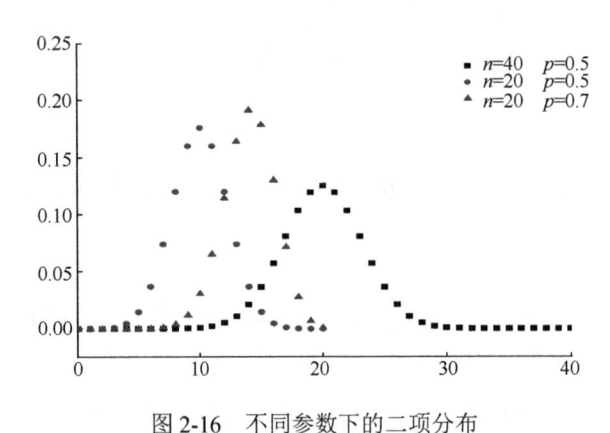

图 2-16　不同参数下的二项分布

2.3　参 数 估 计

2.3.1　参数估计概念

参数估计(parameter estimation)是指经过抽样及抽样分布分析后根据获得的样本统计量来推断总体参数的方法，可分析数据反映的本质规律。统计推断是数理统计研究的核心问题，而参数估计是统计推断的一种基本形式，分为点估计和区间估计。样本量越大，估计误差越小，当样本量趋于无穷时，统计量无限接近总体参数。

2.3.2　点估计

点估计(point estimation)也称定值估计，是指在总体分布已知的情况下根据样本估计总体分布中一个或多个未知参数或未知参数函数的方法。点估计提供总体参数的具体估计值，通常是总体的某个特征值，如数学期望、方差和相关系数等，但是无法提供有关抽样误差的信息。点估计常用方法有矩估计法、最大似然估计法等。

2.3.3 置信区间估计

置信区间估计(interval estimation)反映数据效应的规模及其相对重要性。在区间估计中，由样本统计量构造的总体参数的估计区间称为置信区间，其中区间的最小值称为置信下限，最大值称为置信上限。如果将构造置信区间的步骤重复多次，置信区间中包含总体参数真值的次数所占比例称为置信水平，也称置信度或置信系数。若 α 为显著性水平，置信度为 $1-\alpha$；若置信区间为 (L_1, L_2)，则置信上限为 L_1，置信下限为 L_2。

在研究一个总体时，参数主要有总体均值、总体比例和总体方差。在对总体均值进行区间估计时，需考虑总体是否为正态分布，总体方差是否已知，用于构造估计量的样本是大样本还是小样本。在大样本 ($n \geq 30$) 的情况下，若总体服从正态分布且方差已知，置信区间可表示为 $\bar{x} \pm z_{\alpha/2} \dfrac{\sigma}{\sqrt{n}}$；若方差未知，则置信区间可以表示为 $\bar{x} \pm t_{\alpha/2} \dfrac{s}{\sqrt{n}}$；若总体并不服从正态分布但在大样本条件下，需将样本容量增加至 $n \geq 30$ 再进行区间估计，此时总体方差可用样本方差代替。在小样本情况下，若总体方差未知，用样本方差估计总体方差，总体均值 μ 的置信区间可表示为 $\bar{x} \pm z_{\alpha/2} \dfrac{s}{\sqrt{n}}$；若总体方差已知，置信区间可表示为 $\bar{x} \pm z_{\alpha/2} \dfrac{\sigma}{\sqrt{n}}$。

对于两个总体，参数主要有两个总体的均值之差 $\mu_1 - \mu_2$、两个总体的比例之差 $\pi_1 - \pi_2$、两个总体的方差比 $\dfrac{\sigma_1^2}{\sigma_2^2}$，其参数估计及对应分布如图 2-17 所示。在对均值进行区间估计时，若两个总体方差已知，$\bar{x}_1 - \bar{x}_2 \pm t_\alpha s_{\bar{x}_1 - \bar{x}_2}$ 均值之差 $\mu_1 - \mu_2$ 的置信区间可表示为 $\bar{x}_1 - \bar{x}_2 \pm Z_\alpha \sigma_{\bar{x}_1 - \bar{x}_2}$；若两个总体方差未知且是小样本，均值之差 $\mu_1 - \mu_2$ 的置信区间可表示为 $\bar{x}_1 - \bar{x}_2 \pm t_\alpha s_{\bar{x}_1 - \bar{x}_2}$；若在大样本情况下两个总体方差未知，用样本方差代替总体方差，作近似区间估计。

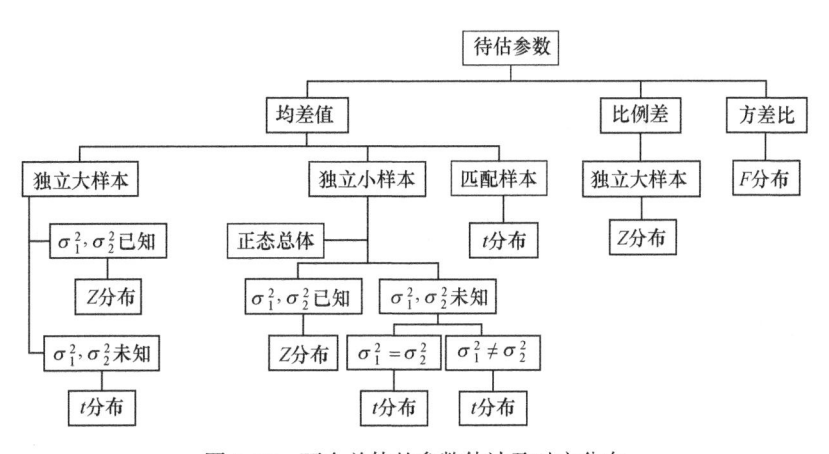

图 2-17 两个总体的参数估计及对应分布

2.4 统计假设检验基本思想

2.4.1 统计假设检验概述

假设检验(hypothesis test)也称显著性检验,是对未知总体的某一数量特征提出某种假设,再根据实际样本资料来验证该假设是否成立的统计方法。

一个事件如果发生的概率很小,它在一次试验中是几乎不可能发生的,但在多次重复试验中必然发生,数学上称为小概率原理。统计假设检验利用的是小概率原理,小于 0.05 的概率在统计学上认为是小概率。

知识拓展 2-2　概率论的由来

(1) 17 世纪古典概率时期,法国数学家布莱士·帕斯卡(Blaise Pascal)与皮埃尔·费马(Pierre de Fermat)关于"分赌注"的问题进行讨论,这被现代数学家和哲学家看作概率论的开端。

(2) 18 世纪初等概率时期,瑞士数学家雅各布·伯努利(Jakob Bernoulli)建立了概率论中的第一个极限定理,即伯努利大数定律。法国数学家亚伯拉罕·棣莫弗(Abraham de Moivre)与拉普拉斯(Pierre-Simon Laplace)推导出第二个基本极限定理(中心极限定理)的原始形式,将概率论推向一个新的发展阶段。

(3) 19 世纪分析概率时期,德国数学家约翰·卡尔·弗里德里希·高斯(Johann Carl Friedrich Gauss)于 1809 年首次阐述最小二乘法原理。法国数学家西蒙·德尼·泊松(Simeon Denis Poisson)在 1837 年首次提出大数定律。俄国数学家帕夫努蒂·利沃维奇·切比雪夫(Pafnutee Levovich Tchebychev)等建立大数定律及中心极限定理的一般形式。

(4) 20 世纪现代概率时期,在这一时期俄国数学家柯尔莫戈洛夫、马尔可夫、辛钦,法国数学家莱维(Paul Pierre Lévy),美国数学家费勒(Feller)等做出了杰出的贡献。随着人类社会的发展,概率论的理论与应用也将获得更大的拓展,概率论的高度抽象性、广泛应用性、体系严谨性等特点在未来发展中将愈发明显。

2.4.2 统计假设检验基本步骤

统计假设检验基本思想是假定样本统计量与总体参数的差异不存在条件差异,即原假设 H_0 或无效假设成立,若检验统计量的值落入拒绝域之内,则拒绝原假设 H_0,接受备择假设 H_1;若检验统计量的值落到拒绝域之外,则接受原假设 H_0。

统计假设检验具体步骤如下:

(1) 提出原假设 H_0 和备择假设 H_1。
(2) 选择适当的检验统计量 U。
(3) 规定显著性水平 α。
(4) 计算检验统计量的 P 值。

显著性水平 α 是在估计总体参数落在某一区间内时犯错误的概率,代表将 H_0 误认

为 H_1 加以拒绝的概率,是决策中所面临的风险。α 代表的意义是在一次试验中小概率事件发生的可能性大小。α 数值通常取 $\alpha=0.01$ 或 $\alpha=0.05$,需根据具体研究对象性质而定。

P 值反映某一事件发生的可能性。在假定原假设为真时,P 值代表得到与样本相同或者更极端的结果的概率,但不能代表原假设为真的概率,或备择假设为假的概率,也不能代表所发现的效应(或差异)的大小。一般将 P 小于 0.05 认为有统计学差异,其含义是样本间的差异由抽样误差所致概率小于 0.05。实际上,许多数据分析结论从统计学角度来看具有统计学意义,但未必有专业意义,不能脱离专业知识而进行数据分析。

2.4.3 统计假设检验两类错误

统计假设检验依据样本提供的信息进行推断,常存在两类错误。第一类错误是原假设 H_0 为真,却被拒绝,犯这类错误的概率记作 α,称作 α 错误,亦称弃真错误。第二类错误是原假设 H_0 为伪,却被接受,犯这类错误的概率记作 β,称作 β 错误,也称存伪错误。

知识拓展 2-3　样本量、统计功效、显著性水平、效应值与两类错误

样本量大小与统计功效、显著性水平、效应值密切相关。这四个统计量中,由任意三个均可推断另外一个。统计功效是指假设检验能够正确地拒绝一个错误的虚无假设的能力,对应两类错误中的 $1-\beta$。显著性标准 α 也称显著性水平,即犯第一类错误概率。第一类与第二类错误此消彼长,当显著性水平 α 降低时,统计功效 $1-\beta$ 减小,第二类错误概率 β 相应增大。

在样本量与效应值大小不变情况下,不能同时减小两种错误的发生概率。实际上常采用的办法是固定显著性水平 α 与效应值,通过增大样本量来增大统计功效,从而尽可能减小第二类错误发生的概率。

2.4.4 单侧检验与双侧检验

(1) 双侧检验:又称双尾检验,要求检验样本所属总体的平均数(μ)与某指定参数(μ_0)是否相同,假设 $H_0: \mu = \mu_0$,$H_A: \mu \neq \mu_0$,否定区间在统计数分布的两侧,用于检验处理是否有效[图 2-18(a)]。

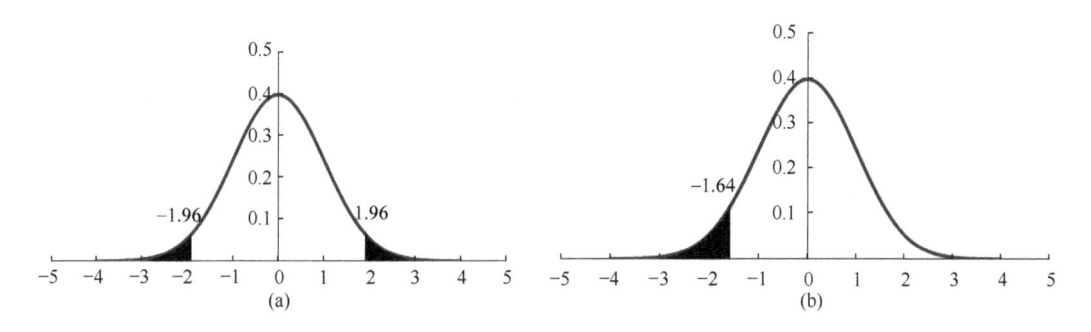

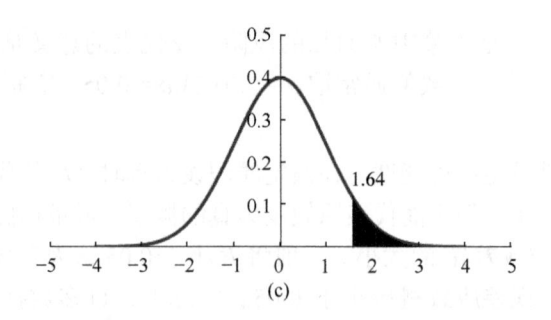

图 2-18 双侧(a)、左侧(b)、右侧(c)检验

(2) 左侧检验：要求检验样本所属总体的平均数(μ)是否比某指定参数(μ_0)小，假设 $H_0:\mu \geqslant \mu_0$，$H_A:\mu < \mu_0$，否定区间在统计数分布的左侧，用于检验处理是否使指标值降低[图 2-18(b)]。

(3) 右侧检验：要求检验样本所属总体的平均数(μ)是否比某指定参数(μ_0)小，假设 $H_0:\mu \leqslant \mu_0$，$H_A:\mu > \mu_0$，否定区间在统计数分布的右侧，用于检验处理是否使指标值增加[图 2-18(c)]。

左侧检验与右侧检验统称为单侧检验，单侧检验的 α 为双侧检验的 α 的二分之一，即双侧检验显著，则单侧检验一定显著；单侧检验显著，双侧检验未必显著。因此，在多数情况下，使用双侧检验更加严谨。

统计假设检验原则：检以求真，验以求实。针对统计假设检验，需恪守求实精神，不能为达到某种统计结果而主观上放松检验标准，仅简单考虑 $P<0.05$ 这个标准判定，还需考虑检验功效等因素。不能为降低实验成本和时间，故意减少样本量。较小的样本量易导致统计功效过低，造成对真实效应大小的估计过高，导致假阴性。也不能为刻意追求无实际专业意义的细微差异，而超常规地增加样本量来刻意拔高检验功效，导致"无病呻吟"，造成假阳性。

2.5 典型分布类型检验

抽样分布是关于样本统计量的分布，可用样本统计量构造满足已知抽样分布的随机变量，从而对样本统计量的估值进行检验(表 2-6)。本章主要介绍 Z 分布检验，后续章节具体介绍卡方分布、t 分布、F 分布等几大类型检验。

表 2-6 假设检验分类

名称	含义	范围
参数检验	已知总体分布类型，但含有未知参数，对具体的未知参数的假设通过抽样进行估计检验	t 检验、Z 检验、F 检验等
非参数检验	总体分布不明确，对总体分布形态先做出服从某种分布假设，再根据样本信息检验假设是否合理	卡方检验、二项检验、K-S 检验等

2.5.1 Z检验

1. 单个总体平均数的Z检验

Z检验的应用条件：根据一个取自方差(σ^2)已知的正态总体样本资料，或根据一个取自非正态总体或方差未知总体，但容量n>30的样本资料，检验该样本所属总体的平均数μ与某指定参数μ_0的差异显著性。

统计数Z的计算公式：当样本所属正态总体的方差(σ^2)已知时，$Z = \dfrac{\bar{x} - \mu_0}{\sigma_{\bar{x}}}$。

当总体方差(σ^2)未知但 $n>30$ 时，可用标准误差 $s_{\bar{x}} = \dfrac{s}{\sqrt{n}}$ 替代标准方差 $\sigma_{\bar{x}}$，此时 $Z = \dfrac{\bar{x} - \mu_0}{s_{\bar{x}}}$。

Z检验的判定依据：Z_α为用于划分Z分布的双侧概率为α的临界Z值。

当$|Z|>Z_\alpha$时，$P<\alpha$，拒绝H_0，接受H_A；

当$|Z|>Z_\alpha$时，$P>\alpha$，接受H_0，拒绝H_A。

Python 中的 Z 检验：在 Python 中可利用 statsmodels.stats.weightstats.ztest 函数进行单样本、双样本Z检验，也可通过scipy.stats.norm.cdf等函数来计算P值或临界值。

例 2-4 某批次环保设备需进行质量检测，对其螺栓螺纹进行测量，试确定螺栓的平均螺纹长度是否不同于目标值20mm。

Python 分析

运行"D:\环境数据分析\第二章\例2-4 螺纹长度.ipynb"，主要代码及结果如下：

```
import pandas as pd
import statsmodels.stats.weightstats as sw
data = pd.read_excel (r"D:\环境数据分析\第二章\例2-4 螺纹长度.xlsx")
zstats, p = sw.ztest(data, value = 20)    #进行单样本Z检验
pvalue = float(p)
print('{0:0.3f}'.format(pvalue))
```

输出结果：$P = 0.70 > 0.05$，认为平均螺纹长度与目标值一致。

2. 两个总体平均数的Z检验

两个总体平均数比较是根据平均数$\bar{x}_1$与$\bar{x}_2$之差，检验所属总体的平均数μ_1与μ_2的差异显著性。

当两正态总体方差σ_1^2与σ_2^2已知时，两样本平均数的差数总体$\bar{X}_1 - \bar{X}_2 \sim N(\mu_1-\mu_2, \sigma^2_{\bar{x}_1-\bar{x}_2})$，假设$H_0$：$\mu_1 = \mu_2$或$\mu_1-\mu_2=0$，有

$$Z = \frac{(\bar{x}_1 - \bar{x}_2) - (\mu_1 - \mu_2)}{\sigma_{\bar{x}_1-\bar{x}_2}}$$

当两正态总体方差σ_1^2与σ_2^2未知，$n_1>30$与$n_2>30$时，$(\bar{X}_1 - \bar{X}_2)$近似服从正态分布，

可用两样本的方差代替总体方差：

$$Z = \frac{\overline{x}_1 - \overline{x}_2}{s_{\overline{x}_1 - \overline{x}_2}}, \quad s_{\overline{x}_1 - \overline{x}_2} = \sqrt{\frac{s_1^2}{n_1} + \frac{s_2^2}{n_2}}$$

例 2-5 为调查 A、B 两地的土壤重金属污染情况，分别前往两地随机采集 37 份土壤样品，检测每份样品当中重金属含量(mg/kg)，试分析两地样本的总体平均数是否相等。

Python 分析

运行 "D:\环境数据分析\第二章\例 2-5 重金属含量.ipynb"，主要代码及结果如下：

```
import pandas as pd
import statsmodels.stats.weightstats as sw
data = pd.read_csv (r"D:\环境数据分析\第二章\例 2-5 重金属含量.xlsx")
data1 = data.iloc[:,0]
data2 = data.iloc[:,1]
zstats, p = sw.ztest(data1, data2, value = 0, alternative = 'two-sided') #双样本 Z 检验
print('{0:0.4f}'.format(p))
```

输出结果：$P = 0.0004 < 0.05$，两个独立样本的总体平均数不等。

2.5.2 比率检验

比率(proportion)又称率，表示一个计数(count)与另外一个测量值的比值(ratio)，具体包括总体比率(p)和样本比率($\hat{p}$)。总体比率是指具有相同特征的个体占总体的比值。样本比率是指在样本中具有相同特征的个体所占比值。

比率检验根据总体的数量可分为单比率检验与双比率检验(图 2-19)。单比率检验用于比较样本比率与总体比率是否相同，检验样本与总体之间的差异。双比率检验则比较两个样本的比率是否相同，检验两总体间的差异。

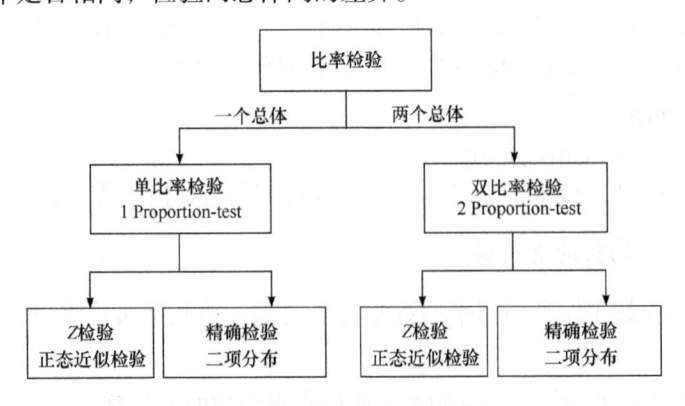

图 2-19 比率检验划分及适用条件

1. 单比率检验

单比率检验是用于计算未知成功比率的检验方法，所检验数据为二元数据，如是/否、合格/不合格。该方法以样本中的成功计数 x 与样本中的观察计数 n 为输入，比较样本和总体的比率是否相同，以此来检验样本和总体间的差异性。当样本量较小($n \leqslant 30$)时，采

用精确二项分布检验；样本量较大($n>30$)时，采用近似Z检验。

例 2-6 某次测试不合格率为 10%，抽查 150 名同学的成绩，发现 30 名同学不合格，通过假设检验判断不合格的概率是否低于 10%。

Python 分析

运行"D:\环境数据分析\第二章\例 2-6 成绩抽查.ipynb"，主要代码及结果如下：

```
from statsmodels.stats.proportion import proportions_ztest
stat, p = proportions_ztest(30, 150, 0.1, alternative = 'larger') #备择假设是大于 10%
print('{0:0.3f}'.format(p))
```

输出结果：$P=0.001<0.05$，拒绝原假设，即抽查不合格率高于 10%。

2. 双比率检验

双比率检验主要用于比较两组比率是否存在显著差异，或计算两个总体比率间差值的范围，可判断数据改善前后两组比率是否发生变化。

例 2-7 针对某教材课堂效果的调查显示，采用新教材的 180 名同学中 84 人获优秀，采用旧教材的 150 名同学中 45 人获优秀，试分析采用新教材对学生成绩是否有影响。

Python 分析

运行"D:\环境数据分析\第二章\例 2-7 教材成效.ipynb"，具体代码如下：

```
import statsmodels.stats.proportion as sp
from statsmodels.stats.proportion import proportions_ztest
z_score, p = sp.proportions_ztest([84, 45], [180, 150], alternative = 'two-sided') #双比率检验
print('{0:0.3f}'.format(p))
```

输出结果：$P=0.002<0.05$，采用新教材对学生成绩的影响有统计学意义。

知识拓展 2-4 基于卡方检验的双比率检验

以例 2-7 数据为例，采用 SPSS 进行独立四格表卡方检验，具体过程如下：

(1) 打开"D:\环境数据分析\第二章例 2-7 教材成效.sav"。

(2) 依次选择【分析(A)】→【描述统计(E)】→【交叉表(C)】选项，打开对话框如图 2-20 所示。选择【教材版本】为行，【成绩】为列。

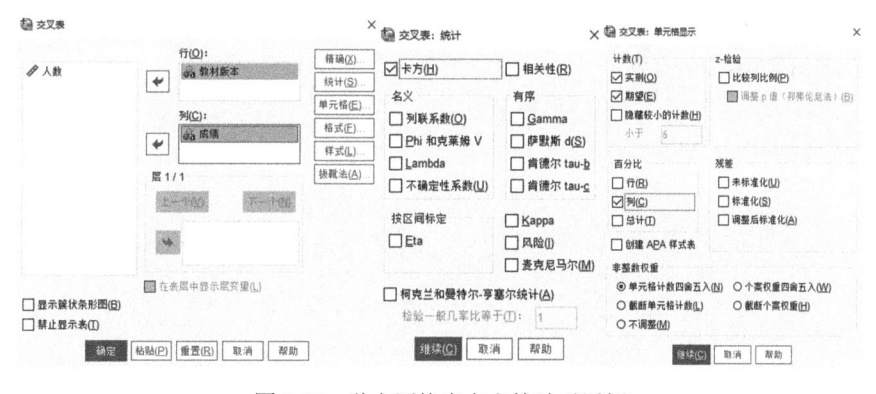

图 2-20 独立四格表卡方检验对话框

(3) 点击【统计(S)】按钮，勾选【卡方(H)】。再次选择【单元格(E)】，勾选【期望(E)】与【列(C)】，点击【确定】，即可得到独立四格表卡方检验结果(表2-7)。

表 2-7 独立四格表卡方检验结果

项目	值	自由度	渐进显著性(双侧)	精确显著性(双侧)	精确显著性(单侧)
皮尔逊卡方	9.545[a]	1	0.002		
连续修正[b]	8.858	1	0.003		
似然比	9.649	1	0.002		
费希尔精确检验				0.002	0.001
有效个案数	330				

a. 0 个单元格(0.0%)的期望计数小于 5，最小期望计数为 58.64。
b. 仅针对 2×2 表进行计算。

本例总例数 330＞40，无单元格期望计数小于 5，选择皮尔逊卡方检验，与基于 Python 的双比率检验一致。

习 题

1. 试计算显著性水平为 0.05、样本占总体 40%、抽样误差分别为 10%和 8%时的样本量。
2. 对某批次环保产品进行抽检，试计算抽样误差为 5%、样本占总体 50%、显著性水平为 0.05 时样本量。
3. 研究人员计划对某小区空气质量采样调查，假设效应量为 0.5，显著性水平为 0.05，试采用双侧 t 检验，通过 G.Power 计算当统计功效为 0.9 时的样本量。
4. 某区域土壤重金属污染土壤样品 Cd 浓度(mg/kg)：0.61、1.12、0.97、0.84、1.29、1.55、1.79、0.37、1.06、0.72，试分析该数据是否服从正态分布。
5. 某焚烧厂排放废气中二噁英超标的概率为 0.05，随机对该工厂排放的废气采集 10 份样品，试计算采集到的样品中二噁英超标的样品不超过 2 份的概率。
6. 某污水处理厂出水 $CODc_r(X)$ 服从平均值 $\mu=40$mg/L、总体标准差 $\sigma=20$mg/L 的正态分布，从出水中随机采取 9 份样品，在显著性水平为 0.05 的条件下，试分析样品的 $CODc_r$ 是否满足一级 A 标。
7. 某土壤中重金属铜元素的含量为 36mg/kg，服从正态分布且标准差为 2mg/kg，为降低土壤重金属污染采取一系列治理措施，治理后 9 份样品的平均铜含量为 34mg/kg，试分析在显著性水平为 0.05 的条件下，该治理措施是否有效。

第3章 环境数据 t 检验

3.1 t 检验概述

3.1.1 t 检验定义

t 检验也称学生 t 检验(student's t-test),主要用于总体方差 σ^2 未知、符合正态分布或近似正态分布的小样本数据($n<30$)均值比较,检验单样本均值与已知总体均值的差异或两样本的均值是否存在显著差异。t 检验是基于 t 分布理论的常用参数检验方法。

逸闻趣事 3-1 t 检验与"小样本理论"

英国统计学家威廉·希利·戈塞特(William Sealy Gosset)为研究影响酿酒品质因素而提出 t 检验。由于其工作的健力士酿酒厂不允许员工公开发表论文,威廉·希利·戈塞特以"student"为笔名于 1908 年发表《均值的或然误差》("The Probable Error of a Mean")论文提出 t 分布。1908~1909 年威廉·希利·戈塞特发表的《均值的或然误差》、《相关系数的概差》("The Probable Difference of Correlation Coefficients")、《论非随机样本均值的分布》("On the Distribution of the Mean of Non-random Samples")等,从平均误差、标准误差、样本均值、相关系数抽样分布角度对小样本统计进行了初步阐述,奠定了"小样本理论"基础。英国统计学家罗纳德·艾尔默·费希尔(Ronald Aylmer Fisher)进一步补全了 t 分布证明,将"小样本理论"推上顶峰。

3.1.2 t 检验分类

t 检验包括单样本 t 检验和双样本 t 检验。双样本 t 检验分为独立样本 t 检验和配对样本 t 检验。

单样本 t 检验:用于检验单样本均值与已知总体均值差异是否显著。
独立样本 t 检验:用于检验两组独立样本的均值差异是否显著。
配对样本 t 检验:用于检验两组配对样本的均值差异是否显著。
回归系数检验:用于检验回归模型中自变量对因变量的影响是否显著。

知识拓展 3-1 回归系数的显著性检验

t 检验常用作检验回归方程中各参数的显著性,检验回归模型自变量对因变量影响是否显著。F 检验则用作检验整个回归关系的显著性。在一元线性回归模型中,自变量只有一个,F 检验与 t 检验一致,统计量等于 t 统计量的平方。在多元线性回归模型中,F 检验与 t 检验不同,F 检验显著并不代表每个回归系数的 t 检验一定显著。

3.1.3 t检验适用条件

(1) 检验对象为随机样本，样本统计量为连续变量。
(2) 样本来自正态总体或近似正态总体。
(3) 小样本数据，样本量小于30。
(4) 针对双样本 t 检验，两样本满足方差齐性(homogeneity)。

思考题 3-1 样本量 $n > 30$ 时，如何选择 Z 检验或 t 检验？

SPSS 统计软件只有 t 检验，没有 Z 检验，不管样本量是否大于 30，均可使用 t 检验。当样本量 n 较大($n > 30$)时，也可基于 Python 或采用 Excel 软件数据分析模块进行 Z 检验(参考第 2 章 Z 检验部分)。

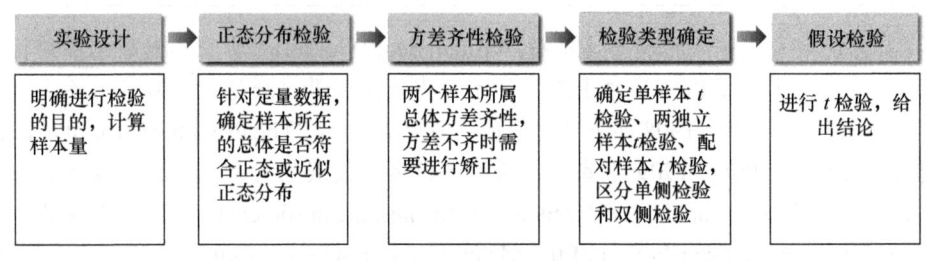

3.1.4 t检验的分析流程

t 检验的分析流程如图 3-1 所示。

实验设计	正态分布检验	方差齐性检验	检验类型确定	假设检验
明确进行检验的目的，计算样本量	针对定量数据，确定样本所在的总体是否符合正态或近似正态分布	两个样本所属总体方差齐性，方差不齐时需要进行矫正	确定单样本 t 检验、两独立样本 t 检验、配对样本 t 检验，区分单侧检验和双侧检验	进行 t 检验，给出结论

图 3-1　t 检验的分析流程

3.2　样本 t 检验

3.2.1　单样本 t 检验

单样本 t 检验分析单个样本的均值与已知总体均值的差异是否显著，是比较总体的一个数据与一组样本的数据间的差异性。针对方差 σ^2 未知且样本呈正态分布的单个变量，将单个变量的样本均值 μ 与假定常数 μ_0 (一般为理论值、标准值或经验值等)比较，通过检验判断样本均值与假定常数有无差别。

单样本 t 检验统计量为

$$t = \frac{\bar{x} - \mu_0}{\frac{s}{\sqrt{n}}} \tag{3.1}$$

式中，$\bar{x} = \dfrac{\sum\limits_{i=1}^{n} x_i}{n}$，为样本平均数；$s = \sqrt{\dfrac{\sum\limits_{i=1}^{n}(x_i - \bar{x})^2}{n-1}}$，为样本标准差，其中 $i = 1,\cdots,n$；n 为样本容量。该统计量 t 在零假说 $\mu = \mu_0$ 为真的条件下服从自由度为 $n-1$ 的 t 分布。

当$|t|>t_\alpha(n-1)$时,$P<\alpha$,拒绝零假说;当$|t|<t_\alpha(n-1)$时,$P>\alpha$,接受零假说。其中$t_\alpha(n-1)$表示自由度为$n-1$的t分布中双侧概率为α的临界t值。

例 3-1 已知某土壤中$CaCO_3$含量为 56.22g/kg,现测定该土样$CaCO_3$含量 10 次,测定结果为(g/kg):55.29、57.33、54.95、56.81、58.95、56.62、55.84、59.94、56.10、60.42。按照$\alpha=0.05$的检验水准检验测定结果与$CaCO_3$含量真值的差异是否显著。

Excel 分析

(1) 打开 "D:\环境数据分析\第三章\例 3-1 土壤.xlsx",选择插入函数 AVERAGE,计算均值$\bar{x}=57.23$,采用插入函数 STDEV,计算样本标准差$s=1.92$。

(2) 计算t。已知$\mu_0=56.22$,$n=10$,则$t=\dfrac{\bar{x}-\mu_0}{\dfrac{s}{\sqrt{n}}}=1.655$。

(3) 方法 1:插入函数 TINV,计算$t_\alpha(n-1)=\text{TINV}(\alpha,n-1)$,本例为$t_{0.05}(9)=\text{TINV}(0.05,9)=2.26$,$|t|=1.655<2.26$,则$P>0.05$。

方法 2:插入函数 TDIST,计算$P(|t|>x)=\text{TDIST}(x,n-1,2)$或$P(t>x)=\text{TDIST}(x,n-1,1)$($x$为$t$的正取值),本例为$P(|t|>1.655)=\text{TDIST}(1.655,9,2)=0.132>0.05$。

SPSS 分析

(1) 打开 "D:\环境数据分析\第三章\例 3-1 土壤.sav",变量:$CaCO_3$含量。

(2) 选择【分析(A)】→【比较均值(M)】→【单样本 T 检验(S)…】,打开单样本 T 检验框。

【检验变量(T)】选择 $CaCO_3$含量。

【检验值(V)】设置为 56.22。

(3) 点击【选项(O)…】,打开选项对话框。

【置信区间百分比(C)】显示平均值与假设检验值之差的置信区间,默认为 95%,本例设置为 95%。

【缺失值】选择【按分析顺序排除个案(A)】。

(4) 单击【继续】→【确定】,得到主要结果(表 3-1)。

表 3-1 单个样本检验

项目	检验值 = 56.22					
	t	df	Sig.(双侧)	均值差值	差分的 95%置信区间	
					下限	上限
$CaCO_3$含量	1.655	9	0.132	1.00500	−0.3691	2.3791

Python 分析

运行 "D:\环境数据分析\第三章\例 3-1 单样本 t 检验.ipynb",主要代码及结果如下:

import pandas as pd

```
from scipy import stats
from scipy.stats import ttest_1samp
data = pd.read_csv (r"D:\环境数据分析\第三章\例 3-1 土壤.csv")
t, P = stats.ttest_1samp(data, 56.22) #单样本 t 检验
print('t = %.3f, P = %.3f' % (t, P))
```
运行结果：$t = 1.655$，$P = 0.132$。

结论：Excel、SPSS 和 Python 输出结果一致，$P = 0.132 > 0.05$，测定结果与 $CaCO_3$ 含量真值的差异无统计学意义。

3.2.2 独立样本 t 检验

独立样本 t 检验也称成组 t 检验，分析方差相等的两个独立样本的均值是否相等。针对两个总体方差 $\sigma_1^2 = \sigma_2^2$ 未知且样本呈正态分布（$n_1 < 30$ 与 $n_2 < 30$）的独立样本，通过检验判断两样本的均值有无差别。

独立样本 t 检验统计量为

$$t = \frac{\bar{x}_1 - \bar{x}_2}{\sqrt{\frac{s_e^2}{n_1} + \frac{s_e^2}{n_2}}} = \frac{\bar{x}_1 - \bar{x}_2}{\sqrt{\frac{(n_1-1)s_1^2 + (n_2-1)s_2^2}{n_1+n_2-2}\left(\frac{1}{n_1}+\frac{1}{n_2}\right)}} \quad (3.2)$$

当两正态总体方差不齐性时，即 $\sigma_1^2 \neq \sigma_2^2$，采用 t' 检验代替 t 检验，两独立样本 t 检验统计量为

$$t' = \frac{\bar{x}_1 - \bar{x}_2}{\sqrt{\frac{s_1^2}{n_1} + \frac{s_2^2}{n_2}}} \quad (3.3)$$

式(3.2)和式(3.3)中，s_1^2 和 s_2^2 为两样本方差；s_e^2 为合并方差；n_1 和 n_2 为两样本容量。该统计量 t 在零假说 $\mu_1 = \mu_2$ 为真的条件下服从自由度为 n_1+n_2-2 的 t 分布。

当 $|t| > t_\alpha(n_1+n_2-2)$ 时，$P < \alpha$，拒绝零假说；当 $|t| < t_\alpha(n_1+n_2-2)$ 时，$P > \alpha$，接受零假说。其中 $t_\alpha(n_1+n_2-2)$ 表示自由度为 n_1+n_2-2 的 t 分布中双侧概率为 α 的临界 t 值。

例 3-2 随机调查无污染土壤中 13 株植株的高度以及有污染土壤中 15 株植株的高度，分析这两类植株高度是否有差异。

Excel 分析

(1) 打开 "D:\环境数据分析\第三章\例 3-2 株高.xlsx"。

(2) 进行方差是否齐性的判断，选择【数据】→【数据分析】，打开数据分析对话框，如图 3-2 所示，选择【F-检验 双样本方差】，打开其对话框，如图 3-3 所示，分别选择变量 1 和变量 2 的区域（健株、病株株高数据所在区域），【α(A)】设置为 0.05。

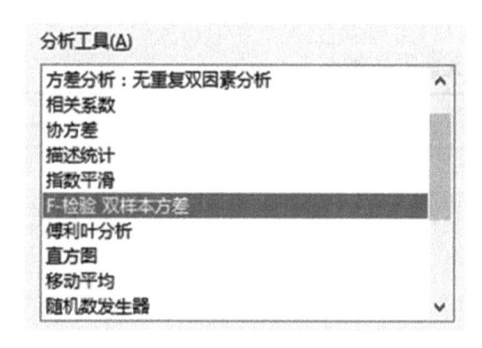

图 3-2 数据分析对话框　　　　　　图 3-3 F-检验 双样本方差对话框

(3) F-检验 双样本方差检验结果如表 3-2 所示。

表 3-2　F-检验 双样本方差分析

项目	变量 1	变量 2
平均	48.52	35.24
方差	179.6	163.6
观测值	13	15
df	12	14
F	1.098	
P(F≤f)单尾	0.429	
F 单尾临界	2.534	

$P(F \leqslant f)$单尾 = 0.429 > 0.05，判定两方差齐性。

(4) 选择【数据】→【数据分析】，打开数据分析对话框，如图 3-4 所示，选择【t-检验：双样本等方差假设】，打开 t-检验：双样本等方差假设对话框，如图 3-5，【假设平均差(E)】设置为 0，【α(A)】设置为 0.05。

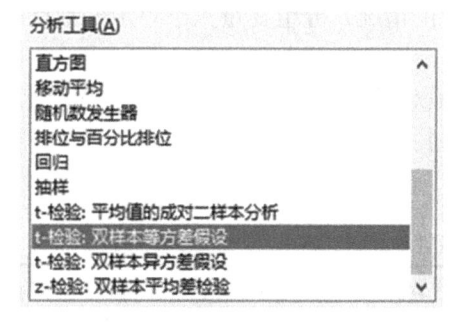

图 3-4 数据分析对话框　　　　　　图 3-5 t-检验：双样本等方差假设对话框

(5) 单击【确定】，得到主要结果如表 3-3 所示。

表 3-3 t-检验：双样本等方差假设

项目	变量 1	变量 2
平均	48.52308	35.24
方差	179.5986	163.6011
观测值	13	15
合并方差	170.9846	
假设平均差	0	
df	26	
t Stat	2.680764	
$P(T\leqslant t)$ 单尾	0.006291	
t 单尾临界	1.705618	
$P(T\leqslant t)$ 双尾	0.012583	
t 双尾临界	2.055529	

SPSS 分析

(1) 打开"D:\环境数据分析\第三章\例 3-2 株高.sav"，输入数据时，两个样本的数据在一列变量中，另一列作为分组变量。本例变量：分组(1：健株，2：病株)、株高(cm)。

(2) 选择【分析(A)】→【比较均值(M)】→【独立样本 T 检验(I)…】，打开独立样本 T 检验对话框，在【检验变量(T)】选择株高。在【分组变量(G)】选择分组。

(3) 单击【定义组(D)…】，打开定义组对话框：

【使用指定值(U)】需要根据分组变量为【组 1】和【组 2】设置数值或相应的字符，不统计含其他数值或字符串的个案。本例设置组 1 为 1，组 2 为 2。

【分割点(C)】仅适用于分组变量为数值变量的情况，分组变量大于等于分割点的个案组成一组，小于分割点的个案组成一组。

(4) 单击【继续】→【选项(O)…】，打开选项对话框，【置信区间百分比(C)】默认为 95%，【缺失值】选择【按分析顺序排除个案(A)】。

(5) 单击【继续】→【确定】，得到主要结果如表 3-4、表 3-5 所示。

表 3-4 组统计

项目	分组	数字	平均值(E)	标准偏差	标准误差平均值
株高	1	13	48.523	13.4014	3.7169
	2	15	35.240	12.7907	3.3025

表 3-5　独立样本检验

项目	方差齐性	列文方差相等性检验			平均值相等性的 t 检验				
		F	显著性	t	自由度	显著性(双尾)	平均差	标准误差差值	差值的95%置信区间	
									下限	上限
株高	已假设方差齐性	0.000	0.993	2.681	26	0.013	13.2831	4.9550	3.0980	23.4681
	未假设方差齐性			2.672	25.046	0.013	13.2831	4.9721	3.0438	23.5224

Python 分析

运行 "D:\环境数据分析\第三章\例 3-2 独立样本 t 检验.ipynb"，主要代码及结果如下：

import pandas as pd
from scipy import stats
from scipy.stats import ttest_ind
from scipy.stats import levene
data1 = pd.read_csv(r"D:\环境数据分析\第三章\例 3-2 株高 1.csv")
data2 = pd.read_csv(r"D:\环境数据分析\第三章\例 3-2 株高 2.csv")
data1 = data1.iloc[:, 0] #指定第一列数据
data2 = data2.iloc[:, 0] #指定第一列数据
w,P = stats.levene(data1, data2) #方差齐性检验
print('w = %.3f, P = %.3f' % (w, P))
t, P = stats.ttest_ind(data1, data2) #独立样本 t 检验
print('t = %.3f, P = %.3f' % (t, P))

运行结果：$w = 0.000$, $P = 0.981$　$t = 2.681$, $P = 0.013$。

结论：Excel、SPSS 和 Python 输出结果一致，$w = 0.000$, $P = 0.981 > 0.05$，两组数据方差齐性；$t = 2.681$, $P = 0.013 < 0.05$，健株、病株高度的差异有统计学意义。

备注：本例两组样本量不同，如果将两组数据放入同一个 csv 文件，容易引起读取数据错误，因此需单独文件读取数据。独立样本 t 检验尽量保持两组数据样本量相同。

思考题 3-2　多组计量$(n \geqslant 3)$资料比较能否采用 t 检验？

若用 t 检验对多组$(n \geqslant 3)$计量资料进行两两比较，如四组数据两两比较，按照 $\alpha = 0.05$ 的检验水准，单次不犯 I 类错误的概率为 95%，总共进行 6 次比较($C_4^2 = 6$)，不犯 I 类错误的概率为 $95\%^6$，总的检验水准 α 为 $1-95\%^6 = 0.26$，远大于 0.05 的检验水准。因此，对 $n \geqslant 3$ 的多组均值比较不能采用 t 检验。

3.2.3　配对样本 t 检验

配对样本 t 检验分析两组配对样本的数据或同一组在不同被试条件下的数据的差异性。主要适用于以下几种情形：①两个同质受试对象分别接受两种不同的处理；②同一受试对象接受两种不同的处理；③同一受试对象处理前后。两配对样本 t 检验前提是各

个样本均来自正态分布的总体且配对，并且两个样本所属总体方差相等。

配对样本 t 检验统计量为

$$t = \frac{\bar{d} - \mu_0}{\frac{s_d}{\sqrt{n}}} \quad (3.4)$$

式中，$s_d = \sqrt{\frac{\sum_{i=1}^{n}(d_i - \bar{d})^2}{n-1}}$，为配对样本差值标准差；$\bar{d} = \frac{\sum_{i=1}^{n} d_i}{n}$，为配对样本差值平均数，其中 $i = 1, \cdots, n$；n 为配对样本数。统计量 t 在零假说 $\mu_{\bar{d}} = 0$ 为真条件下服从自由度为 $n-1$ 的 t 分布。

当 $|t| > t_\alpha$ 时，$P < \alpha$，拒绝零假说；当 $|t| < t_\alpha$ 时，$P > \alpha$，接受零假说。

例 3-3 随机调查 11 例克山病患者患病前后的血磷值(mmol/L)，试分析患病前后的血磷值是否有差异。

Excel 分析

(1) 打开"D:\环境数据分析\第三章\例 3-3 血磷值.xlsx"。

(2) 进行方差齐性检验，详见例 3-2，本例两样本总体方差齐性。

(3) 选择【数据】→【数据分析】，打开数据分析对话框，如图 3-6 所示，选择【t-检验：平均值的成对二样本分析】，打开 t-检验：平均值的成对二样本分析对话框，如图 3-7 所示。分别选择变量 1 和变量 2 的区域(患者患病前、患病后血磷值数据所在区域)，【假设平均差(E)】设置为 0。

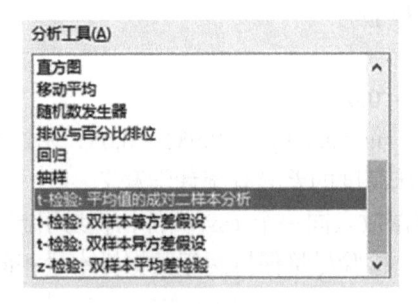

图 3-6　数据分析对话框　　　　图 3-7　t-检验：平均值的成对二样本分析对话框

(4) 单击【确定】，得到主要结果如表 3-6 所示。

表 3-6　t-检验：平均值的成对二样本分析

项目	变量 1	变量 2
平均	1.08	1.494545
方差	0.10996	0.192287
观测值	11	11
泊松相关系数	0.984118	
假设平均差	0	
df	10	

续表

项目	变量1	变量2
t Stat	−10.8535	
P(T≤t)单尾	$3.73×10^{-7}$	
t 单尾临界	1.812461	
P(T≤t)双尾	$7.47×10^{-7}$	
t 双尾临界	2.228139	

SPSS 分析

(1) 打开"D:\环境数据分析\第三章\例 3-3 血磷值.sav",变量:患病前血磷值(mmol/L)和患病后血磷值(mmol/L)。

(2) 选择【分析(A)】→【比较均值(C)】→【配对样本 T 检验(P)…】,打开配对样本 T 检验对话框。

【成对变量(V)】需设置定距或定比变量,可选择 1 对及以上配对变量,若有多个配对变量,可重复选择,每对样本给出一个 t 检验结果。本例只有 1 对配对变量,为患病前血磷值(mmol/L)和患病后血磷值(mmol/L)。

(3) 单击【继续】→【选项(O)…】,打开选项对话框,【置信区间百分比(C)】默认为 95%,【缺失值】选择【按分析顺序排除个案(A)】。

(4) 单击【继续】→【确定】,得到主要结果如表 3-7 所示。

表 3-7 配对样本检验

配对数	项目	配对差值				t	自由度	显著性(双尾)
		平均值(E)	标准偏差	标准误差平均值	差值的95%置信区间 下限	差值的95%置信区间 上限			
1	患病前血磷值 患病后血磷值	−0.41455	0.12668	0.03819	−0.49965	−0.32944	−10.853	10	0.000

Python 分析

运行 "D:\环境数据分析\第三章\例 3-3 配对样本 t 检验.ipynb",主要代码及结果如下:

```
import pandas as pd
from scipy import stats
from scipy.stats import ttest_rel
from scipy.stats import levene
data = pd.read_csv(r"D:\环境数据分析\第三章\例 3-3 血磷值.csv")
data1 = data.iloc[:, 0]    #指定第一列数据
data2 = data.iloc[:, 1]    #指定第二列数据
w,P = stats.levene(data1, data2) #方差齐性检验
print('w = %.3f, P = %.3f' % (w, P))
t, P = stats.ttest_rel(data1, data2) #配对样本 t 检验
```

```
print('t = %.3f, P = %.3f' % (t, P))
```

运行结果：$w = 1.090$，$P = 0.309$ $t = -10.853$，$P = 0.000$。

结论：Excel、SPSS 和 Python 输出结果一致，$w = 1.090$，$P = 0.309 > 0.05$，两组数据方差齐性；$t = -10.853$，$P = 0.000 < 0.05$，患病前后血磷值差异有统计学意义。

> **知识拓展 3-2　大胆假设，小心求证**
>
> 进行 t 检验时，要具体考虑 t 检验的实际检验效能。当独立样本 t 检验的结果为 $P > 0.05$ 时，需考察两组样本均值无显著差异，还是样本量过小导致检验效能过低，造成了"假阴性"。针对配对样本 t 检验，两组样本数据的相关性是影响 t 检验效能的重要因素，正相关系数大有利于提升检验效能。若两组数据方差不齐，样本量越小，t 检验的检验效能相对越低。当 $P > 0.05$ 且检验效能不高时，需适当增加样本量再进行检验。切忌故意减少样本量，虽然达到主观预期的 P 值结果，但客观上可能导致检验效能低下引起的假阴性结果。

习　题

1. 某地区 2018 年大气 $PM_{2.5}$ 的年均浓度为 $63.05\mu g/m^3$，今年大气 $PM_{2.5}$ 的每月测定浓度($\mu g/m^3$)：58.79、59.10、58.35、56.81、57.95、55.62、56.84、56.33、54.67、55.42、55.78、59.94，试在 $\alpha = 0.05$ 水平下检验该地区今年大气 $PM_{2.5}$ 的浓度与 2018 年大气 $PM_{2.5}$ 年均浓度的差异是否有显著性。

2. 某人研究两种萃取条件下区域土壤污染物的提取率(D:\环境数据分析\第三章\习 3-2 萃取 1.csv、习 3-2 萃取 2.csv)，每种方法重复 6 次，完全随机设计，$\bar{x}_1 = 42.4$，$\bar{x}_2 = 47.5$，$s_1^2 = 1.56$，$s_2^2 = 1.32$，试分析两种条件的提取率有无显著差异。

3. 某研究所对该河流 10 个采样点，分别用甲、乙两种检验方法进行测定(D:\环境数据分析\第三章\习 3-3 砷 1.csv、习 3-3 砷 2.csv)，比较两种方法测定结果有无显著差异。

4. 某百货公司随机选择 500 位持卡人，分别发送降低消费利率的广告和标准的季节性广告，并统计其消费金额(D:\环境数据分析\第三章\习 3-4creditpromo.sav)，试比较两种促销举措的效果有无显著差异。

5. 志愿者在实行饮食方案前后的体重(lb[①])及甘油三酸酯的水平(mg/100mL)(D:\环境数据分析\第三章\习 3-5dietstudy.sav)，试分析该饮食方案是否会引起体重及甘油三酯的显著差异。

---

① 1 lb=0.453592kg。

第4章 环境数据方差分析

4.1 方差分析概述

4.1.1 方差分析定义

方差分析(analysis of variance，ANOVA)是用于比较两组或多组样本均数差异是否显著的参数检验方法，于1918年由英国统计学家罗纳德·艾尔默·费希尔(Ronald Aylmer Fisher)提出。方差分析以 F 值为主要统计量，通过研究观测变量的方差，分析显著影响样本观测值的各类因素。

方差分析主要研究分类数据与定量数据间的关系，是 t 检验和 Z 检验的延伸，常用于多组样本均值的比较、方差齐性检验、回归方程的线性假设检验、试验影响因素以及因素间交互作用分析。

4.1.2 方差分析分类

根据因素和指标测量方式的不同，方差分析具有不同的类别。按因素个数可分为单因素方差分析、双因素方差分析、多因素方差分析；按因变量个数可分为一元方差分析(ANOVOA)及多元方差分析(MANOVOA)。常用的方差分析还有协方差分析(ANCOVA)、重复测量方差分析(repeated-measures ANOVA)、Hotelling T^2 检验等。

4.1.3 方差分析基本术语

方差分析基本术语见表4-1。

表4-1 方差分析基本术语

基本术语	英文	含义
试验指标	experimental index	衡量试验效果的特征量，是因变量
因素	factor	影响试验指标的因素，也称因子
水平	level	因素所处的状态或数量等级
处理效应	treatment effect	因素作用于受试对象引起的试验指标的变化
观测变量	observing factor	指影响总体的因素，又称观测因素
控制变量	control factor	指影响观测变量的因素，又称控制因素
主效应	main effect	单独自变量产生的效应
交互作用	interaction	某一因素在另一因素不同水平上所产生的效应
简单效应	simple effect	一个因素水平在另一个因素某个水平上的效应
重复测量	repeated measurements	对同一指标在不同时间或情景下的多次测量

续表

基本术语	英文	含义
固定模型	fixed model	固定效应模型
随机模型	stochastic model	随机效应模型
混合模型	mix model	包含固定效应和随机效应的模型

4.1.4 方差分析适用条件

(1) 处理组相互独立，相关数据为随机样本数据。
(2) 处理组数据服从正态分布。
(3) 处理组的总体方差满足方差齐性。

进行方差分析前，需进行正态性检验以及方差齐性检验。若不满足方差齐性，可尝试对变量进行多种变换，如倒数变换、平方根变换、对数变换以及平方根反正弦变换等。

4.1.5 方差分析基本流程

方差分析基本流程如图 4-1 所示。

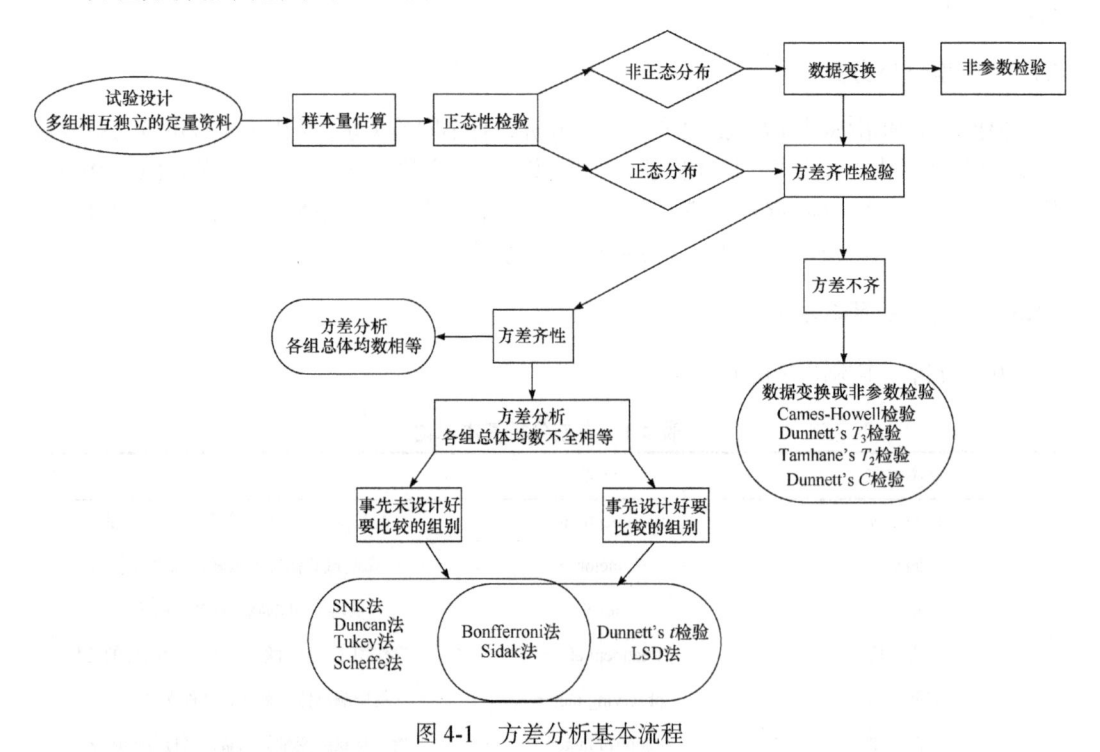

图 4-1 方差分析基本流程

4.1.6 方差分析基本思想

方差分析基本思想源于误差分解(图 4-2)，即将处理组测量数据的总变异分解为处理效应(组间变异)和随机误差(组内变异)。方差分析的检验基于 F 值，若处理效应不存在或不显著，F 值对应的 F 概率分布大于 0.05，差异主要由随机误差引起；若处理效应显著，F 值对应的 F 概率分布小于 0.05，差异主要由处理效应引起。

处理效应：特定处理或干预对因变量的影响。

随机误差：由随机因素造成的观察值与真值间的误差。

图 4-2 F 值计算公式

知识拓展 4-1　方差分析数学模型

处理效应，即组间误差(图 4-3)，反映不同样本间数据的离散程度。组间平方和用变量在试验各组的均值与总均值之偏差平方和表示，记作 SS_t，其自由度记作 df_t。

试验误差，即组内误差(图 4-3)，反映一个样本内部数据的离散程度。组内平方和用变量在试验各组的均值与该组内变量值之偏差平方和的总和表示，记作 SS_e，其自由度记作 df_e。总平方和是全部数据误差大小的平方和，记为 SS_T

总偏差平方和 $SS_T = SS_t + SS_e$。

SS_t 和 SS_e 除以各自的自由度[组内 $df_t = s-1$，组间 $df_e = \sum_{i=1}^{s}(n_i-1)$]得到其均方 S_t^2 和 S_e^2。用 F 值：$F = \dfrac{S_t^2}{S_e^2}$ 与其临界值比较，推断各样本是否来自相同总体。

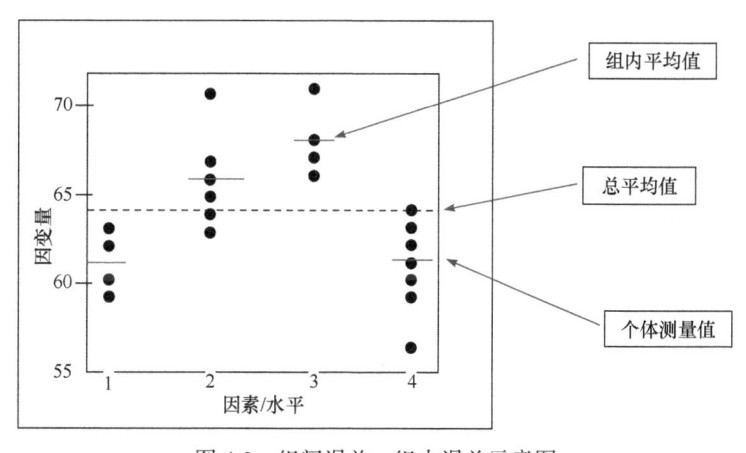

图 4-3　组间误差、组内误差示意图

4.1.7 多重比较

多重比较(multiple comparison)是方差分析后对各组样本平均数是否有显著差异的假设检验。常用的多重比较法有 LSD 法、Dunnett's t 检验、Bonferroni 法、Scheffe 法、Tukey 法、SNK 法、Duncan 法等。

(1) LSD 法：本质上是一种两两比较的 t 检验，通常用于一对或几对所要研究的组别间样本均数的比较。LSD 法不控制 α，灵敏度高，对差异敏感，但随着比较频数的增加会增大犯 I 类错误的概率。

(2) Dunnett's t 检验：在 LSD 法的基础上对 α 进行了调整，通过临界 t 值间接控制

α，通常用于比较多个试验组和一个对照组的均数。

(3) Bonferroni 法：在 LSD 法的基础上对 α 进行了调整，较保守，灵敏度低于 LSD 法，仅适用于组别较少时($n < 10$)的多重比较。

(4) Scheffe 法：适用于组间例数不相等或进行复杂比较的情况。

(5) Tukey 法：通过 t 极差分布控制 α，采用 Student-Range 统计量进行组间差异比较，常用于组间例数相等的两两比较，效率较高。

(6) SNK 法：是应用最广泛的两两比较方法，是对 Tukey 法的修正，灵敏度介于 LSD 法和 Tukey 法之间。

(7) Duncan 法：是对 SNK 法的修正，但提高了 I 类错误概率。

(8) Tamhane's T_2 检验法：针对处理组方差不齐情况，基于 t 检验原理，相对保守。

(9) Games-Howell 检验法：以成对的方式将所有个体组的均值进行相互比较，适用于样本含量小且方差不齐的情况。

多重比较方法选择的一般经验是：方差齐，组间例数相等，选用 Turkey 法；方差齐，多个处理组与对照组比较，选用 Dunnett's t 检验；方差齐，组间例数相等，选择 Scheffe 法；组间例数较少，选用 Bonferroni 法；方差不齐，选用 Tamhane's T_2。鉴于 LSD 法和 Duncan 法易犯 I 类错误，如果使用，须谨慎验证。

4.2 单因素方差分析

4.2.1 单因素方差分析概述

单因素方差分析是检验单一控制变量的两个或多个水平是否导致观测变量产生显著影响的方差分析，用于完全随机设计、随机区组设计的多个定量样本均值的比较。

4.2.2 单因素方差分析基本步骤

单因素方差分析基本步骤见表 4-2。

表 4-2 单因素方差分析原理

处理(i)	重要(j)				处理平均数 $\bar{y}_i$
	1	2	…	n_j	
1	y_{11}	y_{12}	…	y_{1n_1}	$\bar{y}_1$
2	y_{21}	y_{22}	…	y_{2n_2}	$\bar{y}_2$
⋮	⋮	⋮		⋮	⋮
s	y_{s1}	y_{s2}	…	y_{sn_j}	$\bar{y}_s$

设因素 y_{ij} 表示第 i 处理的第 j 次观测值。A 有 s 个水平 $A_1, A_2, …, A_s$，在水平 $A_i(i = 1, 2, …, s)$下，进行 $n_j(n_j \geq 2)$次独立试验，得到的结果记为 y_{ij}。

可以假定各个水平 A_i 的样本来自具有相同方差 σ^2 的正态总体 $N(\mu_i, \sigma^2)$，且不同水平 A_i 下的样本之间相互独立。

由于 $y_{ij} \sim N(\mu_i, \sigma^2)$，即有 $y_{ij} - \mu_i \sim N(0, \sigma^2)$，故 $y_{ij} - \mu_i$ 可看作随机误差。记 $y_{ij} - \mu_i = \varepsilon_{ij}$。$y_{ij}$ 可进一步写成

$$\begin{cases} y_{ij} = \mu_i + \varepsilon_{ij} \\ \varepsilon_{ij} \sim N(0, \sigma^2) \end{cases} (i = 1, 2, \cdots, s; \ j = 1, 2, \cdots, n_j)$$

设 $\alpha_i = \mu_i - \mu, \ i = 1, 2, \cdots, s$。

检验假设：

$H_0: \alpha_1 = \alpha_2 = \cdots = \alpha_s = 0$，即自变量对因变量没有显著影响。

$H_1: \alpha_1, \alpha_2, \cdots, \alpha_s$ 不全为 0，即自变量对因变量有显著影响。

构造检验统计量：

(1) 计算因素各水平：$\bar{y}_{i.} = \dfrac{1}{n_j} \sum\limits_{j=1}^{n_j} y_{ij}$

(2) 计算全部观测值的总均值：$\bar{y} = \dfrac{1}{n} \sum\limits_{i=1}^{k} \sum\limits_{j=1}^{n_j} y_{ij}$

(3) 计算 $\begin{cases} \text{总误差平方和：} \mathrm{SS_T} = \sum\limits_{i=1}^{k} \sum\limits_{j=1}^{n_j} (y_{ij} - \bar{y})^2 \\ \text{水平项误差平方和：} \mathrm{SS_t} = \sum\limits_{i=1}^{k} \sum\limits_{j=1}^{n_j} (\bar{y}_i - \bar{y})^2 \\ \text{误差项平方和：} \mathrm{SS_e} = \sum\limits_{i=1}^{k} \sum\limits_{j=1}^{n_j} (y_{ij} - \bar{y}_{i.})^2 \end{cases}$

$$\mathrm{SS_T} = \mathrm{SS_t} + \mathrm{SS_e}$$

$\mathrm{SS_t}$ 和 $\mathrm{SS_e}$ 除以各自的自由度($\mathrm{df_t} = s-1$)，组间 $\mathrm{df_e} = \sum\limits_{i=1}^{k}(n_j - 1)$ 得到其均方 S_t^2 和 S_e^2。

当 H_0 为真时，有

$$F = \frac{S_t^2}{S_e^2} = \frac{\mathrm{SS_t}/(s-1)}{\mathrm{SS_e}/(n-s)} = \frac{\mathrm{SS_t}/(s-1)\sigma^2}{\mathrm{SS_e}/(n-s)\sigma^2} \sim F(s-1, n-s)$$

若 F 值大于或等于 $F_\alpha(s-1, n-s)$，则在水平 α 下拒绝 H_0，否则接受 H_0。

以上方差分析统计量如表 4-3 所示。

表 4-3 单因素试验方差分析表

方差来源	平方和	自由度	均方值	F	F 的临界值
处理效应	$\mathrm{SS_t}$	$s-1$	S_t^2	S_t^2/S_e^2	$F_\alpha(s-1, n-s)$
随机误差	$\mathrm{SS_e}$	$n-s$	S_e^2		
总和	$\mathrm{SS_T} = \mathrm{SS_t} + \mathrm{SS_e}$	$n-1$			

例 4-1 对不同季节水中氯化物含量进行调查,试分析氯化物含量是否受季节影响。

Excel 分析

(1) 打开"D:\环境数据分析\第四章\例 4-1 氯化物含量-1.xlsx"。
(2) 在菜单栏中选择【数据】→【数据分析】→【方差分析:单因素方差分析】。
(3) 选定输入数据区域(图 4-4 虚线范围)、分组方式和输出区域。

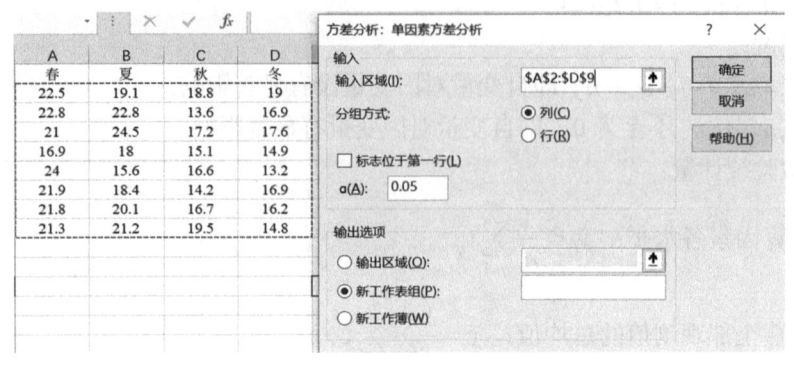

图 4-4 单因素方差分析对话框

(4) 单击【确定】按钮,得到输出结果(表 4-4)并分析。

表 4-4 单因素方差分析 Excel 结果

差异源	SS	df	MS	F	P-value	F crit
组间	166.2709	3	55.42365	11.02165	5.95E-05	2.946685
组内	140.8013	28	5.028616			
总计	307.0722	31				

SPSS 分析

(1) 导入"D:\环境数据分析\第四章\例 4-1 氯化物含量-2.xlsx",变量为氯化物含量、季节。
(2) 在菜单栏中依次选择【分析(A)】→【比较均值(M)】→【单因素 ANOVA】选项,打开单因素主对话框,将"氯化物含量"选入【因变量列表(E)】框中,"季节"选入【因子(F)】框中。
(3) 单击【事后比较(H)】,在【假定等方差】勾选图基(T),单击【继续】,返回主对话框。
(4) 单击【选项(O)】,打开选项对话框,选择【方差齐性检验(H)】,单击【继续】,返回主对话框。
(5) 单击【确定】按钮,得到单因素方差分析(表 4-5)及事后检验(表 4-6)结果。

表 4-5 SPSS 单因素方差分析结果

项目	平方和	自由度	均方	F	显著性
组间	166.271	3	55.424	11.022	<0.001
组内	140.801	28	5.029		
总数	307.072	31			

表 4-6　事后多重比较

(I)季节	(J)季节	平均值差值	标准误差	显著性	95%置信区间下限	95%置信区间上限
春	夏	1.56250	1.12123	0.514	−1.4988	4.6238
	秋	5.06250*	1.12123	<0.001	2.0012	8.1238
	冬	5.33750*	1.12123	<0.001	2.2762	8.3988
夏	春	−1.56250	1.12123	0.514	−4.6238	1.4988
	秋	3.50000*	1.12123	0.020	0.4387	6.5613
	冬	3.77500*	1.12123	0.011	0.7137	6.8363
秋	春	−5.06250*	1.12123	<0.001	−8.1238	−2.0012
	夏	−3.50000*	1.12123	0.020	−6.5613	−0.4387
	冬	0.27500	1.12123	0.995	−2.7863	3.3363
冬	春	−5.33750*	1.12123	<0.001	−8.3988	−2.2762
	夏	−3.77500*	1.12123	0.011	−6.8363	−0.7137
	秋	−0.27500	1.12123	0.995	−3.3363	2.7863

* 平均值差值的显著性水平为 0.05。

Python 分析

运行 "D:\环境数据分析\第四章\例 4-1 氯化物含量.ipynb"，主要代码及结果如下：

```python
import pandas as pd
from statsmodels.formula.api import ols
from statsmodels.stats.anova import anova_lm
from statsmodels.stats.multicomp import pairwise_tukeyhsd
df = pd.read_excel(r"D:\环境数据分析\第四章\例 4-1 氯化物含量-2.xlsx")
formula = '氯化物含量~C(季节)'
result = anova_lm(ols(formula, df).fit()) #单因素方差分析
print(result)
print(pairwise_tukeyhsd(df['氯化物含量'], df['季节'])) #事后比较
```

运行结果如表 4-7、表 4-8 所示。

表 4-7　Python 单因素方差分析结果

项目	df	sum_sq	mean_sq	F	PR($>F$)
季节	3.0	166.270938	55.423646	11.02165	0.00006
Residual	28.0	140.801250	5.028616	NaN	NaN

表 4-8　事后多重比较（Tukey HSD）

group1	group2	meandiff	p-adj	lower	upper	reject
冬	夏	3.775	0.0113	0.7137	6.8363	True
冬	春	5.3375	0.001	2.2762	8.3988	True
冬	秋	0.275	0.9	−2.7863	3.3363	False

group1	group2	meandiff	p-adj	lower	upper	reject
夏	春	1.5625	0.5124	−1.4988	4.6238	False
夏	秋	−3.5	0.0204	−6.5613	−0.4387	True
春	秋	−5.0625	0.001	−8.1238	−2.0012	True

Excel、SPSS 和 Python 的单因素方差分析结果(保留三位小数)一致，$P=0.000$，不同季节湖水氯化物含量差异有统计学意义。

两两比较进一步发现春和夏、秋和冬的差异无统计学意义。

4.2.3 方差分析趋势检验

趋势性检验，即检验因变量(Y)是否随自变量(X)呈现一定的线性或趋向性的改变。例如，药物剂量反应的关系，随着药物剂量的增加，患者的病情是否进一步加重或改善，死亡率或生存率是否发生一定方向的改变，这种改变经过统计学分析若具有统计学差异，可认为趋势成立。若证明各等级间存在线性趋势，那么该研究的证据等级非常高。

常用趋势检验方法有卡方趋势检验、Cochran-Armitage 趋势性检验、Mann-Kendall 趋势检验、Kendall's tau-b 等级相关分析。

知识拓展 4-2　Welch 方差分析与 Kruskal-Wallis 单因素方差分析

Welch 方差分析是传统单因素方差分析的一种替代方法，其采用近似于 F 分布的 Welch 分布的统计量对各组均值是否相等进行检验。使用 Welch 检验对方差齐性没有要求。

Kruskal-Wallis 检验又称"K-W 检验"或"H 检验"，是单因素方差分析的非参数方法，主要用于严重偏离正态分布的数据。Kruskal-Wallis 检验用于检验定量变量或有序分类变量总体分布位置的差别，也适用于检验两个以上样本是否来自同一个概率分布，是非参数检验方法曼-惠特尼 U(Mann-Whitney U)检验的扩展。

单因素方差分析结果对资料不满足正态性的情况不敏感，在资料不太满足正态性条件时，若偏态不严重，仍可考虑继续使用单因素方差分析。若资料不满足方差齐性，推荐采用 Welch's ANOVA 方法。

4.3　双因素方差分析

4.3.1　双因素方差分析概述

双因素方差分析是对同时受两个因素影响的试验数据进行的方差分析。双因素方差分析对两个处理因素进行检验，判断两个因素对观测指标影响情况。

按因素类型，双因素方差分析可分为固定模型(二因素均为固定因素)、随机模型(二因素均为随机因素)及混合模型(一个因素是固定因素，另一因素是随机因素)三类。根据各因素在其他因素不同水平上的效应是否存在差异，双因素方差分析分为有交互作用和无交互作用双因素方差分析。

4.3.2 有交互作用的双因素方差分析

有交互作用的双因素方差分析即因变量受两个相互影响的试验因素的方差分析。有交互作用双因素试验方差分析见表4-9。

表4-9 有交互作用的双因素试验方差分析

方差来源	平方和	自由度	均方	F值	F的临界值
因素A	SS_A	$k-1$	$MS_A = SS_A/(k-1)$	MS_A/MS_E	$F_\alpha(k-1, kr(s-1))$
因素B	SS_B	$r-1$	$MS_B = SS_B/(r-1)$	MS_B/MS_E	$F_\alpha(r-1, kr(s-1))$
交互作用	SS_{AB}	$(k-1)(r-1)$	$MS_{AB} = SS_E/(k-1)(r-1)$	MS_{AB}/MS_E	$F_\alpha((k-1)(r-1), kr(s-1))$
误差	SS_E	$kr(s-1)$	$MS_A = SS_E/kr(s-1)$		
总和	SS_T	$krs-1$			

有交互作用模型：

$$y_{ijm} = \mu + \alpha_i + \beta_j + \delta_{ij} + \varepsilon_{ijm}$$

式中，α_i为A因素第i个水平的效应，满足$\sum_{i=1}^{k}\alpha_i = 0$；$\beta_j$为$B$因素第$j$个水平的效应，满足$\sum_{j=1}^{r}\beta_j = 0$；$\delta_{ij}$为$A$因素第$i$个水平与$B$因素第$j$个水平的交互效应，满足$\sum_{i=1}^{k}\delta_{ij} = \sum_{j=1}^{r}\delta_{ij} = 0$。

平方和分解式：

$$SS_T = SS_A + SS_B + SS_{AB} + SS_E = \sum_{i=1}^{k}\sum_{j=1}^{r}\sum_{m=1}^{s}(y_{ijm} - \overline{y}_{...})^2$$

$$SS_A = rs\sum_{i=1}^{k}(\overline{y}_{i..} - \overline{y}_{...})^2$$

$$SS_B = ks\sum_{j=1}^{r}(\overline{y}_{.j.} - \overline{y}_{...})^2$$

$$SS_{AB} = s\sum_{i=1}^{k}\sum_{j=1}^{r}(y_{ijm} - \overline{y}_{i..} - \overline{y}_{.j.} - \overline{y}_{...})^2$$

$$SS_E = SS_T - SS_A - SS_B - SS_{AB}$$

式中，$\overline{y}_i = \frac{1}{rs}\sum_{j=1}^{r}\sum_{k=1}^{s}y_{ij}$；$\overline{y}_j = \frac{1}{ks}\sum_{k=1}^{k}\sum_{k=1}^{s}y_{ij}$；$\overline{y}_{...} = \frac{1}{kr}\sum_{i=1}^{k}\sum_{j=1}^{r}\sum_{k=1}^{s}y_{ij}$。

构造F统计量：

$$F_A = \frac{SS_A/(k-1)}{SS_E/[kr(s-1)]} \sim F(k-1, kr(s-1))$$

$$F_B = \frac{SS_B/(r-1)}{SS_E/[kr(s-1)]} \sim F(r-1, kr(s-1))$$

$$F_{AB} = \frac{SS_{AB}/[(k-1)(r-1)]}{SS_E/[kr(s-1)]} \sim F((k-1)(r-1), kr(s-1))$$

例 4-2 为研究某种污染物降解率与实验条件的关系，在给定温度和光照条件下，每一种处理重复 4 次，分析温度、光照对污染物光解的影响。

Excel 分析

(1) 打开"D:\环境数据分析\第四章\例 4-2 降解率-1.xlsx"。

(2) 在菜单栏中依次选择【数据】→【数据分析】→【方差分析】→【可重复双因素方差分析】选项。

(3) 选定输入数据区域(选中图 4-5 虚线范围后需将$A$1 改为$A$2)和输出区域。

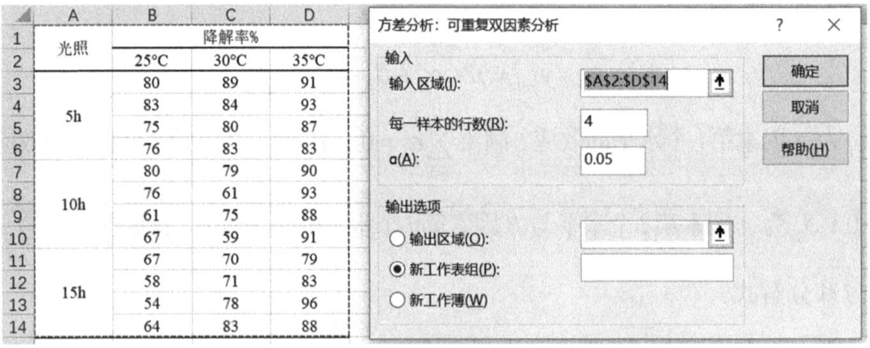

图 4-5 有交互作用的双因素方差分析对话框

(4) 单击【确定】，得到输出结果(表 4-10)并分析。

表 4-10 有交互作用的双因素方差分析 Excel 结果

差异源	SS	df	MS	F	P-value	F crit
样本	574.056	2.000	287.028	7.361	0.003	3.354
列	2121.722	2.000	1060.861	27.208	3.38×10^{-7}	3.354
交互	575.111	4.000	143.778	3.687	0.016	2.728
内部	1052.750	27.000	38.991			
总计	4323.639	35				

SPSS 分析

(1) 打开"D:\环境数据分析\第四章\例 4-2 降解率.sav"，变量名为光照、温度、降解率。

(2) 在菜单栏中依次选择【分析(A)】→【一般线性模型(G)】→【单变量(U)】选项，将"降解率"选入【因变量(D)】框中，"光照""温度"选入【固定因子(F)】(图 4-6)。

(3) 单击【模型(M)】，打开模型对话框，依次选择【构建项(B)】→【主效应】，将【因子与协变量(F)】中的"光照""温度"导入【模型(M)】框；同时选中"光照"和"温度"，选择【交互】后，导入【模型(M)】框。

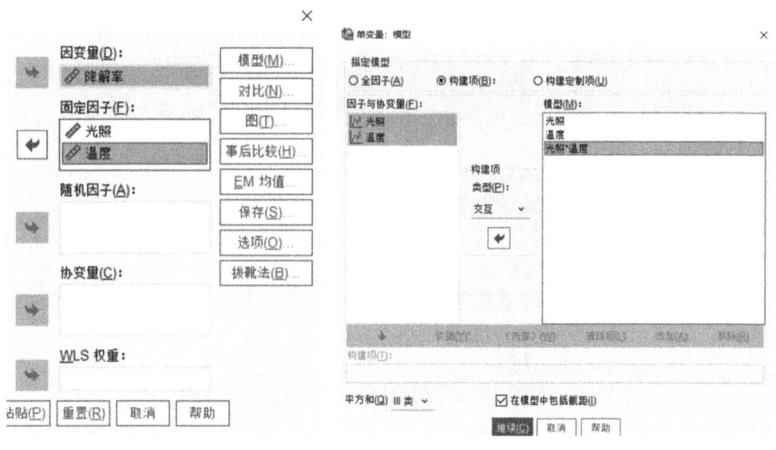

图 4-6 双因素方差分析对话框

(4) 单击【继续】→【事后比较(H)】，打开事后比较对话框，将"光照""温度"选入【下列各项的事后检验(P)】框中，选择【假定等方差】中【图基(T)】。

(5) 单击【继续】→【EM 均值】，将"光照""温度"选入【显示下列各项的平均值(M)】框。

(6) 单击【继续】→【选项(O)】依次选择【显示】中的【描述统计(D)】和【齐性检验(H)】。

(7) 单击【继续】→【确定】，得到输出结果(表 4-11)。

表 4-11 主体间效应检验结果

源	III型平方和	自由度	均方	F	显著性
修正模型	3270.889[a]	8	408.861	10.486	<0.001
截距	220117.361	1	220117.361	5645.375	<0.001
光照	574.056	2	287.028	7.361	0.003
温度	2121.722	2	1060.861	27.208	<0.001
光照*温度	575.111	4	143.778	3.687	0.016
误差	1052.750	27	38.991		
总计	224441.000	36			
修正后总计	4323.639	35			

a. R^2=0.757 (调整 R^2 = 0.684)。

因为"光照*温度"交互作用显著，进一步进行简单效应分析：在【单变量(U)】主对话框(图 4-6)中选择【粘贴】，在跳出的对话框(图 4-7)添加简单效应语句：
/EMMEANS = TABLES(光照*温度) COMPARE(温度) ADJ(LSD).

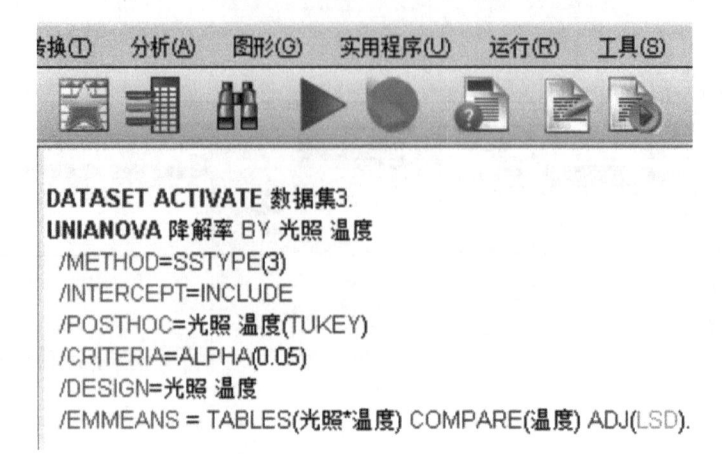

图 4-7 简单效应语句对话框

EMMEANS 表示边际均值，COMPARE 表示温度在光照的不同水平上的差异是否显著。单击图 4-7 界面菜单【运行(R)】，单击【全部(A)】，给出分析结果(表 4-12)。以 35℃和 30℃的温度对降解率的影响为例，光照 5h 水平下，35℃与 30℃的降解率差异无统计学意义；光照 10h 和 15h 水平下，35℃和 30℃的降解率差异有统计学意义。

表 4-12 光照*温度成对比较结果

光照	(I)温度	(J)温度	平均值差值(I-J)	标准误差	显著性[b]	差值的 95%置信区间[b] 下限	差值的 95%置信区间[b] 上限
5h	25	30	−5.500	4.415	0.224	−14.560	3.560
	25	35	−10.000*	4.415	0.032	−19.060	−0.940
	30	25	5.500	4.415	0.224	−3.560	14.560
	30	35	−4.500	4.415	0.317	−13.560	4.560
	35	25	10.000*	4.415	0.032	0.940	19.060
	35	30	4.500	4.415	0.317	−4.560	13.560
10h	25	30	2.500	4.415	0.576	−6.560	11.560
	25	35	−19.500*	4.415	<0.001	−28.560	−10.440
	30	25	−2.500	4.415	0.576	−11.560	6.560
	30	35	−22.000*	4.415	<0.001	−31.060	−12.940
	35	25	19.500*	4.415	<0.001	10.440	28.560
	35	30	22.000*	4.415	<0.001	12.940	31.060

续表

光照	(I)温度	(J)温度	平均值差值(I−J)	标准误差	显著性[b]	差值的95%置信区间[b] 下限	差值的95%置信区间[b] 上限
15h	25	30	−14.750*	4.415	0.002	−23.810	−5.690
		35	−25.750*	4.415	<0.001	−34.810	−16.690
	30	25	14.750*	4.415	0.002	5.690	23.810
		35	−11.000*	4.415	0.019	−20.060	−1.940
	35	25	25.750*	4.415	<0.001	16.690	34.810
		30	11.000*	4.415	0.019	1.940	20.060

注：基于估算边际平均值。
*. 平均值差值的显著性水平为 0.05。
b. 多重比较调节：最低显著差异法(相当于不进行调整)。

Python 分析

运行 "D:\环境数据分析\第四章\例 4-2 降解率.ipynb"，主要代码及结果如下：

```
import pandas as pd
from statsmodels.formula.api import ols
from statsmodels.stats.anova import anova_lm
from statsmodels.stats.multicomp import pairwise_tukeyhsd
df =pd.read_excel(r"D:\环境数据分析\第四章\例 4-2 降解率-2.xlsx")
formula = '降解率~C(光照) + C(温度)+C(光照):C(温度)'
anova_lm(ols(formula, df).fit()) #双因素方差分析
```

运行结果如表 4-13 所示。

表 4-13 Python 双因素方差分析结果

项目	df	sum_sq	mean_sq	F	PR($>F$)
C(光照)	2.0	574.055556	287.027778	7.361434	2.807758×10^{-3}
C(温度)	2.0	2121.722222	1060.861111	27.208027	3.379288×10^{-7}
C(光照):C(温度)	4.0	575.111111	143.777778	3.687485	1.605798×10^{-2}
Residual	27.0	1052.750000	38.990741	NaN	NaN

Excel、SPSS、Python 结果一致，光照 P 值为 0.003，温度 P 值为 3.379×10^{-7}；光照:温度 P 值为 0.016。光照、温度对降解率的影响具有统计学意义，且光照和温度存在交互作用。

知识拓展 4-3 一般线性模型

一般线性模型(general linear model，GLM)是多种方法的统称。实际上，常见的统计检验方法的本质都是线性模型，如 t 检验、方差分析、线性回归等都属于一般线性模型。

统计检验方法不同的根本在于自变量数量与类型的不同，在一般线性模型中，因变量必须是定量的，而自变量可定量变量或分类变量。自变量对应的检验方法如表 4-14 所示。

表 4-14 不同形式的自变量对应的一般线性模型检验方法

自变量数量与类型	具体检验方法
1 个二分类变量	t 检验
1 个多分类变量	方差分析
2 个或多个分类变量	多因素方差分析
1 个连续变量	单因素线性回归
多个连续变量	多因素线性回归
1 个连续变量、1 个分类变量	协方差分析

4.3.3 无交互作用的双因素方差分析

无交互作用的双因素方差分析即试验指标受两个彼此互不影响的实验因素影响的分析。在进行方差分析时，不考虑交互作用影响，直接进行无交互作用的方差分析。

无交互作用模型：

$$y_{ij} = \mu + \alpha_i + \beta_j + \varepsilon_{ij}$$

式中，α_i 为 A 因素第 i 个水平的效应，满足 $\sum_{i=1}^{k} \alpha_i = 0$；$\beta_j$ 为 B 因素第 j 个水平的效应，满足 $\sum_{j=1}^{r} \beta_j = 0$。

平方和分解式：

$$\mathrm{SS}_T = \mathrm{SS}_A + \mathrm{SS}_B + \mathrm{SS}_E = \sum_{i=1}^{k} \sum_{j=1}^{r} \left(y_{ij} - \bar{y}_{..} \right)^2$$

$$\mathrm{SS}_A = r \sum_{i=1}^{k} \left(\bar{y}_{i.} - \bar{y}_{..} \right)^2$$

$$\mathrm{SS}_B = k \sum_{j=1}^{r} \left(\bar{y}_{.j} - \bar{y}_{..} \right)^2$$

$$\mathrm{SS}_E = \sum_{i=1}^{k} \sum_{j=1}^{r} \left(y_{ij} - \bar{y}_{i.} - \bar{y}_{.j} + \bar{y}_{..} \right)^2$$

式中，$\bar{y}_{i.} = \frac{1}{r} \sum_{j=1}^{r} y_{ij}$；$\bar{y}_{.j} = \frac{1}{k} \sum_{i=1}^{k} y_{ij}$；$\bar{y}_{..} = \frac{1}{kr} \sum_{i=1}^{k} \sum_{j=1}^{r} y_{ij}$。

构造 F 统计量：

$$F_A = \frac{\mathrm{SS}_A / (k-1)}{\mathrm{SS}_E / [(k-1)(r-1)]} \sim F(k-1, (k-1)(r-1))$$

$$F_B = \frac{\mathrm{SS}_B / (r-1)}{\mathrm{SS}_E / [(k-1)(r-1)]} \sim F(r-1, (k-1)(r-1))$$

无交互作用的双因素试验方差分析见表 4-15。

表 4-15 无交互作用的双因素试验方差分析

方差来源	平方和	自由度	均方	F 值	F 的临界值
因素 A	SS_A	$k-1$	$MS_A = SS_A/(k-1)$	MS_A/MS_E	$F_\alpha(k-1,(k-1)(r-1))$
因素 B	SS_B	$r-1$	$MS_B = SS_B/(r-1)$	MS_B/MS_E	$F_\alpha(r-1,(k-1)(r-1))$
误差	SS_E	$(k-1)(r-1)$	$SS_E/(k-1)(r-1)$		
总和	SS_T	$kr-1$			

例 4-3 针对某环境土壤样品中放射性核素 ^{137}Cs 的迁移情况，测定各土层放射性核素的半衰期(y)，试检验土壤深度和土壤类型对半衰期是否有显著影响。

Excel 分析

(1) 打开 "D:\环境数据分析\第四章\例 4-3 半衰期.xlsx"。

(2) 在菜单栏中依次选择【数据】→【数据分析】→【方差分析】→【无重复双因素分析】选项。

(3) 选定输入数据区域、分组方式和输出区域，如图 4-8 所示。

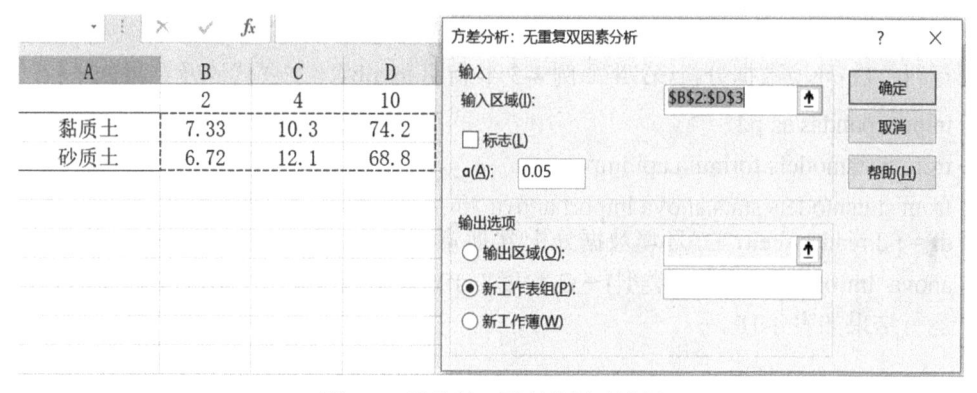

图 4-8 无重复双因素分析对话框

(4) 单击【确定】按钮，得到输出结果(表 4-16)并分析。

表 4-16 Excel 双因素方差分析结果

差异源	SS	df	MS	F	P-value	F crit
行	2.954	1	2.954	0.440	0.575	18.513
列	5207.031	2	2603.515	387.658	0.003	19.000
误差	13.432	2	6.716			
总计	5223.417	5				

SPSS 分析

(1) 打开 "D:\环境数据分析\第四章\例 4-3 半衰期.sav"，变量名为地点、深度、半衰期。

(2) 在菜单栏中依次选择【分析(A)】→【一般线性模型(G)】→【单变量(U)】选项，

打开单变量对话框，将"半衰期"选入【因变量(D)】框中，"类型""深度"选入【固定因子(F)】。

(3) 单击【模型(M)】，打开模型对话框，依次选择【构建项(B)】→【主效应】，将"类型""深度"选入【模型(M)】框中。

(4) 单击【继续】→【确定】，得到输出结果(表 4-17)。

表 4-17 SPSS 双因素方差分析结果

源	Ⅲ型平方和	df	均方	F	显著性
修正模型	5209.985ª	3	1736.662	258.585	0.004
截距	5367.050	1	5367.050	799.142	0.001
类型	2.954	1	2.954	0.440	0.575
深度	5207.031	2	2603.515	387.658	0.003
误差	13.432	2	6.716		
总计	10590.467	6			
修正后总计	5223.417	5			

a. $R^2 = 0.997$(调整 $R^2 = 0.994$)。

Python 分析

运行"D:\环境数据分析\第四章\例 4-3 半衰期.ipynb"，主要代码及结果如下：

import pandas as pd
from statsmodels.formula.api import ols
from statsmodels.stats.anova import anova_lm
df = pd.read_excel(r"D:\环境数据分析\第四章\例 4-3 半衰期-2.xlsx")
anova_lm(ols('半衰期~C(类型) + C(深度)', df).fit())   #无交互作用的双因素方差分析

运行结果如表 4-18。

表 4-18 Python 无交互作用的双因素方差分析结果

项目	df	sum_sq	mean_sq	F	PR($>F$)
C(类型)	1.0	2.954017	2.954017	0.439847	0.575410
C(深度)	2.0	5207.030833	2603.515417	387.657677	0.002573
Residual	2.0	13.432033	6.716017	NaN	NaN

Excel、SPSS 和 Python 结果一致，土壤类型 $P=0.575$，对核素迁移影响无统计学意义；土壤深度 $P=0.003$，对核素迁移影响有统计学意义。

4.4 多因素方差分析

4.4.1 多因素方差分析概述

多因素方差分析用来研究两个以上控制变量对观测变量产生的影响，原理与双因素

方差分析基本一致。

4.4.2 多因素方差分析适用情形

多因素方差分析通常有三种情况：
(1) 只考虑主效应，不考虑交互效应及协变量。
(2) 考虑主效应和交互效应，但不考虑协变量。
(3) 同时考虑主效应、交互效应和协变量。

例 4-4 为比较某污染物在不同处理条件的降解率，采用 3 种方法进行处理，在 3 种不同浓度(μg/mL)下进行试验(表 4-19)。试分析处理方法、浓度对降解率的影响，并评价本试验的平行度。

表 4-19 不同条件下的降解率 (单位：%)

浓度	处理方法		
	1	2	3
1	A28	B38	C39
2	B35	C47	A48
3	C40	A58	B56

注："1""2""3"代表不同处理方法或不同浓度值；"A""B""C"代表不同人操作。

SPSS 分析

(1) 打开 "D:\环境数据分析\第四章\例 4-4 降解率.sav"，变量为处理方法、浓度、操作人。

(2) 在菜单栏中依次选择【分析(A)】→【一般线性模型(G)】→【单变量(U)】选项，打开单变量主对话框，将"降解率"选入【因变量(D)】，将"处理方法""浓度""操作人"选入【固定因子(F)】。

(3) 单击【模型(M)】，打开模型对话框，依次选择【构建项(B)】→【主效应】，将【因子与协变量(F)】中"处理方法""浓度""操作人"选入右侧【模型(M)】框中。

(4) 单击【继续】，打开【事后比较(H)】对话框，将【因子(F)】"处理方法""浓度""操作人"选入【下列各项的事后检验(P)】框，选择【假定方差齐性】中【LSD】。

(5) 单击【继续】→【确定】。输出结果如表 4-20 所示。

表 4-20 SPSS 多因素方差分析结果

源	Ⅲ型平方和	df	均方	F	显著性
修正模型	766.667[a]	6	127.778	37.097	0.026
截距	16813.444	1	16813.444	4881.323	0.000
处理方法	355.556	2	177.778	51.613	0.019
浓度	400.222	2	200.111	58.097	0.017

续表

源	III型平方和	df	均方	F	显著性
操作人	10.889	2	5.444	1.581	0.387
误差	6.889	2	3.444		
总计	17587.000	9			
修正后总计	773.556	8			

a. $R^2 = 0.991$(调整 $R^2 = 0.964$)。

Python 分析

运行"D:\环境数据分析\第四章\例 4-4 降解率.ipynb",主要代码及结果如下:

```
import pandas as pd
from statsmodels.formula.api import ols
from statsmodels.stats.anova import anova_lm
df = pd.read_excel(r"D:\环境数据分析\第四章\例 4-4 降解率.xlsx")
anova_lm(ols('降解率~C(处理方法)+C(浓度)+C(操作人)', df).fit())
```

运行结果如表 4-21 所示。

表 4-21　Python 多因素方差分析结果

项目	df	sum_sq	mean_sq	F	PR($>F$)
C(处理方法)	2.0	355.555556	177.777778	51.612903	0.019007
C(浓度)	2.0	400.222222	200.111111	58.096774	0.016921
C(操作人)	2.0	10.888889	5.444444	1.580645	0.387500
Residual	2.0	6.888889	3.444444	NaN	NaN

SPSS 和 Python 分析结果一致,处理方法、浓度对应 P 值均小于 0.05,处理方法和浓度对水体降解率影响的差异有统计学意义。操作人对应 P 值大于 0.05,不同人操作引起的降解率差异无统计学意义。

4.5　重复测量方差分析

4.5.1　重复测量方差分析概述

重复测量方差分析主要针对同一观察对象的同一观察指标在不同时间点、不同部位或不同状态下(须大于两组)多次测量结果进行的方差分析。重复测量方差分析可用于分析观察指标在不同场景下的变化规律,考察相应的测量指标如何发生变化,以及分组因素是否会与时间产生交互作用。

组内(被试内)和组间(被试间)是重复测量方差分析中的两个重要术语。组内是指同一对象被测试多次的标识项(一个对象同时具有的特征)。组间是指不同对象组别的标识项(一个对象不能同时具有的特征)。

重复测量分析的步骤主要包括：组间效应分析、球形检验(Mauchly's test of sphericity)、组内效应分析、折线图分析、均值分析、多重比较、简单效应比较。重复测量方差分析流程图如图 4-9 所示。

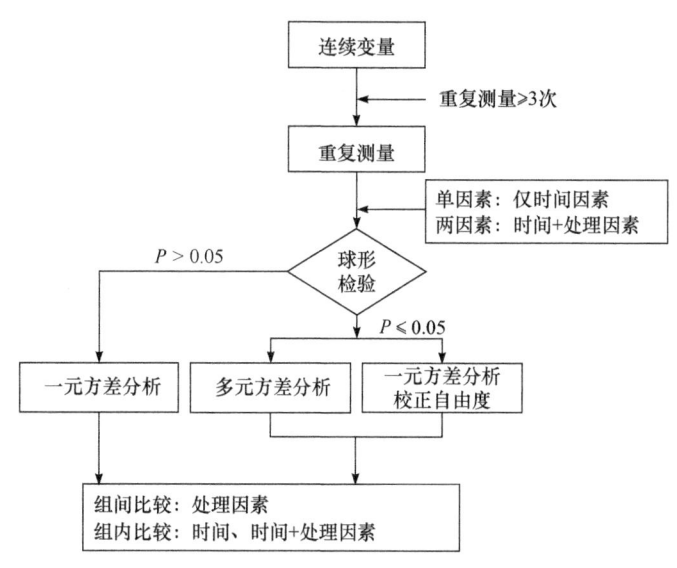

图 4-9 重复测量方差分析流程图

4.5.2 重复测量方差分析适用条件

重复测量方差分析数据需满足各组数据独立、服从正态分布、方差齐性等方差分析的一般条件。另外，还需满足球形假设条件。需要采用球形检验分析重复测量数据之间是否存在相关性。

知识拓展 4-4　Mauchly 球形检验

重复测量设计区组内不同时间点所测结果来自同一个体，即试验单位彼此不独立，同一个体的测量结果高度相关。为使该数据能通过随机区组设计进行方差分析，须检验其是否满足"球对称"假设，即因素的各个水平组合对应的因变量的协方差矩阵应相等。该假设是重复测量方差分析的特殊条件。与之对应的球形检验，适用于重复测量时，检验不同测量间差值的方差是否相等，用于三次及以上水平的重复测量。

运用 Mauchly 球形检验协方差阵的球形性质时，若 P 值大于 0.05，协方差阵的球对称性质得到满足，重复测量数据之间不存在相关性，可用单因素方差分析方法处理。若 P 值小于 0.05，重复测量数据之间存在相关性，不可按单因素方差分析方法处理，需进行多元方差分析，或校正自由度后再进行一元方差分析。常用校正方法包括 Greenhouse-Geisser 法、Huynh-Feldt 法和 Lower-bound 法。

4.5.3 重复测量方差分析流程

例 4-5 将 10 只小鼠随机分为两组，一组对小鼠进行溶剂灌胃（对照组），另一组通过小鼠灌胃方式进行污染物暴露(实验组)。对每组小鼠灌胃前、灌胃后三天、灌胃后一周的血糖进行检测，试分析污染物暴露对小鼠血糖含量的影响。

SPSS 分析

(1) 打开"D:\环境数据分析\第四章\例 4-5 血糖.sav"，变量名为组别、小鼠编号、灌胃前、灌胃后三天、灌胃后一周。在【变量视图】中将对照组赋值"1"，试验组赋值"2"。

(2) 依次选择【分析(A)】→【一般线性模型(G)】→【重复测量(R)】选项，打开重复度量定义因子对话框，在【级别数(L)】中填写 3(重复测量的水平数)，在【受试者内因子名(W)】中填写名称，如时间[图 4-10(a)]，单击【添加】后，继续单击【定义】，返回主对话框。

(3) 将"灌胃前""灌胃后三天""灌胃后一周"选入【受试者内变量(W)】框中，将"组别"选入【受试者间因子(B)】框中[图 4-10(b)]。

(4) 单击【模型(M)】，依次选择【定制(c)】→【交互】，将【受试者间(B)】中"组别"选入【受试者间模型(D)】。

(5) 单击【继续】→【EM 均值】，将"OVERALL""组别"选入【显示下列各项的平均值】框中。

(6) 单击【继续】→【选项(O)】，选择【显示】中【描述统计(D)】。

(7) 单击【继续】→【确定】，获得结果(表 4-22～表 4-24)。

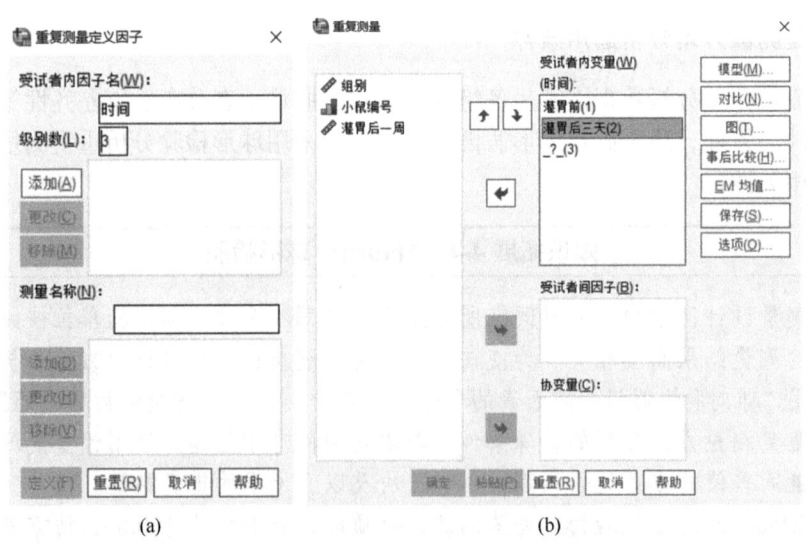

图 4-10 重复测量定义因子及时间变量设定

时间因子 $P = 0.000$，说明不同时间下测量血糖的总体平均值差异具有统计学意义；关于时间与组别的交互作用，$P = 0.044$，测试时间与组别间存在交互作用(表 4-22)。

表 4-22 多变量检验 [a]

效应		值	F	假设自由度	误差自由度	显著性
时间	比莱轨迹	0.956	75.673[b]	2.000	7.000	<0.001
	威尔克 Lambda	0.044	75.673[b]	2.000	7.000	<0.001
	霍特林轨迹	21.621	75.673[b]	2.000	7.000	<0.001
	Roy 最大根	21.621	75.673[b]	2.000	7.000	<0.001
时间*组别	比莱轨迹	0.592	5.068[b]	2.000	7.000	0.044
	威尔克 Lambda	0.408	5.068[b]	2.000	7.000	0.044
	霍特林轨迹	1.448	5.068[b]	2.000	7.000	0.044
	Roy 最大根	1.448	5.068[b]	2.000	7.000	0.044

a. 设计：截距+组别，主体内设计：时间。
b. 精确统计。

Mauchly 球形检验 $P=0.115$(表 4-23)，满足球形假设，适合重复测量方差分析。

表 4-23 Mauchly 球形检验 [a]

主体内效应	莫奇来 W	近似卡方	自由度	显著性	格林豪斯-盖斯勒	辛·费德特	下限
时间	0.539	4.327	2	0.115	0.684	0.881	0.500

Epsilon[b]

a. 设计：截距+组别，主体内设计：时间。
b. 可用于调整平均显著性检验的自由度。

主体间效应检验结果如表 4-24 所示。

表 4-24 主体间效应检验

源	Ⅲ型平方和	df	均方	F	显著性
截距	2227.408	1	2227.408	1464.437	<0.001
组别	240.267	1	240.267	157.966	<0.001
误差	12.168	8	1.521		

Python 分析

运行 "D:\环境数据分析\第四章\例 4-5 血糖.ipynb"，主要代码及结果如下：

```
import pandas as pd
from statsmodels.stats.anova import AnovaRM
df = pd.read_csv(r"D:\环境数据分析\第四章\例 4-5 血糖.csv")
rm = AnovaRM(df, 'value', 'ID', within=['time','Group'] ) #时间和分组的重复测量方差分析
rm = rm.fit()
```

print(rm)

运行结果如表 4-25 所示。

表 4-25　Python 重复测量方差分析结果

	F Value	Num DF	Den DF	PR > F
time	55.1316	2.0000	8.0000	0.0000
Group	201.5663	1.0000	4.0000	0.0001
Time:Group	1.5022	2.0000	8.0000	0.2793

Python 与 SPSS 分析结果一致，Group 显著性 $P=0.0001<0.05$，不同组别间血糖值存在统计学差异。Time 显著性 $P=0.0000<0.05$，不同时间对应的血糖值存在统计学差异。

4.6　协方差分析

4.6.1　协方差分析概述

协方差分析是一种调整协变量影响的方差分析方法。协方差分析利用回归模型，从残差中扣除混杂因素的影响，从而有效突出自变量的作用，使模型更加精确。

4.6.2　协方差分析基本原理

协方差分析将线性回归与方差分析相结合，调整各组平均数和 F 检验的试验误差项，检验两个或多个调整平均数有无显著差异，从而确定协变量的效应以及协变量与因子的交互效应。当协变量是数值型变量时，使用协方差分析；当协变量是分类变量时，可使用多因素方差分析。

4.6.3　协方差分析条件

进行协方差分析时，数据需满足以下条件：因变量符合正态分布和方差齐性；进行协方差分析的协变量为"定量变量"；协变量和解释变量之间无交互关系；协变量和反应变量间存在线性关系；每组的回归系数相等，且不为零。

例 4-6　调查了灰尘暴露对尘肺患者的自我生存质量影响，试分析尘肺病对职业人群的自我生存质量评价是否存在影响。

SPSS 分析

(1) 打开"D:\环境数据分析\第四章\例 4-6 生存质量.sav"，变量名为组、年龄、评分。

(2) 在菜单栏中依次选择【分析(A)】→【一般线性模型(G)】→【单变量(U)】选项，打开单变量主对话框，将"评分"选入【因变量(D)】，将"组"选入【固定因子(F)】，将"年龄"选入【协变量(C)】。

(3) 单击【模型(M)】，打开模型对话框，依次选择【构建项(B)】→【主效应】，将"组""年龄"选入【模型(M)】框中。

(4) 单击【继续】→【EM 均值】，将"组"选入【显示下列各项的平均值(M)】框中。

(5) 单击【继续】→【选项(O)】，打开选项对话框，选择【显示】中的【参数估算值(T)】。

(6) 单击【继续】→【确定】按钮，得到主体间效应检验结果(表 4-26)。

表 4-26　主体间效应检验结果

源	III 型平方和	df	均方	F	显著性
修正模型	2161.309[a]	2	1080.655	622.935	<0.001
截距	4057.931	1	4057.931	2339.163	<0.001
组	1351.141	1	1351.141	778.855	<0.001
年龄	571.273	1	571.273	329.306	<0.001
误差	43.369	25	1.735		
总计	101689.000	28			
修正后总计	2204.679	27			

a. R^2 = 0.980 (调整 R^2 = 0.979)。

Python 分析

运行"D:\环境数据分析\第四章\例 4-6 生存质量.ipynb"，主要代码及结果如下：

```
import pandas as pd
from statsmodels.formula.api import ols
from statsmodels.stats.anova import anova_lm
df = pd.read_csv(r"D:\环境数据分析\第四章\例 4-6 生存质量.csv")
anova_lm(ols('Points ~ C(Group) + Age', df).fit(),typ=2)   # 定义模型
```

运行结果如表 4-27 所示。

表 4-27　Python 协方差分析结果

	sum_sq	df	F	PR(>F)
Group	1351.141253	1.0	778.854770	2.314750×10^{-20}
Age	571.273371	1.0	329.306051	6.611840×10^{-20}
Residual	43.369486	25.0	NaN	NaN

Python 与 SPSS 分析结果一致，年龄与组对评分的影响均有统计学意义。

4.7　Hotelling T^2 检验

4.7.1　Hotelling T^2 检验概述

常用的双样本 t 检验适用于单变量两样本均值的比较，而 T^2 统计量是针对多变量的两组均向量比较的多变量检验参数。Hotelling T^2 考察多个变量的联合作用，由哈罗德·霍特林(Harold Hotelling)于 1931 年提出。

Hotelling T^2 检验是一种多变量检验方法，是单变量方差分析的推广，主要用于多变

量样本均数向量与总体均数向量比较,以及完全随机设计双样本均数向量比较。与 t 检验相比,Hotelling T^2 检验分单样本 Hotelling T^2 检验和双样本 Hotelling T^2 检验。

4.7.2 Hotelling T^2 数学模型

Hotelling T^2 检验零假设 H_0:两组样本均来自具有相同多变量均值的总体。

两个样本合并后的样本协方差矩阵:

$$S = \frac{(n_1-1)S_1 + (n_2-1)S_2}{(n_1-1)+(n_2-1)}$$

两组样本的 T^2 统计量:

$$T^2 = (\bar{X}_1 - \bar{X}_2)^T \left[S\left(\frac{1}{n_1} + \frac{1}{n_2}\right) \right]^{-1} (\bar{X}_1 - \bar{X}_2)$$

当 n_1、n_2 足够大时,$T^2 \sim \chi^2(k)$。若 $T^2 > \chi^2(k)$(k 为变量数),拒绝零假设,即多元变量中至少两个或多个变量的组合在组间表现出均值显著差异。

当 n_1、n_2 较小时,T^2 无法被准确估计,可将其转化为 F 统计量:

$$F = \frac{n_1+n_2-k}{k(n_1+n_2-1)} T^2 \sim F(k, n_1+n_2-k)$$

若 F 值大于临界值,则拒绝零假设。

Hotelling T^2 比较类型及多元检验统计量见表 4-28。

表 4-28　Hotelling T^2 比较类型及多元检验统计量

比较类型	T^2	Df	F	df_1	df_2
多变量样本均数向量与总体均数向量比较	$n(\bar{X}-\mu_0)'S^{-1}(\bar{X}-\mu_0)$	$n-1$	$\frac{n-p}{(n-1)p}T^2$	p	$n-p$
完全随机设计双样本均数向量比较	$\frac{n_1+n_2}{n_1 n_2}[(X_1-X_2)S^{-1}(X_1-X_2)]$	n_1+n_2-2	$\frac{n_1+n_2-p-1}{(n_1+n_2-2)p}$	p	n_1+n_2-p-1

4.7.3 Hotelling T^2 检验适用条件

使用 Hotelling T^2 分析两组数据时,需满足以下假设。
(1) 响应变量是连续的。
(2) 残差服从多元正态概率分布,均值为零,方差-协方差矩阵为常数。
(3) 受试者独立。

若不满足上述条件,可对数据进行合理转化后使变量服从正态性等,或考虑执行非参数检验。

知识拓展 4-5:多响应的分组 Hotelling T^2 检验

Hotelling T^2 检验常用于两样本的多响应比较,然而,当样本不服从正态分布时,该方法检验效果较差。针对这一情况，可采用多响应的分组 Hotelling T^2 检验，即对数据进行逆正态变换后，在每一组中进行 Hotelling T^2 检验，然后基于每组的 P 值构造统计量并取最大值。大量模拟试验表明多响应的分组 Hotelling T^2 检验比 Hotelling T^2 检验更稳健。

例 4-7 分析某人群 700 人血液中五种污染物的暴露量，其中 350 人年龄 5～25 岁，另外 350 名 26～40 岁，试分析不同暴露年龄段对五种污染物的暴露量是否存在影响。

SPSS 分析

(1) 打开 "D:\环境数据分析\第四章\例 4-7 暴露量.sav"。

(2) 选择【分析】→【一般线性模型(G)】→【多变量(M)】，打开多变量主对话框。将五种污染物选入【因变量(D)】，将"暴露组"选入【固定因子(F)】，如图 4-11 所示。

(3) 单击【对比(N)】，在【更改对比】中选择【偏差】，参考类别选择【最后一个】。

(4) 单击【继续】→【EM 均值】，将【因子与因子交互(F)】中的"OVERALL""暴露组"选入【显示下列各项的平均值(M)】。

(5) 单击【继续】→【确定】，运行结果如表 4-29 所示。

图 4-11 多元检验因变量及固定因子设定

表 4-29 主体间效应检验(节选)

源	因变量	Ⅲ类平方和	自由度	均方	F	显著性
修正模型	污染物 A	387811.147	1	387811.147	2.447	0.118
	污染物 B	168.314	1	168.314	4.781	0.029
	污染物 C	14699.063	1	14699.063	15.665	<0.001
	污染物 D	1678394.851	1	1678394.851	0.603	0.438
	污染物 E	25507.424	1	25507.424	4.833	0.028
截距	污染物 A	282341224.61	1	282341224.61	1781.447	<0.001
	污染物 B	87042.810	1	87042.810	2472.696	<0.001
	污染物 C	3090544.857	1	3090544.857	3293.571	<0.001
	污染物 D	509409880.37	1	509409880.37	183.007	<0.001
	污染物 E	4584825.480	1	4584825.480	868.621	<0.001

续表

源	因变量	III类平方和	自由度	均方	F	显著性
暴露组	污染物 A	387811.147	1	387811.147	2.447	0.118
	污染物 B	168.314	1	168.314	4.781	0.029
	污染物 C	14699.093	1	14699.093	15.665	<0.001
	污染物 D	1678394.851	1	1678394.851	0.603	0.438
	污染物 E	25507.424	1	25507.424	4.833	0.028

Python 分析

运行"D:\环境数据分析\第四章\例 4-7 暴露量.ipynb",主要代码及结果如下:

```
import pandas as pd
from statsmodels.multivariate.manova import MANOVA
df = pd.read_csv(r"D:\环境数据分析\第四章\例 4-7 暴露量.csv")
clf = MANOVA.from_formula('污染物 A+污染物 B+ 污染物 C+ 污染物 D+污染物 E~暴露组', df)   #多元方差分析
print(clf.mv_test())
```

运行结果如表 4-30 所示。

表 4-30　Python 多元线性模型分析结果

暴露组	Value	Num DF	Den DF	F value	PR > F
Wilks' lamda	0.9716	5.0000	694.0000	4.0566	0.0012
Pillai's trace	0.0284	5.0000	694.0000	4.0566	0.0012
Hotelling-Lawley trace	0.0292	5.0000	694.0000	4.0566	0.0012
Roy's greatest root	0.0292	5.0000	694.0000	4.0566	0.0012

Python 与 SPSS 分析结果一致,$P<0.05$,不同暴露时期的人血液污染物的暴露量差异具有统计学意义。

4.8　多元方差分析

4.8.1　多元方差分析概述

多元方差分析是单变量方差分析和 Hotelling T^2 检验的推广。Hotelling T^2 检验适用于只有两个水平的自变量,而当自变量的水平多于两个时,需采用多元方差分析。

多元方差分析用于检验一个独立变量是否受一个或多个因素或变量影响,可对多个因变量的线性组合进行差异检验。其目的在于分析自变量的不同水平在若干因变量上的差异问题,探讨因变量之间的内在关系。

4.8.2　多元方差分析适用条件

(1) 多元方差分析因变量个数两个或以上,是数值型连续变量,自变量为分类变量。

(2) 各因变量之间(联合分布)为多元正态分布。
(3) 因变量之间存在线性关系，有一定相关性。
(4) 样本有较大的规模，各分组的样本量不宜差别太大。

例 4-8 调查南北方城市 2020 年工业排放状况，选取北方城市 8 个，南方城市 8 个，收集工业二氧化硫排放量、工业氮氧化物排放量、工业颗粒物排放量，试分析南北方排放量是否存在差别。

SPSS 分析

(1) 打开"D:\环境数据分析\第四章\例 4-8 工业排放.sav"，变量名为地域、二氧化硫排放量、工业氮氧化物排放量、工业颗粒物排放量。

(2) 依次选择【分析(A)】→【一般线性模型(G)】→【多变量(M)】，打开多变量主对话框。将"二氧化硫排放量""工业氮氧化物排放量""工业颗粒物排放量"选入【因变量(D)】框中，将"地域"选入【固定因子(F)】。

(3) 单击【对比(N)】，打开对比对话框，在【对比(N)】列表中选择【偏差】，选择【参考类别】中选择【最后一个】。

(4) 单击【继续】→【EM 均值】将"OVERALL""地域"选入【显示下列各项的平均值(M)】框中。

(5) 单击【继续】→【选项(O)】，在【显示】中依次选择【描述统计(D)】→【齐性检验(H)】，单击【继续】→【确定】，得到分析结果(表 4-31、表 4-32)。

表 4-31 SPSS 多元检验结果

	效应	值	F	假设自由度	误差自由度	显著性
截距	比莱轨迹	0.889	32.053[a]	3.000	12.000	<0.001
	威尔克 Lambda	0.111	32.053[a]	3.000	12.000	<0.001
	霍特林轨迹	8.013	32.053[a]	3.000	12.000	<0.001
	Roy 最大根	8.013	32.053[a]	3.000	12.000	<0.001
地域	比莱轨迹	0.101	0.450[a]	3.000	12.000	0.722
	威尔克 Lambda	0.899	0.450[a]	3.000	12.000	0.722
	霍特林轨迹	0.112	0.450[a]	3.000	12.000	0.722
	Roy 最大根	0.112	0.450[a]	3.000	12.000	0.722

a. 设计：截距+地域。

表 4-31 地域霍特林轨迹 P 值大于 0.05，地域影响无统计学意义。表 4-32 二氧化硫排放量、工业氮氧化物排放量及工业颗粒物排放量的 P 值均大于 0.05，排放量总体均值差异无统计学意义。

表 4-32 主体间效应检验(节选)

源	因变量	Ⅲ类平方和	自由度	均方	F	显著性
地域	二氧化硫排放量	26386200.56	1	26386200.56	1.418	0.254
	工业氮氧化物排放量	14787870.25	1	14787870.25	0.235	0.635
	工业颗粒物排放量	230640.063	1	230640.063	0.005	0.947
误差	二氧化硫排放量	2605931974	14	18613799.81		
	工业氮氧化物排放量	881769333.5	14	62983523.82		
	工业颗粒物排放量	694755671.4	14	49425405.10		

Python 分析

运行"D:\环境数据分析\第四章\例 4-8 工业排放.ipynb",主要代码及结果如下:

```
import pandas as pd
from statsmodels.multivariate.manova import MANOVA
df = pd.read_excel(r"D:\环境数据分析\第四章\例 4-8 工业排放.xlsx", header=None, names=['city', 'SO2','NOx','PM'])
clf = MANOVA.from_formula('SO2 + NOx + PM ~ city', df)   #多元方差分析
print(clf.mv_test())
```

运行结果如表 4-33 所示。

表 4-33 Python 多元方差分析结果

City	Value	Num DF	Den DF	F value	PR > F
Wilks' lamda	0.8989	3.0000	12.0000	0.4497	0.7221
Pillai's trace	0.1011	3.0000	12.0000	0.4497	0.7221
Hotelling-Lawley trace	0.1124	3.0000	12.0000	0.4497	0.7221
Roy's greatest root	0.1124	3.0000	12.0000	0.4497	0.7221

Python 和 SPSS 结果一致,$P = 0.772 > 0.05$,所选南北方城市工业排放的总体均值差异无统计学意义。

4.9 常用试验设计方差分析

4.9.1 试验设计基本原则

1935 年,罗纳德·艾尔默·费希尔出版《试验设计》(The Design of Experiments)一

书，系统介绍试验设计原理和方法，提出试验设计三个基本原则，即试验分配和进行次序的随机化、区组控制和可重复性。

试验设计需考虑试验因素、因素水平、试验误差、试验指标、设计方法等方面。常见试验设计方法有完全随机设计、随机区组设计、配对设计、析因设计、正交设计等。

4.9.2 完全随机设计

完全随机设计(completely randomized design)又称简单随机分组，检验效率较高。当各组样本含量不相等时，称为非平衡设计(unbalanced design)。

完全随机设计较简单，处理数与重复数不受限制，适用于试验条件、环境、试验材料差异较小的试验，并且试验误差自由度大于处理数和重复数相等的其他设计。

例 4-9 为探究营养素对大鼠的增重效果，将 30 只同品系同体重大鼠随机分为三组，分别喂不同的营养素，三周后测量体重增量(g)，比较大鼠经不同喂养后体重有无差别。

SPSS 分析

(1) 打开 "D:\环境数据分析\第四章\例 4-9 大鼠增重.sav"，变量名为营养素、增重。

(2) 在菜单栏中依次选择【分析(A)】→【比较平均值和比例】→【单因素 ANOVA】选项，打开单因素主对话框，将"增重"选入【因变量列表(E)】框中，"营养素"选入【因子(F)】框中。

(3) 单击【选项(O)】，打开选项对话框，选择【方差齐性检验(H)】。

(4) 单击【继续】→【确定】按钮，得到输出结果(表 4-34)。

(5) 结果分析：方差齐性检验中 $P = 0.536 > 0.05$，数据符合方差齐性。方差分析结果表明 $P = 0.522 > 0.05$，故可以认为大鼠经三种不同营养素喂养后所增体重差异无统计学意义。

表 4-34 单变量检验结果

项目	平均和	df	均方	F	显著性
组间	155.061	2	77.530	0.665	0.522
组内	3146.313	27	116.530		
总数	3301.374	29			

4.9.3 随机区组设计

随机区组设计(randomized block design)又称随机单位组设计或配伍设计，为双因素试验设计，考虑处理因素和配伍组因素，将试验对象特征按性质相同或相近分为多个配伍组(区组)，组内的试验对象进一步随机分配到各个处理组或对照组。

随机区组设计遵循"组间差别越大越好，组内差别越小越好"的原则。划分区组时，在完全随机设计基础上增加局部控制原则，将环境均匀性的控制范围从整个试验缩小到每个区组，使得控制区组内部条件尽可能一致。区组变量与试验因素不应存在交互作用，若不能肯定是否存在交互作用，应采用析因设计、正交设计等更加复杂的统计模型。

随机区组设计特点：①设计简单，容易掌握；②单因素、多因素以及综合性试验均可使用；③有效降低误差；④处理数不宜太多，一般不超过 20 个。

思考题 4-1 单因素方差分析、完全随机设计方差分析和随机区组设计方差分析的区别。

(1) 分组设计不同：完全随机设计不考虑混杂因素，而随机区组设计通过设置区组使得混杂因素在同一区组内均匀，与前者相比，随机区组设计从原来的组间变异中进一步分离出区组间变异，试验效率更高。

(2) 完全随机设计方差分析属单向方差分析，随机区组设计方差分析属双向方差分析。

(3) 前者变异拆分：$SS_{总} = SS_{组间} + SS_{组内}$，后者变异拆分：$SS_{总} = SS_{区组} + SS_{处理} + SS_{误差}$。

例 4-10 对例 4-9 中的大鼠增重实验采取完全随机设计法，以窝别作为划分区组特征，消除遗传因素对体重增长的影响。具体将同品系同体重的 30 只大鼠等分为 3 个区组，分别喂以不同的营养素，三周后测定体重增量(g)。试比较大鼠经十种不同营养素喂养后所增体重有无差别。

SPSS 分析

(1) 打开 "D:\环境数据分析\第四章\例 4-10 大鼠增重.sav"，变量名为区组、营养素、增重。

(2) 在菜单栏中依次选择【分析(A)】→【一般线性模型(G)】→【单变量(U)】选项，打开单变量主对话框，将"增重"选入【因变量(D)】框中，将"区组""营养素"选入【固定因子】框中。

(3) 单击【模型(M)】，打开模型对话框，依次选择【构建项(B)】→【交互】，将"区组""营养素"选入【模型(M)】框中。

(4) 单击【继续】→【事后比较(H)】，打开两两比较对话框，将"区组""营养素"选入【下列各项的事后检验(P)】框中，依次选择【假定等方差】中【LSD】、【S-N-K】、【邓肯(D)】。

(5) 单击【继续】→【选项(O)】，依次选择【显示】中【描述统计(D)】、【齐性检验(H)】。

(6) 单击【继续】→【确定】，得到输出结果(表 4-35)。

(7) 结果分析。方差分析结果表明 $P = 0.148 > 0.05$，可认为大鼠经三种不同营养素喂养后所增体重差异无统计学意义。

表 4-35 主体间效应的检验

源	III型平方和	df	均方	F	显著性
修正模型	2645.348[a]	11	240.486	6.598	<0.001
截距	87945.016	1	87945.016	2413.030	<0.001
区组	155.061	2	77.530	2.127	0.148
营养素	2490.287	9	276.699	7.592	<0.001
误差	656.026	18	36.446		
总计	91246.390	30			
修正后总计	3301.374	29			

a. $R^2 = 0.801$ (调整 $R^2 = 0.680$)。

> **逸闻趣事 4-1　第一例随机试验及病例对照研究**

(1) 金疗法(Gold Therapy)的破灭及第一例随机试验。

1925 年，丹麦科学家 Tolger Mollgaard 宣称硫代硫酸金钠(Sanocrysin)可用于治疗结核病，随后几年，"金疗法"在欧美备受追捧。然而，随着该方法在临床方面的应用，多国医生发现该疗法对肝、肾、骨髓具有毒性。1931 年，美国底特律的一项研究把 24 个肺结核病人随机分为两组，两组年龄构成和疾病严重程度均尽可能接近，一组以硫代硫酸金钠治疗，另一组作为对照注射蒸馏水，结果对照组的表现甚至好于治疗组。该试验宣告了"金疗法"神话的破灭，这是第一例随机试验的公开报道。

(2) 第一个现代模式下的病例对照研究。

1926 年英国研究者 Janet Lane Claypon 从英国伦敦和格拉斯哥医院的住院与门诊患者中选择 500 例乳腺癌患者和 500 例非乳腺癌患者(其他特征与病例组相似)作为病例组和对照组，并控制两组在年龄和社会因素方面的相似性，以减少其他因素干扰。该临床研究发现乳腺癌与绝经年龄、首次妊娠年龄、分娩次数、哺乳等因素相关，被认为是现代模式下第一个病例对照研究。

4.9.4　配对设计

配对设计(paired design)按某种条件将受试对象进行配对，再将配对中的两个受试对象随机放置到不同处理组。配对设计属于随机区组设计，主要有：①根据选择的条件将两个受试对象配对后，分别进行不同的处理；②单个受试对象自身进行两种处理。

配对条件一般采用可能影响试验结果的非处理因素。配对设计的目的是通过控制可能影响结果的干扰因素，提高对研究因素的有效检验。参数以及非参数检验中均有配对检验，如配对 t 检验、配对卡方检验、Hotelling T^2 检验。

> **知识拓展 4-6　交叉设计**
>
> 交叉设计(cross-over design)是一种特殊形式的对照试验设计，根据事先确定的试验顺序，对研究对象先后进行不同处理，能够规避试验对象的个体差异以及试验时间先后的影响，通过相对较少的样本获得较高的研究效率。交叉设计常用于观察性研究，将条件相近的试验对象随机分成两组，在第一阶段分别接受两种处理。第一阶段的处理效应完全消除后(洗脱期)，第二阶段则在两个组别间对换处理方法。

4.9.5　析因设计

析因设计(factorial design)是一种多因素完全交叉分组试验设计。其基本方法是将多因素不同水平进行组合，并对每种组合进行试验。析因设计主要提供三类分析结果：各个处理因素不同水平下的效应；不同因素间的交互效应；通过评估不同组合的效应筛选出最佳组合。

采用析因设计需满足以下条件：①包含两个或两个以上研究因素；②每个研究因素至少选取两个水平；③每个处理组内至少有两个试验单位且数量相等；④研究因素个数不宜超过 4 个，水平数不宜超过 4 个。

例 4-11 采用发光菌检测甲、乙化合物的毒性，按同剂量甲、乙化合物的使用情况随机分为 4 组，试分析甲、乙化合物对发光菌单独作用毒性和联合毒性。

SPSS 分析

(1) 打开 "D:\环境数据分析\第四章\例 4-11 发光量.sav"，变量名为甲化合物、乙化合物、发光量。

(2) 在菜单栏中依次选择【分析(A)】→【一般线性模型(G)】→【单变量(U)】选项，打开单变量对话框，将"发光量"选入【因变量(D)】框中，将"甲化合物""乙化合物"选入固定因子(F)中。

(3) 单击【图(T)】，打开轮廓图对话框，将"甲化合物"选入【水平轴(H)】，"乙化合物"选入【单独的线条(S)】，单击【添加(A)】。

(4) 单击【继续】→【EM 均值】，将"甲化合物""乙化合物""甲化合物*乙化合物"选入【显示下列各项的平均值(M)】框中。

(5) 单击【继续】→【选项(O)】，选择【显示】中【描述统计(D)】、【齐性检验(H)】和【效应量估算(E)】。

(6) 单击【继续】→【确定】按钮，得到输出结果(表 4-36、表 4-37)。

表 4-36 主体间效应检验

源	Ⅲ型平方和	df	均方	F	显著性	偏 Eta 平方
修正模型	2.140a	3	0.713	53.500	<0.001	0.953
截距	40.333	1	40.333	3025.0	<0.001	0.997
甲化合物	0.853	1	0.853	64.0	<0.001	0.889
乙化合物	1.203	1	1.203	90.250	<0.001	0.919
甲化合物*乙化合物	0.083	1	0.083	6.250	0.037	0.439
误差	0.107	8	0.013			
总计	42.580	12				
修正后总计	2.247	11				

a. $R^2 = 0.953$ (调整 $R^2 = 0.935$)。

估计边际平均值表明，同时使用甲、乙化合物时平均值最小(1.333)，单独使用乙化合物时次之(1.517)，随后为单独使用甲化合物(1.567)，甲、乙化合物均对发光菌产生毒性，联合毒性最大。

表 4-37 估计边际平均值

	均值	标准误差	95%置信区间 下限	95%置信区间 上限
甲化合物 1	1.567	0.047	1.458	1.675
甲化合物 2	2.100	0.047	1.991	2.209
乙化合物 1	1.517	0.047	1.408	1.625
乙化合物 2	2.150	0.047	2.041	2.259

续表

	均值	标准误差	95%置信区间	
			下限	上限
甲化合物1 乙化合物1	1.333	0.067	1.180	1.487
甲化合物1 乙化合物2	1.800	0.067	1.646	1.954
甲化合物2 乙化合物1	1.700	0.067	1.546	1.854
甲化合物2 乙化合物2	2.500	0.067	2.346	2.654

4.9.6 正交设计

正交设计(orthogonal design)是利用正交表来研究多因素多水平的一种方法。此方法依据正交性从所有水平组合中挑选出部分具有代表性的点进行分析检验，通过对部分试验结果的分析，了解全面试验的情况，以达到高效、快速、经济的目的。如果试验的主要目的是寻找最优水平组合，则可采用正交设计的方法。

正交设计过程包括：①确定研究因素及其水平，列出因素水平组合表；②选择合适的正交表；③列出方案与结果；④对试验结果进行方差分析，选取最佳组合。

正交表(orthogonal layout)的特性：①任一列中，不同数字具有相同的出现频次；②任两列中，不同水平的组合所组成的数字对出现次数相同。正交表包括相同水平正交表(各列中出现的最大数字相同)和混合水平正交表(各列中出现的最大数字不完全相同)，可在SPSS软件中设置。

例4-12 采用正交设计探究5种化合物A、B、C、D、E对发光菌发光量(RLU)的影响(表4-38)，试分析5种化合物对发光菌的毒性效应。

表4-38 5种化合物联合毒性的正交设计与实验结果

实验序号	A	B	C	D	E	发光量(RLU, ×10^6)
1	1(无)	1	1	1	1	2.5
2	1	1	1	2	2	1.8
3	1	2	2	1	2	1.9
4	1	2	2	2	1	1.6
5	2(有)	1	2	1	2	1.3
6	2	1	2	2	1	0.9
7	2	2	1	1	1	1.3
8	2	2	1	2	2	1.1

(1) 打开"D:\环境数据分析\第四章\例4-12 发光量.sav"。

(2) 在菜单栏中依次选择【分析(A)】→【一般线性模型(G)】→【单变量(U)】选项，打开单变量主对话框，将"发光量"选入【因变量(D)】，将变量名"A""B""C""D""E"选入【固定因子(F)】。

(3) 单击【模型(M)】，打开模型对话框，依次选择【构建项(B)】→【主效应】，将"A""B""C""D""E"选入【模型(M)】。

(4) 单击【继续】→【确定】，得到输出结果(表4-39)。

表4-39 主体间效应检验

源	III型平方和	df	均方	F	显著性
修正模型	1.775[a]	5	0.355	10.923	0.086
截距	19.220	1	19.220	591.385	0.002
A	1.280	1	1.280	39.385	0.024
B	0.045	1	0.045	1.385	0.360
C	0.125	1	0.125	3.846	0.189
D	0.320	1	0.320	9.846	0.088
E	0.005	1	0.005	0.154	0.733
误差	0.065	2	0.033		
总计	21.060	8			
修正后总计	1.840	7			

a. $R^2 = 0.965$（调整 $R^2 = 0.876$）。

(5) 结果分析。根据主体间效应检验表，发现化合物A对发光菌的毒性效应有统计学意义，化合物B、C、D、E对发光菌的毒性效应无统计学意义。

知识拓展4-7 拉丁方设计和裂区设计

拉丁方设计：拉丁方阵(latin square)是一种 $n \times n$ 的方阵，方阵里恰有 n 种不同的元素，每种元素在同一行或同一列里只出现一次。按拉丁方的字母、行和列来安排处理因素与被控制因素的试验设计称为拉丁方设计。

裂区设计：是一种将试验主区逐级划分为若干副区并引入新的因素处理(副处理)的设计方法，主要用于检验副处理和主×副互作的效应。

习 题

1. 采用三种不同方法测定某份水样全氟化合物残留浓度(D:\环境数据分析\第四章\习4-1全氟化合物1.xlsx)，试比较不同方法对残留浓度测定的影响(Python采用习4-1全氟化合物2.xlsx)。
2. 已知某化合物毒性测试暴露时间 x 与毒性当量 y (D:\环境数据分析\第四章\习4-2毒性测试.xlsx)，试采用协方差分析探究暴露时间对该化合物毒性当量的影响。
3. 针对新污染物A、B，测量其在环境中的生物降解率、半衰期及半数效应浓度(D:\环境数据分析\第四章\习4-3属性差异.xlsx)，试检验这两种新污染物在此三种属性方面的差别有无统计学意义。
4. 为评估某新污染物暴露是否影响斑马鱼生长发育，将12只斑马鱼随机分为两组，每组6只，一组暴露于该新污染物，另一组未暴露。分别观察斑马鱼1d、7d、14d、30d后的体长(D:\环境数据分析\第四章\习4-4污染暴露.csv)。试分析新污染物暴露及时间对斑马鱼生长产生的影响。

第 5 章 环境数据非参数检验

5.1 非参数检验

5.1.1 非参数检验概述

非参数检验(nonparametric test)是在总体分布不明、总体方差未知而无法采用参数检验情况下,对样本所代表的总体的分布或分布位置进行的假设检验。非参数检验涉及计数统计量、秩统计量、符号秩统计量等常见检验统计量,用于研究定类数据与定量数据之间的关系。

5.1.2 非参数检验分类

非参数检验根据样本数量及数据性质,分为单样本、两样本及多样本等形式(图 5-1),以检验所属总体或总体参数是否相同。

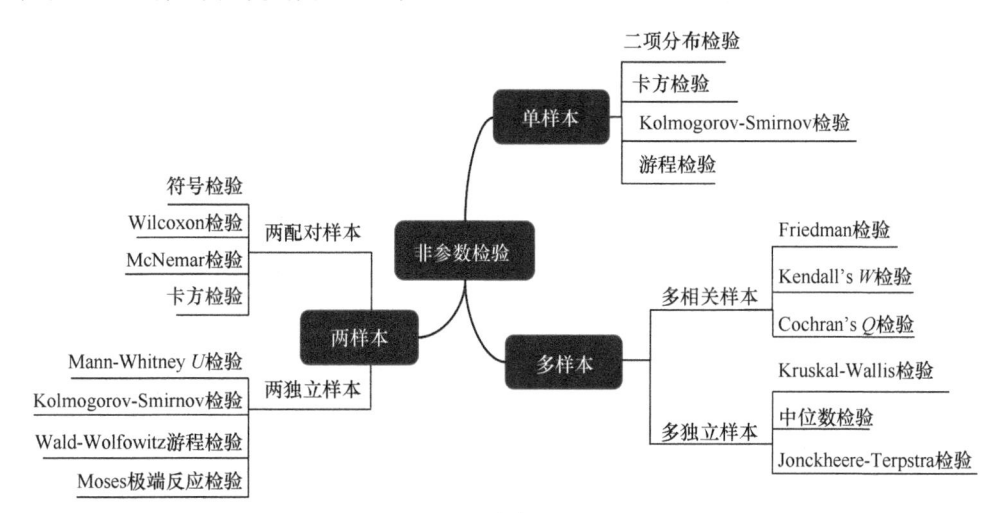

图 5-1 非参数检验方法

5.1.3 非参数检验的适用范围

非参数检验主要针对定类数据和定量数据的关系进行研究,不检验原始数据,而是对原始数据进行秩次检验。

(1) 未知分布型资料,或难以对其总体分布做出估计。
(2) 无法满足方差齐性、差异性较大的资料。
(3) 有序分类资料(等级资料),以等级、名次、符号等顺序排列。
(4) 偏态资料,与正态分布差距较大或样本值一端或两端有不确切值的资料。

5.1.4 非参数检验的特点

(1) 不严格限定总体分布，避免模型过于理想化而超出实际情况。
(2) 对数据要求不严格，对数据的测量尺度无约束，计算相对简单。
(3) 模型限制少、稳健性好，损失部分信息，检验效能较低，精确性不如参数检验高。

5.1.5 方法比较

常见的非参数检验及其对应的参数检验方法对比如表 5-1 所示。

表 5-1 非参数检验与参数检验对比

检验对象	参数检验	非参数检验
与已知总体参数差异	单样本 t 检验	单样本 Wilcoxon 检验、单样本 K-S 检验
两独立样本的差异	独立样本 t 检验	Mann-Whitney U 检验、K-S 检验
两变量的相关性	Pearson 相关分析	Spearman 或 Kendall 相关性分析
配对样本的差异	配对样本 t 检验	McNemar 检验、配对 Wilcoxon 检验
多独立样本的差异	单因素方差分析	Kruskal-Wallis 检验
多相关样本的差异分析	单因素重复测量方差分析	Friedman 检验、Kendall 协同系数检验

5.2 单样本非参数检验

单样本非参数检验方法主要包括二项分布检验、卡方检验、K-S 检验、Wilcoxon 符号秩检验和游程检验。

5.2.1 二项分布检验

二项分布检验(binomial test)是用于检验样本是否服从参数为(n, p)的二项分布的检验方法，考察观察值的频数与指定分布的预期频数是否存在统计学差异。利用二项分布及其正态近似性[当 np 和 $n(1-p)$ 均大于 5 时，二项分布可近似正态分布]，可进行总体率的区间估计、样本率与总体率的比较以及两样本率的比较。

二项分布联合机器学习可构建二元分类模型。假设其验证集样本数量为 m，泛化错误率为 E，则其预测错误的概率恰好符合参数为(m, E)的二项分布。

例 5-1 有一批水样，现随机抽取 23 个样品检测，发现为 19 个合格，该批水样合格率是否达 95%？

SPSS 分析

(1) 打开"D:\环境数据分析\第五章例 5-1 二项分布检验.xlsx"，"合格"列中"1"表示"达标"，"0"表示"不达标"。该例题使用二项分布计算 P 值。

(2) 首先观察样本中的数据是否为汇总数据，若是，须进行加权处理。依次选择【数据(D)】→【个案加权(W)…】,打开个案加权对话框,选择【个案加权依据(W)】,将"总数"字段选入【频率变量(F)】(图5-2),点击【确定】。

(3) 选择【分析(A)】→【非参数检验(N)】→【旧对话框(L)】选项,打开二项检验对话框,将"总数"选入【检验变量列表(T)】,设定【检验比例(E)】为0.95(图5-3),点击【确定】。

图5-2 数据加权　　图5-3 检验字段选择

(4) 二项检验结果见表5-2。

表5-2 二项检验结果

		类别	N	实测比例	检验比例	精确显著性(单尾)
总数	组1	19	19	0.83	0.95	0.026[a]
	组2	4	4	0.17		
	总计		23	1.00		

a. 备择假设指出第一个组中的个案比例<0.95。

Python 分析

运行"D:\环境数据分析\第五章\例5-1 二项分布检验.ipynb",具体代码及结果如下:
from scipy.stats import binomtest
result = binomtest(19, n = 23, p = 0.95, alternative = 'less') #备择假设合格率< 95%
print('P = %.3f'%result.pvalue, result.proportion_ci())
输出:$P = 0.026$ ConfidenceInterval(low = 0.0, high = 0.9383244825789047)。

Python 结果和 SPSS 分析结果一致,$P<0.05$,有 95%的样本达标率落在置信区间[0.000,0.938]内。备择假设成立,水样合格率<95%。

思考题 5-1 基于二项分布检验、卡方检验及 Z 检验的单比率检验有何异同?

针对单样本比率检验,主要有三种方法,按精确度从低到高依次为:Z检验、卡方检验和二项分布检验。

Z检验:当样本容量较大($n>30$)时,数量上表达为 np 和 $n(1-p)$ 均大于 5 时,比率检验采用正态近似法,在 Python 中可用 proportions_ztest()函数分析。此时正态近似所得概率与二项分布的精确概率相差很小。但当样本量较小，尤其 p 较小时，二项分布呈偏态，若用正态近似会产生较大误差。

卡方检验：针对单比率检验的卡方检验也称适合性检验，是针对比率的一种常用检验方法，所检验的数据可以是非正态分布($n > 30$)。Python 中使用 chisquare() 实现。

二项分布检验：直接计算概率值，针对单比率检验，该方法最为精确。Python 中对应函数为 binomtest()。

SPSS 中的二项分布检验，在样本小于或等于 30 时，按二项分布概率公式进行计算。样本数大于 30 时，采用 Z 检验，计算的是 Z 统计量。

5.2.2 单样本卡方检验

卡方检验(Chi-square test，χ^2 检验)是基于卡方分布的假设检验方法，主要针对无序分类变量，包括拟合优度卡方检验和卡方独立性检验。其检验思想可理解为"现实与理想的吻合程度"。对于频数问题，卡方检验可代替二项检验。

卡方检验常用于判断样本所在总体与期望分布是否存在显著性差异，检验观测值与理论值是否一致，主要用途包括：①频数分布的拟合优度检验；②有序分组资料的线性趋势检验；③检验无序分类变量出现概率是否等于某一特定概率；④列联表的卡方检验用于分类资料的相关性分析；⑤四格表资料的卡方检验用于进行两个率或两个构成比的比较；⑥行×列表资料的卡方检验用于多个率或多个构成比的比较。

知识拓展 5-1　基于卡方检验的机器学习特征选择

卡方检验通过检验出与因变量显著相关的某个变量(或特征)值，把这些变量放入模型或者分析中，就是机器学习中的特征选择。在 sklearn.feature_selection.SelectKBest 库中基于 chi2 函数，将样本中的特征对应观察值，标签类对应理论值。P 值越大，观察值与理论值偏离程度越小，该特征即属于这个标签类。

例 5-2　2021 年某城市平均空气质量的不同等级的位点分布(表 5-3)，采用 χ^2 检验同年 12 月的空气质量数据是否符合总体分布。

表 5-3　某城市平均空气质量不同等级的位点数

等级	优良	轻度污染	中度污染	重度污染及以上
观察值	293	34	8	4
期望值	297	31	6	5

SPSS 分析

(1) 打开 "D:\环境数据分析\第五章\例 5-2 单样本卡方检验.xlsx"。

(2) 依次选择【数据(D)】→【个案加权(W)…】，打开个案加权对话框，选择【个案加权依据(W)】，将 "观察值" 字段选入【频率变量(F)】，点击【确定】。

(3) 在表格中观察频数已按降序排列，与期望频数一一对应。

依次选择【分析(A)】→【非参数检验(N)】→【旧对话框(L)】→【卡方(C)…】选项，

打开卡方检验对话框。

将"观察值"选入【检验变量列表(T)】;【期望范围】规定分析范围,本例选择【从数据中获取(G)】;【期望值】选择规定期望【值(V)】,将期望频数按升序输入下拉列表框(图 5-4)。

(4) 点击右上角【精确(X)…】按钮,选择【精确(E)】,点击【继续(C)】。

【仅渐进法(A)】用于检验大样本(n ≥ 30)统计量基于渐进分布的显著性。

【蒙特卡洛法(M)】用于样本大而不满足渐进分布时的显著性检验,需设置"置信度级别(F)"和"样本数(N)"。

【精确(E)】法可获得具体的显著性,适用于 $n < 30$ 的小样本。本例选择【精确(E)】法,点击【继续(C)】。

(5) 在卡方检验对话框点击【确定】按钮,得到分析结果(表 5-4)。

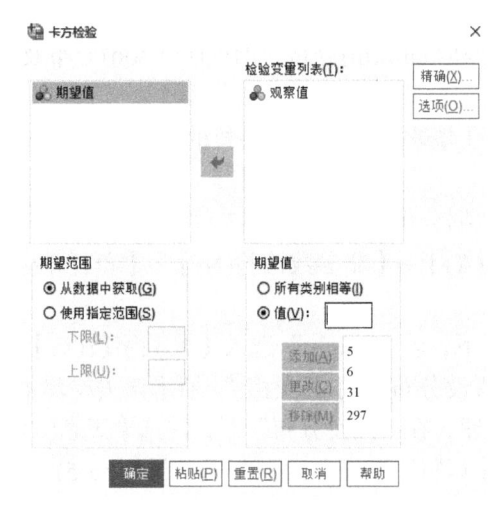

图 5-4 卡方检验对话框

表 5-4 检验统计结果

	观察值
卡方	1.211[a]
自由度	3
渐进显著性	0.750
精确显著性	0.743
点概率	0.002

a. 0 个单元格(0.0%)的期望频率低于 5。期望的最低单元格频率为 5.0。

Python 分析

运行 "D:\环境数据分析\第五章\例 5-2 单样本卡方检验.ipynb",具体代码及结果如下:

import pandas as pd
from scipy.stats import chisquare
df = pd.read_excel(r'D:\环境数据分析\第五章\例 5-2 单样本卡方检验.xlsx')

```
observed = df.iloc[:,1]
expected = df.iloc[:,2]
stat,p = chisquare(observed, expected) #单样本卡方检验
print('stat = %.3f, P = %.3f'%(stat,p))
```
输出：stat = 1.211，P = 0.750。

Python 和 SPSS 分析结果一致，卡方值 = 1.211，P = 0.750 > 0.05，符合总体分布。

5.2.3　K-S 检验

K-S 检验属于拟合优度检验，可检验连续型随机变量的分布。K-S 检验由数学家安德雷·柯尔莫戈洛夫(Andrey Nikolaevich Kolmogorov)于 1933 年提出，斯米诺夫(Nikolai Vasilyevich Smirnov)对其加以改进。K-S 检验常用于检验变量观测累积分布函数是否服从正态分布(Normal)、均匀(Uniform)分布、泊松(Poisson)分布及指数(Exponential)分布等理论分布。

例 5-3　分析某区域土壤重金属污染的毛竹的高度是否符合正态分布。

SPSS 分析

(1) 打开 "D:\环境数据分析\第五章\例 5-3 单样本 K-S 正态性检验.xlsx"。

(2) 依次选择【分析(A)】→【非参数检验(N)】→【单样本(O)…】选项，打开单样本非参数检验主对话框。

(3) 在 "字段" 栏目下，将 "height" 选入【检验字段(T)】框。在 "设置" 栏目下，勾选【检测实测分布和假设分布(柯尔莫戈洛夫-斯米诺夫检验)(K)】(图 5-5)。

(4) 点击【选项】按钮，在 "假设分布" 下，勾选【正态(R)】(图 5-6)。点击【确定】按钮，在主对话框点击【运行】按钮，得到分析结果(表 5-5)。

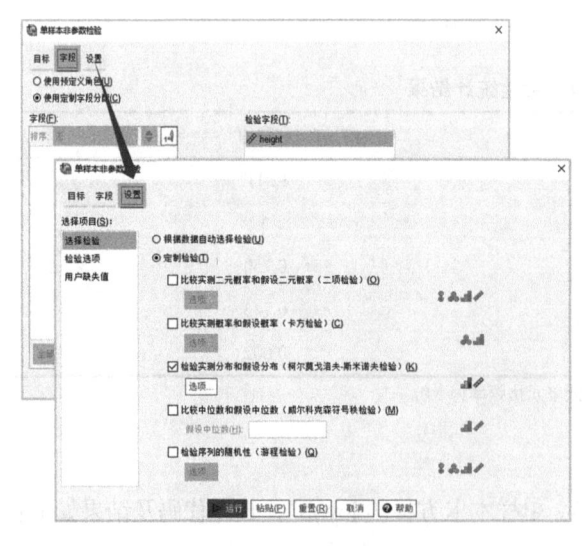

图 5-5　K-S 检验设置　　　　图 5-6　K-S 检验选项

表 5-5　K-S 检验结果

原假设	检验	显著性[a]	决策
height 的分布为正态分布，均值为 16.1，标准差为 0.4751	单样本 K-S 检验	<0.001	拒绝原假设

注：基于 10000 蒙特卡洛样本且起始种子为 221623948 的里利氏法。

a. 显著性水平为 0.050。

Python 分析

运行"D:\环境数据分析\第五章\例 5-3 单样本 K-S 正态性检验.ipynb"，具体代码及结果如下：

```
import pandas as pd
from scipy.stats import kstest
data = pd.read_excel(r'D:\环境数据分析\第五章\例 5-3 单样本 KS 正态性检验.xlsx')
stat, P = kstest(data, 'norm',args = (data.mean(),data.std())) #KS 正态性检验
print('stat = %.3f, P = %.3f' % (stat, P))
```

输出：stat = 0.996，P = 0.000。

Python 与 SPSS 结果一致，P = 0.000<0.05，该受污染区域植物高度不满足正态分布。

5.2.4　S-W 检验

S-W 检验是在频率上检验正态性的一种检验方法。S-W 检验适用于小样本数据(8 ≤ n ≤ 50)。当样本量小于 50 时，主要参考 S-W 检验结果；当大于 50 时，主要参考 K-S 检验结果；当大于 5000 时，SPSS 只显示 K-S 检验结果。

例 5-4　现有一份某地区 20km × 20km 等面积网格系统中鸟类物种丰富度的统计信息，试判断物种丰富度值是否呈正态分布。

SPSS 分析

(1) 打开"D:\环境数据分析\第五章\例 5-4 单样本 S-W 检验正态性.xlsx"。

(2) 依次选择【分析(A)】→【描述统计】→【探索(E)…】选项，打开探索主对话框，并将"平均值"选入【因变量列表(D)】(图 5-7)。

(3) 点击【图(T)…】按钮，勾选【含检验的正态图(O)】，依次点击【继续】，返回主对话框。

(4) 单击【确定】按钮，得到分析结果(表 5-6)。本例题样本量为 31，小于 50，因此主要参考 S-W 检验结果，显著性<0.001。

表 5-6　正态性检验结果

项目	K-S[a] 统计	K-S[a] 自由度	K-S[a] 显著性	S-W 统计	S-W 自由度	S-W 显著性
平均值	0.321	20	<0.001	0.551	20	<0.001

a. 里利氏显著性修正。

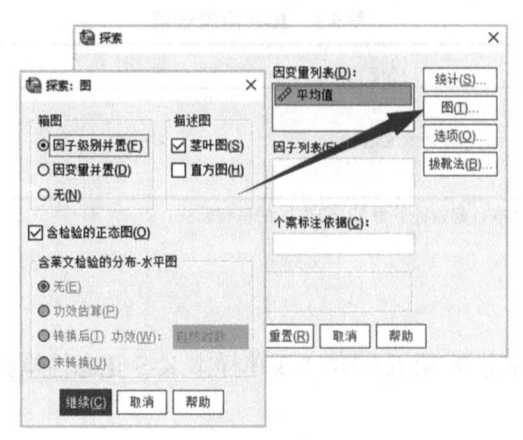

图 5-7　探索栏

Python 分析

运行"D:\环境数据分析\第五章\例 5-4 单样本 S-W 检验正态性.ipynb",具体代码及结果如下:

```
import pandas as pd
from scipy.stats import shapiro
df = pd.read_excel(r'D:\环境数据分析\第五章\例 5-4 单样本 SW 检验正态性.xlsx',)
data = df.iloc[:, 1].values
stat,P = shapiro(data) #进行 S-W 检验
print('stat = %.3f, P = %.3f' % (stat, P))
```

输出:stat = 0.551,P = 0.000。

Python 与 SPSS 结果一致,P = 0.000。物种丰富度不服从正态分布。

5.3　两配对样本非参数检验

两配对样本的非参数检验方法主要包括 McNemar 检验、符号检验及 Wilcoxon 符号秩检验。两配对样本非参数检验与参数检验思路类似,先计算配对样本数据的差值,再分析差值总体的中位数是否为 0。

5.3.1　两配对样本卡方检验

McNemar 检验是针对配对四格表的一种分析方法,即配对卡方检验,研究变量在某种处理前后或两个时间点变化是否显著,常用于对两种检验方法、培养方法、诊断方法的比较。McNemar 检验考察的重点是两组间分类差异,对于相同的分类则忽略不计。

在配对四格表(表 5-7)中行列变量反映的是同一事物的同一属性。

若 $b+c \geqslant 40$,用连续性校正的 McNemar 检验:

$$\chi^2 = \frac{(b-c)^2}{b+c}$$

若 $b+c<40$，作连续性校正：

$$\chi^2 = \frac{(|b-c|-1)^2}{b+c}$$

若 $b+c<20$，采用 Fisher 确切概率法：

$$\chi^2 = \frac{(|ad-bc|-n/2)^2 n}{(a+b)(a+c)(c+d)(b+d)}$$

式中，a、b、c、d 为四格表中对应的个案数；$n=a+b+c+d$。

连续性校正适用于自由度为 1 的四格表资料，当自由度 ≥ 2 时，一般不作校正[自由度 = (行数–1)×(列数–1)]。

表 5-7 配对四格表形式

结果	+	–	合计
+	a	b	$a+b$
–	c	d	$c+d$
合计	$a+c$	$b+d$	$n=a+b+c+d$

进行配对卡方检验时，通常还需进行 Kappa 一致性检验。当 Kappa 系数与 McNemar 检验结果不一致时，主要参考 Kappa 系数。

知识拓展 5-2　Kappa 系数及判断标准

Kappa 系数是检验一致性的指标，对于评分系统，一致性就是不同打分人平均的一致性；对于分类问题，一致性就是模型预测结果和实际分类结果是否一致。Kappa 系数基于混淆矩阵计算，取值为–1~1，通常大于 0。

Kappa 系数判断标准如下：① –1：完全不一致；② 0：偶然一致；③ 0.0~0.20：一致性极低(Slight)；④ 0.21~0.40：一致性一般(Fair)；⑤ 0.41~0.60：一致性中等(Moderate)；⑥ 0.61~0.80：一致性高(Substantial)；⑦ 0.81~1：几乎完全一致(Almost Perfect)。

思考题 5-2　为何配对资料一致性检验需结合 Kappa 检验和 McNemar 检验？

(1) Kappa 检验目的是检验两种方法是否具有一致性，McNemar 检验只给出两种方法的差别是否有统计学意义。

(2) Kappa 检验会利用列联表的全部数据，而 McNemar 检验只利用"不一致"的数据。

例 5-5　某医生拟利用新方法检验患者是否出现糖尿病，对比标准诊断结果(表 5-8)，对该方法的真实性进行评价。

表 5-8　新方法与标准方法检验结果差异

		标准诊断 +	标准诊断 −	合计
新方法	+	94	24	118
	−	20	102	122
合计		114	126	240

SPSS 分析

(1) 打开 "D:\环境数据分析\第五章\例 5-5 两配对样本卡方检验.xlsx"。

(2) 依次选择【数据(D)】→【个案加权(W)…】，打开个案加权对话框，选择【个案加权依据(W)】，将"频数"选入【频率变量(F)】，点击【确定】。

(3) 依次选择【分析(A)】→【描述统计(E)】→【交叉表(C)…】选项，打开交叉表对话框，将变量"新方法"选入【行(O)】，再将变量"标准判断"选入【列(C)】(也可颠倒，不影响结果)。

(4) 点击【统计(S)…】按钮，打开交叉表：统计对话框，勾选【卡方(H)】、Kappa 和【麦克尼马尔(M)】(图 5-8)，点击【继续(C)】。

(5) 点击【单元格(E)…】按钮，打开交叉表：单元格显示对话框，在"计数(T)"框组勾选【实测(O)】和【期望(E)】，在"百分比"框组勾选【行(R)】(图 5-9)，点击【继续(C)】。

图 5-8　统计对话框　　　　　图 5-9　单元格显示对话框

(6) 点击【确定】按钮，得到卡方检验交叉表，给出了实际频数与期望频数以及相应百分比。卡方检验给出了多个卡方统计量以及显著性(表 5-9)。已知 $b+c=44>40$，故选择 McNemar 检验，渐进显著性(双侧)$P=0.652>0.05$，保留原假设。而 Kappa 系数为 0.633(表 5-10)。

表 5-9 卡方检验结果

项目	值	自由度	渐进显著性(双侧)	精确显著性(双侧)	精确显著性(单侧)
皮尔逊卡方	96.281[a]	1	<0.001		
连续性修正[b]	93.761	1	<0.001		
似然比	104.057	1	<0.001		
费希尔精确检验				<0.001	<0.001
线性关联	95.880	1	<0.001		
麦克尼马尔检验				0.652[c]	
有效个案数	240				

a.0 个单元格（0.0%）的期望计数小于 5。最小期望计数为 56.05。
b.仅针对 2×2 表进行计算。
c.使用了二项分布。

表 5-10 Kappa 检验结果

项目	值	渐进标准误差[a]	近似 T[b]	渐进显著性
协议测量 Kappa	0.633	0.050	9.812	<0.001
有效个案数	240			

a.未假定原假设。
b.在假定原假设的情况下使用渐进标准误差。

Python 分析

运行 "D:\环境数据分析\第五章\例 5-5 两配对样本卡方检验.ipynb"，具体代码及结果如下：

```
import numpy as np
import pandas as pd
from statsmodels.stats.contingency_tables import mcnemar
df = pd.read_excel(r'D:\环境数据分析\第五章\例 5-5 两配对样本卡方检验.xlsx')
matrix = df.iloc[:,2].values.reshape(2,2)
result1 = mcnemar(matrix,exact = True) #McNemar 检验
def kappa(confusion_matrix): #定义 Kappa 计算函数
    pe_rows = np.sum(confusion_matrix, axis = 0)
    pe_cols = np.sum(confusion_matrix, axis = 1)
    sum_total = sum(pe_cols)
    pe = np.dot(pe_rows, pe_cols) / float(sum_total ** 2)
    po = np.trace(confusion_matrix) / float(sum_total)
    return (po - pe) / (1 - pe)
result2 = kappa(matrix) #调用 Kappa 计算函数，计算 Kappa 值
print('stat = %.3f'%result1.statistic,'P = %.3f'%result1.pvalue)
print('Kappa 值为：%.3f' % result2)
```

输出：stat = 20.000，P = 0.652，Kappa 系数为 0.633。

Python 与 SPSS 结果一致，新诊断方法与标准方法在诊断糖尿病上具有一致性。

5.3.2 符号检验

符号检验(sign test)又称差数秩检验，是对配对样本差值的正负号进行检验的非参数检验方法，用于比较两种处理或一组受试对象处理前后的差异性。其基本思想是若配对样本无区别，两样本的观测值相减所得的正差值和负差值的数量基本相等，且服从二项分布 $B(n, 0.05)$。符号主要考虑数据差正负而不是数据差大小，检验精确度不如 t 检验。

例 5-6 为判断治疗高血压的新药物疗效是否显著，选取 20 名患者做药效试验，记录服药治疗前后的血压值结果。试用符号检验方法判断疗效是否显著。

SPSS 分析

(1) 打开 "D:\环境数据分析\第五章\例 5-6 符号检验.xlsx"。

(2) 依次选择【分析(A)】→【非参数检验(N)】→【相关样本(R)…】选项，打开两个或两个以上的相关样本非参数检验主对话框。

(3) 在"字段"栏目下，将"治疗前"和"治疗后"选入【检验字段(T)】框，在"设置"栏目下，依次选择【选择检验】→【定制检验(C)】，在"比较中位数差值和假设中位数差值"框组中勾选【符号检验(2 个样本)(G)】。双样本符号检验只能在两个连续字段上执行，在名义和有序字段上系统将无法执行。

(4) 点击【运行】按钮，获得主要结果(表 5-11)。

表 5-11 符号检验结果

	原假设	检验	显著性 [a,b]	决策
1	治疗前与治疗后之间的差值的中位数等于 0	相关样本符号检验	<0.001 [c]	拒绝原假设

a. 显著性水平为 0.050。
b. 显示了渐进显著性。
c. 对于此检验，显示了精确显著性。

Python 分析

运行 "D:\环境数据分析\第五章\例 5-6 符号检验.ipynb"，具体代码及结果如下：

import pandas as pd
from statsmodels.stats.descriptivestats import sign_test
df = pd.read_excel(r'D:\环境数据分析\第五章\例 5-6 符号检验.xlsx')
data = df['治疗前'] - df['治疗后'] #计算治疗前后的血压值之差
stat,P = sign_test(data, mu0 = 0) #符号检验，mu0 默认为 0，但通常将其设置为中位数。
print('stat = %.3f, P = %.3f' % (stat,P))
输出： stat = 8.000, P = 0.000。

Python 与 SPSS 结果一致，新药物治疗高血压疗效具有统计学意义。

5.3.3 Wilcoxon 符号秩检验

Wilcoxon 符号秩检验分析两配对样本所在总体分布是否存在差异，对总体分布没有要求。Wilcoxon 符号秩检验是在符号检验基础上的进一步改进，既考虑两样本差值的符号，又考虑差值大小，比符号检验有效。

Wilcoxon 符号秩检验主要用于两配对样本的非参数检验，检验时分别计算各对数据的差值 di。若 di 为连续变量且服从正态分布，采用 t 检验；若 di 不服从正态分布，采用 Wilcoxon 符号秩检验。将 di 的绝对值由低到高进行排秩，若两样本具有相同分布，那么 $P(di > 0) = P(di < 0)$，并且 $di > 0$ 的秩和等于 $di < 0$ 的秩和。

例 5-7 针对例题 5-6，用 Wilcoxon 符号秩检验判断治疗高血压的新药物疗效是否显著。

SPSS 分析

(1) 打开"D:\环境数据分析\第五章\例 5-7Wilcoxon 符号秩检验.xlsx"。

(2) 依次选择【分析(A)】→【非参数检验(N)】→【相关样本(R)…】选项，打开两个或两个以上的相关样本非参数检验主对话框。在"字段"栏目下，将"治疗前"和"治疗后"选入【检验字段(T)】框，在"设置"栏目下，依次选择【选择检验】→【定制检验(C)】，在"比较中位数差值和假设中位数差值"框组中勾选【威尔科克森匹配对符号秩检验(2 个样本)(W)】。

(3)点击【运行】按钮，得到结果(表 5-12)。

表 5-12 符号检验结果

	原假设	检验	显著性 [a,b]	决策
1	治疗前与治疗后之间的差值的中位数等于 0	相关样本威尔科克森符号秩检验	<0.001	拒绝原假设

a. 显著性水平为 0.050。
b. 显示了渐进显著性。

Python 分析

运行"D:\环境数据分析\第五章\例 5-7Wilcoxon 符号秩检验.ipynb"，具体代码及结果如下：

import pandas as pd
from scipy.stats import wilcoxon
df = pd.read_excel(r'D:\环境数据分析\第五章\例 5-7wilcoxon 符号秩检验.xlsx')
data1 = df.iloc[:, 1]
data2 = df.iloc[:, 2]
stat,P = wilcoxon(data1, data2, alternative = 'two-sided') #wilcoxon 符号秩检验
print('stat = %.3f, P = %.3f'%(stat,P))
输出：stat = 7.000, P = 0.000。

Python 与 SPSS 分析结果一致，新药物对治疗高血压疗效具有统计学意义。

5.4 两独立样本的非参数检验

针对不符合参数检验的独立样本，可采用非参数检验方法研究两独立样本是否来自服从同一分布的总体。常用的两独立样本非参数检验方法有卡方检验、Mann-Whitney U 检验、K-S 检验、Wald-Wolfowitz 游程检验以及莫斯(Moses)极端反应检验。

5.4.1 两独立样本卡方检验

针对两组或两组以上定类或定序资料的样本率比较及构成比分布差异分析，无法采用 t 检验或 F 检验，需采用两独立样本卡方检验进行分析。两独立样本的 2×2 表卡方检验也称四格表检验(表 5-13)。

表 5-13 独立样本的四格表形式

处理	发生	未发生	合计
A	a	b	$a+b$
B	c	d	$c+d$
合计	$a+c$	$b+d$	$n = a+b+c+d$

计算卡方统计量时，需根据样本容量、理论频数判断是否校正(表 5-14)。

表 5-14 卡方统计量的校正方法

类别	条件		校正方法
独立四格表	$n \geqslant 40$	所有理论频数 $\geqslant 5$	普通卡方检验
		有 1 个理论频数 >1 且 <5	连续性校正
		至少有 2 个理论频数 >1 且 <5	Fisher 确切概率法
		至少有 1 个理论频数 <1	
	$n<40$	—	
配对四格表	$b+c \geqslant 40$	—	McNemar 检验
	$b+c<40$		连续性校正
	$b+c<20$		Fisher 确切概率法
独立列联表	—	所有理论频数 $\geqslant 5$	普通卡方检验
		至少有 20%个理论频数 >1 且 <5	Fisher 确切概率法
		至少有 1 个理论频数 <1	
		结局变量为有序分类变量	多组的秩和检验
配对列联表	—		Bowker 检验

知识拓展 5-3 误用卡方检验的常见情况

(1) 忽略样本量和最小理论频数的卡方检验。

使用四格表分析"构成比"或"率"的差异，样本量应大于 40，且最小理论频数大于 5。

(2) 盲目套用卡方检验。

针对"一致性"或"不一致性"问题，不宜采用卡方检验。可采用 McNemar 检验计算两种方法不一致的部分是否具有统计学意义；另外，采用 Kappa 检验分析两种结果间的一致性。

(3) 误用卡方检验处理等级资料。

等级资料表示方法与分类资料相似，易"习惯性"地采用卡方检验分析等级资料。

卡方检验不能回答效应指标的强度高低问题。处理此类数据一般方法是将等级进行秩转换，然后以秩和检验进行统计分析。

(4) 使用卡方检验反复比较多组资料。

该错误方法类似于"反复使用 t 检验比较多组资料"，会增大 I 类误差的概率。正确的做法是采用卡方分割法，通过调整检验水准进行两两比较。

例 5-8 对某地区旱獭的栖息环境进行调查(表 5-15)，包括 190 个利用样方和 70 个对照样方。将生境类型划分为灌丛、草甸，对该生态因子进行差异性分析。

表 5-15 利用和对照样方的生境类型情况

样方类别	灌丛	草甸	合计
利用	175	15	190
对照	57	13	70
合计	232	28	260

SPSS 分析

(1) 打开 "D:\环境数据分析\第五章\例 5-8 两独立样本卡方检验.xlsx"。

(2) 依次选择【数据(D)】→【个案加权(W)…】，打开个案加权对话框，选择【个案加权依据(W)】并将观测频数选入【频率变量(F)】，点击【确定】。

(3) 依次选择【分析(A)】→【描述统计(E)】→【交叉表(C)…】选项，打开交叉表对话框，将分组变量"样方类型"选入【行(O)】，将指标变量"生境类型"选入【列(C)】(此处行列颠倒也可，不影响最终结果)。

(4) 点击【统计(S)】，打开交叉表：统计对话框，勾选【卡方(H)】，点击【继续(C)】。

(5) 点击【单元格(E)…】，打开交叉表：单元格显示对话框，在"计数(T)"框组勾选【实测(O)】和【期望(E)】，在"百分比"框组勾选【行(R)】，点击【继续(C)】。

(6) 点击【确定】按钮，生成交叉表(表 5-16)和卡方检验表(表 5-17)。

表 5-16 分类变量交叉表

项目			草甸	灌丛	总计
样方	对照	计数	13	57	70
		期望计数	7.5	62.5	70
		占样方类型的百分比/%	18.6	81.4	100.0
	利用	计数	15	175	190
		期望计数	20.5	169.5	190
		占样方类型的百分比/%	7.9	92.1	100
总计		计数	28	232	260
		期望计数	28.0	232.0	260.0
		占样方的百分比/%	10.8	89.2	100.0

表 5-17　卡方检验结果

项目	值	自由度	渐进显著性(双侧)	精确显著性(双侧)	精确显著性(单侧)
皮尔逊卡方	6.068[a]	1	0.014		
连续性修正[b]	5.008	1	0.025		
似然比	5.519	1	0.019		
费希尔精确检验				0.022	0.015
有效个案数	260				

a. 0 个单元格（0.0%）的期望计数小于 5。最小期望计数为 7.54。
b. 仅针对 2×2 表进行计算。

总例数 260>40 且所有期望 >5，选择皮尔逊卡方，卡方值为 6.068，双侧检验 $P=0.014$。

Python 分析

运行"D:\环境数据分析\第五章\例 5-8 两独立样本卡方检验.ipynb"，具体代码及结果如下：

```
import pandas as pd
from scipy.stats import chi2_contingency
#读取 Excel 文件，并将指定的列转化为 2×2 的列表格
data = pd.read_excel(r'D:\环境数据分析\第五章\例 5-8 两独立样本卡方检验.xlsx'
            ,usecols=[2]).values.tolist()
data = [[data[0], data[1]], [data[2], data[3]]]
result = chi2_contingency(data,correction = False) #两独立样本卡方检验
print('卡方值=%.3f, p=%.3f, 自由度=%i, 期望数=%s'%result)
```

输出：卡方值 =6.068，$P=0.014$，自由度 =1，期望数 =[[169.5384615 420.46153846] [62.46153846 7.53846154]]。

Python 和 SPSS 分析结果一致，样方和对照样方间的生境类型差异具有统计学意义。

备注：使用两独立样本卡方检验，当自由度为 1 时，chi2_contingency correction 默认为 TRUE，默认 Yate 校正。若不需校正，需在 chi2_contingency 参数中设置(correction = False)。

5.4.2　分层卡方检验

分层卡方检验也称 Cochran's and Mantel-Haenszel 检验(CMH 检验)，是针对两个二分变量独立性进行检验的多因素分析。在分层卡方检验前，通常需对混杂因素(分层项)有一定的预知(或文献参考)通过"比值齐性检验"分析 P 值。若 P 值小于 0.05，说明混杂因素影响显著，需进一步研究分层后两个分类变量是否存在关系。

例 5-9　针对某区域(A、B)土壤重金属 Cd 污染，进行污染管控措施后的调查结果如表 5-18。考虑到区域土壤污染可能有混杂因素，因此将区域纳入研究。试分析该管控措施的成效。

表 5-18 A、B 区域重金属针对性污染管控成效

区域	污染管控	是否超标 是	是否超标 否	合计
A	是	46	198	244
	否	21	32	53
B	是	37	218	255
	否	13	21	34
合计		117	469	586

SPSS 分析

(1) 打开 "D:\环境数据分析\第五章\例 5-9 分层卡方检验.xlsx"。

(2) 依次选择【数据(D)】→【个案加权(W)…】，打开个案加权对话框，选择【个案加权依据(W)】并将"样本量"选入【频率变量(F)】，点击【确定】。

(3) 依次选择【分析(A)】→【描述统计(E)】→【交叉表(C)…】选项，打开交叉表对话框，将变量"污染管控"选入【行(O)】，将变量"是否超标"选入【列(C)】(此处行列颠倒也可，不影响最终结果)，将分层因素"区域"选入层框中作为分层依据。

(4) 点击【统计(S)】按钮，打开交叉表：统计对话框，勾选【卡方(H)】、【风险(I)】和【柯克兰和曼特尔-亨塞尔统计(A)】，点击【继续(C)】。

(5) 点击【单元格(E)…】按钮，打开交叉表：单元格显示对话框，在"计数(T)"框组勾选【实测(O)】和【期望(E)】，在"百分比"框组勾选【行(R)】，点击【继续(C)】。

(6) 点击【确定】按钮，得到卡方(表 5-19)和比值齐性检验表(图 5-20)。

本例中总例数 586>40 且所有期望频数 >5。分层检验时，各层的总例数均 >40，最小期望均数均 >5，因此整体检验和分层检验均选择 Pearson 卡方检验结果，P 值均小于 0.001。比值比齐性检验结果显示 $P=0.68>0.05$，说明无混杂因素，无须考虑分层项。

表 5-19 卡方检验结果

区域		值	自由度	渐进显著性(双侧)	精确显著性(双侧)	精确显著性(单侧)
1	皮尔逊卡方	11.635^c	1	<0.001		
	连续性修正^b	10.420	1	0.001		
	似然比	10.471	1	0.001		
	费希尔精确检验				0.002	0.001
	线性关联	11.595	1	<0.001		
	有效个案数	295				
2	皮尔逊卡方	11.803^d	1	<0.001		
	连续性修正^b	10.203	1	0.001		
	似然比	9.812	1	0.002		
	费希尔精确检验				0.003	0.002
	线性关联	11.762	1	<0.001		
	有效个案数	289				

续表

区域		值	自由度	渐进显著性(双侧)	精确显著性(双侧)	精确显著性(单侧)
总计	皮尔逊卡方	24.301[a]	1	<0.001		
	连续性修正[b]	22.882	1	<0.001		
	似然比	21.112	1	<0.001		
	费希尔精确检验				<0.001	<0.001
	线性关联	24.260	1	<0.001		
	有效个案数	584				

a. 0个单元格（0.0%）的期望计数小于5。最小期望计数为7.54。
b. 仅针对2×2表进行计算。
c. 0个单元格（0.0%）的期望计数小于5。最小期望计数为11.68。
d. 0个单元格（0.0%）的期望计数小于5。最小期望计数为5.88。

表 5-20　比值齐性检验结果

	卡方	自由度	渐进显著性(双侧)
Breslow-Day	0.170	1	0.680
塔罗内	0.170	1	0.680

Python 分析

运行"D:\环境数据分析\第五章\例5-9 分层卡方检验.ipynb"，具体代码及结果如下：

```
import numpy as np
from scipy.stats import chi2
data1 = np.array([[46,198],[21,32]]) #输入分层一的数据
data2 = np.array([[37,218],[13,21]]) #输入分层二的数据
def result(*array): #定义分层卡方检验计算函数
    h11 = []
    E_h11 = []
    var_h11 = []
    for h in array:
        h10 = h.sum(axis = 1)[0]
        h20 = h.sum(axis = 1)[1]
        h01 = h.sum(axis = 0)[0]
        h02 = h.sum(axis = 0)[1]
        h11.append(h[0,0])
        E_h11.append(h10*h01/h.sum())
        var_h11.append(h10*h20*h01*h02/(h.sum()**2*(h.sum()-1)))
    Q = (sum(h11)-sum(E_h11))**2/sum(var_h11)
    print('stat = %.3f,P = %.3f'%(Q.round(3),chi2.sf(Q,1)))
result(data1,data2) #输出分层卡方检验结果
```

输出： stat = 21.876, P = 0.000。

Python 和 SPSS 分析结果一致，对污染场地进行针对性污染管控可达到净化的效果。

5.4.3 Mann-Whitney U 检验

Mann-Whitney U 检验即两独立样本秩和检验，是最为广泛应用的非参数检验方法，等同于两独立样本的 Wilcoxon 秩和检验和 Kruskal-Wallis 检验。Mann-Whitney U 检验用于考察两独立样本是否来自相同或相等总体以及总体均值是否有显著差别。

Mann-Whitney U 检验重点关注两样本的位置参数是否相同，判断两组样本平均秩的差异，要求两独立样本数据属于定量变量资料或有序分类变量资料。

例 5-10 根据某一基因 g 在不同类别(0 表示 case，1 表示 control)中的表达情况，使用 Mann-Whitney U 检验比较是否存在差异。

SPSS 分析

(1) 打开 "D:\环境数据分析\第五章\例 5-10 mannwhitneyu .xlsx"。

(2) 依次选择【分析(A)】→【非参数检验(N)】→【独立样本(I)…】选项，打开两个或两个以上的独立样本非参数检验主对话框。

(3) 在"字段"栏目下，将"g"选入【检验字段(T)】框，"样本种类"选入【组(G)】框。在"设置"栏目下，依次选择【选择检验】→【定制检验(C)】，在"在各个组之间比较分布"框组中勾选【曼-惠特尼 U(2 个样本)(H)】。

(4) 点击【运行】按钮，得到结果见表 5-21 所示。

表 5-21 Mann-Whitney U 检验结果

	原假设	检验	显著性 [a,b]	决策
1	在样本种类的类别中，g 的分布相同	独立样本 Mann-Whitney U 检验	0.018	拒绝原假设

a. 显著性水平为 0.050。
b. 显示了渐进显著性。

Python 分析

运行 "D:\环境数据分析\第五章\例 5-10 mannwhitneyu.ipynb"，具体代码及结果如下：

```
import pandas as pd
import numpy as np
from scipy.stats import mannwhitneyu
data = pd.read_excel(r'D:\环境数据分析\第五章\例 5-10 曼-惠特尼 U 检验.xlsx')
A = data[data.样本种类 == 0] #提取种类 0 的数据
data1 = pd.DataFrame(A,columns = ['g']).values #输入种类 0 的表达数据
B = data[data.样本种类 == 1] #提取种类 1 的数据
data2 = pd.DataFrame(B,columns = ['g']).values #输入种类 1 的表达数据
stat,P = mannwhitneyu(data1,data2) #Mann-Whitney U 检验
```

```
print('stat = %.3f,P = %.3f' % (stat, P))
```
输出：stat = 668.000, P = 0.018。

Python 与 SPSS 分析结果一致，g 在 case 和 control 上的表达差异具有统计学意义。

> **知识拓展 5-4 独立样本 t 检验和 Mann-Whitney U 检验的差异比较**
>
> (1) 当两独立样本数据服从正态分布且方差齐性时，采用独立样本 t 检验。若方差不齐，优先考虑对变量进行变换。若变换后还不满足方差齐性，采用 Mann-Whitney U 检验。
>
> (2) 当两独立样本数据不服从正态分布时，采用 Mann-Whitney U 检验。
>
> (3) 当两独立样本为定序数据时，采用 Mann-Whitney U 检验。

5.4.4 两独立样本 K-S 检验

两独立样本 K-S 检验对连续性资料的分布情况进行考察，分别计算理论分布下两组样本秩的累积频数分布和累积频率分布，再寻找累积频数差值序列的最大差异点。若差异较大，则说明两样本存在显著性差异。K-S 检验对样本的位置参数和分布形状参数在检验过程中均有涉及，而 Mann-Whitney U 检验主要考察样本的位置参数。

例 5-11 针对例题 "5-10" 数据，利用两独立样本 K-S 检验分析基因 g 表达情况在 case 和 control 这两个类别上的分布是否相同。

SPSS 分析

(1) 打开 "D:\环境数据分析\第五章\例 5-11 两独立样本 K-S 检验.xlsx"。

(2) 依次选择【分析(A)】→【非参数检验(N)】→【独立样本(I)…】选项，打开两个或两个以上的独立样本非参数检验主对话框。

(3) 在 "字段" 栏目下，将 "g" 选入【检验字段(T)】框，"样本种类" 选入【组(G)】框。在 "设置" 栏目下，依次选择【选择检验】→【定制检验(C)】，在 "在各个组之间比较分布" 框组中勾选【柯尔莫戈洛夫-斯米诺夫(2 个样本)(V)】。

(4) 点击【运行】按钮，得到结果见表 5-22 所示，P = 0.071 > 0.05，保留原假设。

表 5-22 K-S 检验结果

	原假设	检验	显著性 [a,b]	决策
1	在样本种类的类别中，g 的分布相同	独立样本 K-S 检验	0.071	保留原假设

a. 显著性水平为 0.050。
b. 显示了渐进显著性。

在 K-S 检验结果页面下拉观察其分布图(图 5-10)，可发现在样本种类 case 和 control 两类中，虽然位置参数(中位数)差距较大，但累积频数分布趋势类似，增加了两类别相同的概率，倾向于保留原假设。

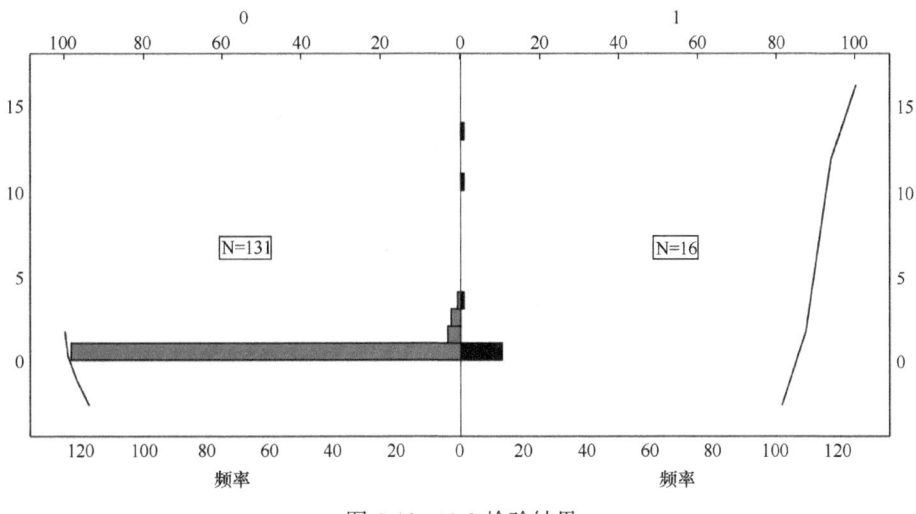

图 5-10 K-S 检验结果

5.4.5 莫斯极端反应检验

莫斯极端反应检验是一种检验样本所属的两个总体分布是否存在显著差异的方法。它假定某变量一些个体的取值会朝一个方向变化，而另一些个体会朝相反方向改变，把两独立样本中一个样本看作对照组，另一个样本看作实验组。

该检验侧重于对照组的跨度，并测量实验组中的极限值与对照组结合时对跨度的影响。对照组的跨度定义为对照组中最大值和最小值的秩之差加 1。由于异常值易扭曲，跨度范围大，通常截去 5%的异常值用来平衡两端，从而控制极端数据对结果的影响，减小误差。

例 5-12 针对例题 "5-10" 数据，利用莫斯极端反应检验分析基因 g 表达情况在 case 和 control 这两个类别上的分布是否相同。

SPSS 分析

(1)打开 "D:\环境数据分析\第五章\例 5-12 莫斯极端反应检验.xlsx"。

(2)依次选择【分析(A)】→【非参数检验(N)】→【独立样本(I)…】选项，打开两个或两个以上的独立样本非参数检验主对话框。

(3)在"字段"栏目下，将"g"选入【检验字段(T)】框，"样本种类"选入【组(G)】框。在"设置"栏目下，依次选择【选择检验】→【定制检验(C)】，在"在各个组之间比较范围"框组中勾选【莫斯极端反应(2 个样本)(X)】，并根据具体实验数据选择【计算样本中的离群值(F)】和【离群值的定制数目(B)】，默认选择【计算样本中的离群值(F)】。

(4)点击【运行】按钮，得到结果如表 5-23 所示，渐进显著性(双侧检验)$P = 0.243$。

表 5-23 莫斯极端反应检验结果

	原假设	检验	显著性 [a,b]	决策
1	在样本种类的类别中，g 的分布相同	独立样本莫斯极端反应检验	0.243[c]	保留原假设

a. 显著性水平为 0.050。
b. 显示了渐进显著性。
c. 对于此检验，显示了精确显著性。

下拉莫斯极端反应检验结果页面，观察到表示为两个类别下样本数据的箱形图(图 5-11)，并用"*"清晰标明了异常值的分布，参数表(表 5-24)给出在去掉异常值前单尾检验的精确显著性水平为 0.031，拒绝原假设，两端各去掉 6 个异常值后，单尾检验精确显著性水平为 0.243，保留原假设。在检验分析过程中，对异常值的筛选很重要，直接影响检验结果。

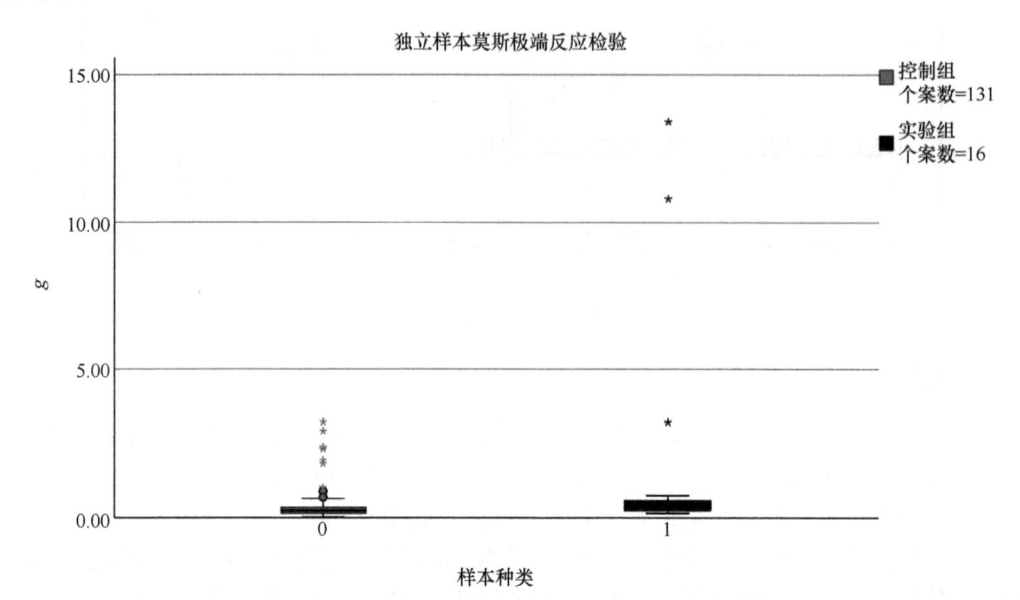

图 5-11　莫斯极端反应检验箱形图

表 5-24　独立样本莫斯极端反应检验摘要

	总计	147
实测控制组	检验统计 [a]	145.000
	精确显著性（单侧检验）	0.031
剪除后控制组	检验统计 [a]	132.000
	精确显著性（单侧检验）	0.243
	在两端剪除了离群值	6.000

a. 检验统计时跨度。

5.5　多相关样本非参数检验

若检验多相关样本是否来自同一总体，需采用多相关样本的非参数检验方法，主要包括 3 种检验：Friedman 检验、Kendall's W 检验和 Cochran's Q 检验。

1) Friedman 检验

Friedman 检验与参数重复测量方差分析类似，用于检测多次测量的差异性水平，对位置参数进行分析。为消除区组间差异，更有效比较同一区组的取值，需将每一行(或块)

合并在一起并排秩，再分别计算样本的秩和与平均秩。Friedman 检验是 Durbin 检验的特例，适用于对定距资料的检验。

2) Kendall's W 检验

肯德尔(Kendall's W)检验也称 Kendall 和谐系数(Kendall's coefficient of concordance)检验，表示多列等级变量相关程度，是 Friedman 统计量正态化的结果。Kendall 检验给出一致性信息。Kendall 和谐系数介于 0~1，系数越接近 1，说明评判标准越一致。

3) Cochran's Q 检验

Cochran's Q 检验是适用于二分类变量的非参数统计检验，用于验证 k 种处理是否具有相同效果，以威廉·格默尔·科克伦(William Gemmell Cochran)命名。Cochran's Q 检验与 Cochran's C 检验不同，Cochran' Q 检验是对 McNemar 检验的扩展，Cochran's C 检验属于离群检验。

例 5-13   在 A，B，C 三个城市对不同人群进行血液铅含量测量，对试验者按职业分成四组取血，血铅含量如表 5-25 所示，分析不同人群的血铅含量差异。

表 5-25   不同城市不同人群血液含铅量   (单位：μg/L)

城市	职业			
	Ⅰ	Ⅱ	Ⅲ	Ⅳ
A	80	100	76	85
B	52	76	51	53
C	40	52	34	35

SPSS 分析

(1) 打开 "D:\环境数据分析\第五章\例 5-13 多相关样本非参数检验.xlsx"。

(2) 依次选择【分析(A)】→【非参数检验(N)】→【相关样本(R)…】选项，打开两个或两个以上的相关样本非参数检验主对话框。

(3) 在"字段"栏目下，将"Ⅰ""Ⅱ""Ⅲ""Ⅳ"选入【检验字段(T)】框。在"设置"栏目下，依次选择【选择检验】→【定制检验(C)】，在"比较分布"框组中勾选【傅莱德曼双因素按秩 ANOVA(k 个样本)】，【多重比较(T)】采用默认的【全部成对】。

(4) 点击【运行】按钮，得到结果如表 5-26 所示。

表 5-26   Friedman 检验结果

	原假设	检验	显著性 a,b	决策
1	Ⅰ、Ⅱ、Ⅲ、Ⅳ的分布相同	相关样本傅莱德曼双向按秩方差分析	0.042	拒绝原假设

a. 显著性水平为 0.050。

b. 显示了渐进显著性。

下拉查看成对比较模型图(图 5-12)和表 5-27，图 5-12 中每个节点代表一个样本组的秩，数字代表秩均值。从平均秩可以看出职业Ⅱ人群的血铅含量最多，Ⅰ和Ⅳ相对较少，Ⅲ最少。线 1 为有显著差异的两组，即Ⅱ和Ⅲ；表 5-27 提供相应的显著性和调整后的显著性，也只有Ⅱ和Ⅲ调整后显著性 $P = 0.027<0.05$，认为这两种职业人群的血铅含量有差异。

成对比较

Ⅱ 4.00
Ⅰ 2.33
Ⅳ 2.67
Ⅲ 1.00

调整后显著性
— 1
— 2

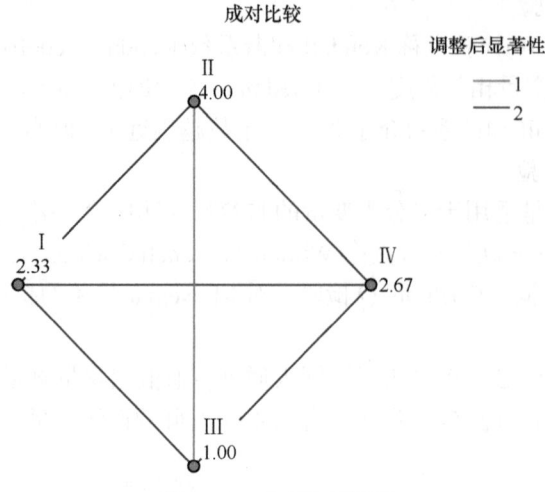

图 5-12 成对比较模型

表 5-27 成对比较表

Sample1-Sample2	检验统计	标准误差	标准检验统计	显著性	调整后显著性[a]
Ⅲ-Ⅰ	1.333	1.054	1.265	0.206	1.000
Ⅲ-Ⅳ	−1.667	1.054	−1.581	0.114	0.683
Ⅲ-Ⅱ	3.000	1.054	2.846	0.004	0.027
Ⅰ-Ⅳ	−0.333	1.054	−0.316	0.752	1.000
Ⅰ-Ⅱ	−1.667	1.054	−1.581	0.114	0.683
Ⅳ-Ⅱ	1.333	1.054	1.265	0.206	1.000

a. 已针对多项检验通过 Bonferronl 校正法调整显著性值。

若在步骤(3)将默认选项【全部成对】切换成【逐步降低】，在模型查看时在"视图"下拉列表框中可选择"齐性子集"选项，从另一个角度比较差异，类似于 S-N-K 法，将 4 个年份明确分为两个同质组，同一组内差异较小，组间差异较大。

Python 分析

运行"D:\环境数据分析\第五章\例 5-13 多相关样本非参数检验.ipynb"，具体代码及结果如下：

import pandas as pd

from scipy.stats import friedmanchisquare

df = pd.read_excel(r'D:\环境数据分析\第五章\例 5-13 多相关样本非参数检验.xlsx')

data1 = df.iloc[:, 1]

data2 = df.iloc[:, 2]

data3 = df.iloc[:, 3]

data4 = df.iloc[:, 4]
stat, P = friedmanchisquare(data1, data2, data3, data4) #Friedman 检验
print('stat = %.3f, P = %.3f' % (stat, P))
输出：stat = 8.200, P = 0.042。
Python 与 SPSS 分析结果一致，居民血铅含量差异具有统计学意义。

5.6 多独立样本非参数检验

针对多个独立样本之间是否具有相同分布问题，需借助多个独立样本检验方法，主要方法如下。

1) Kruskal-Wallis 检验

Kruskal-Wallis 检验也称 K-W 秩和检验，以亨利·克鲁斯卡尔(William Henry Kruskal)和艾伦·沃利斯(Wilson Allen Wallis)命名。K-W 秩和检验扩展 Mann-Whitney U 检验，用于比较相同或不同样本量的两个或多个独立定量变量或定序变量样本是否存在显著性差异。

K-W 秩和检验在多样本秩和检验中最常用，可理解为"非参数检验的方差分析"。其对所有样本合并，按顺序排列，计算样本各数据的秩以及平均秩。若样本间平均秩相差较大，说明存在显著性差异。

2) 中位数检验

中位数检验是检验总体中位数是否存在差异的多独立样本非参数检验，适用于数值变量资料，效能比 K-W 检验低。将所有样本数据合并后计算其中位数，再求各组样本中大于或小于所得中位数的数据个数。若个数差距较大，说明多样本所属多总体分布有显著差异。

3) Jonckheere-Terpstra 检验

Jonckheere-Terpstra 检验是独立样本设计中的有序替代检验，由统计学家艾马布勒·罗伯特·乔卡契尔(Aimable Robert Jonckheere)提出。其检验思路与两独立样本下的 Mann-Whitney U 检验类似，计算一组样本的每个秩并与其他组样本秩比较。若数据差距过大，认为两组样本所属总体有显著差异。当有先验顺序时，Jonckheere-Terpstra 检验比 K-W 检验有更强的效能。

例 5-14 收获某区域土壤农作物共 75 套(水稻、小麦和玉米各 25 套)，测得籽粒重金属 Cu 含量(mg/kg)，试采用 K-W 检验分析作物籽粒中重金属含量的差异。

SPSS 分析

(1) 打开"D:\环境数据分析\第五章\例 5-14 多独立样本非参数检验.xlsx"。

(2) 依次选择【分析(A)】→【非参数检验(N)】→【旧对话框(L)】→【K 独立样本…】选项，打开多个独立样本检验主对话框。

(3) 将"小麦""玉米""水稻"选入【检验变量列表(T)】框，"分级"选入【分组变量(G)】框，点击【定义范围(D)…】，选择检验范围(图 5-13)。本例最小值取 1，最大值取 2，点击【继续(C)】。在"检验类型"框组中选择检验方法，本例中可尝试三种检验方法。

(4) 点击【选项(O)…】按钮，打开多个独立样本：选项对话框，在"统计"框组中勾选【描述(D)】，点击【继续(C)】。

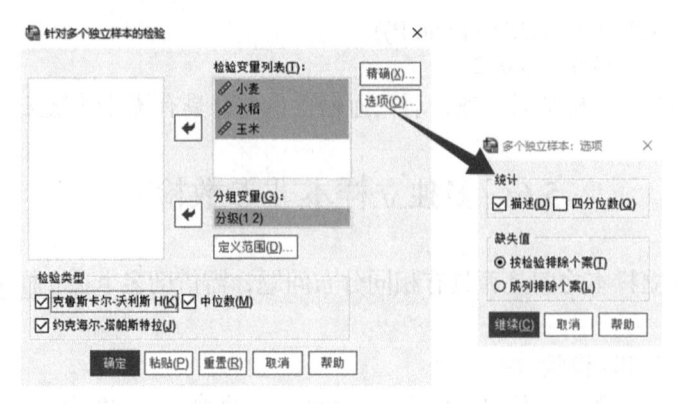

图 5-13　多个独立样本检验对话框

(5) 点击【确定】按钮，得到结果。从排秩结果(表 5-28)可以看出小麦、玉米、水稻在 1 级、2 级的秩平均差异都很大，再观察具体的统计量值(表 5-29)，自由度均为 1，卡方统计量分别为 22.705、14.244、25.865，并且渐进显著性 P 均小于 0.001(<0.05)，认为小麦、玉米、水稻在 1 级、2 级的分布差异具有统计学意义。

表 5-28　K-W 排秩结果

分级		N	秩平均值
小麦	1	11	9.00
	2	63	42.48
	总计	74	
玉米	1	11	14.95
	2	63	41.44
	总计	74	
水稻	1	11	7.09
	2	63	42.81
	总计	74	

表 5-29　检验统计结果 a,b

	小麦	玉米	水稻
克鲁斯卡尔-沃利斯 H	22.705	14.244	25.865
自由度	1	1	1
渐进显著性	<0.001	<0.001	<0.001

a. 克鲁斯卡尔-沃利斯检验。
b. 分组变量：分级。

Python 分析

运行"D:\环境数据分析\第五章\例 5-14 多独立样本非参数检验.ipynb",具体代码及结果如下:

import pandas as pd
from scipy.stats import kruskal
df = pd.read_excel(r'D:\环境数据分析\第五章\例 5-14 多独立样本非参数检验.xlsx')
data1 = df.iloc[:, 1]
data2 = df.iloc[:, 2]
data3 = df.iloc[:, 3]
stat, P = kruskal(data1, data2, data3) #K-W 检验
print('stat = %.3f, P = %.3f' % (stat, P))

输出:stat = 127.060,P = 0.000。

Python 和 SPSS 分析结果一致,3 种不同作物的籽粒中 Cu 含量差异具有统计学意义。

习 题

1. 随机抽取某地 2021 年和 2022 年各 100 天,分析空气质量情况(D:\环境数据分析\第五章\习 5-1 空气质量情况.xlsx),试判断某地 2022 年的空气质量情况与 2021 年是否相当。

2. 针对关于食用油炸食品和熬夜人群的肥胖情况调查数据(D:\环境数据分析\第五章\习 5-2 卡方特征选择.xlsx),使用卡方检验甄别与"是否肥胖"最相关的特征信息。

3. 某实验员将 20 块土质相同的实验用地(0.5 m^2)随机分为两组(两种农药甲和乙分别对应 A 组和 B 组)。每天施加恒量农药 A/B、半年后实验用地的农药含量作为观察指标(D:\环境数据分析\第五章\习 5-2 卡方特征选择.xlsx),试分析两种农药在土壤中的蓄积能力有无差别。

4. 针对某市 A、B 两个工厂某职业病的发生情况进行调查(D:\环境数据分析\第五章\习 5-4AB 工厂某职业病的发生情况.xlsx),试分析工厂类型和性别对该职业病发病年龄的影响。

第6章 环境数据相关分析

6.1 相关分析概述

6.1.1 相关分析定义

相关分析(correlation analysis)是研究两个或两个以上随机变量是否存在某种依存关系以及密切程度的统计学方法。每个随机变量的数值均通过对 N 个对象的随机观测获得。相关分析通过分析随机变量间的关系强弱,可了解影响变量的各种内在因素,评估变量的变化趋势,也常用于机器学习的特征选择、大数据降维及分类分析。

6.1.2 相关关系分类

相关关系是描述两个随机变量间关系程度和方向的统计量,是非确定性关系。按相关程度分为强相关、弱相关和不相关(图 6-1)。两个变量数值同方向变化称为正相关;两个变量数值反方向变化称为负相关;两个变量变化没有趋势称为不相关。按方向分为正相关和负相关;按相关形式还分为线性相关和非线性相关。

相关关系按随机变量性质分为连续型变量间的相关分析,以及定类变量和定距变量间的相关分析。按相关性程度分为初级、中级和高级的相关分析。初级相关分析主要明确数据之间的关系,如正相关、负相关或不相关。中级相关分析进一步考察相关关系的强弱。高级相关分析可将数据间的关系转化为模型,并基于模型对变量的发展趋势进行预测。

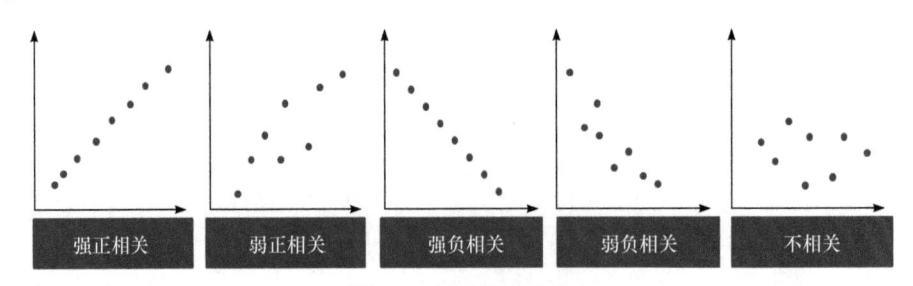

图 6-1 相关关系程度

6.1.3 相关分析类别

相关分析主要分为简单相关(simple correlation)分析、偏相关(partial correlation)分析和距离相关(distance correlation)分析(图 6-2)。简单相关分析又分为 Pearson 相关分析、Kendall 等级相关分析及 Spearman 等级相关分析。

```
相关分析 ┬ 简单相关分析 ┬ Pearson相关分析
        │            ├ Kendall等级相关分析
        │            └ Spearman等级相关分析
        ├ 偏相关分析 ┬ 一阶偏相关
        │          └ 二阶偏相关
        └ 距离相关分析
```

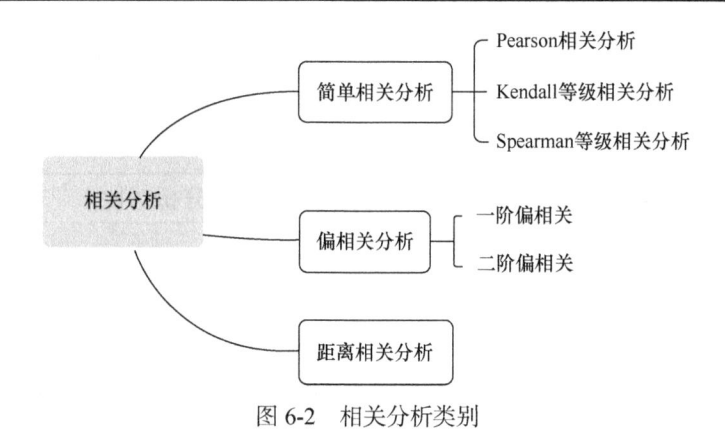

图 6-2　相关分析类别

6.1.4　相关分析数据基本要求

(1) 数据基本符合正态分布。相关分析对正态性要求相对宽松，数据基本满足正态分布即可。

(2) 满足最小样本量的要求。

(3) 数据波动幅度小。

(4) 变量之间不存在多重共线性。多重共线性是指两个或多个预测变量高度线性相关的情况，其程度会极大地影响 P 值和系数。

(5) 没有遗漏任何重要的解释变量，也没有包含多余的解释变量。

6.1.5　相关分析样本量计算

相关分析需考虑最小样本量计算。若样本量太小，易导致虚假相关；若样本量过大，造成不必要浪费。计算样本量需综合考虑研究对象的变异程度、误差大小、置信水平等多种因素。

(1) 根据实验设计要求，通过样本量计算公式或相关软件(如 G*power 软件)计算。

(2) Cohen's Kappa 统计量作为一种分类变量的定性指标，可用于计算在 Kappa 特定置信区间下所需样本量。

(3) 信度分析指标 Cronbach α 系数与样本量有着密切的关系，可通过计算 Cronbach α 系数来衡量样本量大小。

6.1.6　相关分析注意事项

(1) 进行相关分析，须根据实际研究需求提前计算最小样本量。

(2) 不能用于分析非量化特征与指标的关系，须借助标签分析法研究非量化指标问题。

(3) 相关系数对异常值较为敏感，须进行数据预处理，剔除异常值，但不能为提高相关系数值而刻意删除正常值。

(4) 相关分析后要进一步进行显著性检验。在展示相关分析结果时，须同时提供相关系数 r 和相应 P 值。

(5) 不能对无专业意义的两组数据进行相关分析。有相关关系不代表有因果关系。

(6) 相关系数用 r 表示，不能与回归分析中的复相关系数 R 混淆。

(7) 相关系数 r 数值的大小仅反映统计学意义上的相关程度，须从专业角度进一步判别。不能仅凭 r 数值大小判断实验效果，这容易混淆统计学意义和专业意义。

知识拓展 6-1　相关性分析与敏感性分析对比

相关分析能够提供有关两个变量之间线性关系的强度和方向的信息，普遍来说是基于线性变换进行；敏感性分析能够评估模型输出的变化如何归因于模型输入的变化，即研究如何将数学模型或系统输出中的不确定性划分并分配给其输入中不同来源的不确定性，本质是通过改变变量的数值来解释这些因素如何扰动关键指标，即在相关变量具有确定性影响的基础上，进一步分析影响某种变化的关键指标。在机器学习方面，敏感性分析提供一种方法来量化给定模型和预测问题的模型性能与数据集大小之间的关系。

6.2 相 关 系 数

6.2.1 相关系数定义

相关系数(correlation coefficient)表示两个变量间的线性相关程度，一般以总体相关系数 ρ 或样本相关系数 r 表示。基于相关系数的大小可在统计学意义上分析两变量的密切关系，但有相关性不代表有因果关系。

6.2.2 相关程度

相关系数数值反映两个变量在统计学上的相关程度(表 6-1)，数值范围为 $0<|r|<1$。相关系数为正值表示正相关；+1 表示两变量完全正相关；相关系数为负值表示负相关；-1 表示两个变量完全负相关；相关系数 0 表示完全不相关。

表 6-1　相关系数与相关程度对应表

相关系数	相关程度
$0.0<|r|<0.2$	不相关
$0.2<|r|<0.4$	弱相关
$0.4<|r|<0.6$	中度相关
$0.6<|r|<0.8$	强相关
$0.8<|r|<1.0$	极强相关

6.2.3 相关系数分类

相关分析方法主要分为参数方法与非参数方法。参数方法用于研究变量间的线性关系，要求所有变量服从正态分布，变量为连续变量。Pearson 相关系数是最常用的参数法，对两变量间的线性关系敏感。

非参数方法不要求数据服从正态分布，如 Spearman 等级相关系数和 Kendall 秩相关系数。Spearman 等级相关系数分析对象是分类变量。Kendall 秩相关系数分析对象是按顺序或连续尺度测量变量。Spearman 等级相关系数和 Kendall 秩相关系数对非线性关系更敏感。

6.2.4 相关系数热力图

热力图(heatmap)是常用的一种数据可视化手段。它通过聚合大量数据，以展现空间数据的疏密程度或频率高低，从而直观地展示各项特征间的相关性。针对多个变量间的相关系数，可采用热力图进行图形化展示。

例 6-1　针对鸢尾花数据集鸢尾花的花瓣长度、宽度以及萼片长度、宽度数据，绘制多变量 Pearson 相关系数热力图。

运行"D:\环境数据分析\第六章\例 6-1 鸢尾花数据集热力图.ipynb"，主要代码及结果如下：

```
import pandas as pd
import matplotlib.pyplot as plt
import seaborn as sns
import scipy.stats as stats
plt.rcParams['font.sans-serif']=['SimHei']   #正常显示中文标签
plt.rcParams['axes.unicode_minus'] = False   #正常显示符号
df = pd.read_csv(r"D:\环境数据分析\第六章\例 6-1 鸢尾花数据集.csv")
df.corr(method = 'pearson')   #计算 Pearson 相关系数
sns.heatmap(df.corr(method = 'pearson').drop(['编号'], axis = 1).drop(['编号'], axis = 0),annot = True)
plt.show()
```

结果如图 6-3 所示，萼片长度与花瓣长度、萼片长度与花瓣宽度、花瓣长度与花瓣宽度均高度相关。

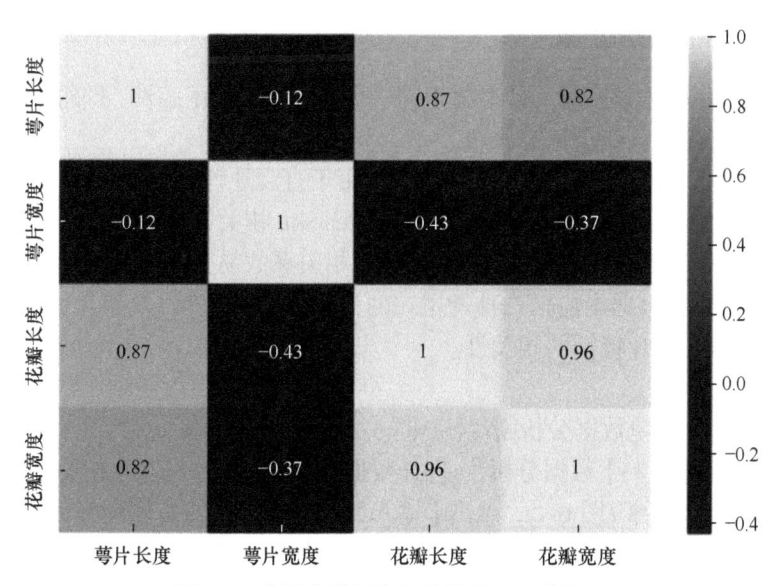

图 6-3　鸢尾花数据集相关性热力图分析

> **知识拓展 6-2　相关比率**
>
> 相关比率又称 eta 平方系数，简写为 E^2，是衡量单个类别内的统计离差与总体或样本的离差间曲线关系的指标，取值范围为 0~1。在线性关系情况下，由 eta 表示的相关比率为相关系数；在非线性关系情况下，相关比率衡量两个非线性相关变数的相关程度。

6.3　Pearson 相关分析

6.3.1　Pearson 相关分析概念

双变量 Pearson 相关分析是用于研究两个连续变量相关性的参数方法，衡量双变量线性关系的强度和方向。其对应的相关系数为 Pearson 相关系数，又称 Pearson 积矩相关系数。

6.3.2　Pearson 相关系数公式

Pearson 相关系数是两个随机变量协方差与其标准差的比值。协方差反映两个随机变量的相关程度，但受变量量纲影响，不能很好地度量其关联程度。Pearson 相关系数在协方差基础上除以标准差，消除了量纲影响，实质上是标准化的协方差，其计算公式为

$$\rho_{X,Y} = \frac{\text{cov}(X,Y)}{\sigma_X \sigma_Y} = \frac{E[(X-\mu_X)(Y-\mu_Y)]}{\sigma_X \sigma_Y}$$

式中，$\text{cov}(X,Y)$ 为协方差；σ_X 为 X 标准偏差；σ_Y 为 Y 标准偏差；μ_X 为 X 平均值；μ_Y 为 Y 平均值。

6.3.3　Pearson 相关分析要求

(1) 两个或多个连续变量，且来源于同一个体；双变量正态性，即每对变量在其他变量的所有水平上均呈双变量正态分布。

(2) 连续变量之间存在线性关系，散点图用于直观地评估该假设。

(3) 观察值的独立性，当违反独立性时，Pearson 相关系数及其显著性检验不可靠。

(4) 变量中不存在明显的异常值。Pearson 相关系数易受异常值影响。

例 6-2　鸢尾花数据集包括三种鸢尾花的花瓣长度、宽度以及萼片长度、宽度定量数据。试分析花瓣与萼片特征的相关性。

Excel 分析

(1) 打开 "D:\环境数据分析\第六章\例 6-2 鸢尾花数据集.csv"。

(2) 选择【数据】→【数据分析】，打开数据分析对话框，选择【相关系数】，点击【确定】，在相关系数对话框(图 6-4)，点击【输入区域(I)】对应的右侧图标，跳出对话框，选择目标变量 "花瓣长度" 与 "花瓣宽度" 数据。注意分组方式，若双变量数据为两列，此处选择逐列；若数据为两行，此处选择逐行。

(3) 选好数据后，在相关系数对话框(图 6-4)点击【确定】，得到相关分析结果。

图 6-4 相关系数对话框

图 6-5 PEARSON：数据分析对话框

(4) 相关分析的另外一种方法：依次选择【公式】→【插入函数】→【PEARSON】，打开函数参数对话框(图 6-5)，选择目标变量"花瓣长度"与"花瓣宽度"数据的单元格区域，如图 6-5 所示，计算 Pearson 相关系数。

Excel 输出相关系数 r = 0.963。注意：Excel 未对相关系数进行显著性检验。

SPSS 分析

(1) 打开"D:\环境数据分析\第六章\例 6-2 Pearson 相关分析.sav"。

(2) 正态性检验：鸢尾花数据集的数据条目为 150，首先采用 K-S 检验分析数据的正态分布情况。

(3) 依次选择【分析(A)】→【描述统计】→【探索(E)…】，打开【探索】对话框选项。

将"1"与"2"作为因子，分别对应"花瓣长度"与"花瓣宽度"，进入【因子列表(F)】与【因变量列表(D)】栏。

(4) 打开【统计量(S)…】对话框，选择【描述性】选项，均值置信区间设为 95%(该值一般为默认)，依次点击【继续(C)】、【确定】。

(5) 依次点击【分析(A)】→【相关(C)】→【双变量(B)…】，打开【双变量相关】对话框。从源变量列表选中"花瓣长度"与"花瓣宽度"，单击箭头按钮，进入【变量(V)】一栏。

(6) 选择【Pearson】→【双侧检验(T)】→【标记显著性相关(F)】选项，单击【确定】按钮，生成相关分析结果(表 6-2)。

表 6-2 Pearson 相关系数结果

		花瓣长度	花瓣宽度
花瓣长度	Pearson 相关性	1.000	0.963**
	显著性（双侧）	.	4.675×10^{-86}
	N	150	150
花瓣宽度	Pearson 相关性	0.963**	1.000
	显著性（双侧）	4.675×10^{-86}	.
	N	150	150

** 在 0.01 水平(双侧)上显著相关。

Python 分析

运行"D:\环境数据分析\第六章\例 6-2 Pearson 相关.ipynb",代码及结果如下:

import pandas as pd

import scipy.stats as stats

import matplotlib.pyplot as plt

import seaborn as sns

plt.rcParams['font.sans-serif'] = ['SimHei'] #正常显示中文标签

plt.rcParams['axes.unicode_minus'] = False #正常显示符号

df = pd.read_csv(r"D:\环境数据分析\第六章\例 6-2 鸢尾花数据集.csv")

markers = ['^', 'o', '*'] #设置图例形状

df.groupby('种类').apply(lambda group:plt.scatter(group['花瓣长度'],group['花瓣宽度'], label=group.name, marker=markers.pop(0))) #按种类分组

plt.xlabel('花瓣长度')

plt.ylabel('花瓣宽度')

plt.legend(loc='upper left', bbox_to_anchor=(1,1))

plt.show()

r,p = stats.pearsonr(df.iloc[:,3] ,df.iloc[:,4])#计算花瓣长度和宽度的 Pearson 相关系数及 P 值

print('r = %.3f, p = %.3f' % (r, p))

Python 输出结果如图 6-6 所示,$r = 0.963$,$P = 0.000$。

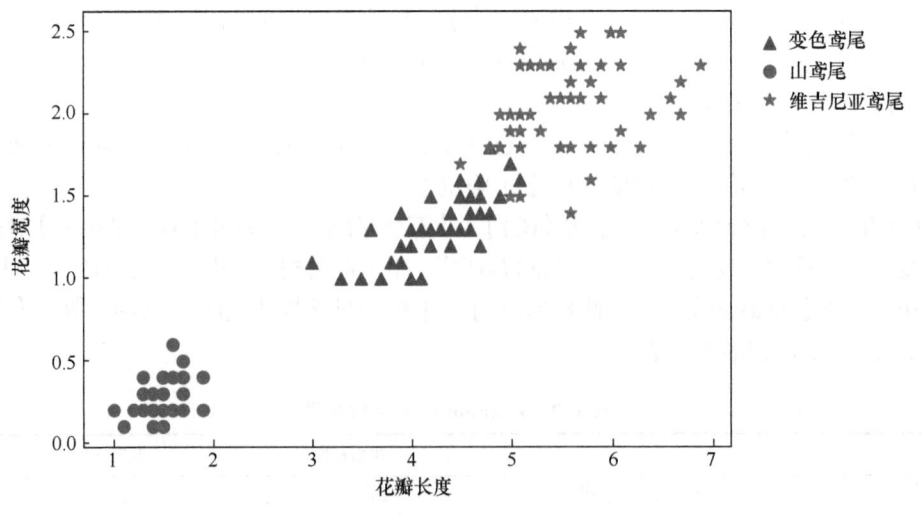

图 6-6 花瓣长度与花瓣宽度散点图

Python 与 Excel、SPSS 的相关系数结果一致,$r = 0.963$。进一步对相关系数进行显著性检验,$P = 0.000 < 0.05$,说明花瓣宽度和花瓣长度的相关性具有统计学意义。

6.4 Spearman 等级相关分析

6.4.1 Spearman 等级相关分析概念

Spearman 等级相关分析主要描述两个等级变量间的关联程度，适用于连续和离散变量。当测量数据是等级数据或等距数据及等比数据，并且总体分布正态性较差，不满足 Pearson 相关分析条件时，需采用 Spearman 等级相关分析。

6.4.2 Spearman 等级相关系数公式

Spearman 等级相关系数是衡量两个变量相关性的非参数指标，是对数据做了秩次变换后的 Pearson 相关系数，通过单调方程计算两个统计变量的相关性，计算公式为

$$\rho = \frac{\sum_i (x_i - \bar{x})(y_i - \bar{y})}{\sqrt{\sum_i (x_i - \bar{x})^2 \sum_i (y_i - \bar{y})^2}}$$

6.4.3 Spearman 等级相关分析要求

Spearman 等级相关分析对数据要求没有 Pearson 相关分析严格，两个变量观测值是成对等级资料，或由连续变量观测资料转化得到的等级资料，不要求两个变量的总体分布形态、样本容量的大小。

例 6-3 现有某城市 8 天的空气质量等级与该市医院心血管疾病就诊人数的统计资料(表 6-3)，试分析空气质量与心血管疾病风险的相关性。

SPSS 分析

(1) 运行 "D:\环境数据分析\第六章\例 6-3 空气质量与心血管疾病.sav"，定义变量，将空气质量编成等级分别为 "1,2,3,4,5"。

(2) 点击【分析(A)】→【相关(C)】→【双变量(B)…】，打开【双变量相关】对话框，从源变量列表中选中 "就诊人次" 与 "空气质量等级"，单击箭头按钮，选入【变量(V)】一栏。

(3) 选择【Spearman】→【双侧检验(T)】→【标记显著性相关(F)】选项，单击【确定】按钮，获得结果(表 6-4)，$r = 0.931$，$P = 0.001$。

表 6-3 某市 8 个采样天数内空气质量与人群心血管就诊人数数据

项目	编号							
	1	2	3	4	5	6	7	8
就诊人次/(人/d)	150	200	70	70	70	10	20	50
空气质量等级	中度污染	重度污染	中度污染	轻度污染	轻度污染	优	良	轻度污染

表 6-4 Spearman 相关性系数结果

		就诊人数	空气质量等级
就诊人数	相关系数	1.000	0.931**
	显著性（双侧）	.	0.001
	N	8	8
空气质量等级	相关系数	0.931**	1.000
	显著性（双侧）	0.001	.
	N	8	8

** 在 0.01 水平(双侧)上显著相关。

Python 分析

运行 "D:\环境数据分析\第六章\例 6-3 Spearman 等级相关.ipynb"，代码及结果如下：

```
import pandas as pd
import scipy.stats as stats
df = pd.read_excel(r"D:\环境数据分析\第六章\例 6-3 空气质量与心血管疾病.xlsx")
data1 = df.iloc[:, 0]
data2 = df.iloc[:, 1]
r,p = stats.spearmanr(data1,data2) #进行 Spearman 等级相关系数与 P 值计算
print('r = %.3f, p = %.3f' % (r, p))
```

Python 输出结果：$r = 0.931$，$P = 0.001$。

Python 分析与 SPSS 分析结果一致，$r = 0.931$，$P = 0.001<0.05$，本例中空气污染级别与心血管疾病风险的相关性具有统计学意义。

6.5 Kendall 等级相关分析

6.5.1 Kendall 等级相关分析概念

Kendall 相关分析是用于多列等级变量相关程度的统计分析方法，于 1938 年由英国统计学家莫里斯·乔治·肯德尔(Maurice George Kendall)提出，属于非参数的等级相关[也称秩相关(rank correlation)]分析。Kendall 相关分析根据两个变量的秩评估变量间的相关关系，常用于连续变量或有序分类变量间的一致性检验。

6.5.2 Kendall's tau-b 相关系数公式

Kendall 系数又称 Kendall 和谐系数，n 个同类的统计对象按特定属性排序，其他属性通常是乱序的。同序对(concordant pairs)和异序对(discordant pairs)之差与总对数 $n(n-1)/2$ 的比值定义为 Kendall 系数。

Kendall 相关系数计算公式为

$$\tau = \frac{(\text{number of concordant pairs}) - (\text{number of discordant pairs})}{n(n-1)/2}$$

Kendall 相关系数具体分为 Kendall's tau(a、b、c)相关系数、Goodman-Kruskal's

Gamma(γ)系数以及 Somers'D 系数。最为常用的是 Kendall's tau-b 相关系数和 Kendall's tau-c 相关系数，采用希腊字母 τ(tau)表示相关系数的值，反映顺序变量间的相关程度。

Kendall's tau-b 相关系数通常适用于两变量分类数相等的情况，而 Kendall's tau-c 系数适合于两变量分类数不等的情况。SPPS 软件采用"Kendall 的 tau-b (K)"系数。

$$\tau_b = \frac{c-d}{\sqrt{(c+d+t_x)(c+d+t_y)}}$$

6.5.3 Kendall's tau-b 相关分析要求

Kendall's tau-b 分析要求两个随机变量为配对变量，来源于同一个体，并且两变量均为连续变量或有序分类变量，或者一个为连续变量，另一个为有序分类变量。Kendall 等级相关分析不需变量所在总体必须满足正态分布，也不要求样本容量大于 30。

例 6-4 随机调查了某区域 8 个采样天数内空气质量等级与土壤污染程度的统计资料，试分析这两个因子之间有无相关关系。

SPSS 分析

(1) 打开"D:\环境数据分析\第六章\例 6-4 空气质量与土壤污染.sav"。

(2) 点击【分析(A)】→【相关(C)】→【双变量(B)…】，打开【双变量相关】对话框，从源变量列表中选中"空气质量等级"与"土壤污染程度"，单击箭头按钮，进入【变量(V)】一栏。

(3) 选择【Kendall 的 tau-b(K)】→【双侧检验(T)】→【标记显著性相关(F)】选项，单击【确定】按钮，得到结果如表 6-5 所示。

表 6-5 Kendall 相关性系数结果

		空气质量等级	土壤污染程度
空气质量等级	相关系数	1.000	0.933**
	显著性(双侧)	.	0.005
	N	8	8
土壤污染程度	相关系数	0.933**	1.000
	显著性(双侧)	0.005	.
	N	8	8

** 在 0.01 水平(双侧)上显著相关。

Python 分析

运行"D:\环境数据分析\第六章\例 6-4 Kendall 等级相关.ipynb"，代码及结果如下：

import pandas as pd
import scipy.stats as stats
df = pd.read_excel(r"D:\环境数据分析\第六章\例 6-4 空气质量与土壤污染.xlsx")
data1 = df.iloc[:, 0]

```
data2 = df.iloc[:, 1]
r,p = stats.kendalltau(data1,data2) #Kendall 相关系数与 P 值计算
print('r = %.3f, p = %.3f' % (r, p))
```
Python 输出结果：$r = 0.933$，$P = 0.005$。

Python 分析与 SPSS 分析结果一致，$r = 0.933$，$P < 0.05$，本例中空气质量等级与土壤污染程度的相关性具有统计学意义。

6.6 偏相关分析

6.6.1 偏相关分析概述

若相关分析数据中包含两个以上变量组，需控制其余无关变量的影响，这种情况下需要采用偏相关分析。偏相关分析测量的是两个随机变量之间的关联程度，控制随机变量的影响，计算的是偏相关系数。

6.6.2 偏相关系数公式

假设有 n 个控制变量，则称为 $n-2$ 阶偏相关；涉及 3 个变量的偏相关为 1 阶偏相关，涉及 4 个变量的偏相关为 2 阶偏相关，大于 4 个变量的采用偏相关的概率很小；控制变量个数为零时，偏相关系数称为零阶偏相关系数，即相关系数。

一阶与二阶线性偏相关可表示为

$$r_{12.3} = \frac{r_{12} - r_{13}r_{23}}{\sqrt{(1-r_{13}^2)(1-r_{23}^2)}}$$

$$r_{12.34} = \frac{r_{12.4} - r_{13.4}r_{23.4}}{\sqrt{(1-r_{13.4}^2)(1-r_{23.4}^2)}}$$

偏相关显著性检验步骤如下：提出原假设 H_0，假设 $\rho = 0$，采用如下公式计算统计量：

$$t = r\sqrt{\frac{n-g-2}{1-r^2}} \sim t(n-g-2)$$

式中，r 为偏相关系数；n 为样本数；g 为阶数。若 $\rho <$ 显著性水平，则拒绝原假设，即变量间偏相关性显著，反之，则不显著。

知识拓展 6-3　半偏相关分析

半偏相关分析与偏相关分析相似，两者都是在控制了某些因素之后比较两个变量的变化。为进行半偏相关分析，一般对 X 或 Y 保持第三个变量不变，而对于偏相关分析，对 X 和 Y 均保持第三个变量不变。半偏相关分析更具有实际意义，但它对自变量的独特贡献作用研究不太精确。

6.6.3 偏相关分析案例

例 6-5 收集某市 1~11 月内月均 $PM_{2.5}$、PM_{10}、SO_2、NO_2 浓度数据($\mu g/m^3$)，试计算其相关系数，当 SO_2 和 NO_2 被固定之后，计算 $PM_{2.5}$ 和 PM_{10} 的偏相关系数 r。

SPSS 分析

(1) 打开 "D:\环境数据分析\第六章\例 6-5 空气质量数据.sav"。

(2) 依次选择【分析(A)】→【相关(C)】→【偏相关(R)…】，打开偏相关对话框。

(3) 【变量(V)】列表选择 2 个或 2 个以上的定量变量，如本例中的 $PM_{2.5}$ 和 PM_{10}，【控制(C)】列表选择 1 个或 1 个以上的控制变量，如 NO_2 和 SO_2。

(4) 显著性检验选择【双尾检验(T)】或【单尾检验(N)】，单击【选项(O)…】，弹出偏相关性：选项对话框。选择【平均值和标准差(M)】；【零阶相关系数(Z)】可实现简单相关矩阵，【缺失值】中【按列表排除个案(L)】(Exclude Cases Listwise)一般是系统默认选项，排除所有变量中所有带有缺失值的数据；【按对排除个案(P)】是指排除带缺失值的数据及与之有成对关系的数据，单击【继续(C)】。

(5) 选择【显示实际显著性水平(D)】选项，单击【确定】按钮，得到结果如表 6-6 所示。

表 6-6 偏相关分析结果

控制变量			$PM_{2.5}$	PM_{10}
SO_2 & NO_2	$PM_{2.5}$	相关系数	1.000	0.778
		显著性(双侧)		0.014
		df	0	7
	PM_{10}	相关系数	0.778	1.000
		显著性(双侧)	0.014	
		df	7	0

Python 分析

运行 "D:\环境数据分析\第六章\例 6-5 偏相关分析.ipynb"，具体代码及结果如下：

程序运行用到 pingouin，需在代码行运行安装命令：

pip install pingouin

安装结束后，在下一代码行运行如下程序：

import pandas as pd
import pingouin as pg
data = pd.read_excel("D:\环境数据分析\第六章\例 6-5 空气质量数据.xlsx")
df = pd.DataFrame(data, columns = ['PM2.5','PM10','SO2','NO2']) #转换为 DataFrame 格式
pg.partial_corr(data = df,x = 'PM2.5', y = 'PM10', covar = ['SO2','NO2']) #计算偏相关系数
partial = df.pcorr().round(4) #一次计算多个变量相关性

print (partial)

输出结果见表 6-7、表 6-8，偏相关系数 $r = 0.778$，$P = 0.014$。

表 6-7 Python 计算的相关性结果

项目	n	r	CI95%	P-value
结果值	11	0.777575	[0.23, 0.95]	0.013641

表 6-8 偏相关系数结果

项目	$PM_{2.5}$	PM_{10}	SO_2	NO_2
$PM_{2.5}$	1	0.7776	0.1775	−0.0545
PM_{10}	0.7776	1	−0.3894	0.6183
SO_2	0.1775	−0.3894	1	0.6557
NO_2	−0.0545	0.6183	0.6557	1

Python 与 SPSS 分析一致，在控制 NO_2 和 SO_2 时，$PM_{2.5}$ 与 PM_{10} 之间的偏相关系数 $r = 0.778$，$P = 0.014 < 0.05$，$PM_{2.5}$ 和 PM_{10} 的浓度相关性具有统计学意义。

知识拓展 6-4 相关性网络图

相关性网络图（correlation network）是针变量相关性进行图形可视化分析的一种方法，用于分析不同变量间的相关关系，明确变量间的重要关联模式，揭示数据中的隐藏结构。相关性网络图通过图中的点及连线，显示特征节点间的相互作 关系，点越大，连接度越大，与它连接的点个数越多；连线越粗，相关系数越大。相关性网络图可进行单一组学数据分析或两两组学数据分析，常用于转录组、代谢组、蛋白组以及微生物组等多组学数据挖掘。相关性网络图数据为矩阵形式，变量为单一数据矩阵或两个数据矩阵，可选择 Pearson、Spearman、Kendall 等相关性分析方法。

习　题

1. 根据 UCI 乳腺癌数据集(D:\环境数据分析\第六章\习 6-1 乳腺癌数据集.xlsx)，对癌细胞平均面积与平均周长绘制散点图进行 Pearson 相关分析。
2. 根据 UCI 乳腺癌数据集(D:\环境数据分析\第六章\习 6-1 乳腺癌数据集.xlsx)，绘制多变量 Pearson 相关系数热力图。
3. 根据 Kaggle 网站红酒数据集(D:\环境数据分析\第六章\习 6-3kaggle 红酒数据集.csv)，对红酒的酒精含量与质量等级进行 Spearman 相关分析。
4. 根据 Kaggle 网站红酒数据集(D:\环境数据分析\第六章\习 6-3kaggle 红酒数据集.csv)，对红酒的 pH 与质量等级进行 Kendall 相关分析。
5. 针对某城市社会经济的衡量指标(D:\环境数据分析\第六章\习 6-5 衡量指标.xls)，选取 SO_2 工业排放量(t)作为环境空气质量的衡量指标，选择生产总值作为社会经济衡量指标(对环境空气质量与社会经济指标进行 Pearson 相关性分析。

第 7 章 环境数据回归分析

7.1 回归分析概述

7.1.1 回归分析定义

回归分析(regression analysis)是通过分析因变量(dependent variable)Y与自变量(independent variable)X间的函数关系而建立的两种或多种变量间定量关系的分析方法。回归是研究自变量对因变量的影响，本质上属于预测性建模技术，是机器学习常用算法。

7.1.2 回归分析分类

按自变量和因变量间的关系类型，回归分为线性回归和非线性回归(图 7-1)；按变量数量，分为一元回归和多元回归。一元回归分为直线回归(linear regression)、曲线估计(curve estimation)、一般多项式曲线拟合(general polynomial curve fitting)及正交多项式曲线拟合(orthogonal polynomial curve fitting)。

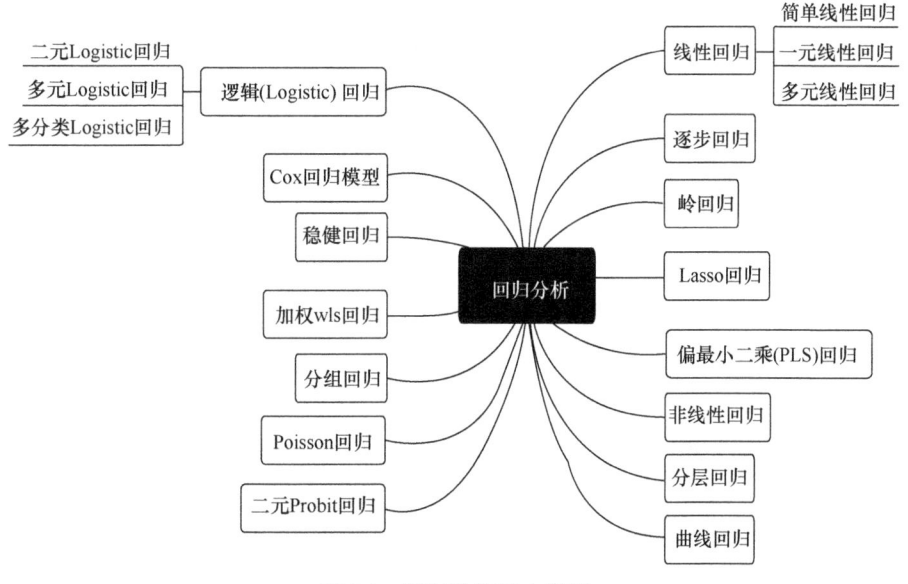

图 7-1 回归分析基本类型

按因变量的数量，线性回归分为简单线性回归、一元线性回归与多元线性回归。Logistic 回归分为二元 Logistic 回归；若 Y 为多类，为多分类 Logistic 回归；若 Y 为多类有序变量，为有序 Logistic 回归。当 Y 为两分类时，也可采用二元 Probit 回归。

按数据类型进行分类，若 Y 只是 1 个定量变量，通常属于线性回归；Y 为一个定类变量，属于 Logistic 回归；若 Y 为多个定量变量，则通常使用偏最小二乘回归。

7.1.3 回归分析基本术语

回归分析基本术语见表 7-1。

表 7-1 回归分析基本术语

基本术语	翻译	定义
自变量	independent variable	x，对因变量产生影响的因素或条件
因变量	dependent variable	y，随自变量 x 的变化而变化，是观测变量
拟合优度	goodness of fit	回归模型对观察数据的概括拟合程度
残差平方和	residual sum of squares	每一点的 y 值的估计值与实际值的平方差之和，是线性模型中衡量模型拟合程度的一个量
回归平方和	regression sum of squares	因变量预测值与因变量观察值的均值的离差平方和，增加自变量后，回归平方和一定增加
线性	linearity	两个变量间存在的一次方函数关系
回归系数	regression coefficient	R^2，反映自变量 x 对因变量 y 影响大小的参数
决定系数	coefficient of determination	回归平方和与总离差平方和之比值
F 统计量	F-statistics	服从 F 分布的统计量，回归均方(MSR)对均方误差(MSE)的比值

7.1.4 回归分析基本步骤

回归分析流程如图 7-2 所示。

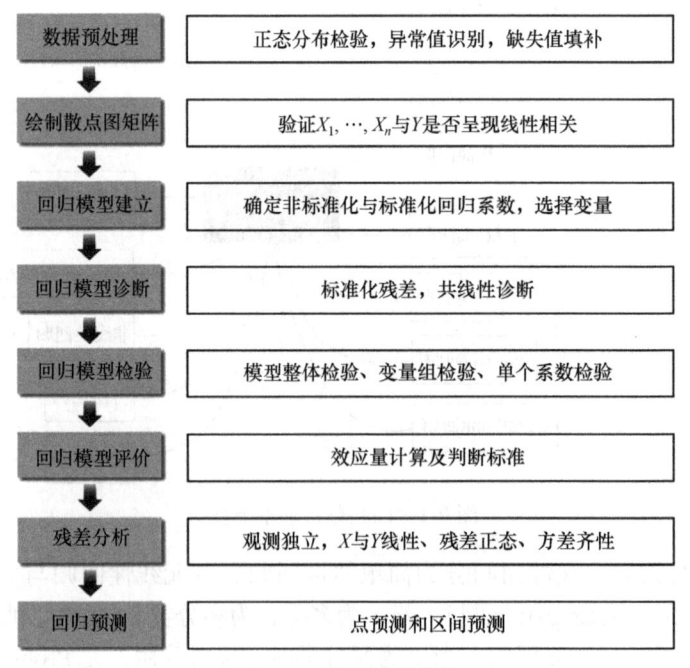

数据预处理 → 正态分布检验，异常值识别，缺失值填补

绘制散点图矩阵 → 验证 $X_1, \cdots, X_n$ 与 Y 是否呈现线性相关

回归模型建立 → 确定非标准化与标准化回归系数，选择变量

回归模型诊断 → 标准化残差，共线性诊断

回归模型检验 → 模型整体检验、变量组检验、单个系数检验

回归模型评价 → 效应量计算及判断标准

残差分析 → 观测独立，X 与 Y 线性、残差正态、方差齐性

回归预测 → 点预测和区间预测

图 7-2 回归分析流程

7.1.5 回归分析样本量计算

样本量估算的经验方法是 10 倍 EPV(events per variable，EPV)，即样本量是自变量个数的 10 倍以上。针对具体回归分析，需深入分析自变量和因变量的关联强度以及自变量的相关性等多种因素，借助样本量计算公式或相关专业软件进行计算。

(1) 针对连续型的定量因变量，由总的观察对象数决定有效样本量。

(2) 针对二分类因变量，若采用 Logistic 回归分析，有效样本量将由二分类结局中两类结果观察数的最小值确定。

(3) 针对用于生存分析的 Cox 回归，生存分析样本量测算是根据事件的发生数作为纳入自变量的标准。

(4) 针对小样本多变量，常规方法是先单因素后多因素，将必要自变量纳入模型。

(5) 自变量个数会因不同回归模型而发生变化。

7.1.6 回归分析注意事项

(1) 用于回归分析的两个变量属于同一对象的两项指标。

(2) 需根据实验设计要求提前计算最小样本量。

(3) 相关或回归关系不一定是因果关系，也可能是伴随关系。若未对变量是否相关以及相关方程度做出正确判断，易导致"虚假回归"现象。

(4) 变量相关是回归分析的必要不充分条件。不能忽视事物现象间的内在联系和规律，把毫无关联的两种现象随意进行回归分析。

(5) 针对多元回归，回归系数 R^2 随自变量个数的增加其数值相对变大。

(6) 回归分析后需进行统计检验，不仅提供方程、回归系数，还需提供 P 值。

(7) 回归方程有统计学意义不代表一定有专业意义。

(8) 回归方程的适用范围分析要从专业出发，不可随意外延。由自变量 X 预测因变量 Y 的回归方程与通过 Y 推算 X 的回归方程不同，不能混淆。

思考题 7-1 回归分析、相关关系及因果关系的联系与区别。

相关分析与回归分析均可用于研究变量间的统计相关性，前者是后者的基础和前提，后者是前者的延伸与拓展。回归分析依靠相关分析展现变量间的相关程度，进行线性回归前，通常先绘制散点图，判断相关性。

相关分析的变量互相平等，不涉及自变量与因变量的划分，检验变量共同变化的程度。回归分析变量划分为自变量和因变量，变量间的关系不对等。

因果关系具有相关分析所有变量为随机变量，变量间关系不确定；回归分析自变量可是普通变量或随机变量，因变量为随机变量，因果关系有严格的先后顺序。回归分析实质上是预设因果关系的相关分析。

7.2 线性回归分析

7.2.1 线性回归概念

线性回归(linear regression)是根据最小二乘法原理确定自变量和因变量间的线性关系的分析方法(图7-3)，是回归分析的基础。线性回归可解释性强、高效实用，在大数据分析中属于机器学习中的监督学习算法。

线性回归关系建立在已知自变量 $x_1, x_2, \cdots, x_p$ 和因变量 Y 以及由 n 个个体构成的随机样本，$\beta_1, \beta_2, \cdots, \beta_p$ 为回归系数，也称为残差，由一组样本数据可求出等估参数的估计值，得到回归方程如图7-3所示。

$$Y = \underbrace{\beta_0 + \beta_1 x_1 + \beta_2 x_2 + \cdots\cdots + \beta_p x_p}_{\text{线性预测}} + \varepsilon$$

其中 β_0 为截距，x 为自变量，β_p 为回归系数，Y 为因变量，ε 为随机误差。

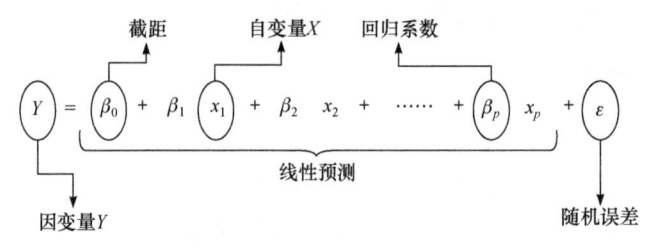

图7-3 线性回归模型基本形式

建立回归方程的过程就是对回归模型中参数(常数项和回归系数)进行估计的过程。线性回归通常采用实际观察值与回归方程估计值之差的平方和最小为损失函数，并使用最小二乘法和梯度下降法来计算最终的拟合参数。线性回归的主要目的是试图找出一个函数，能够尽可能完美地把所有自变量组合(加减乘除)起来，使得到的结果和目标接近。

7.2.2 线性回归适用条件

(1) 因变量 Y 与自变量 X 一般为数值变量且具有线性关系。
(2) 因变量 Y 为连续变量，自变量 X 为连续变量或离散变量。
(3) 因变量 Y 是来自正态总体的随机变量，各项残差符合正态分布。
(4) 多元线性回归中不同特征之间相互独立，不互相影响。
(5) 因变量方差齐性，其变异数不随自变量取值组合变化而变化。

7.2.3 线性回归评价指标

(1) 均方误差(MSE)：真实值与预测值的差值，进行平方之后求和平均值。
(2) 均方根误差(RMSE)：对MSE进行求平方根，是线性回归中最常用的损失函数。
(3) 平均绝对误差(MAE)：是绝对误差的平均值，能更好地反映预测值误差的实际情况。
(4) 校正决定系数(adjusted R-squared)：用自变量解释因变量变异的程度，但随自变量个数的增加，校正决定系数将不断增大。
(5) 平方偏置项(bias)：所有数据集的真实值与理论最优模型预测值之间的差异。
(6) 方差(variance)：对于单独的某个数据集，模型所给出的预测值在所有数据集的真实值附近波动的情况。

均方误差 MSE、均方根误差 RMSE、平均绝对误差 MAE 是常用的三个评价指标。

7.2.4 一元线性回归

一元线性回归(single variable linear regression)，是针对一个因变量和一个自变量的线性回归分析，只采用一个自变量 X(特征值)预测因变量 Y(图 7-4)，也称简单线性回归分析。对应公式为

$$Y = mX + b + \varepsilon$$

式中，m 和 b 为模型参数，m 为回归系数，b 为回归常数；ε 为主观和客观原因造成的不可观测的随机误差。

例 7-1 某流行病学研究测定 26 名婴儿脐带血铅含量(μg/L)以及母亲备孕期室内空气铅含量(μg/m³)，试对脐血铅含量与空气铅含量进行线性回归分析。

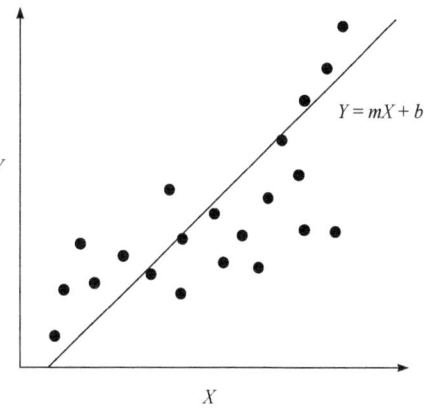

图 7-4 一元线性回归拟合图

Excel 分析

(1) 打开"D:\环境数据分析\第七章\例 7-1 铅暴露.xlsx"。

(2) 选择【插入】→【散点图】模块，在【选择数据】选定"空气铅"与"脐血铅"分别作为 X 值和 Y 值，在数据上单击右键，选择【添加趋势线】→【线性】→【显示公式】→【显示 R 平方值】，得到拟合直线。

(3) 选择【数据】栏中的【数据分析】模块，选择【回归】。

(4) 【确定】→【回归】对话框→【输入区域】选定所有变量及名称所在区域。

(5) 【置信度】选项打"√"，选择 95%(注：若选定的输入区域内不包括变量名称所在单元格，则无须选)。在【输出选项】中选定【输出区域】所在单元格，如【$C$1】。

(6) 点击【确定】，输出回归统计结果(表 7-2)。

表 7-2 回归参数表

	Coefficients	标准误	t Stat	P-value	Lower 95%	Upper 95%
Intercept	1.175604	0.104497	11.25016	4.7E-11	0.959933	1.391275
X Variable	0.356066	0.064622	5.509986	1.15E-05	0.222693	0.489439

SPSS 分析

(1) 打开"D:\环境数据分析\第七章\例 7-1 铅暴露.sav"。

(2) 点击【分析(A)】→【回归(R)】→【线性(L)…】，打开【线性回归】。

(3) 将"脐血铅"选入【因变量(D)】，"空气铅"选入【自变量(I)】栏。

(4) 打开【统计(S)…】对话框，勾选【估计(E)】【模型拟合度(M)】【Durbin-Watson(U)】

选项，单击【继续】。

(5) 选择【图(T)…】,【直方图(H)】和【正态概率图(R)】,单击【继续】。

(6) 进入【保存(S)…】界面，选择【未标准化(U)】和【未标准化(N)】→【平均值(M)】与【单值(I)】→【置信区间(C)】→【包含协方差矩阵(X)】,单击【继续】。单击【确定】,主要结果如表 7-3、表 7-4 所示。

表 7-3 回归系数表

系数 a

模型		非标准化系数 B	标准误	标准化系数	t	P-value
1	(常量)	1.176	0.104		11.250	0.000
	空气铅	0.356	0.065	0.747	5.510	0.000

a. 因变量：脐血铅

Python 分析

运行"D:\环境数据分析\第七章\例 7-1 铅暴露.ipynb"，代码及结果如下：

import pandas as pd

import statsmodels.api as sm

data = pd.read_excel (r'D:\环境数据分析\第七章\例 7-1 铅暴露.xlsx')

X = data.iloc[:, 1]

y = data.iloc[:, 2]

X = sm.add_constant(X)

clf = sm.OLS (y,X)

clf = clf.fit () #训练回归模型

print (clf.summary()) #输出训练结果

输出结果如表 7-4 所示。

表 7-4 Statsmodels 一元线性回归分析结果表

Dep. Variable:	脐血铅	R-squared:	0.558
Model:	OLS	Adj. R-squared:	0.540
Method:	Least Squares	F-statistic:	30.36
Date:	Tue, 17 Jan 2023	Prob (F-statistic):	1.15e-05
Time:	13:22:14	Log-Likelihood:	21.015
No. Observations:	26	AIC:	−38.03
Df Residuals:	24	BIC:	−38.51
Df Model:	1		
Covariance Type:	nonrobust		

	coef	Std err	t	$P>|t|$	[0.025	0.975]
const	1.1756	0.104	11.250	0.000	0.960	1.391
空气铅	0.3561	0.065	5.510	0.000	0.223	0.489

Omnibus:	2.596	Durbin-Watson:	0.995
Prob(Omnibus):	0.273	Jarque-Bera (JB):	2.120
Skew:	0.578	Prob(JB):	0.346
Kurtosis:	2.211	Cond. No.	10.5

Python 与 Excel、SPSS 分析一致。所得回归方程：$y = 1.1756 + 0.3561x$，$R^2 = 0.558$，$P = 0.000$。

基于线性回归的机器学习预测模型

主要流程是针对预处理后的数据划分训练集和测试集，然后采用线性回归算法训练模型，并基于模型对测试数据进行预测(图 7-5)。

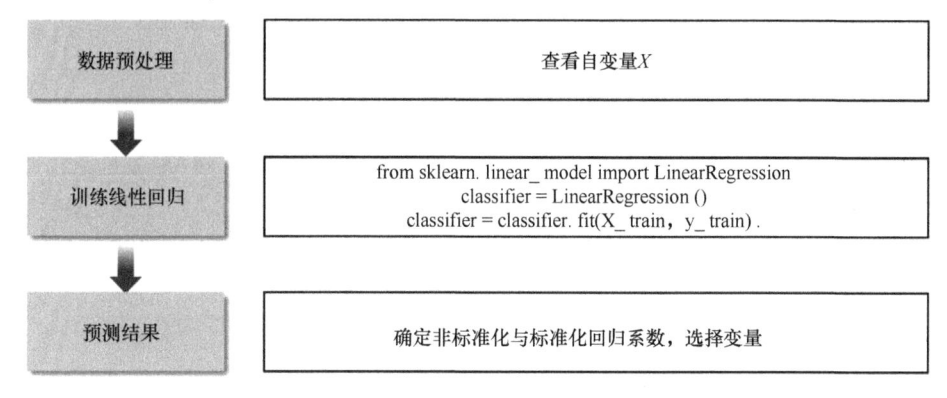

图 7-5 机器学习回归模型流程

运行 "D:\环境数据分析\第七章\例 7-1 铅暴露预测模型.ipynb"，主要代码如下：

```python
import pandas as pd
import matplotlib.pyplot as plt
plt.rcParams['font.sans-serif']=['SimHei']   #显示中文标签
df  = pd.read_excel(r'D:\环境数据分析\第七章\例 7-1 铅暴露.xlsx')
X = df[['空气铅']]
y = df[['脐血铅']]
X = X.values.reshape(len(X),1) #转化变量为一维矩阵
y = y.values.reshape(len(y),1)
from sklearn.model_selection import train_test_split
X_train, X_test, y_train, y_test = train_test_split( X, y, test_size = 0.3, random_state = 0)
from sklearn.linear_model import LinearRegression
clf = LinearRegression()
clf = clf.fit(X_train, y_train)
y_pred = clf.predict(X_test)
plt.scatter(X_train, y_train, color = 'red')
plt.plot(X_train, clf.predict(X_train), color = 'green')
plt.xlabel("X_train")
plt.ylabel("y_train")
plt.title("训练集")
plt.show()
plt.scatter(X_test, y_test, color = 'blue')
```

```
plt.plot(X_train, clf.predict(X_train), color = 'green')
plt.xlabel("X_test")
plt.ylabel("y_test")
plt.title("测试集")
plt.show()
c = clf.predict([[1.5]]) #此处输入要预测的空气铅浓度数据，如 1.5
print("血铅含量预测值为：{:.4f}".format(c [0][0]))
```

输出结果如图 7-6、图 7-7，血铅含量预测值为 1.6996。

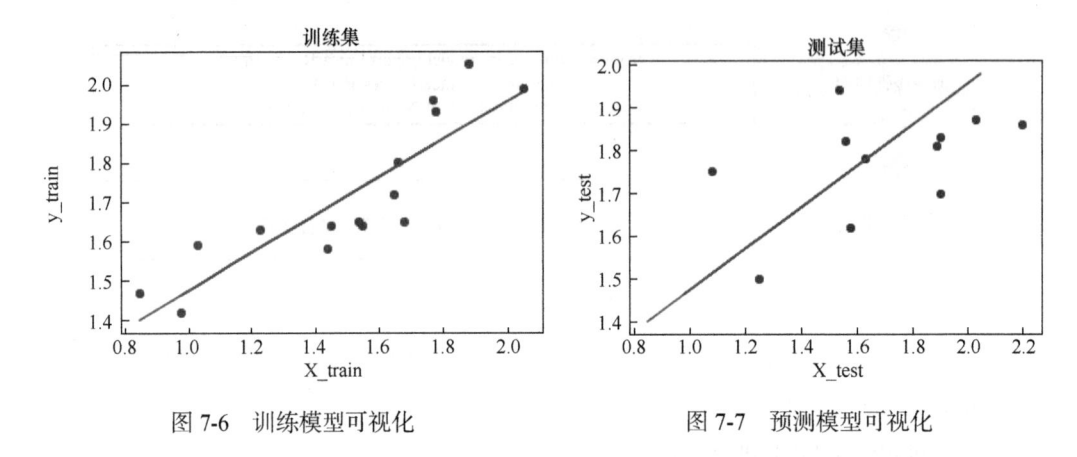

图 7-6　训练模型可视化　　　　图 7-7　预测模型可视化

7.2.5　多元线性回归

多元线性回归(multiple linear regression，MLR)是针对两个或两个以上自变量的线性回归方法。在实际研究中，因变量往往受多个因素影响，需用两个或两个以上的影响因素作为自变量来描述因变量的变化。多元线性回归能够分析多个不同因素对因变量的影响程度和拟合程度的高低。

多元线性回归模型的一般结构形式为

$$y = \beta_0 + \beta_1 x_{1a} + \beta_2 x_{2a} + \cdots + \beta_k x_{ka} + \varepsilon_a$$

多个自变量对因变量的影响主要通过回归方程的标准回归系数大小反映。理想的多元线性回归不遗漏显著的自变量，也不含不显著的自变量。一般在初次多元线性回归后，发现有不显著的自变量(P>0.05)，须剔除后重新进行多元线性回归。

例 7-2　根据 2020 年《中国统计年鉴》，居民消费性支出为因变量 y，10 个自变量分别为 $x1$ 食品花费、$x2$ 衣着花费、$x3$ 居住花费、$x4$ 生活用品及服务花费、$x5$ 交通通信花费、$x6$ 文教娱乐花费、$x7$ 医疗保健花费、$x8$ 地区人均可支配收入、$x9$ 地区的年末人口数、$x10$ 消费价格指数。试针对居民消费支出建立合理回归模型。

Excel 分析
(1) 打开"D:\环境数据分析\第七章\例 7-2 居民消费.xlsx"。
(2) 选择【数据】栏中的【数据分析】模块，选择【回归】。
(3) 【确定】→【回归】对话框→【输入区域】选定变量及名称所在区域，如图 7-8

所示。

选择输入数据时，若第一列表头选上，则需勾选图 7-8 中的【标志】。

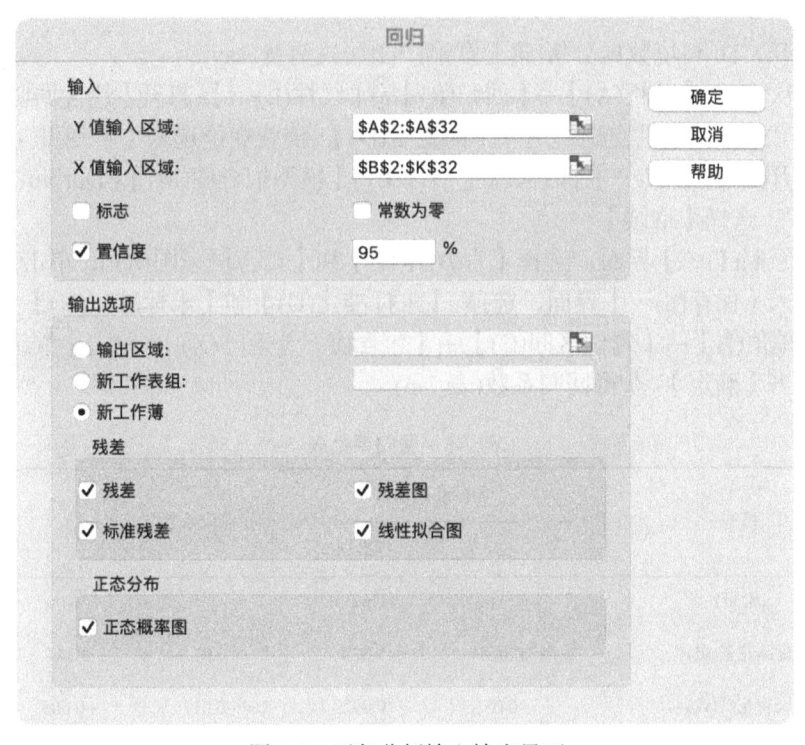

图 7-8　回归分析输入输出界面

(4)【置信度】选项打"√"，选择 95%(注：若选定的输入区域内不包括变量名称所在单元格，则不选)在【输出选项】中选定【输出区域】所在单元格，如【$C$1】。

(5) 点击【确定】，输出回归参数(表 7-5)。

表 7-5　回归参数表

	Coefficients	标准误	t Stat	P-value	Lower 95%	Upper 95%
Intercept	−5241.630	58257.140	−0.090	0.929	−126763.894	116280.635
X Variable 1	0.008	0.023	0.344	0.735	−0.040	0.055
X Variable 2	−0.055	0.092	−0.605	0.552	−0.246	0.136
X Variable 3	0.800	0.308	2.600	0.017	0.158	1.442
X Variable 4	2.308	1.560	1.479	0.155	−0.946	5.562
X Variable 5	1.586	0.547	2.898	0.009	0.444	2.727
X Variable 6	1.428	0.707	2.021	0.057	−0.046	2.903
X Variable 7	0.181	0.577	0.314	0.757	−1.023	1.386
X Variable 8	0.140	0.099	1.411	0.174	−0.067	0.348
X Variable 9	−0.023	0.089	−0.254	0.802	−0.208	0.163
X Variable 10	72.479	566.396	0.128	0.899	−1109.002	1253.960

SPSS 分析

SPSS 的多元线性回归与一元线性回归主要差异在模型对因变量产生影响的自变量个数。

(1) 打开 "D:\环境数据分析\第七章\例 7-2 居民消费.sav"。

(2) 依次点击：【分析(A)】→【回归(R)】→【线性(L)…】，打开【线性回归】对话框。

(3) 将"居民消费性支出"选入【因变量(D)】，消费变量选入【自变量 (I)】栏。

(4) 打开【统计量(S)…】对话框，在【估计(E)】【模型拟合度(M)】【Durbin-Watson(U)】选项打"√"，选择【继续】。

(5)【绘制(T)…】界面，选择【直方图(H)】和【正态概率图(R)】，单击【继续】。

(6) 进入【保存(S)…】界面，选择：【未标准化(U)】和【未标准化(N)】→【平均值(M)】与【单值(I)】→【置信区间(C)】→【包含协方差矩阵(X)】，单击【继续】。

(7) 单击【确定】，获得回归系数(表 7-6)。

表 7-6 回归系数表

模型	非标准化系数 B	非标准化系数 标准误	标准化系数	t	P-value
(常量)	−5241.63	58257.14		−0.09	0.929
食品花费($x1$)	0.008	0.023	0.01	0.344	0.735
衣着花费($x2$)	−0.055	0.092	−0.017	−0.605	0.552
居住花费($x3$)	0.8	0.308	0.371	2.6	0.017
生活用品及服务花费($x4$)	2.308	1.56	0.119	1.479	0.155
交通通信花费($x5$)	1.586	0.547	0.169	2.898	0.009
文教娱乐花费($x6$)	1.428	0.707	0.114	2.021	0.057
医疗保健花费($x7$)	0.181	0.577	0.014	0.314	0.757
地区人均可支配收入($x8$)	0.14	0.099	0.263	1.411	0.174
年末人口数($x9$)	−0.023	0.089	−0.01	−0.254	0.802
消费价格指数($x10$)	72.479	566.396	0.005	0.128	0.899

Python 分析

运行 "D:\环境数据分析\第七章\例 7-2 居民消费.ipynb"，主要代码及如下：

```
import pandas as pd
import statsmodels.api as sm
df = pd.read_excel(r'D:\环境数据分析\第七章\例 7-2 居民消费.xlsx')
df.columns = ['y', 'x1', 'x2', 'x3', 'x4', 'x5', 'x6', 'x7', 'x8', 'x9','x10']
x = sm.add_constant(df.iloc[:,1:])
```

y = df['y']
clf = sm.OLS(y, x)   #生成模型
clf = clf.fit() #模型拟合
print(clf.summary()) #模型描述
运行结果如表 7-7 所示。

表 7-7　Statsmodels 多元线性回归分析结果表

Dep. Variable:	Y	R-squared:	0.988
Model:	OLS	Adj. R-squared:	0.982
Method:	Least Squares	F-statistic:	162.0
Date:	Tue, 05 Jan 2023	Prob (F-statistic):	6.98e-17
Time:	10:43:16	Log-Likelihood:	−248.59
No. Observations:	31	AIC:	519.2
Df Residuals:	20	BIC:	534.9
Df Model:	10		
Covariance Type:	nonrobust		

	coef	Std err	t	P>|t|	[0.025	0.975]
const	−5241.6299	5.83e+04	−0.090	0.929	-1.27×10^5	1.391
$x1$	0.0079	0.023	0.344	0.735	−0.040	0.489
$x2$	−0.0554	0.092	−0.605	0.552	−0.246	
$x3$	0.8002	0.308	2.600	0.017	0.158	
$x4$	2.3078	1.560	1.479	0.155	−0.946	
$x5$	1.5857	0.547	2.898	0.009	0.444	
$x6$	1.4284	0.707	2.021	0.057	−0.046	
$x7$	0.1812	0.577	0.314	0.757	−1.023	
$x8$	0.1403	0.099	1.411	0.174	−0.067	
$x9$	−0.0225	0.089	−0.254	0.802	−0.208	
$x10$	72.4790	566.396	0.128	0.899	−1109.002	

Omnibus:	2.229	Durbin-Watson:	1.662
Prob(Omnibus):	0.328	Jarque-Bera (JB):	1.793
Skew:	0.440	Prob(JB):	0.408
Kurtosis:	2.218	Cond. No.	1.29×10^7

Python 与 Excel、SPSS 分析一致，$x3$、$x5$ 的 P 值小于 0.05。另外 8 个自变量的 P 值大于 0.05，不显著，需剔除后进行二元一次回归分析。具体分析过程与上面操作一样，

只需在 df.columns = ['y', 'x1', 'x2', 'x3', 'x4', 'x5', 'x6', 'x7', 'x8', 'x9', 'x10']代码行下面添加一行命令：df = df[['y','x3','x5']]，其余代码一样。最终所得结果如表 7-8 所示。

表 7-8　Statsmodels 多元线性回归分析剔除后结果表

Dep. Variable:	y	R-squared:	0.975
Model:	OLS	Adj. R-squared:	0.973
Method:	Least Squares	F-statistic:	546.7
Date:	Tue, 05 Jan 2023	Prob (F-statistic):	3.66e-23
Time:	10:43:16	Log-Likelihood:	-259.69
No. Observations:	31	AIC:	525.4
Df Residuals:	28	BIC:	529.7
Df Model:	2		
Covariance Type:	nonrobust		

	coef	Std err	t	P>|t|	[0.025	0.975]
const	4633.2578	916.158	5.057	0.000	2756.593	6509.923
x3	1.5224	0.107	14.227	0.000	1.303	1.742
x5	3.0829	0.466	6.612	0.000	2.128	4.038

Omnibus:	1.191	Durbin-Watson:	1.362
Prob(Omnibus):	0.551	Jarque-Bera (JB):	0.706
Skew:	0.370	Prob(JB):	0.703
Kurtosis:	3.005	Cond. No.	3.06e+04

所得二元一次回归方程为 $y = 4633.2578+1.5224x_3+3.0829x_5$。$R^2 = 0.975$，$P = 0.000$。

知识拓展 7-1　回归分析中的共线性(multicollinearity)问题

共线性是指一个自变量能被其他自变量在一定程度上进行线性预测的情况。对于回归模型，经常难以保证自变量特征的独立性，特征之间易出现共线性。可利用相关系数矩阵和方差扩大因子识别多重共线性。方差膨胀因子(variance inflation factor, VIF)也可用于检测共线性。一般 VIF 值小于 10 说明无共线性(严格标准是 5)，反之则说明模型效果不佳。可使用主成分分析(PCA)和岭回归(ridge regression)减弱或消除多重共线性。若模型仅用于预测，只要拟合程度好，可不处理多重共线性问题，通常不影响预测结果。

7.3　非线性回归分析

7.3.1　非线性回归概念

非线性回归(non-linear regression)是对具有非线性关系的因变量和自变量进行回归分析的方法，可通过数据变换将非线性函数转化为线性函数进行求解，是线性回归的延伸。处理非线性关系方法包括：①非线性模型变换，将非线性关系转换为线性关系，如通过倒数变换、对数变换、双对数变换、多项式变换等；②采用非线性模型来拟合。

7.3.2 非线性回归分类

非线性回归模型按形式和估计方法分为三种类型。第一类是非标准线性模型，即因变量 Y 与自变量 X 存在非线性关系，与参数存在线性关系，包括多项式函数模型、双曲线函数模型、对数函数模型、S 形曲线模型等。根据是否可转化为线性回归模型，又分为可线性化和不可线性化的非线性回归方程(表 7-9)。前者通过转化为线性回归模型或通过对数变换间接成为线性回归方程，包括幂函数和指数函数等模型。

表 7-9 常见的可线性化的非线性回归模型

类别	非线性模型	回归方程	变换方法
非标准线性模型	双曲线函数	$Y = \beta_0 + \beta_1 \dfrac{1}{x} + \varepsilon$	$x' = \dfrac{1}{x}$，得到 $Y = \beta_0 + \beta_1 x' + \varepsilon$
	对数函数	$Y = \beta_0 + \beta_1 \ln x + \varepsilon$	$x' = \ln x$，得到 $Y = \beta_0 + \beta_1 x' + \varepsilon$
	多项式函数	$Y = \beta_0 + \beta_1 x + \beta_2 x^2 + \cdots + \beta_p x^p + \varepsilon$	$x'_1 = x, x'_2 = x^2, \cdots, x'_p = x^p$，得到 $Y = \beta_0 + \beta_1 x'_1 + \beta_2 x'_2 + \cdots + \beta_p x'_p + \varepsilon$
	S 形曲线	$Y = \dfrac{1}{\beta_0 + \beta_1 e^{-x} + \varepsilon}$	$Y' = \dfrac{1}{Y}$，$x' = e^{-x}$，得到 $Y' = \beta_0 + \beta_1 x' + \varepsilon$
可线性化非线性回归模型	幂函数	$Y = \beta_0 x_1^{\beta_1} x_2^{\beta_2} \cdots x_p^{\beta_p} e^{\varepsilon}$	$Y' = \ln Y$，$\beta'_0 = \ln \beta_0$，$x'_1 = \ln x_1, \cdots, x'_p = \ln x_p$，得到 $Y' = \beta'_0 + \beta_1 x'_1 + \beta_2 x'_2 + \cdots + \beta_p x'_p + \varepsilon$
	指数函数	$Y = \beta_0 e^{\beta_1 x + \varepsilon}$	$Y' = \ln Y$，$\beta'_0 = \ln \beta_0$，得到 $Y' = \beta'_0 + \beta_1 x + \varepsilon$

例 7-3 针对某地区近地面黑炭气溶胶浓度($\mu g/m^3$)与气象因子，共采集 20 个采样点的黑炭气溶胶浓度年均值与风速年均值数据，试建立两者之间的回归模型。

<mark>SPSS 分析</mark>
(1) 打开 "D:\环境数据分析\第七章\例 7-3 黑炭数据.sav"。
(2) 对两列数据绘制散点图(图 7-9)，显示两变量间的分布曲线类似于指数 $Y = \beta_0 e^{\beta_1 x}$，绘制 ln 黑炭气溶胶浓度 y(ln BC)与风速 x 间的散点示意图(图 7-10)，拟合两者线性关系，得到回归方程 ln BC = $-0.278x + 2.107$，$R^2 = 0.891$，$P = 0.000$，模型拟合较好。
(3) 选择【分析(A)】→【回归(R)】→【非线性(N)…】，打开主对话框。将"黑炭气溶胶浓度"选入【因变量(D)】。选择 $Y = \beta_0 e^{\beta_1 x}$ 中的参数，首先估计 β_0、β_1 的初始值，令 $y=8$，$x=1$；$y=2.9$，$x=4$，得到 $\beta_0 = 11.2$，$\beta_1 = -0.34$，添加到【参数】与【初始值】中，注意只将 $Y = \beta_0 e^{\beta_1 x}$ 等号右侧的表达式输入【模型表达式】。

(4) 单击【损失(L)】：选择回归方程残差计算公式【残差平方和】，选择【继续】。
(5) 点击【约束(C)…】，弹出非线性回归：参数约束对话框，单击【继续】。

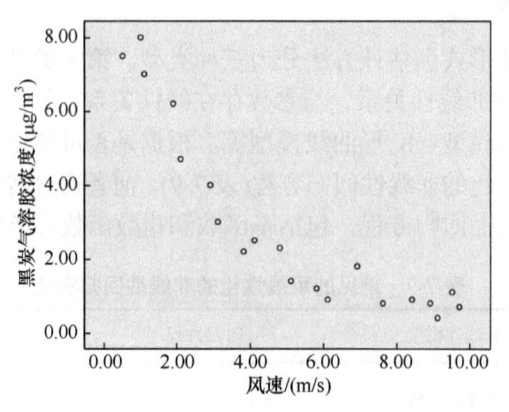

图 7-9　黑炭气溶胶浓度与风速散点图

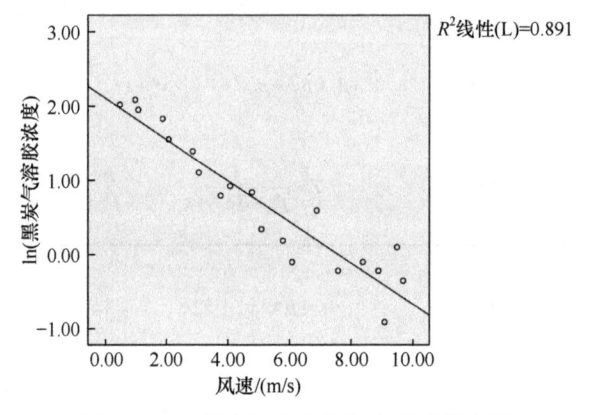

图 7-10　ln(黑炭气溶胶浓度)与风速散点图

(6)【保存(S)…】对话框内可以选择【预测值(P)】、【残差】、【导数(D)】和【损失函数值(L)】作为新变量保存，选择【残差】→【继续】。
(7) 单击【选项(O)…】，选择【标准误的 Bootstrap(B)】，单击【继续】→【确定】，得到回归系数(表 7-10)。

表 7-10　回归系数表

参数		估计	标准误	95%置信区间 下限	95%置信区间 上限	95% 切尾极差 下限	95% 切尾极差 上限
渐进	β_1	−0.325	0.023	−0.372	−0.277		
	β_0	9.821	0.489	8.794	10.849		
自引导 [a,b]	β_1	−0.325	0.025	−0.376	−0.274	−0.383	−0.281
	β_0	9.821	0.741	8.305	11.338	8.983	11.160

a. 以 30 样本为基础。
b. 损失函数值等于 5.042。

所得指数方程：$y = 9.821e^{-0.325x}$，$P = 0.00 < 0.05$。

7.4 多项式回归分析

7.4.1 多项式回归概述

多项式回归(polynomial regression)是研究因变量与一个或多个自变量间多项式的一种回归分析方法。根据自变量的数量和最高次数，多项式回归分为一元 n 次多项式回归和多元 n 次多项式回归。

多项式回归优点在于可通过自变量的高次项来对实测点的值进行无限逼近。任何函数可在较小区间内进行多项式逼近。当因变量与自变量关系为非线性，无法转换为直线模型时，可采用多项式回归分析。

7.4.2 一元 n 次多项式回归

自变量只有一个的多项式回归称为一元多项式回归；自变量有多个的多项式回归为多元多项式回归(图 7-11)。

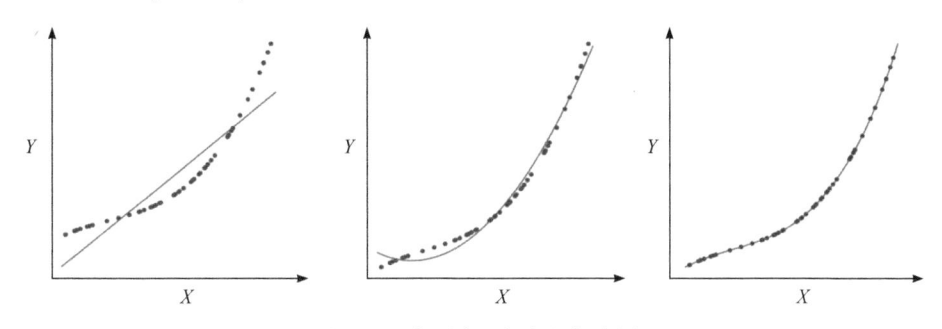

图 7-11 多项式回归方程拟合图

一元 n 次多项式方程为

$$y = \beta_0 + \beta_1 x + \beta_2 x^2 + \cdots + \beta_n x^n + \varepsilon$$

n 元 m 次多项式回归方程为

$$y_i = \beta_0 + \beta_1 x + \beta_2 x^2 + \cdots + \beta_m x_i^m + \varepsilon_i, \quad i = 1, 2, \cdots, n$$

式中，$\beta_0, \beta_1, \cdots, \beta_m$ 为待估参数；ε_i 为 y_i 在第 i 次试验点 (x_i) 上观察值的随机误差。上述方程式可以线性方程组的形式呈现：

$$\begin{bmatrix} y_1 \\ y_2 \\ y_3 \\ \vdots \\ y_n \end{bmatrix} = \begin{bmatrix} 1 & x_1 & x_1^2 & \cdots & x_1^m \\ 1 & x_2 & x_2^2 & \cdots & x_2^m \\ 1 & x_3 & x_3^2 & \cdots & x_3^m \\ \vdots & \vdots & \vdots & & \vdots \\ 1 & x_n & x_n^2 & \cdots & x_n^m \end{bmatrix} \begin{bmatrix} \beta_0 \\ \beta_1 \\ \beta_2 \\ \vdots \\ \beta_m \end{bmatrix} + \begin{bmatrix} \varepsilon_1 \\ \varepsilon_2 \\ \varepsilon_3 \\ \vdots \\ \varepsilon_n \end{bmatrix}$$

即
$$y = X\beta + \varepsilon$$

多项式回归可以通过变量转化为多元线性回归问题来加以解决，如一元多次多项式模型，令 $x_1 = x, x_2 = x^2, x_3 = x^3, \cdots, x_n = x^n$，则一元 n 次多项式回归模型可转化为

$$y = \beta_0 + \beta_1 x_1 + \beta_2 x_2 + \cdots + \beta_n x_n + \varepsilon$$

进一步结合多元线性回归方程，便获得 $\beta_0, \beta_1, \cdots, \beta_n$，并对其进行显著性检验。

例 7-4 现有红杉径向生长特征(y)和不同环境因子(x)的数据。试通过多项式回归方程描述红杉径向生长量与土壤厚度的关系。

Excel 分析

(1) "D:\环境数据分析\第七章\例 7-4 太白红杉数据.xlsx" 采用 Excel 中【数据分析】板块，选择【回归】。

(2) 将平均径向生长量，土层厚度与厚度平方数据分别列入【Y 值输入区域(Y)】和【X 值输入区域(X)】。获得结果如表 7-11、表 7-12 所示。

表 7-11 回归系数表

	Coefficients	标准误	t Stat	P-value	Lower 95%	Upper 95%
Intercept	583.28	193.30	3.02	0.03	86.38	1080.18
X Variable 1	−42.87	16.31	−2.63	0.05	−84.81	−0.93
X Variable 2	0.895	0.34	2.66	0.05	0.03	1.76

表 7-12 回归统计表

回归统计	
Multiple R	0.767552
R Square	0.589136
Adjusted R Square	0.424791
标准误差	12.66131

SPSS 分析

(1) 打开 "D:\环境数据分析\第七章\例 7-4 太白红杉数据.sav"。

(2) 选择【分析(A)】→【回归(R)】→【非线性(N)…】，打开主对话框。将"平均径向生长量"选入【因变量(D)】。将一元二次多项式 $y = \beta_0 + \beta_1 x + \beta_2 x^2 + \varepsilon$ 输入来拟合土层厚度(h)与平均径向生长量(y)的关系。

(3) 单击【损失(L)】：选择回归方程残差计算公式【残差平方和】，选择【继续】。

(4) 点击【约束(C)…】，弹出非线性回归：参数约束对话框，单击【继续】。

(5) 【保存(S)…】对话框内可以选择【预测值(P)】、【残差】、【导数(D)】和【损失函数值(L)】作为新变量保存，选择【残差】→【继续】。

(6) 单击【选项(O)…】，选择【标准误的 Bootstrap(B)】，单击【继续】→【确定】，得到参数估计值表(表 7-13)。经过主迭代 2、次迭代数 1 之后，得到 β_0、β_1、β_2 分别为

583.28、−42.87、0.895。

表 7-13 回归系数表

	未标准化系数 B	未标准化系数 标准误	标准化系数	t	P-value
土层厚度(cm)	−42.871	16.314	−10.759	−2.628	0.047
土层厚度(cm)**2	0.895	0.337	10.880	2.657	0.045
(常数)	583.282	193.302		3.017	0.030

Python 分析

运行 "D:\环境数据分析\第七章\例 7-4 太白红杉数据.ipynb"，主要代码如下：

```
import matplotlib as mpl
import matplotlib.pyplot as plt
import pandas as pd
from sklearn.linear_model import LinearRegression
df  = pd.read_excel(r'D:\环境数据分析\第七章\例 7-4 太白红杉数据.xlsx')
X = df.iloc[:,1]
y = df.iloc[:,0]
X = X.values.reshape(len(X),1) #对列数据 reshape
y = y.values.reshape((len(y)),1)
from sklearn. preprocessing import PolynomialFeatures
poly = PolynomialFeatures(degree = 2) #设置多项式次数为 2
X_poly = poly.fit_transform(X)
poly.fit(X_poly, y)
lin = LinearRegression()
lin.fit(X_poly, y)
plt.scatter(X, y, color = 'blue')
plt.plot(X,lin.predict(poly.fit_transform(X)),color = 'red')
plt.title('Polynomial Regression')
plt.xlabel('X')
plt.ylabel('y')
plt.show()
print(X_poly)
print(lin.predict(poly.fit_transform(X)))
print('Coefficients:', lin.coef_) #查看回归方程系数(k)
print('intercept: %.3f'% lin.intercept_) #查看回归方程截距(b)
```

可视化结果如图 7-12 所示。

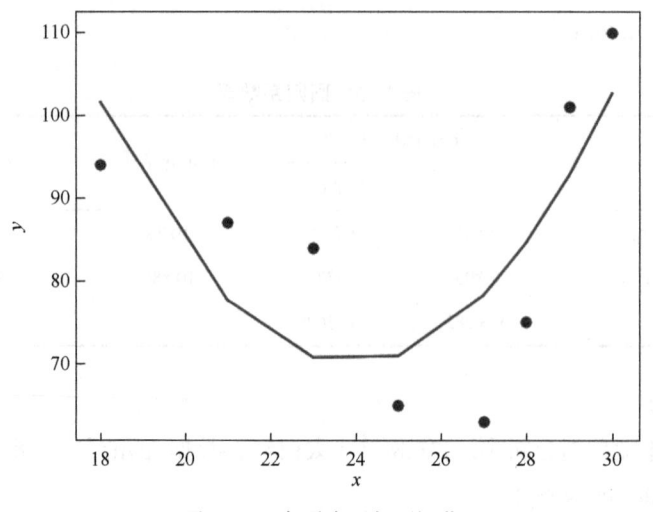

图 7-12 多项式回归可视化

截距与系数：intercept: [583.282]、Coefficients: [[0.-42.87070122 0.89498514]]
Python 与 Excel、SPSS 结果一致，所得回归方程如下：

$$y = 583.28 - 42.87x + 0.895x^2, \quad R^2 = 0.589, \quad P = 0.05$$

完成多项式回归后，可继续不断调整 degree，结合拟合图获得最佳 degree 结果，得到最优拟合方程式。

7.4.3 多元二次多项式回归

在多元多项式回归中，实际应用最广泛的是多元二次多项式回归，而多元三次或更高次的多项式回归较少见，其分析方法与多元二次多项式类同。

在二元二次多项式方程：$y = \beta_0 + \beta_1 x_1 + \beta_2 x_2 + \beta_{11} x_1^2 + \beta_{22} x_2^2 + \beta_{12} x_1 x_2 + \varepsilon$ 中，若令 $\beta_3 = \beta_{11}, \beta_4 = \beta_{22}, \beta_5 = \beta_{12}$；再令 $x_3 = x_1^2$，$x_4 = x_2^2$，$x_5 = x_1 x_2$，则该方程转换为五元线性回归方程：

$$y = \beta_0 + \beta_1 x_1 + \beta_2 x_2 + \beta_3 x_3 + \beta_4 x_4 + \beta_5 x_5 + \varepsilon$$

可利用多元线性回归分析方法配置二元二次多项式回归方程并做显著性检验。对多元二次、三次甚至多次多项式回归分析，可借助多元线性回归分析方法来实现。

例 7-5 采集 20 个 2015 年广州市近地面臭氧(O_3)浓度(μg/m³)与气象因子温度和湿度之间的数据，试对该两个气象因子与 O_3 之间的关系进行多项式回归分析。

SPSS 分析

(1) 打开"D:\环境数据分析\第七章\例 7-5 臭氧数据.sav"。
(2) 选择【分析(A)】→【回归(R)】→【非线性(N)…】，打开主对话框。将"O_3 浓度"选入【因变量(D)】。
(3) 单击【损失(L)…】：选择回归方程的残差计算公式,【残差平方和】，选择【继续】。
(4) 点击【约束(C)…】，弹出非线性回归：参数约束对话框，单击【继续】。

(5)【保存(S)…】对话框内可以选择【预测值(P)】、【残差】、【倒数(D)】和【损失函数值(L)】作为新变量保存,选择【残差】→【继续】。

(6) 单击【选项(O)…】,选择【标准误的 Bootstrap(B)】,单击【继续】→【确定】,得到参数估计值表(表 7-14)。获得多项式方程如下:

$$y = 184.96 + 20.54x_1 - 1195.32x_2 + 0.20x_1^2 + 1285.40x_2^2 - 33.37x_1x_2$$

表 7-14 回归系数表

	Coefficients	标准误	t Stat	P-value	Lower 95%	Upper 95%
Intercept	184.96	100.28	1.84	0.08	−30.11	400.04
X Variable 1	20.54	5.65	3.64	0.003	8.43	32.66
X Variable 2	−1195.32	324.01	−3.69	0.00	−1890.26	−500.38
X Variable 3	0.20	0.13	1.50	0.15	−0.08	0.487
X Variable 4	1285.40	279.62	4.60	0.00	685.68	1885.11
X Variable 5	−33.37	4.58	−7.29	0.00	−43.18	−23.56

7.5 Probit 回归

7.5.1 Probit 回归概念

Probit 回归(Probit regression)也称概率单位回归,是应用广泛的广义线性回归模型。Probit 回归包括两分类 Probit 回归、有序多分类 Probit 回归、无序多分类 Probit 回归。

Probit 回归主要用于研究反应比例与刺激强度的关系,进一步判断最佳剂量浓度。半抑制浓度(IC_{50})、半致死量(LD_{50})及半数有效浓度(EC_{50})等剂量-反应相关数据可通过 Probit 回归分析进行计算。

7.5.2 二分类 Probit 回归

当因变量 Y 为二定类变量时,可用二分类 Probit 回归分析 X 对 Y 的影响。Probit 回归通过拟合 0-1 型因变量回归的方法,将取值映射到标准正态分布进行二分类,适用于对反应变量(因变量)为分类变量的二分类或多分类分析。

例 7-6 研究两种农药(X1,X2)暴露浓度(mg/L)对斑马鱼致死率的影响,评价致死效应指标有效为(Y = 1),无效为(Y = 0),试通过 Probit 回归研究致死效应(Y)和暴露浓度与农药种类的关系。

SPSS 分析

(1) 打开"D:\环境数据分析\第七章\例 7-6 农药效应.sav"。SPSS 默认二分类 Probit 回归的数据资料是频数数据,需将第一列变量"编号"作为频数变量。

(2) 点击:【分析(A)】→【回归(R)】→【概率 P…】,打开【概率分析】对话框,本例中将"致死效应"放入【响应频率(S)】栏,"个案"放入【实测值总数(T)】,"农药种类""农药浓度"放入【协变量(C)】栏。

(3) 打开【分类(G)…】对话框，在选入协变量后，【对比(N)】界面激活。
(4) 单击【继续】→【保存(S)…】，选择【概率(P)】、【组成员(G)】，单击【继续】。
(5) 进入【选项 (O)…】界面，选择【频率(F)】、自然响应率【根据数据计算(C)】，单击【继续】。
(6) 单击【确定】，得到结果如表 7-15、表 7-16 所示。

表 7-15　回归系数表

	参数	估算	标准误	Z	P-value	95%置信区间 下限	95%置信区间 上限
PROBIT[a]	$x2$	0.641	0.231	2.78	0.005	0.189	1.093
	$x1$	0.613	0.492	1.245	0.213	−0.352	1.578
	截距	−2.542	1.1	−2.311	0.021	−3.642	−1.442

a. PROBIT 模型：PROBIT(p) = 截距+BX。

$x1$ 变量对应 P = 0.213>0.05，删除农药种类，重新 Probit 回归结果如表 7-16 所示。

表 7-16　回归系数表

	参数	估算	标准误	Z	P-value	95%置信区间 下限	95%置信区间 上限
PROBIT[a]	$x2$	0.605	0.219	2.761	0.006	0.176	1.035
	截距	−1.538	0.693	−2.221	0.026	−2.231	−0.846

a. PROBIT 模型：PROBIT(p) = 截距+BX。

Python 分析

运行"D:\环境数据分析\第七章\例 7-6 农药效应数据.ipynb"，主要代码如下：

```
import pandas as pd
import statsmodels.api as sm
from statsmodels.discrete.discrete_model import Logit, Probit, MNLogit
df = pd.read_excel(r'D:\环境数据分析\第七章\例 7-6 农药数据.xlsx')
X = df[['农药浓度']]
y = df[['致死效应']]
df["intercept"] = 1.0
clf = sm.Probit(y, sm.add_constant(X))
clf = clf.fit()
print (clf.summary())
```

输出结果如表 7-17 所示。

表 7-17　Statsmodels Probit 回归分析结果表

Dep. Variable:	致死效应	No. Observations:	36
Model:	Probit	Df Residuals:	34
Method:	MLE	Df Model:	1
Date:	Fri, 06 Jan 2023	Pseudo R-squ.:	0.1990
Time:	00:18:35	Log-Likelihood:	−18.861
converged:	True	LL-Null:	−23.546
Covariance Type:	nonrobust	LLR p-value:	0.002206

	coef	Std err	t	P>|t|	[0.025	0.975]
const	−1.5384	0.693	−2.221	0.026	−2.896	−0.181
农药浓度	0.6052	0.219	2.761	0.006	0.176	1.035

注：在使用 statsmodels 进行 Probit 回归分析时，需先将因变量响应频率进行二分类，回归系数会随分类临界值的设定而变化。

Python 与 SPSS 分析一致，农药浓度 $P=0.006<0.05$，是显著影响因素，回归方程为：

$$\text{PROBIT}(p) = -1.538 + 0.605x$$

7.6　Logistic 回归分析

7.6.1　Logistic 回归概念

Logistic 回归是基于 Logistic 函数或 Sigmoid 等 S 形累积概率函数进行回归分析的一种方法，属于广义上的线性回归，由英国统计学家大卫·考克斯(David Cox)在 1958 年提出。Logistic 回归用来判断事情发生的可能性，建立特征与特定结果的关联，实质上属于分类器(classifier)，是经典的两分类机器学习算法。

Logistic 回归因变量是离散变量，特别二分类因变量(如"Yes/No""有/无""通过/不通过""存活/死亡"等)。在因变量取值为或"1""0"情况下，因变量取值为"1"的概率为 p，此时 p 与自变量关系的方程就是 Logistic 回归方程(图 7-13)。Logistic 回归根据已有数据对分类边界线建立回归方程，以此进行分类。

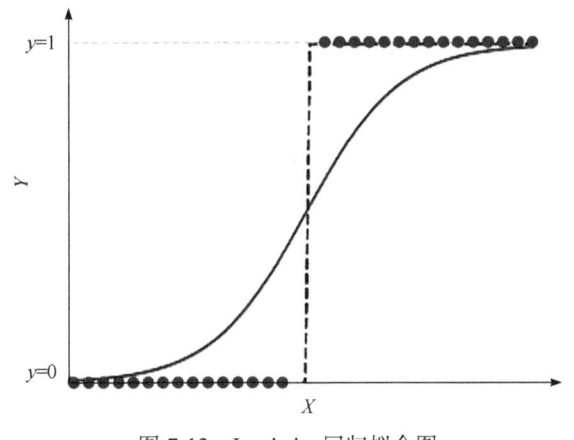

图 7-13　Logistic 回归拟合图

> **思考题 7-2** Logistic 回归与 Probit 回归有何异同?

Logistic 回归和 Probit 回归均包括二分类回归、有序多分类回归及无序多分类回归,可用于因变量为分类变量的回归分析二者分析结果类似(特别针对二分类变量)。Logistic 回归基于二项分布,适用于探索性分析,对结果的解释容易理解; Probit 回归对结果的解释相对抽象。当自变量中连续型变量较多并且残差符合正态分布时,要考虑采用 Probit 回归。由于残差正态分布假设很难满足,Logistic 回归相对 Probit 回归来说更为常用。Probit 分析适用于实验设计,而 Logistic 回归更适用于观察研究。

7.6.2 Logistic 回归类型

Logistic 回归根据分类个数分为二分类与多分类 Logistic 回归;根据因变量的水平数,Logistic 回归分为二元 Logistic 回归、多元 Logistic 回归以及多分类 Logistic 回归。多分类 Logistic 回归又分有序多分类 Logistic 回归和无序多分类 Logistic 回归。

(1) 配对 Logistic 回归模型:在进行 Logistic 模型分析时,对于自变量之间的多重共线性识别,处理混杂因素与自变量样本之间相应的对照关系进行匹配时,建议采用配对 Logistic 回归模型(又称条件 Logistic 回归)。拟合方法有变量差值拟合与分层 Cox 模型拟合。变量差值拟合只适用于 1∶1 配对情况。

(2) 多分类 Logistic 回归模型:当研究目标为多水平分类变量(因变量水平 > 2),并且各水平存在顺序关系,可考虑选用多分类 Logistic 回归模型。

(3) 有序多分类 Logistic 回归模型:适用于分析因变量为有序多分类的情况。其原理是将因变量的多个分类依次分割为多个二元 Logistic 回归。必须对自变量系数相等的假设进行检验(又称平行线检验)。

(4) 无序多分类 Logistic 回归模型:适用于分析因变量为无序多分类的情况,或有序分类因变量的平行性检验 $P < 0.05$。对于无序多分类 Logistic 回归,需先定义因变量的某一个水平为参照水平(默认取值大的为参照水平),建立水平数 $n–1$ 的广义 Logit 模型。

7.6.3 Logistic 回归基本原理

Logistic 回归将取值分布在实数范围内的分析结果,通过累积概率函数 $z = 1/(1+\exp(y))$ 转换成取值分布在(0, 1)区间的概率值,然后根据阈值对数据进行二值化,作为二分类预测器。

在 Logistic 回归模型中,因变量 Y 的取值为 "0" "1",自变量为 $X_1, X_2, \cdots, X_n$,$Y = 1$ 发生的概率为 $P(Y = 1)$,此时建立回归模型

$$P(Y = 1) = \frac{\exp(\beta_0 + \beta_1 x_1 + \cdots + \beta_n x_n)}{1 + \exp(\beta_0 + \beta_1 x_1 + \cdots + \beta_n x_n)}$$

或

$$P(Y = 1) = \frac{1}{1 + \exp(-\beta_0 + \beta_1 x_1 + \cdots + \beta_n x_n)}$$

式中，β_0 为与 X 无关的常数项；$\beta_1, \beta_2, \cdots, \beta_n$ 为回归系数，分别表示自变量 $X_1, X_2, \cdots, X_n$ 对 P 的贡献大小。

如果以 $Q(Y=0)$ 表示 $Y=0$ 发生的概率，则有

$$Q(Y=0) = 1 - P = \frac{1}{\exp(\beta_0 + \beta_1 x_1 + \cdots + \beta_n x_n)}$$

$$\text{Logit}(P) = \ln\frac{P}{Q} = \beta_0 + \beta_1 x_1 + \cdots + \beta_n x_n$$

即 Logistic 函数，也称优势比的对数。

在多项分类中，即 $Y = 1, 2, 3, \cdots, k$，可建立起多元 Logistic 回归模型，

$$\text{Logit}(P) = \ln\frac{P_i}{Q_i} = \beta_{i0} + \beta_1 x_1 + \cdots + \beta_n x_n$$

7.6.4　Logistic 回归模型的假设检验

Logistic 回归模型假设检验主要包括以下两种：

(1) Wald 检验。适用于检验非线性约束条件下特定变量的重要性，可用于单一变量的回归系数检验，分析某个自变量是否显著。

(2) 似然比检验。最大似然估计表示将所有样本预测正确的概率相乘得到的 P(总体正确)最大。似然比检验是基于整个模型进行的，所以结果相对可靠。

7.6.5　Logistic 回归适用范围

(1) 因变量是分类变量，且只能为数值。
(2) 自变量与 Logistic 概率之间符合线性关系。
(3) 样本量远多于自变量个数(5~10 倍)。一般 10 倍以上拟合的模型较有信服度。
(4) 自变量之间相互独立。

7.6.6　二元 Logistic 回归

二元 Logistic 回归是一般线性模型中的一种，即反应变量(dependent variables)为二分类变量并且覆盖全集的回归分析，模型输出为变量取特定值的概率。可以应用于预测某事件发生的概率，以及筛选某事件发生的危险因素等。

例 7-7　Kaggle 糖尿病数据集包含 768 位女性患者的临床诊断数据，用以预测是否患有糖尿病。预变量包括 Pregnancies(怀孕次数)、Glucose(葡萄糖测试值)、BP(血压)、ST(皮肤厚度)、Insulin(胰岛素)、BMI(身体质量指数)、DPF(糖尿病遗传指数)、Age(年龄)，响应变量为 Outcome(糖尿病标签)，1 表示患糖尿病，0 表示不患糖尿病。试进行二元 Logistic 分析。

SPSS 分析
(1) 打开 "D:\环境数据分析\第七章\例 7-7 糖尿病数据.sav"。

(2) 点击:【分析(A)】→【回归(R)】→【二元 Logistic…】,打开【Logistic 回归】对话框,本例中将"Outcome"放入【因变量(D)】栏,其余 8 个变量放入【协变量(C)】栏,协变量一般选择解释变量。

(3) 单击【继续】→【保存(S)…】,选择【概率(P)】、【组成员(G)】,单击【继续】。

(4) 进入【选项 (O)…】界面,选择【分类图(C)】、【估计值的相关性(R)】、【迭代历史记录(I)】、【Exp(B)的 CI】,单击【继续】。

(5) 单击【确定】,得到主要结果(表 7-18)。

表 7-18 回归系数表

步骤		B	Std err	Wald	df	P-value	exp(B)	exp(B)的 95% CI 下限	上限
	Pregnancies($x1$)	0.123	0.032	14.747	1	0.000	1.131	1.062	1.204
	Glucose($x2$)	0.035	0.004	89.897	1	0.000	1.036	1.028	1.043
	BP($x3$)	−0.013	0.005	6.454	1	0.011	0.987	0.977	0.997
	ST($x4$)	0.001	0.007	0.008	1	0.929	1.001	0.987	1.014
	Insulin($x5$)	−0.001	0.001	1.749	1	0.186	0.999	0.997	1.001
	BMI($x6$)	0.09	0.015	35.347	1	0.000	1.094	1.062	1.127
	DPF($x7$)	0.945	0.299	9.983	1	0.002	2.573	1.432	4.625
	Age($x8$)	0.015	0.009	2.537	1	0.111	1.015	0.997	1.034
	常量	−8.405	0.717	137.546	1	0.000	0.000		

变量 ST、Insulin 和 Age,$P > 0.05$,非显著影响因素;变量 Pregnancies、Glucose、BP、BMI、DPF,$P < 0.05$,是显著影响因素。

Python 分析

运行"D:\环境数据分析\第七章\例 7-7 糖尿病数据.ipynb",主要代码如下:

```
import pandas as pd
import statsmodels.api as sm
from statsmodels.discrete.discrete_model import Logit, Probit, MNLogit
df = pd.read_excel(r'D:\环境数据分析\第七章\例 7-7 糖尿病数据.xlsx')
X = df.iloc[:,0:8]
y = df[['Outcome']]
df["intercept"] = 1.0
clf = sm.Logit(y, sm.add_constant(X))
clf = clf.fit()
print (clf.summary())
```

Statsmodels 二元 Logistic 回归分析结果表如表 7-19 所示。

表 7-19　Statsmodels 二元 Logistic 回归分析结果表

Dep. Variable:	Outcome	No. Observations:	768
Model:	Logit	Df Residuals:	759
Method:	MLE	Df Model:	8
Date:	Fri, 06 Jan 2023	Pseudo R-squ.:	0.2718
Time:	00:18:35	Log-Likelihood:	−361.72
converged:	True	LL-Null:	−496.74
Covariance Type:	nonrobust	LLR p-value:	9.652×10^{-54}

	coef	Std err	Z	$P>\lvert t \rvert$	[0.025	0.975]
const	−8.4047	0.717	−11.728	0.000	−9.809	−7.000
Pregnancies	0.1232	0.032	3.840	0.000	0.060	0.186
Glucose	0.0352	0.004	9.481	0.000	0.028	0.042
BP	−0.0133	0.005	−2.540	0.011	−0.024	−0.003
ST	0.0006	0.007	0.090	0.929	−0.013	0.014
Insulin	−0.0012	0.001	−1.322	0.186	−0.003	0.001
BMI	0.0897	0.015	5.945	0.000	0.060	0.119
DPF	0.9452	0.299	3.160	0.002	0.359	1.531
Age	0.0149	0.009	1.593	0.111	−0.003	0.033

Python 与 Excel、SPSS 分析一致，ST、Insulin、Age 三个自变量 $P>0.05$，不显著，需剔除后采用其余 5 个自变量重进行 Logistic 回归。具体分析过程与上述操作类似。最终所得 Logistic 回归方程如下：

$P = \exp(-8.405+0.123x1+0.035x2-0.013x3+0.090x6+0.945x7)/(1+\exp(-8.405+0.123x1+0.035x2-0.013x3+0.090x6+0.945x7)$

知识拓展 7-2　机器学习逻辑回归模型建模

利用 Logistic 回归模型对样本所属各分类的概率值进行预测，构建预测模型。
运行 "D:\环境数据分析\第七章\例 7-7 糖尿病数据.ipynb"，主要代码如下：

```
import pandas as pd
import numpy as np
import matplotlib.pyplot as plt
import matplotlib as mpl
from statsmodels.discrete.discrete_model import Logit, Probit, MNLogit
df = pd.read_excel(r'D:\环境数据分析\第七章\例 7-7 糖尿病数据.xlsx')
X = df[['Glucose','DPF']] #选择两个变量作为可视化坐标轴
```

```
y = df.iloc[:,8]
from sklearn.model_selection import train_test_split
X_train, X_test, y_train, y_test = train_test_split(X, y, test_size = 0.25, random_state = 0)
from sklearn.linear_model import LinearRegression
clf = LogisticRegression()
clf.fit(X_train, y_train)
N, M = 500, 500 #横纵各采样多少个值
X1_min, X2_min = X_train.min(axis = 0)
X1_max, X2_max = X_train.max(axis = 0)
t1 = np.linspace(X1_min, X1_max, N)
t2 = np.linspace(X2_min, X2_max, M)
X1, X2 = np.meshgrid(t1, t2)   #生成网格采样点
X_show = np.stack((X1.flat, X2.flat), axis = 1) #测试点
y_predict = clf.predict(X_show)
#训练集可视化
cm_light = mpl.colors.ListedColormap(['#A0FFA0', '#FFA0A0'])
cm_dark = mpl.colors.ListedColormap(['g', 'r'])
plt.xlim(X1_min, X1_max)
plt.ylim(X2_min, X2_max)
plt.pcolormesh(X1, X2, y_predict.reshape(X1.shape), cmap=cm_light)
plt.scatter(X_train['Glucose'],X_train['DPF'],c = y_train,cmap = cm_dark,marker = 'o')
plt.xlabel('Glucose')
plt.ylabel('DPF')
plt.title('Outcome')
plt.grid(True,ls = ':')
plt.show()
#测试集可视化
cm_light = mpl.colors.ListedColormap(['#A0FFA0', '#FFA0A0'])
cm_dark = mpl.colors.ListedColormap(['g', 'r'])
plt.xlim(X1_min, X1_max)
plt.ylim(X2_min, X2_max)
plt.pcolormesh(X1, X2, y_predict.reshape(X1.shape), cmap = cm_light)
plt.scatter(X_test['Glucose'],X_test['DPF'],c = y_test,cmap = cm_dark,marker = 'o)
plt.xlabel('Glucose')
plt.ylabel('DPF')
plt.title('Outcome')
plt.grid(True,ls = ':')
plt.show()
```

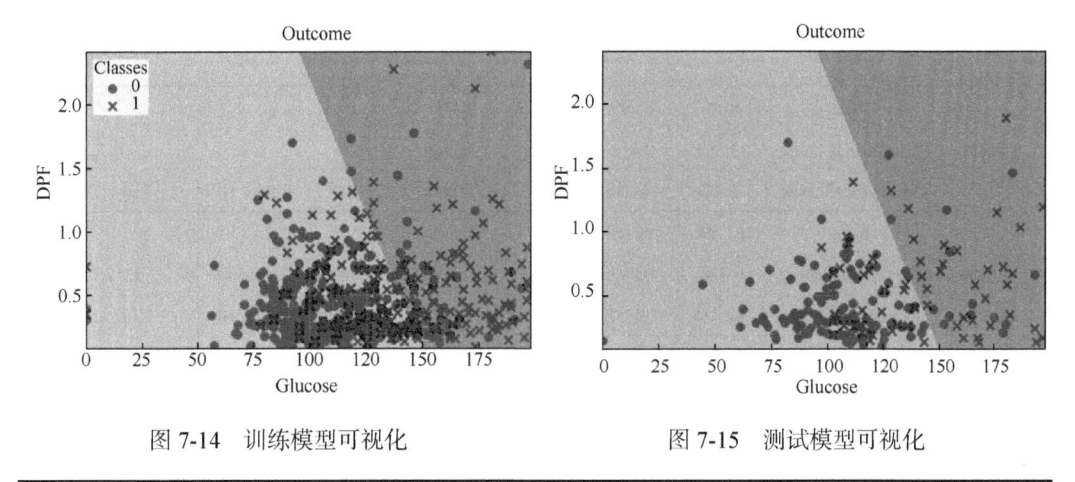

可视化结果如图 7-14、图 7-15 所示。

图 7-14 训练模型可视化   图 7-15 测试模型可视化

7.6.7 多元 Logistic 回归

多元 Logistic 回归也称多分类 Logistic 回归，主要适用于因变量是多分类变量的情况。多元 Logistic 回归的原理是先指定一个类别为参考类别，然后将其他类别分别与参考类别对比，也就是说，多元逻辑回归本质上就是多个二元 Logistic 回归模型描述各分类与参考类别相比，各变量的作用。如果分类变量具有等级变量的数量特征，如污染程度(清洁、轻度污染、中度污染、重度污染)、污水处理效果(优、良、差)，则考虑使用有序多元 Logistic 回归分析。

例 7-8 针对 6299 个化合物的 RDkit 分子描述符，通过多元 Logistic 回归分析，利用电荷分布参数 MaxPartialCharge、MinPartialCharge 研究电荷分布强弱对化合物分类的影响。

SPSS 分析

(1) 打开 "D:\环境数据分析\第七章\例 7-8 化合物分类.sav"。

(2) 【分析(A)】→【回归(R)】→【多项 Logistic(M)…】，打开【多项 Logistic 回归】对话框，化合物种类"Class"选入【因变量(D)】，其因变量应为分类变量，MaxPartialCharge、MinPartialCharge 选入【协变量 (C)】，【参考类别(N)…】选择(最后一个)。

(3) 选择【继续】→【模型(M)…】，打开【多项 Logistic：模型】，选择默认选项。

(4) 单击【继续】，选择【Statistics…】对话框，单击【继续】，打开【条件(E)…】。

(5) 【多项 Logistic 回归：收敛性准则】对话框，单击【继续】。

(6) 【多项 Logistic 回归：选项】与【多项 Logistic 回归：保存】对话框，单击【继续】。

(7) 单击【确定】，参数估计表结果如表 7-20 所示。

表 7-20 参数估计表

Class[a]		B	标准误	Wald	df	P	exp(B)	exp(B)的置信区间 95%	
								下限	上限
Esters	截距	166.907	8.249	409.369	1	0.000			
	MaxPartialCharge	−3.694	0.812	20.674	1	0.000	0.025	0.005	0.122
	MinPartialCharge	333.036	16.346	415.131	1	0.000	4.32×10^{144}	5.28×10^{130}	3.54×10^{158}
Amides	截距	167.896	8.25	414.146	1	0.000			
	MaxPartialCharge	6.328	0.897	49.764	1	0.000	559.843	96.506	3247.716
	MinPartialCharge	342.113	16.357	437.448	1	0.000	3.78×10^{148}	4.51×10^{134}	3.17×10^{162}
Aliphatic Amines	截距	158.722	8.242	370.828	1	0.000			
	MaxPartialCharge	19.085	0.968	388.64	1	0.000	194348496.6	29142686.08	1296082936
	MinPartialCharge	327.922	16.349	402.291	1	0.000	2.60×10^{142}	3.15×10^{128}	2.15×10^{156}

a. 参考类别是 Phenols。

Wald 显著性检验显示，化合物局部电荷分布与化合物种类的回归方程具有统计学意义($P < 0.05$)，所得回归方程如下：

$$\text{Logit}[P(y=1)] = -3.694x1 + 333.036x2 + 166.907$$

$$\text{Logit}[P(y=2)] = 6.328x1 + 342.113x2 + 167.896$$

$$\text{Logit}[P(y=3)] = 19.085x1 + 327.922x2 + 158.722$$

Python 分析

运行"D:\环境数据分析\第七章\例 7-8 化合物分类.ipynb"，主要代码如下：

```
import pandas as pd
import matplotlib.pyplot as plt
from sklearn.linear_model import LogisticRegression
import matplotlib as mpl
df = pd.read_excel(r'D:\环境数据分析\第七章\例 7-8 化合物分类.xlsx')
X = df[['MaxPartialCharge','MinPartialCharge']]
y = df.iloc[:,4]
clf = LogisticRegression()
clf.fit(X, y)
N, M = 500, 500 #横纵各采样多少个值
X1_min, X2_min = X.min(axis = 0)
X1_max, X2_max = X.max(axis = 0)
t1 = np.linspace(X1_min, X1_max, N)
t2 = np.linspace(X2_min, X2_max, M)
X1, X2 = np.meshgrid(t1, t2) #生成网格采样点
X_show = np.stack((X1.flat, X2.flat), axis = 1) #测试点
```

```
y_predict = clf.predict(x_show)
#可视化
cm_light = mpl.colors.ListedColormap(['#A0FFA0', '#B0E0E6', '#FFC0CB','#FFFF00'])
cm_dark = mpl.colors.ListedColormap(['g', 'b', 'firebrick','y'])
plt.xlim(X1_min, X1_max)
plt.ylim(X2_min, X2_max)
plt.pcolormesh(X1, X2, y_predict.reshape(X1.shape), cmap = cm_light)
sca = plt.scatter(X['MaxPartialCharge'],X['MinPartialCharge'],c = y,cmap = cm_dark, marker = 'o')
plt.legend(*sca.legend_elements())
plt.xlabel('MaxPartialCharge')
plt.ylabel('MinPartialCharge')
plt.title('Outcome')
plt.grid(True,ls = ':')
plt.show()
```

不同化合物分类可视化结果如图 7-16 所示。

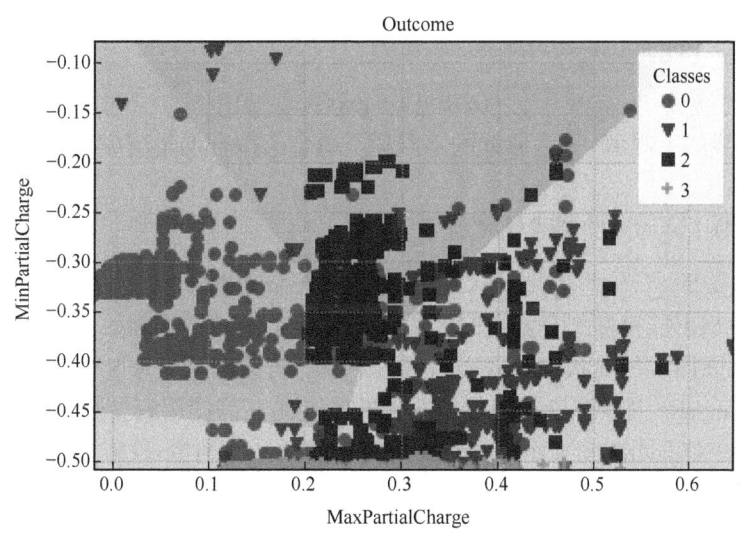

图 7-16 多元 Logistic 回归可视化

7.7 曲线拟合

7.7.1 曲线拟合概念

曲线拟合(curve fitting)是指选择适当的曲线类型来拟合观测数据，并用拟合的曲线方程分析两个变量之间的关系。在实际研究中，两个变量间的关系经常呈曲线状，如物质浓度与吸收率、毒性效应的关系、细胞生长与培养时间的关系等。若分析数据间的变化规律及变化趋势，需通过曲线拟合具体分析变量间关系。

曲线拟合分为线性拟合和非线性拟合。线性拟合是指根据数据的线性关系，寻找最佳拟合直线的过程，是曲线拟合的一种形式，常见方法包括最小二乘法和主成分分析等。非线性拟合是根据数据的非线性关系，寻找最佳拟合曲线的过程，常见方法包括多项式拟合、指数拟合、对数拟合、幂函数拟合和正弦拟合等。可使用拟合优度指标来评估不同方法的拟合效果，选择最合适的模型，或使用统计显著性检验来评估不同模型的参数之间是否存在显著差异，从而选择最佳拟合曲线。

7.7.2 Logistic 曲线拟合

Logistic 曲线是一种 S 形曲线，可用于拟合生长曲线、人口增长曲线、化学反应速率曲线等。常见形式分为三参数、四参数、五参数 Logistic 曲线。

(1) 三参数 Logistic 曲线表达式：

$$y = c/[1 + \exp(-a(x-b))]$$

式中，a、b、c 为待估参数，其中 c 为曲线的上限值，a 为增长速度，b 为曲线拐点。在该点上升速度最快，所对应的 y 值为 $c/2$。该表达式是最基础的 Logistic 曲线。除此之外还有二参数 Logistic 曲线($c = 1$)，是三参数的特殊形式。

(2) 四参数 Logistic 曲线表达式：

$$y = (d-c)/[1 + \exp(-a(x-b))]$$

式中，d 为曲线的上限值；c 为曲线的下限值。适合于拟合剂量反应关系等。三参数是四参数的特殊形式。

(3) 五参数 Logistic 曲线表达式：

$$y = e + (d-c) / [1 + \exp(-a(x-b))]$$

当简单模型不能很好拟合数据时，需采用更复杂的模型。例如，通过观察数据的分布形态初步判断曲线的形状以及需要的参数个数。若数据呈显著 S 形，通常可采用三参数或四参数 Logistic 曲线拟合；若数据 S 形非常陡峭，需使用五参数 Logistic 曲线。

例 7-9 针对不同浓度某污染物对小鼠激素酶活性的剂量-反应实验数据，尝试采用曲线拟合分析污染物浓度梯度对酶活性指数的关系。

Python 分析

运行"D:\环境数据分析\第七章\例 7-9 酶活性实验.ipynb"，主要代码如下：

```
import pandas as pd
import numpy as np
from scipy.optimize import curve_fit
import matplotlib.pyplot as plt
df = pd.read_excel(r'D:\环境数据分析\第七章\例 7-9 酶活性实验.xlsx')
X = df.iloc[:,1]
y = df.iloc[:,2]
```

```python
#曲线拟合定义
def curve(x, a, b, c, d): #采用四参数 Logistic 模型
    y = a / (1 + np.exp(-(x-b)/c)) + d
    return y
popt, pcov = curve_fit(curve, X.ravel(), y.ravel(), p0=[1, -5, 1, 0.01], maxfev=5000)
#S 曲线拟合
xdata = np.linspace(-12, 0, 100)
ydata = curve(xdata, *popt)
#可视化
plt.plot(X, y, 'bo')
plt.plot(xdata, ydata, 'r-', label='Sigmoid Model Fit')
plt.xlabel('X')
plt.ylabel('y')
plt.legend()
plt.show()
from scipy import stats
#计算残差
residuals = y - curve(X.ravel(), *popt)
#计算 R-squared
ss_res = np.sum(residuals**2)
ss_tot = np.sum((y - np.mean(y))**2)
r_squared = 1 - (ss_res / ss_tot)
#计算标准误差和置信区间
perr = np.sqrt(np.diag(pcov))
conf_int = stats.t.interval(0.95, len(y)-len(popt), loc=popt, scale=perr)
#计算参数间 P 值
t = popt / perr
p_values = stats.t.sf(np.abs(t), len(y)-len(popt))*2
#输出结果
print("a, b, c, d 拟合值: ", popt)
print("P 值: ", p_values)
print("R-squared: %.3f "%r_squared)
print("标准误差: ", perr)
print("置信区间: ", conf_int)
#预测新浓度下的酶活性
y_pred = curve(-8.8, *popt) #此处-8.8 代表要预测的浓度，需注意范围
print("预测值为: %.3f "% y_pred)
#EC50 计算
```

EC50 = popt[1] # popt[1] 对应于拟合函数的参数 b
print("EC50 估计值: %.3f "%EC50)

可视化结果如图 7-17 所示。

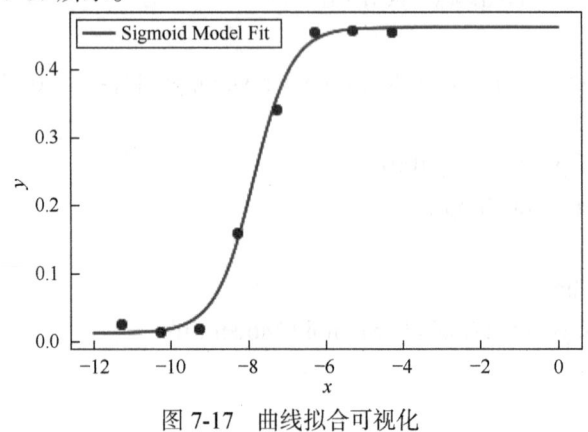

图 7-17　曲线拟合可视化

x, a, b, c, d 拟合值:[0.44943223　−7.87811811　0.50503431　0.01044109]

P 值：[1.31657043e-03　5.02226748e-08　8.69052167e-06　3.76608003e-01]

R-squared：0.997

标准误差：[0.24714541　0.07536608　0.01562288　0.01050683]

置信区间：(array([1.29386428，−8.08736848，0.4060567，−0.01873085])，array([2.66623559，−7.66886894，0.49280881，0.03961243]))

预测值：0.073

EC50 估计值：−7.878

将 x, a, b, c, d 拟合值代入方程 $y = a / [1 + \exp(-(x-b)/c)] + d$，得到回归方程：
$$y = 0.449 / [1 + \exp(-(x + 7.878) / 0.505)] + 0.01, \quad R^2 = 0.997, \quad P=0.00$$

7.7.3　环境库兹涅茨曲线(EKC)拟合

库兹涅茨曲线(Kuznets curve)，又称倒 U 形曲线(inverted U curve)、库兹涅茨倒 U 形曲线(图 7-18)，由美国经济学家西蒙·史密斯·库兹涅茨(Simon Smith Kuznets)于 1955 年提出。环境库兹涅茨曲线(environmental Kuznets curve, EKC)是基于经济发展与环境质量关系建立的曲线假说，也称为环境"倒 U 形曲线"。EKC 模型在探究环境质量与经济增长关系时，具有较强的解释力和预测能力。

例 7-10　根据某市 2016~2022 年某地区生产总值与生态环境指标，试基于环境库兹涅茨理论进行经济水平与生态环境状况指数曲线分析。

SPSS 分析
(1) 打开 "D:\环境数据分析\第七章\例 7-10 环境经济分析.sav"。
(2) 对地区生产总值与 SO_2 工业排放量两列数据绘制散点图（图 7-19），观察数据关系，采取多项式曲线拟合。

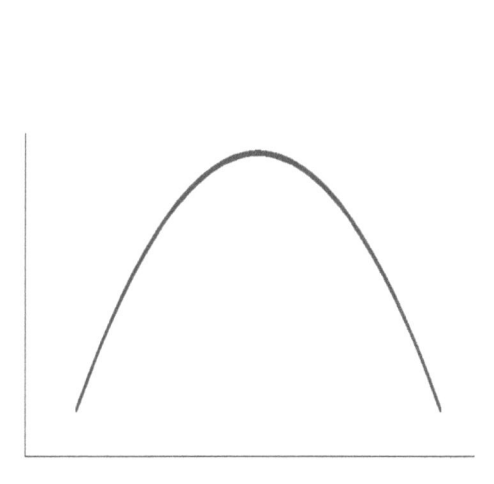

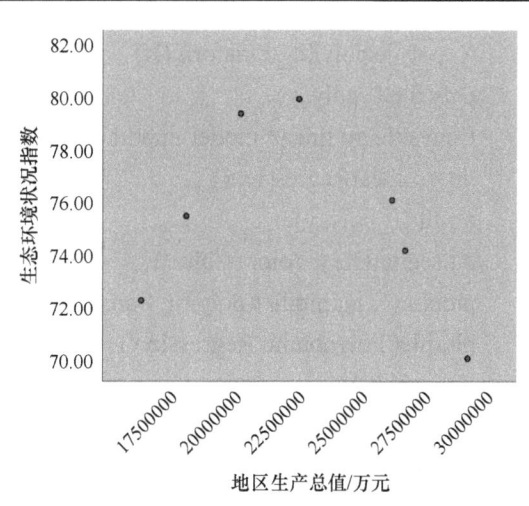

图 7-18　库兹涅茨曲线　　　　图 7-19　地区生产总值与 SO_2 工业排放量散点图

(3)【分析(A)】→【回归(R)】→【曲线估算(C)…】，打开【曲线估算】对话框，生态环境状况指数选入【因变量(D)】，其因变量应为分类变量，地区生产总值(万元)选入【变量(V)】，【模型】选择【二次(Q)】。

(4) 打开【保存(A)…】，保存变量选择【预测值(P)】、【残差(R)】和【置信区间】，单击【继续】。

(5) 单击【确定】，参数估计表结果如表 7-21 所示。

表 7-21　回归系数表

	B	标准误	Beta	t	显著性
地区生产总值(万元)	1.012×10^{-5}	0.000	12.997	9.574	0.001
地区生产总值(万元)**2	-2.272×10^{-13}	0.000	-13.307	0.000	0.000
(常量)	-33.073	11.703		-2.826	0.048

Python 分析

运行 "D:\环境数据分析\第七章\例 7-10 环境经济分析.ipynb"，主要代码如下：

```
import pandas as pd
import matplotlib as mpl
import matplotlib.pyplot as plt
df =pd.read_excel(r'D:\环境数据分析\第七章\例 7-10 环境经济分析.xlsx')
X = df.iloc[:,1]
y = df.iloc[:,2]
X = X.values.reshape(len(X),1) #对列数据 reshape
y = y.values.reshape((len(y)),1)
from sklearn. preprocessing import PolynomialFeatures
poly = PolynomialFeatures(degree = 2) #设置多项式次数为 2
```

```
X_poly = poly.fit_transform(X)
poly.fit(X_poly, y)
from sklearn.linear_model import LinearRegression
lin = LinearRegression()
lin.fit(X_poly, y)
plt.scatter(X, y, color = 'blue')
plt.plot(X,lin.predict(poly.fit_transform(X)),color = 'red')
plt.title('Polynomial Regression')
plt.xlabel('X')
plt.ylabel('y')
plt.show()
print('截距:%.3f'%lin.intercept_) #查看回归方程截距(b)
print('回归系数:', lin.coef_) #查看回归方程系数(k)
# 计算 R 方
from sklearn.metrics import r2_score
y_pred = lin.predict(poly.fit_transform(X))
r2 = r2_score(y, y_pred)
# 计算 P 值
from scipy import stats
import statsmodels.api as sm
X2 = sm.add_constant(X_poly)
model = sm.OLS(y, X2)
results = model.fit()
print('R2:%.3f '% r2)
print('P 值:%.3f '% results.f_pvalue)
y_pred = lin.predict(poly.fit_transform([[25000000]])) #此处输入预测值生产总值 25000000
print('预测结果:%.3f'%y_pred)
```

可视化结果如图 7-20 所示。

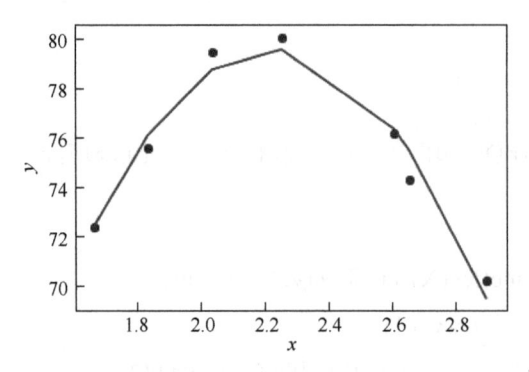

图 7-20　多项式回归可视化

截距：[−33.073]

回归系数：[[0.00000000　1.01188846 × 10^{-5}　− 2.27171341 × 10^{-13}]]

R^2：0.963

P 值：0.001

预测结果：77.917

Python 与 SPSS 分析一致，所得回归方程：

$$y = -33.073 + 1.012 \times 10^{-5} x - 2.272 \times 10^{-13} x^2, \quad R^2 = 0.963, \quad P = 0.001$$

7.8　贝叶斯核函数回归

7.8.1　贝叶斯核函数回归定义

贝叶斯核函数回归(Bayesian Kernel Machine Regression, BKMR)由哈佛大学 Jennifer F Bobb 于 2015 年发明。BKMR 结合核函数回归、贝叶斯统计与马尔科夫链蒙特卡洛思想，能够灵活对非线性关系建模，分析高阶特征影响，提高对模型参数的不确定性估计，常用于回归分析。

7.8.2　贝叶斯核函数回归应用

BKMR 可探索预测变量与响应变量间的复杂关系，在环境、生物医学和社会科学等多领域广泛应用。BKMR 提供了混合物共线性问题的解决途径，能计算单独效应(单污染物模式)，提供多种混合物效应的关键信息，如总效应趋势(多污染物模式)、非线性剂量效应曲线、组分交互作用及相对重要性分析等。

例 7-11　从 NHANES 数据库搜集人群基础信息与 10 种重金属污染数据，采用 BKMR 方法研究重金属混合暴露与不孕症是否存在关联。

R 分析

BKMR 模型基于 R 语言开发，通过 RStudio 软件调用(RStudio 软件下载网址：https://posit.co/download/rstudio-desktop/#download)。按照下载网页说明先安装 R，再安装 RStudio。安装后，运行 RStudio 软件，打开"D:\环境数据分析\第七章\例 7-11 重金属混合物.R"。主要代码如下：

```
#安装相关包
install.packages(" bkmr ")
install.packages("readxl")
install.packages("pacman")
install.packages("ggplot2")
install.packages("dolCall64")
install.packages("vctrs")
#调用相关包
```

```r
library("bkmr")
library("readxl")
library("pacman")
library ("ggplot2")
library ("doICall64")
library ("vctrs")
#加载相关包以及数据
rm(list=ls())
setwd("D:\环境数据分析\第七章 ") #设置具体路径
pacman::p_load(bkmr,readxl,ggplot2)
dat = readxl::read_excel('例 7-11 重金属混合物.xlsx',sheet=1,col_names = TRUE)
#将分类变量转换为因子型
dat$DMDEDUC2 = factor(dat$DMDEDUC2)
dat$RHQ078 = factor(dat$RHQ078)
dat$RHQ031 = factor(dat$RHQ031)
dat$PAQ600 = factor(dat$PAQ600)
#划分协变量、暴露变量以及结局变量
covar = data.matrix(dat[,c('RIDAGEYR','INDFMPIR','BMXBMI','DMDEDUC2',
'RHQ078','RHQ031','RHQ010','PAQ600')])
expos = data.matrix(dat[,c('Cd','Co','Ba','Cs',"Tl","Pb","Mo","Mn","Sb","Sn")])
Y = dat$label
Y <- as.numeric(Y)
#标准化暴露因素
scale_expos = scale(expos)
#kmbayes 拟合 BKMR 模型
set.seed(2023) #随机数采用 2023
fitkm = kmbayes(Y,Z=scale_expos,X=covar,iter=1000,verbose = FALSE,varsel = TRUE,family='binomial',est.h = TRUE)
#重金属混合物总体浓度与不孕症之间的总体关联度
risks.overall = OverallRiskSummaries(fit=fitkm,qs=seq(0.25,0.75,by=0.05),q.fixed = 0.5)
risks.overall
#结果可视化
ggplot(risks.overall,aes(quantile,est,ymin=est-1.96*sd,ymax=est+1.96*sd))+
geom_hline(yintercept = 0,lty=2,col='brown')+geom_pointrange()
#单个金属浓度对结局不孕症的影响
risks.sigvar = SingVarRiskSummaries(
fit = fitkm, qs.diff = c(0.25,0.75), q.fixed = c(0.25,0.5,0.75))
subset(risks.sigvar,variable %in% c('Pb','Tl','Sb','Cr','Cd','Co'))
```

第 7 章 环境数据回归分析

ggplot(risks.sigvar,aes(variable,est,ymin=est-1.96*sd,ymax=est+1.96*sd,col=q.fixed))+
 geom_pointrange(position = position_dodge(width = 0.75))+coord_flip()
#进一步探究单变量暴露-反应关系
pred.resp.univar = PredictorResponseUnivar(fit = fitkm)
ggplot(pred.resp.univar,aes(z,est,ymin=est-1.96*se,ymax=est+1.96*se))+geom_smooth(stat
 = 'identity')+facet_wrap(~variable,ncol=4)+xlab('expos')+ ylab('h(expos)')
#双变量-交互作用—估计每两个金属混合物与因变量的二元关联
expos.pairs =
subset(data.frame(expand.grid(expos1=c(1,2,4,5,6),expos2=c(1,2,4,5,6))), expos1<expos2)
expos.pairs
pred.resp.bivar = PredictorResponseBivar(fit=fitkm,min.plot.dist = 0.5,z.pairs = expos.pairs)
ggplot(pred.resp.bivar,aes(z1,z2,fill=est))+ geom_raster()+ facet_grid(variable2~variable1)+
 scale_fill_gradientn(colours = c('#0000FFFF','#FFFFFFFF','#FF0000FF'))+ xlab('expos1')+
 ylab('expos2')+ ggtitle('h(expos1,expos2)')
#选 0.25、0.5、0.75 4 分位数的双变量 CR
pred.resp.bivar.levels = PredictorResponseBivarLevels(
 pred.resp.bivar,scale_expos,qs=c(0.25,0.5,0.75))
ggplot(pred.resp.bivar.levels,aes(z1,est))+
geom_smooth(aes(col=quantile),stat='identity')+
 facet_grid(variable2~variable1)+ ggtitle('h(expos1|quantiles of expos2)')+ xlab('expos1')

针对 10 种重金属复合暴露，给出重金属总浓度风险估计图(图 7-21)及单元素相关性可视化图(图 7-22)。

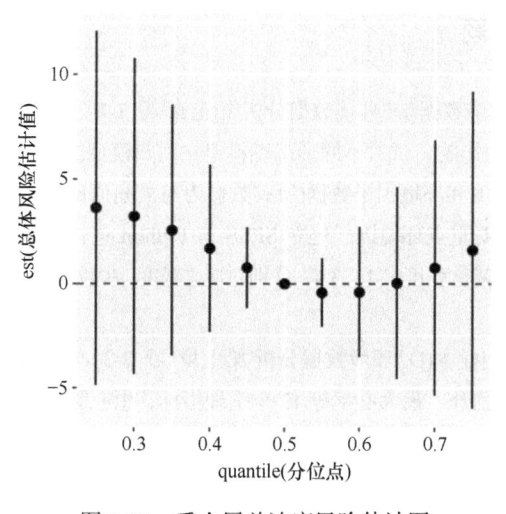

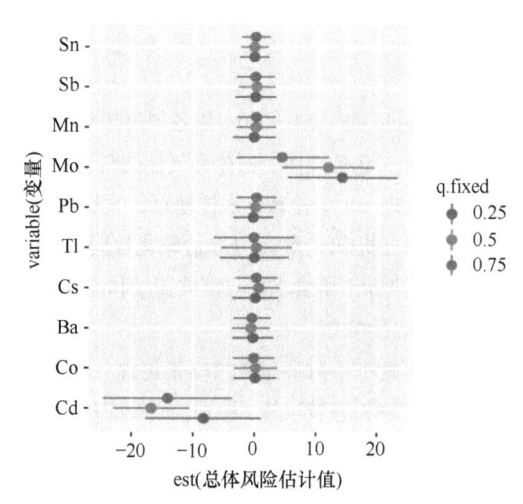

图 7-21　重金属总浓度风险估计图　　图 7-22　单元素相关性可视化图

图 7-21 表示在不同分位点(quantile)下，总体风险估计值(est)和标准差(sd)整体影响趋势为先减弱后增强，且整体在一定范围内促进不孕症，但在较高分位点(0.75)时可能开

始具有抑制不孕症的影响。图 7-22 表示单个重金属在第 25、50 和 75 百分位数时对不孕症潜在连续结局的影响。Cd(镉)与不孕症潜在连续结局呈负相关，且随着浓度增加，负相关性增强。元素 Co(钴)、Tl(铊)、Pb(铅)、Sb(锑)在不同百分位数时，估计值均接近零，且置信区间包含零，表明与不孕症潜在连续结局无明显关联。

针对单一重金属及成对重金属暴露，给出单变量暴露-反应关系可视化图(图 7-23)、双变量暴露-反应关系可视化图(7-24)。当其他金属元素固定在第 50 百分位数时，Mo 对不孕症的促进作用先减弱后增大(10 附近)。双变量交互结果表明 Cd 在分位数不同时，影响趋势与其他重金属元素存在差异，即可能存在交互作用。

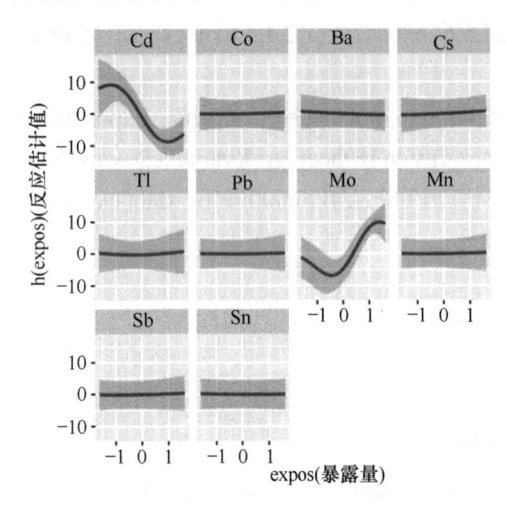

图 7-23　单变量暴露-反应关系可视化图

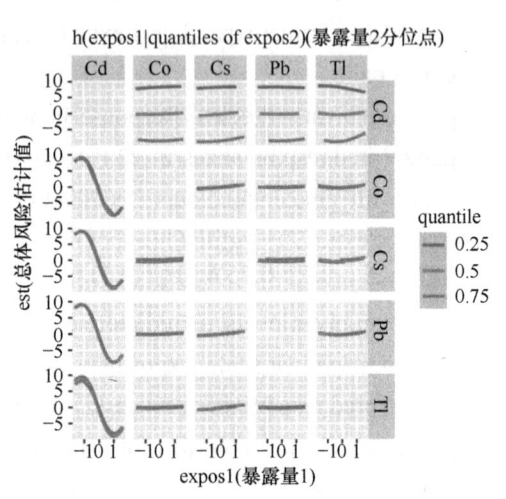

图 7-24　双变量暴露-反应关系可视化图

习　题

1. 根据 Kaggle 的 1951~2014 年各国每年化石燃料燃烧数据(D:\环境数据分析\第七章\习 7-1 二氧化碳数据.xlsx)，包括液体、固体和气体燃料对 CO_2 排放影响，试对不同形态燃料建立回归模型。

2. 针对某土地 30 个盐碱化采样地点，收集盐碱化程度和环境因子数据(所有数据为与最高值比值)(D:\环境数据分析\第七章\习 7-2 盐碱化数据.xlsx)，试对重点环境因子建立 SPSS 与 Python 进行多元回归分析，判断土壤含水率与植被盖度和地下水对盐碱化程度("1,2,3,4"分别对应"轻度，中度，重度，极度")是否相关。

3. UCI 数据库的心脏病患者数据集包含 1025 个病例样本(D:\环境数据分析\第七章\习 7-3 心脏病数据.xlsx)，涵盖患者年龄、性别、心绞痛病史、静息血压、最大心率等 13 个生理指标，患心脏病表示为"1"，不患心脏病表示为"0"，试探究静息血压、最大心率与患心脏病风险的关系。

4. Kaggle 的 2111 个人的肥胖数据(D:\环境数据分析\第七章\习 7-4 肥胖数据.xlsx)包含 5 个变量(family_history_with_overweight、Gender、Age、Height、Weight)。肥胖水平 NObesity 的变量具体分为 Insufficient Weight、Normal Weight、Overweight Level Ⅰ、Overweight Level Ⅱ、Obesity Type Ⅰ、Obesity Type Ⅱ 和 Obesity Type Ⅲ 七类。试通过 Logistic 回归分析年龄、身高、体重与肥胖级别的关系，并建立分类模型。

第8章 环境数据生存分析

8.1 生存分析

8.1.1 生存分析概述

生存分析(survival analysis)又称生存率分析或存活率分析,是指针对某一事件发生的时间进行分析推断,从而研究生存时间、结局与预后因子间的关系及其程度的统计方法。

生存分析用于描述生存时间的分布特征以及生存概率,揭示观察对象的生存情况在时间上的特点,从而研究影响生存时间的有利与不利因素。生存分析最初应用于医学研究,目前已被广泛应用于科学与工程、医学、社会科学、经济学、金融学等多个领域。

知识拓展 8-1　生存分析发展历程

---

(1) 1693 年,英国天文学家埃德蒙·哈雷(Edmund Halley)提出寿命表,用于计算不同年龄的人需要缴纳的养老金。

(2) 1958 年,英国科学家爱德华·兰·卡普兰(Edward L. Kaplan)和保罗·迈耶(Paul Meier)发表了一篇关于如何处理不完全观测的开创性论文,提出 Kaplan-Meier 法(K-M 法),利用概率乘法定理计算生存率。

(3) 1960～1970 年,医学研究中大量临床试验的出现要求方法学有新的突破,导致生存分析方法研究转向非参数分析,并出现了针对生存时间进行组间比较的分析方法。

(4) 1972 年,英国生物统计学家戴维·罗斯贝·科克斯(David Roxbee Cox)提出在基准风险率函数未知情况下,估计模型参数的方法,即 Cox 比例风险回归模型。

8.1.2 生存分析组成

生存分析由事件(event)、生存时间(time)、数据(data)三部分组成,概念如下。

(1) 起始事件:反映生存时间起始的特定事件,如某疾病的确诊或治疗。
(2) 终点事件:指研究人员规定的生存结局,如病情复发、死亡等。
(3) 生存时间:在观察时间内,某个起始事件开始到终点事件发生所经历的时间。生存是一个广义的概念,除了代指医学中的存活,也可以是健康的状态等。
(4) 完整数据:指观察对象在观察时间内发生终点事件。
(5) 删失数据:指由于某种原因被截断了的数据,是生存分析独有的重要组成部分。

删失数据的起因包括:研究对象在中途失访、退出或超过了最长的随访时间事件仍未发生。删失数据可分为左删失、右删失以及区间删失:

左删失:观察对象在开始研究前起始事件已发生。

右删失：观察对象在观测时间内未发生终点事件。

区间删失：只知研究对象在观察时间内发生终点事件，不知事件准确发生时间。

8.1.3 生存函数

生存函数(survival function)，也称为生存概率或生存率，表示生存时间超过某一时间点的概率，用于刻画对象在观察开始后的某个时间点生存的概率，采用公式 $S(t) = P(T > t)$ 来表达，其中 T 为生存时间，$S(t)$ 反映 T 超过某一时间点 t 的概率值 P。

利用生存函数对生存时间进行估计是生存分析的关键性步骤。进一步计算风险函数(hazard function) $h(t) = \lim_{\Delta t \to 0} \dfrac{P(t \leqslant T \leqslant t + \Delta t)}{\Delta t}$ 即可以知道观察对象在 t 时刻死亡的概率值 $h(t)$。再对风险函数进行积分，可求得累积风险函数 $H(t) = \int_0^t h(u)\mathrm{d}u = -\ln S(t)$，目前主要通过生存率函数、风险函数以及累积风险函数对生存曲线进行估计。

8.1.4 生存曲线

生存曲线(survival curve)又称 Kaplan-Meier 曲线，旨在描述各组观察对象的生存状况 (图 8-1)。以时间 t 为横坐标，生存函数 $S(t)$ 为纵坐标，绘制的时间-事件曲线即为生存曲线。生存曲线具有两个特点：①初始观察时所有个体是存活的，即 $S(t) = 0$；②随着 t 增加，$S(t)$ 呈现递减趋势。

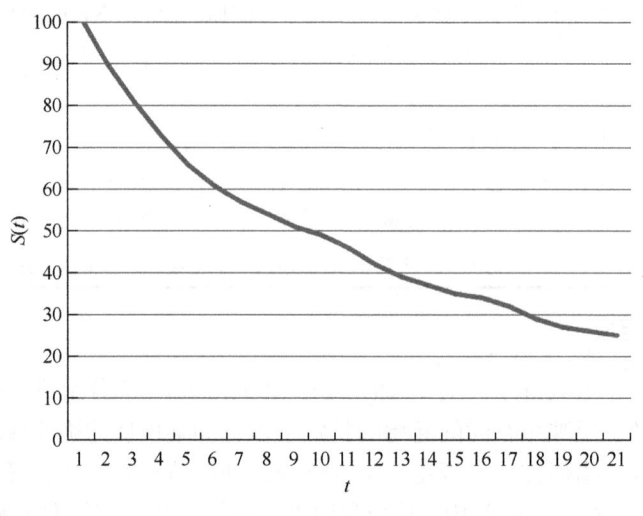

图 8-1 生存曲线

8.1.5 生存分析种类

针对生存过程的描述、比较以及趋势预测，通常采用非参数法、参数法和半参数法 (图 8-2)。

(1) 非参数法。主要用于描述生存过程，刻画生存函数、死亡函数、风险函数，主要用于单因素生存分析。通常采用寿命表或 Kalpan-Meier 法估计不同时间的总体生存率。

(2) 参数法。根据观测样本值,估计假定分布模型中的参数,获得生存时间的概率分布模型,用于比较两组或多组生存时间分布的组间差异性。参数法精度相对高,但需明确生存时间数据的分布,实际应用范围受限。常用方法有 Log Rank 检验与广义秩和检验。

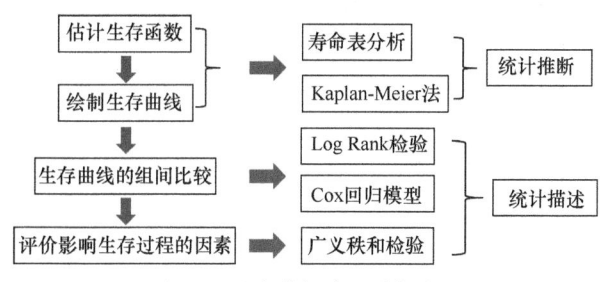

图 8-2 生存分析常用分析方法

(3) 半参数法。通过模型研究生存时间的分布规律,可分析多因素对生存时间的影响,并预测生存概率。半参数法比参数法灵活,比非参数法更易解释结果,是目前应用最广的方法。常用的半参数模型是 Cox 回归模型以及含时间依存协变量 Cox 回归模型,可同时分析影响生存时间的多个因素。

知识拓展 8-2　竞争风险模型

竞争风险(competing risk)是指在观察对象中,存在某种已知事件可能会影响另一种事件发生的概率,则可认为前者与后者存在竞争风险。竞争风险模型包括单因素分析模型与多因素分析模型,即 Kaplan-Meier 法与 Cox 回归模型。

竞争风险只存在于具有多个终点事件且在任何给定时间仅发生一个终点事件的生存分析中。例如,死亡患者同时患有心脏病与肺癌,其死因可能是肺癌或心脏病,此时两个终点事件间存在竞争风险。传统的生存分析一般只专注于某个终点事件,而竞争风险模型则是一种针对多个终点事件的生存分析方法,通过计算每个终点事件的累积发生率函数进行分析。

8.2　寿　命　表

8.2.1　寿命表概述

寿命表(life table)又称生命表,由天文学家埃德蒙·哈雷最早提出。寿命表主要适用于生存时间分段记录的样本量较大的数据,通常分为定群寿命表(队列寿命表)和现时寿命表。

8.2.2　寿命表原理

寿命表法根据概率论的乘法定理,将逐年生存概率相乘,求出各年限的生存率,生成生存曲线以观察治疗后的生存动态。寿命表将生存时间划分为较小的时间区间,通过对每个时间区间内所有生存时间不小于该时长的个案进行分析,计算该时间区间内的生存率，然后用每个时间区间的生存率估计在不同时间点的生存概率，分析生存规律。

例 8-1 调查 30 位不同生活环境居民的生存时间，试对此进行寿命表分析。

(1) 打开"D:\环境数据分析\第八章\例 8-1 生活环境.sav"。

(2) 选择【分析(A)】→【生存函数(S)】→【寿命表(L)…】，打开对话框(图 8-3)。

图 8-3 寿命表：选项对话框

【时间(T)】选择定量变量为生活时间(年)。【显示时间间隔】设置为 0～100，步长为 10。【状态(S)】选择为死亡原因。单击【定义事件(D)…】，打开为状态变量定义事件对话框。【表示事件已发生的值】选择【单值(S)】，设置为 1。

(3) 单击【继续】，设置【因子(F)】，设置为生活环境。单击【定义范围(E)】，打开定义因子范围对话框，设置【最小(N)】为 1，【最大(X)】为 2。单击【继续】→【选项(O)…】，打开【寿命表(L)】对话框，选择【生存函数(S)】与【整体比较(O)】。

(4) 单击【继续】→【确定】，得出主要结果(表 8-1)。

表 8-1 生存时间中位数

一阶控制		时间中位数	Wilcoxon(Gehan)统计	自由度	显著性
生活环境	1	80.00	8.403	1	0.004
	2	72.20			

生存时间中位数显示 1 组的时间中位数为 80.00，2 组的时间中位数为 72.20。总体比较是对不同生活环境的居民生存率进行比较，用 Wilcoxon(Gehan)统计检验，$P=0.004<0.01$，具有统计学意义。

寿命表显示生活在未污染环境的居民(1 组)60 岁时的生存率为 0.92，生活在污染环境的居民(2 组)60 岁时的生存率为 0.73，结合图 8-4 生存函数曲线，发现 2 组生存率明显小于 1 组生存率。

知识拓展 8-3 Pyliferisk：用于寿命精算的 Python 库

Pyliferisk 是一个用于生命周期和精算合同的 Python 工具包，该工具包能够涵盖所有的人寿意外事件风险，并且包括数个生命死亡率表。Pyliferisk 以单个文件模块的形式分发，运行仅依赖 Python 标准库，并且与 Python 3.x 和 Python 2.x 版本兼容，从而具有简洁、强大、运算十分迅速等优点。

图 8-4 生存函数曲线

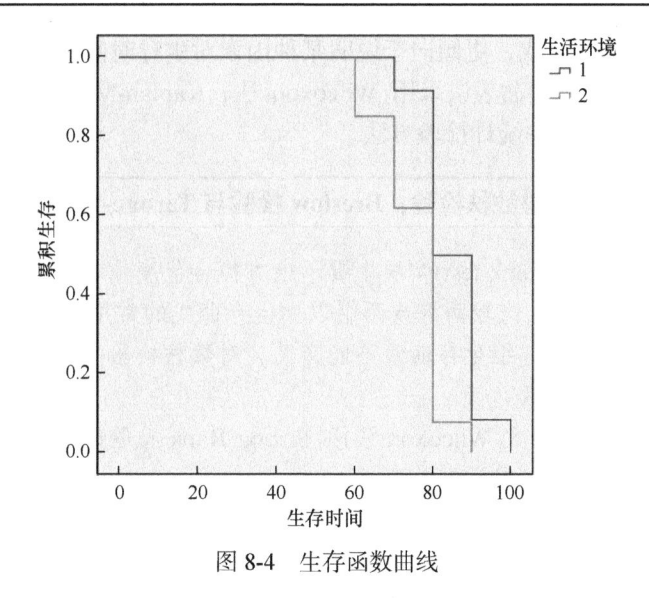

8.3 Kaplan-Meier 法

8.3.1 Kaplan-Meier 法概述

Kaplan-Meier 法是估计生存函数的一种非参数方法，是单因素生存分析方法。Kaplan-Meier 法通过概率乘法原理研究某一因素对生存率的影响，对未分组资料中各变量相关的生存曲线及危险函数进行显著性检验。Kaplan-Meier 法是能对完全数据、删失数据及不必分组的生存资料进行分析，比较不同组间的生存情况，特别适用于分析小样本未分组资料。

Kaplan-Meier 法在估计各分组资料的生存分布是否有显著性差异时，能够容许一个分层变量，并且可针对一个分组变量的生存率进行组间比较。若每个分组区间只有 1 个观察值，Kaplan-Meier 法和寿命表法的分析结果完全相同。Kaplan-Meier 法具体表现为 $S(t)$ 的递推式，基于个体生存超过时间 t_1 的概率 $S(t_1)$，计算个体在 t_1-t_2 生存率，得到 $S(t_2) =$ Prob $(t_1$-$t_2)S(t_1)$，依此类推得到特定终点事件的生存率。

8.3.2 Kaplan-Meier 法与寿命表法比较

(1) 原理不同。寿命表法计算每个小的时间区间内的生存率，重点分析总体的生存规律；Kaplan-Meier 法计算每个"结局"事件发生时的生存率，除了研究总体生存规律，重点关注相关影响因素。

(2) 适用范围不同。寿命表法适用于样本量大，生存时间分段记录的数据；Kaplan-Meier 法适用于样本量少，生存时间记录准确完整的数据。

(3) 生存曲线不同。寿命表法主要应用于分析分组生存资料，其生存曲线是以生存时间为横轴，生存率为纵轴绘制的连续型折线形曲线，重点说明记录时间内的生存率情况；Kaplan-Meier 法主要应用于分析未分组资料，其曲线是以生存时间为横轴，生存率为纵轴绘制的连续型阶梯形曲线,更倾向于说明某种因素对生存时间的影响。

(4) 统计方法不同。寿命表法采用 Wilcoxon 法；Kaplan-Meier 法提供 Log Rank、Breslow、Tarone-Ware 三种统计检验方法。

知识拓展 8-4　对数秩检验、Breslow 检验与 Tarone-Ware 检验比较

(1) 对数秩检验(Log Rank test)实质上属于卡方拟合优度检验,计算出事件发生的期望数,侧重于远期效应,是比较两组或两组以上生存曲线的常用方法。选用 Log Rank 检验比较样本生存率,要求各组生存曲线不能交叉。对数秩检验的样本量取决于风险比以及各组随机分配比例等因素。

(2) Breslow 检验(即广义 Wilcoxon 法)则在 Log Rank 检验的基础上增加权重,用以检验生存分布是否相同,侧重近期效应。

(3) Tarone-Ware 检验用于检验生存分布是否相同,以各时间点的观察例数的平方根为权重,是介于对数秩检验与 Breslow 检验间的折中方法。

通常综合采用多种方法进行生存分析。例如,针对两组或多组生存曲线分析,首先利用 Kaplan-Meier 法绘制生存曲线,进一步借助 Log Rank 检验、Breslow 检验及 Tarone-Ware 检验等比较不同生存曲线的组间差异。根据对近期效应和远期效应的程度选择检验方法,若两者结论一致,认为近期效应与远期效应都有差别(或都无差别)。若生存曲线交叉提示存在某种混杂因素,应采用分层法或多因素法来校正混杂因素,也可选用 Tarone-Ware 检验。

例 8-2　现有采用两种方案治疗 25 例癌症病人的随访记录,试采用 Kaplan-Meier 法分析生存曲线。

SPSS 分析

(1) 打开 "D:\环境数据分析\第八章\例 8-2 癌症.sav",变量：生存时间(天),是否死亡(0：否,1：是),治疗方式(1,2)。

(2) 选择【分析(A)】→【生存函数(S)】→【Kaplan-Meier…】,打开 Kaplan-Meier 对话框(图 8-5)。

图 8-5　Kaplan-Meier 对话框

【时间(T)】应为定量变量,本例为生存时间。【状态(U)】选择是否死亡,单击【定义事件(D)…】,打开定义状态变量事件对话框(图 8-6),设置【单值(S)】为 1。【因子(F)】选择治疗方式。

(3) 单击【比较因子(C)…】,【检验统计】比较因子水平的生存分析是否相等。

(4) 单击【继续】→【保存(S)…】。

(5) 单击【继续】→【选项(O)…】,打开选项对话框(图 8-7)。

图 8-6　Kaplan-Meier：定义状态变量事件对话框　　　　图 8-7　保存新变量对话框

【Statistics】选择【生存分析表(S)】、【平均值和中位数生存时间(M)】和【四分位数(Q)】,【图】选择【生存函数(V)】。

(6) 单击【继续】→【确定】,得出主要结果并分析(表 8-2、表 8-3)。

表 8-2　生存时间的平均值和中位数值

治疗方式	平均值(E)				中位数值			
	估算	标准误差	95%置信区间		估算	标准误差	95%置信区间	
			下限值	上限			下限值	上限
1	1022.833	275.545	482.766	1562.901	221.000			
2	606.769	226.496	162.838	1050.700	190.000	77.290	38.512	341.488
总体	839.525	200.141	447.249	1231.801	205.000	33.307	139.719	270.281

生存时间的平均值和中位数显示,无论是平均生存时间还是半数生存时间,采用治疗方案 1 的患者均比采用治疗方案 2 的患者长。百分位数表显示,采用治疗方案 1 的患者半数生存时间高于采用治疗方案 2 的患者,但上四分位生存时间低于采用治疗方案 2 的患者。

表 8-3　总体比较

	卡方(i)	自由度	显著性
Log Rank(Mantel-Cox)	1.193	1	0.275
Breslow(Generalized Wilcoxon)	0.223	1	0.637
Tarone-Ware	0.586	1	0.444

总体比较表显示 3 种方法对两种治疗方案的生存率的比较结果,显著性大于 0.05,认为采用两种治疗方案的患者生存率相同。

生存函数图(图 8-8)显示,在 500 天前,两种治疗方案有多个交点,且生存率下降较快,500 天后,治疗方案 1 的生存率高于治疗方案 2。

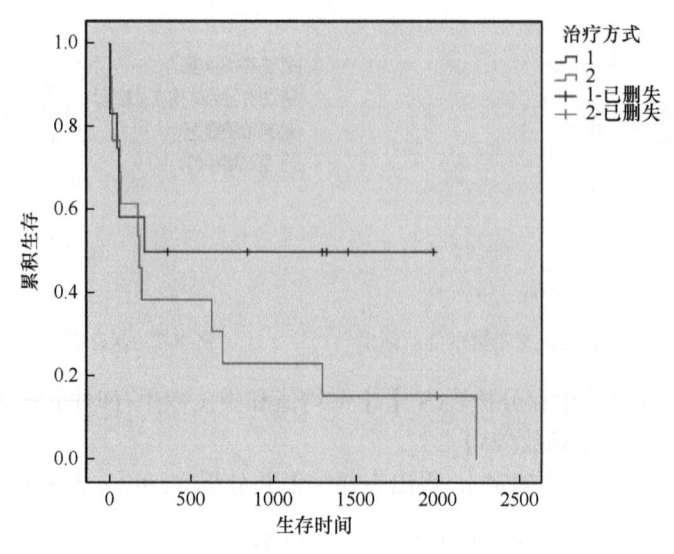

图 8-8 生存函数图

Python 分析

运行 "D:\环境数据分析\第八章\例 8-2 癌症.ipynb"，主要代码及结果如下：

#运行需安装 lifelines，在代码行执行如下安装命令：

pip install lifelines

#安装后，在下一行代码行执行如下程序：

from lifelines import KaplanMeierFitter

from lifelines.utils import median_survival_times

import pandas as pd

import matplotlib.pyplot as plt

data = pd.read_csv(r'D:\环境数据分析\第八章\例 8-2 癌症.csv')

T = data['生存时间'].astype('float')

E = data['是否死亡'].astype('float')

kmf1 = KaplanMeierFitter() #绘制两种治疗方案的 KM 生存曲线

group = data['治疗方式'].astype('object')

i1 = (group == 1)

i2 = (group == 2)

kmf1.fit(T[i1], E[i1],label = 'treatment1')

a1 = kmf1.plot()

treatment1 = median_survival_times(kmf1.confidence_interval_)

kmf1.fit(T[i2], E[i2], label = 'treatment2')

treatment2 = median_survival_times(kmf1.confidence_interval_)

kmf1.plot(ax = a1)

from lifelines.statistics import logrank_test #采用 Logrank 检验分析生存时间。

results = logrank_test(T[i1], T[i2], E[i1], E[i2], alpha = .95) results.print_summary()

输出结果如图 8-9、图 8-10 所示，生存函数图显示治疗方案 1 的生存率高于治疗方案 2。

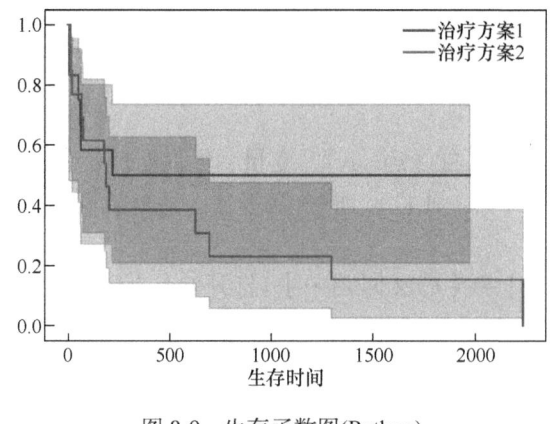

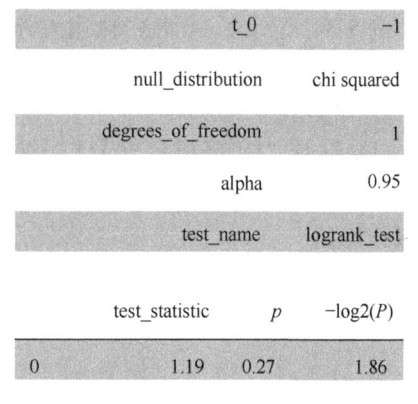

图 8-9　生存函数图(Python)　　　　图 8-10　基于 Log Rank 的比较分析

基于 Log-rank 进行显著性分析，$P = 0.27 > 0.05$，两种治疗方案对生存时间的影响差异无统计学意义。

知识拓展 8-5　lifelines 生存分析包

Python 的众多拓展包中有一个十分实用的生存分析包——lifelines，该工具包可以进行累积生存曲线的绘制、Log Rank 检验、Cox 回归分析等，具有安装简易、内置绘图工具、指标简洁明了，以及可处理左、右、区间缺失数据等优点，通过终端命令窗口中输入 pip install lifelines 即可完成 lifelines 的安装。

8.4　Cox 回归法

Cox 回归模型又称 Cox 比例风险回归模型(Cox proportional hazards model)，通过对风险率进行估计，比较两组或多组生存函数。Cox 回归模型的使用需满足比例风险(PH)假定，即影响因素不随时间的变化而变化。

单因素生存分析采用 Kaplan-Meier 法，当考察多变量影响即多因素分析时，采用 Cox 回归模型。Cox 回归模型具有 Logistic 回归模型的所有优点，可分析生存时间分布无规律的样本，也可处理删失数据，但若删失数据的比例超过 30%，则可能会影响分析结果的准确性。

知识拓展 8-6　Accelerated Failure Time (AFT)模型

AFT 模型是传统 Cox 回归模型的一种补充，可分析观察对象的属性对生存时间的影响，在 AFT 模型建模过程中，会假设观察对象的属性对生存时间产生加速或减缓作用。

AFT 模型直接对生存时间建模，无须满足等比例风险假设，因此通过 AFT 模型用户可以直观地看到所有特征属性对生存时间的影响。在商业等相关领域中，可更加针对性了解用户属性对生存时间的影响，从而进行调整。

例 8-3 记录了 60 名白血病人外周血中的细胞数量、浸润等级、巩固治疗情况、生存时间和状态变量，试进行 Cox 回归分析。

SPSS 分析

(1) 打开 "D:\环境数据分析\第八章\例 8-3 白血病.sav"，变量：生存时间(年)，巩固治疗情况(1：是，2：否)，结局(0：生存，1：死亡)，指示变量(1：完全数据，2：删失数据)。

(2) 选择【分析(A)】→【生存函数(S)】→【Cox 回归…】，打开 Cox 回归框，如图 8-11 所示。

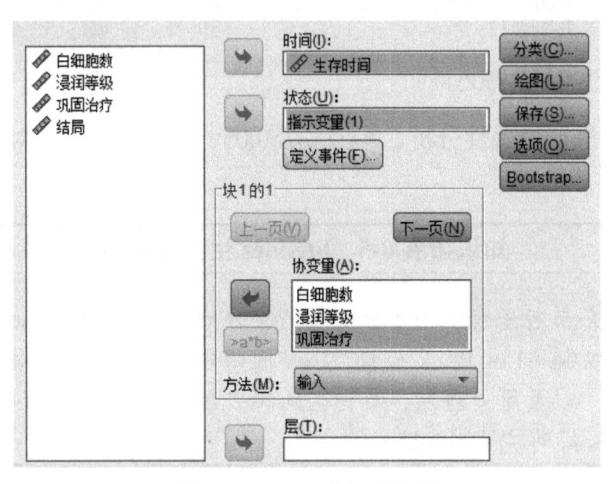

图 8-11 Cox 回归对话框

【时间(I)】选择生存时间。单击【定义事件(F)】，打开为状态变量定义事件对话框(图 8-12)，设置【单值(S)】为 1。【协变量(C)】选择白细胞数、浸润等级和巩固治疗。【方法(M)】:【输入】即强迫引入法。【层(T)】未选择。

(3) 单击【分类(C)…】，打开 Cox 定义分类协变量对话框(图 8-13)。

图 8-12 为状态变量定义事件对话框 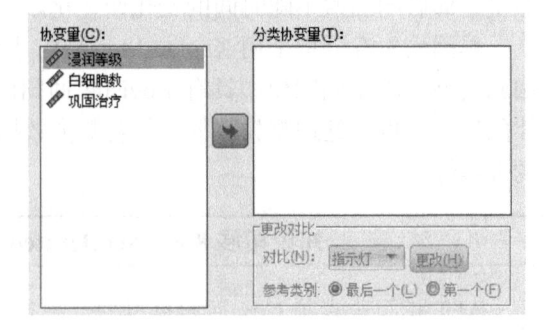　　图 8-13 Cox 定义分类协变量对话框

【分类协变量(T)】列出分类协变量,各变量的括号中包含所选的对比编码。【更改对比】:SPSS 提供 7 种【对比】方式。

(4) 单击【继续】→【绘图(L)…】,打开图类型对话框(图 8-14)。

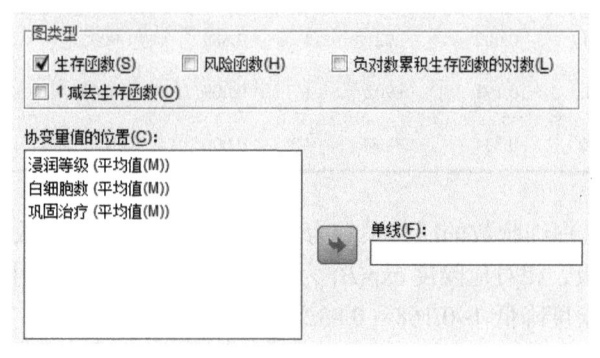

图 8-14 图类型对话框

【图类型】选择【生存函数(S)】即生存率曲线 $S(t)$。【协变量值的位置(C)】选择默认值,即每个协变量的平均值。【单线(F)】指对分类变量的每个值绘制一条独立的线。【更改值】可选择【平均值(M)】或设定相应的【值(V)】。

(5) 单击【继续】→【保存(S)…】,打开保存新变量对话框,【生存函数】选择【函数(F)】,如图 8-15 所示。

图 8-15 Cox 回归:保存新变量与选项对话框

(6) 单击【继续】→【选项(O)…】,打开选项对话框。

【模型统计】:【CI 用于 exp】,即相对危险度的置信区间,默认为 95%。【步进概率】即逐步概率,仅用于逐步法,可设置【进入(N)】和【删除(M)】概率。【最大迭代次数(I)】默认为 20。【显示基线函数(B)】显示协变量平均值下的基线危险函数和累积生存率。

(7) 单击【继续】→【确定】,得出主要结果(表 8-4、表 8-5、图 8-16)。

表 8-4 模型系数的似然比检验

-2 对数似然	总体(得分)			更改自上一步			更改自上一块		
	卡方(H)	df	显著性	卡方(H)	df	显著性	卡方(H)	df	显著性
321.695	36.298	3	0.000	34.046	3	0.000	34.046	3	0.000

表 8-5　方程式中的变量

	B	Std err	Wald	df	显著性	exp(B)	exp(B)的 95.0% CI 下限	exp(B)的 95.0% CI 上限
白细胞数	0.000	0.002	0.021	1	0.885	1.000	0.996	1.004
浸润等级	0.501	0.191	6.902	1	0.009	1.650	1.136	2.398
巩固治疗	−1.782	0.334	28.481	1	0.000	0.168	0.087	0.324

由表 8-5 看出，白细胞数的回归系数为 0，浸润等级的回归系数为 0.501，为危险因素，每增加一个等级，相对危险度 exp(B) 为 1.65 倍；巩固治疗的回归系数为−1.782，为保护因素，相对危险度降低 1−0.168 = 0.832。

引入协变量，得到 Cox 回归方程：$h(t,x) = h_0(t)e^{0.501x_2 - 1.782x_3}$ ($P < 0.01$)，其中 x_2 指浸润等级，x_3 指巩固治疗。

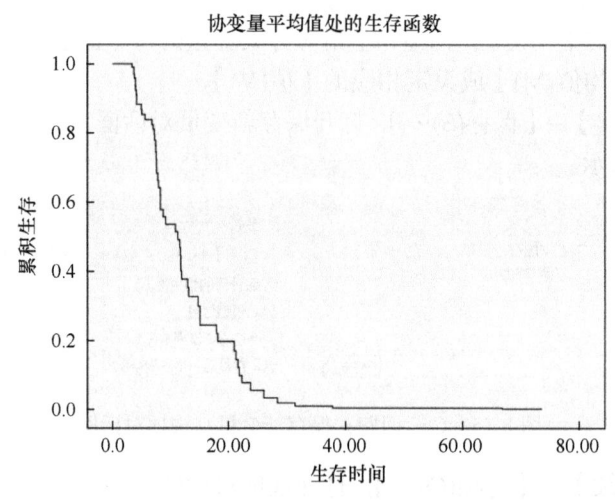

图 8-16　协变量平均值处的生存函数图

Python 分析

运行 "D:\环境数据分析\第八章\例 8-3 白血病.ipynb"，主要代码及结果如下：

import pandas as pd

import matplotlib.pyplot as plt

from lifelines import CoxPHFitter

data = pd.read_csv(r'D:\环境数据分析\第八章\例 8-3 白血病.csv')

plt.rcParams['font.sans-serif'] = ['SimHei'] #显示中文标签

plt.rcParams['axes.unicode_minus'] = False

data=data.drop(['结局','SUR_1'],axis = 1)

cph = CoxPHFitter() #Cox 回归分析

cph.fit(data, '生存时间', event_col='指示变量') #event_col 代表事件发生情况

```
cph.print_summary()
cph.plot()
from lifelines import WeibullAFTFitter #分析各个协变量值对生存率的影响
wf = WeibullAFTFitter().fit(data, '生存时间', event_col = '指示变量')
wf.plot_partial_effects_on_outcome('白细胞数', values=[1,100,300], cmap = 'coolwarm')
plt.show()
wf.plot_partial_effects_on_outcome('浸润等级', values=[0,2], cmap = 'coolwarm')
plt.show()
wf.plot_partial_effects_on_outcome('巩固治疗', values=[0,1], cmap = 'coolwarm')
plt.show()
```

表 8-6 显示，白细胞数、浸润等级、巩固治疗的风险水平 coef 值分别为 0.00、0.50、-1.79。浸润等级、巩固治疗对生存率的影响存在显著性。浸润等级、巩固治疗等级越高，白血病人的风险函数值越大，即生存时间越短。

表 8-6 Cox 回归分析结果

	coef	exp(coef)	se(coef)	coef lower 95%	coef upper 95%	exp(coef) lower 95%	exp(coef) upper 95%	cmp to	Z	P	$-\log2(P)$
白细胞数	0.00	1.00	0.00	0.00	0.00	1.00	1.00	0.00	0.18	0.86	0.22
浸润等级	0.50	1.65	0.19	0.13	0.88	1.14	2.40	0.00	2.63	0.01	6.89
巩固治疗	-1.79	0.17	0.33	-2.44	-1.13	0.09	0.32	0.00	-5.35	<0.005	23.45

图 8-17 显示，白细胞数为 1 时，生存曲线在 baseline 上方，风险接近平均值；白细胞数为 100 时，生存曲线在 baseline 下方，风险增加；白细胞数为 300 时，风险继续增加，白细胞数增加引起生存时间缩短。

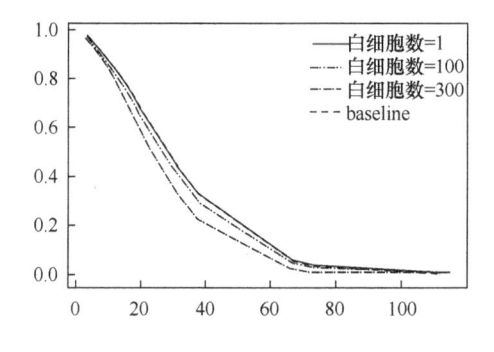

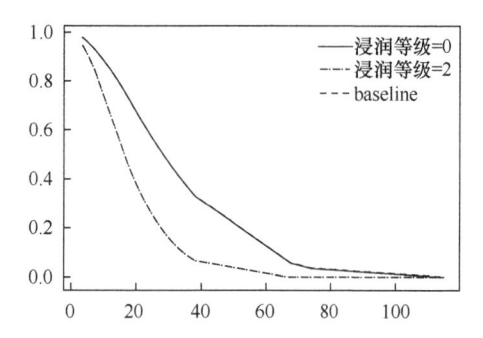

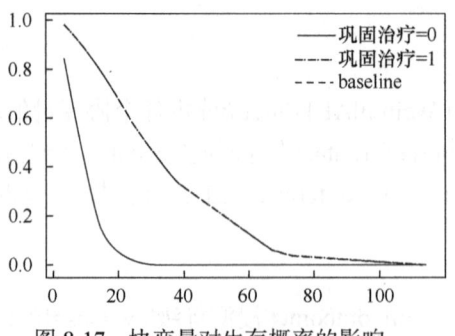

图 8-17　协变量对生存概率的影响

8.5　ROC 曲线

8.5.1　ROC 曲线概述

ROC(receiver operating characteristic)曲线也称受试者工作特征曲线,表示特定处理条件下,真阳性率(敏感度)与假阳性率(误报率)间的函数关系,其核心在于研究漏报和误报之间的概率分布情况。

ROC 曲线与生存分析均是生物医学统计中的常用方法,ROC 可用于临床医学中诊断方法可靠性的判断。除此之外,ROC 是评价机器学习及深度学习二元分类模型的重要指标。

8.5.2　ROC 空间

ROC 空间以假阳性率(FPR)为 X 轴,真阳性率(TPR)为 Y 轴,给定一个二元分类模型及其阈值(图 8-18),根据所有样本真实值和预测值计算出一个 ROC 空间坐标点(X = FPR, Y = TPR)。

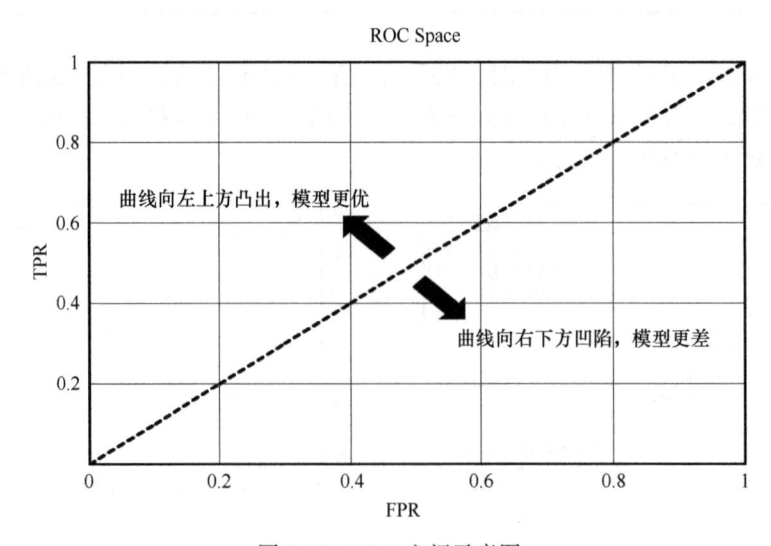

图 8-18　ROC 空间示意图

从(0,0)到(1,1)的对角线称为无识别率线，随机预测的点位于这条线上。无识别率线将ROC空间划分为左上、右下两个区域，在这条线以上的点代表该分类胜过随机分类，而在这条线以下的点代表该分类劣于随机分类。

知识拓展 8-7　ROC 与分类器

离散分类器又称"间断分类器"，如决策树，对于每个样本，其预测结果是一个离散的数值，对应ROC空间里的一个点。而其他的分类器，如朴素贝叶斯分类器、逻辑回归或者人工神经网络，这些分类器产生的是样本属于某一类标签的可能性，因此需要确定一个阈值来决定ROC空间中点的位置。假设以0.5为阈值，则可能性低于或者等于0.5时，模型就将样本认为是阴性，高于0.5则认为是阳性。

8.5.3　ROC 曲线定义

一个确定的分类器，通过设定不同的阈值在 ROC 空间内得到多个点并连成一条曲线，该曲线即为ROC曲线（图8-19）。ROC曲线准确反映该分类器特异度和灵敏度的关系，综合评价该分类器的好坏。FPR 大小表示分类器误报的覆盖程度，TPR 大小表示预测的覆盖程度。一个性能良好的分类器需保持FPR较小同时TPR较大，即ROC曲线陡峭。

从图 8-19 看出，越靠近 ROC 空间左上角的点，其预测效果越好。(0,1)即 FPR = 0、TPR = 1 的点，代表该分类器非常强大，能够将所有的样本正确分类；而(1,0)即 FPR = 1、TPR = 0，代表一个非常糟糕的分类器，它成功地避开了所有正确答案；(0,0)与(1,1)两点位于无识别率线，(0,0)将所有样本预测为阴性，而(1,1)将所有样本预测为阳性。

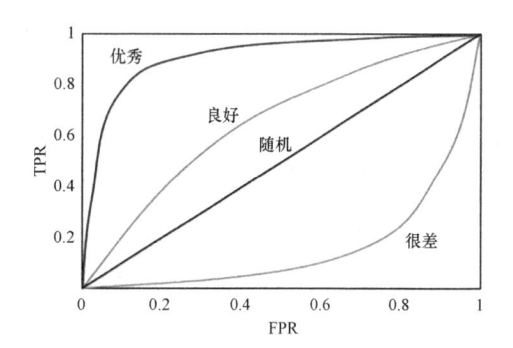

图 8-19　ROC 曲线示意图

逸闻趣事 8-1　ROC 曲线发展起源

ROC 曲线起源于第二次世界大战时期雷达兵对雷达信号的判断。雷达兵负责盯住雷达显示器，观察是否有敌机入侵。但敌机和飞鸟经过时，雷达屏幕都会出现信号，雷达兵需谨慎判断敌机与飞鸟雷达信号的区别。每个雷达兵的判断标准无法完全一致，有的雷达兵判断严格些，容易出现误判；有的雷达兵比较随意，容易出现漏报情况。

为分析不同雷达兵的判断准确性，管理者将不同雷达兵误报与漏报的概率进行统计，以假阳性率为横坐标，即非敌机来袭时误报的概率，以真阳性率为纵坐标，即敌机来袭时准确预报的概率。将两个概率绘制于二维坐标系之后，管理者惊奇发现雷达兵的预报概率均在一条曲线上，这就是最初的 ROC 曲线。

8.5.4 AUC 值

AUC(area under curve)值是 ROC 曲线下的面积，其数值范围为 0～1。AUC 值的具体意义为：随机给定一个阳性样本和一个阴性样本，模型输出该阳性样本为阳性的概率值比模型输出阴性样本为阳性的概率值要大的可能性。

AUC 值是衡量机器学习模型、诊断体系分类性能的重要指标，可直观评价模型、方法的区分能力，但只用于二分类情况。AUC 值越大的分类器，正确率越高，效果越好，AUC 值在 0.5 时，分类效果较差；在 0.7～0.85 时，效果一般；在 0.85～0.95 时，效果较好；在 0.95～1 时，效果十分优异，但需注意是否存在过拟合情况(图 8-20)。

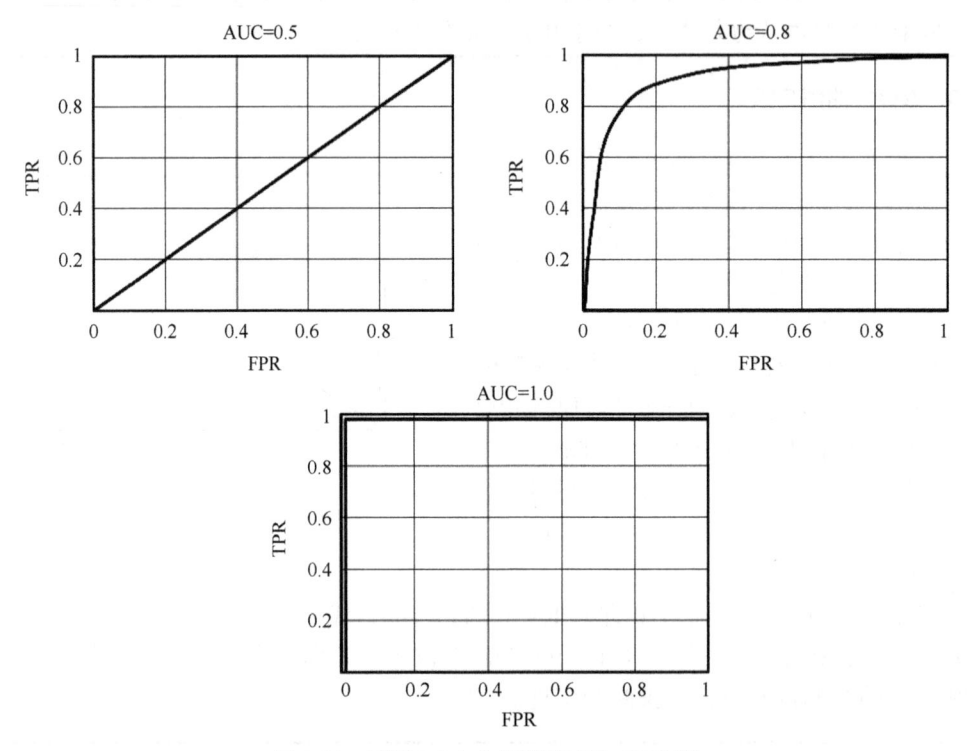

图 8-20 不同 ROC 曲线图对应的 AUC 值

8.5.5 ROC 曲线作用

ROC 曲线简单、直观，将假阳性率(灵敏度)和真阳性率(特异度)通过二维图像的方式结合在一起，综合反映分类方法的准确性，其主要作用如下。

(1) ROC 曲线可快速查出分类器在某个阈值时对样本的预测能力。

(2) 有助于最佳阈值的选择。ROC 曲线越靠近左上角，分类方法的灵敏度越高，误判率越低，方法的性能越好。因此，ROC 曲线上最靠近左上角的点则是该分类方法对应的最佳阈值，该点或邻近点称为最佳临界点，点上的值称为最佳临界值。

(3) 比较不同方法性能。对预测模型或诊断方法进行比较时，将各自 ROC 曲线绘制于同一 ROC 空间(即同一个坐标系上)，ROC 曲线越靠近左上角，代表方法准确性越高。

知识拓展 8-8　ROC 与不平衡数据集

不平衡数据集是指在解决分类问题时,数据集每个类别的样本量不均衡。在二分类问题上体现为阴性数据远多于阳性数据,或阳性数据远多于阴性数据。不平衡数据对分类方法评价的影响十分严重,在进行数据处理时会采取多种方式来对抗不平衡数据。

ROC 曲线却不受数据分布影响,适用于评估阴性样本、阳性样本不平衡的数据集。ROC 曲线的绘制过程可看成样本被预测为阳性的概率排序过程。概率由大到小依次将样本预测为阳性,当将一个样本预测为阳性时,ROC 曲线上便多一个点(FPR, TPR),这一步骤可以看作是采用一个由大到小的概率阈值去筛选高概率样本的过程。

ROC 曲线的纵轴 TPR = $\frac{TP}{TP+FN}$,横轴 FPR = $\frac{FP}{TN+FP}$。在数据不平衡情况下,若将阴性样本数量增加 10 倍,TPR 的分母 TP+FN 代表阳性样本数量,该数值不会改变,分子 TP 在分类方法与阈值不变的条件下亦不改变,因此 TPR 数值不会变化。FPR 的分母 FP+TN 代表阴性样本数量,其数值增大 10 倍,分子 FP 代表实际为阴性预测为阳性的样本,在分类方法与阈值不变时其数值同样增大 10 倍,因此 FPR 分子分母同时增大 10 倍,整体数值不变。故即使数据分布改变,ROC 上的每个点仍不会改变。

8.5.6　ROC 曲线可视化

ROC 曲线可通过 Excel 软件、SPSS 软件、Graphpad 软件、Python、R 等进行绘制。以 Python 为例,sklearn.metrics 工具包当中的 roc_curve 与 auc 两个函数可绘制 ROC 曲线并计算相应的 AUC 值。

例 8-4　基于 lightgbm 模型构建了两种糖尿病诊断方法,并对 1000 名糖尿病患者与 1000 名健康人群进行诊断(1 代表患病,0 代表健康)。以健康状况为标签,身高、年龄、体重、收入水平、运动频率为特征,试用 ROC 曲线与 AUC 值评价两种诊断方法的优劣。

Python 分析

运行"D:\环境数据分析\第八章\例 8-4 诊断方法.ipynb",主要代码及结果如下:
采用 pickle 导入诊断方法,在代码行执行 pickle 安装命令:

pip install pickle

安装 pickle 后,在下一个代码行安装 lightgbm:

pip install lightgbm

安装完 lightgbm 后,在下一个代码行执行如下程序:

import pandas as pd
import matplotlib.pyplot as plt
data = pd.read_csv(r"D:\环境数据分析\第八章\例 8-4 诊断方法.csv")
X = data.iloc[:, 2:]
y = data.iloc[:, 1]
from sklearn.model_selection import train_test_split
Xtrain, Xtest, ytrain, ytest = train_test_split(X, y, test_size = 0.3, random_state = 0)

```python
import pickle
method1 = pickle.load(open('例 8-4 诊断方法 1.sav', 'rb')) #加载诊断方法 1
method2 = pickle.load(open('例 8-4 诊断方法 2.sav', 'rb')) #加载诊断方法 2
from sklearn.metrics import auc, roc_curve
def roc_plot(method):#定义 ROC 绘图
    y_score1 = method.predict_proba(Xtest)
    fpr, tpr, thresholds = roc_curve(ytest, y_score1[:, 1])
    roc_auc = auc(fpr, tpr)
    plt.figure()
    ax1 = plt.gca()
    ax1.patch.set_facecolor("gray")
    ax1.patch.set_alpha(0.1) #设置 ax1 区域背景颜色及透明度
    plt.grid(color = 'white', linewidth = 2)   #生成网格
    plt.plot(fpr, tpr, color = 'black', linewidth = 3, label = 'ROC curve (AUC = %0.3f)' % roc_auc)
    plt.plot([0, 1], [0, 1], color = 'red', linestyle = '-', linewidth = 1.5) #绘制辅助线
    plt.xlim([-0.05, 1.05])
    plt.ylim([-0.05, 1.05])
    plt.xlabel('False Positive Rate(1-特异度)', fontsize = 12)
    plt.ylabel('True Positive Rate(灵敏度)', fontsize = 12)
    plt.title('ROC curve', fontsize = 14)
    plt.show()
roc_plot(method1) #生成 ROC 曲线图，先保存图像再关闭
roc_plot(method2)
```

诊断方法 1 的 AUC 值为 0.972(图 8-21)，优于诊断方法 2 的 AUC 值 0.911(图 8-22)。若仅从 ROC 曲线与 AUC 值角度判断，诊断方法 1 要优于诊断方法 2。

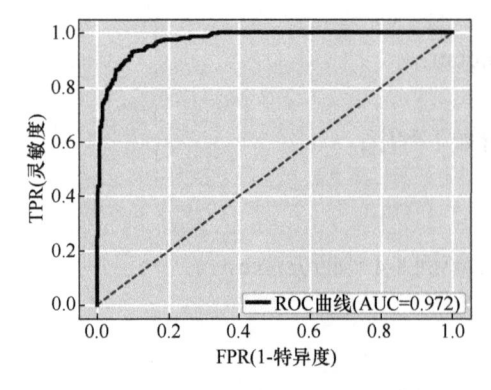

图 8-21　诊断方法 1 的 ROC 曲线 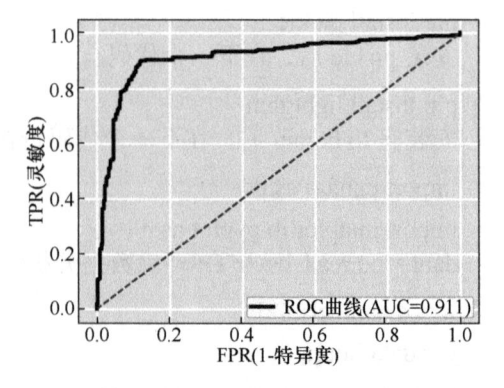　　　　图 8-22　诊断方法 2 的 ROC 曲线

习　题

1. Kaggle 电信用户流失数据集包含 7043 个客户样本(D:\环境数据分析\第八章\习 8-1 客户流失.csv)，每个样本有 20 个输入特征和一个类标签，用 COx 比例风险回归模型对客户流失分析与剩余价值预测。
2. 针对鸢尾花数据集山鸢尾与变色鸢尾两类别及特征变量(D:\环境数据分析\第八章\习 8-2 鸢尾花.csv)，通过 Logistic 回归绘制不同参数下的 ROC 曲线。
3. 某毒性数据集包含 40000 个化合物(D:\环境数据分析\第八章\习 8-3 毒性数据.csv)，每个样本有 207 个分子描述符和一个类标签，试通过随机森林方法绘制不同参数下的 ROC 曲线。

第 9 章　环境数据降维分析

9.1　数 据 降 维

9.1.1　数据降维定义

数据降维(data reduction)就是通过线性映射或非线性映射将数据集从高维空间投影到低维空间，降低数据集中特征(feature)的数量。降维的基本思想是从高维、复杂数据集中提取有效信息或去除无用信息，通过低维空间表示高维特征空间。

9.1.2　数据降维作用

通过降维可减少高维复杂数据中的冗余特征和噪声等因素，促进高维数据的分类、压缩及数据可视化。厘清数据集的本质结构特征，有利于训练机器学习模型，减少模型的过拟合，提高模型的准确性和可解释性。

9.1.3　数据降维方法

数据降维主要包括特征提取和特征选择(图 9-1)。

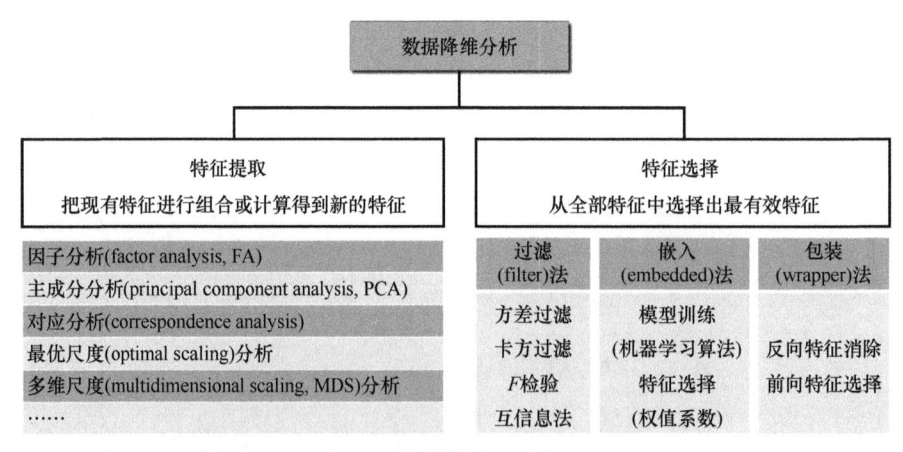

图 9-1　数据降维主要方法

(1) 特征提取：把现有特征进行组合或计算得到新的特征变量，主要通过标准化处理、归一化处理、正则化处理、特征编码等形式进行。特征提取方法包括因子分析(factor analysis)、主成分分析(principal component analysis)、对应分析(correspondence analysis)、最优尺度(optimal scaling)分析以及多维尺度(multidimensional scaling)分析。

(2) 特征选择：指从全部特征中选择出最有效特征以降低数据集维度的过程。经典方法有过滤(filter)法、嵌入(embedded)法和包装(wrapper)法(本部分在第 12 章介绍)。

9.2 因子分析

9.2.1 因子分析概述

因子分析是从复杂原始变量中提取共性因子的线性指标降维方法，将多个变量简化为互相独立并能反映原始变量大部分信息的少数因子。因子分析的概念于 1904 年由英国心理学家查尔斯·斯皮尔曼(Charles Spearman)提出，具体方法于 1931 年由美国心理计量学家路易斯·列昂·瑟斯顿(Louis Leon Thurstone)建立。

因子分析属于潜在变量方法，可揭示变量间的内部关系，将本质相同的变量归于同一因子。根据研究目的不同，因子分析分为探索性因子分析和验证性因子分析；根据变量属性不同，分为基于变量间相关性的 R 型因子分析和基于样品间相关性的 Q 型因子分析。

9.2.2 因子分析算法

因子分析基本思想是用尽量少的变量代表原始变量的大部分信息。选取原始变量进行标准化处理，提取公共因子并通过公共因子的线性组合及特殊因子表示原始变量，构建相关矩阵并计算变量间的相关系数，进一步求解因子载荷矩阵，基于因子旋转后的累积贡献度确定主要因子个数，计算因子得分并绘制得分图，最终确定因子模型。因子分析主要分为三步。

(1) 因子载荷矩阵构建。$\{x_1, x_2, \cdots, x_n\}$ 为一组经过标准化处理的变量(均值为 0，标准差为 1)，假设其可以由 $m(m<n)$ 个因子 $f_1, f_2, \cdots, f_m$ 线性表示，即

$$x_1 = a_{11}f_1 + a_{12}f_2 + \cdots + a_{1m}f_m + \varepsilon_1$$
$$x_2 = a_{21}f_1 + a_{22}f_2 + \cdots + a_{2m}f_m + \varepsilon_2$$
$$\cdots$$
$$x_n = a_{n1}f_1 + a_{n2}f_2 + \cdots + a_{nm}f_m + \varepsilon_n$$

矩阵形式为 $X = AF + \varepsilon$，其中 X 为原始 n 维变量，F 为因子向量，即变量 X 的公共因子，矩阵 A 为因子载荷矩阵，因子载荷 a_{ij} 是第 i 变量与第 j 因子的相关系数，ε 为变量 X 的特殊因子，表示原始变量中不能被公共因子解释的部分。

(2) 因子旋转。通过坐标变换(旋转)，加强原始变量的公共因子间的相关关系，用旋转后的矩阵对因子进行解释。

(3) 因子得分。因子旋转后，针对公共因子的重要性进行打分，评估各因子的重要性，展示原始特征和公共因子间的关系，实现降维和特征分类。

因子分析注意事项：

(1) 因子分析中的公共因子需有可解释性，分析结果有专业意义。

(2) 因子分析的原始变量为定距变量，样本量个数一般至少为 100 个，相对样本量越大越好；样本量至少是变量数的 5 倍，最好是 10 倍或以上。

(3) 原始变量要有一定相关性。通过 KMO 检验分析变量间的相关程度，KMO 值越接近 1，变量间相关性越强，越适合因子分析。KMO 值在 0.9 以上时非常适合因子分析；在 0.8~0.9 时比较适合；在 0.7~0.8 时相对适合，在 0.6~0.7 时一般适合，在 0.5~0.6 时勉强适合，KMO 值小于 0.5，不适合因子分析。通过 Bartlett 球形度检验评估变量间的独立程度，$P<0.05$，变量独立，可进行因子分析。

(4) 若因子分析结果与预期结果偏差较大，需重新审视研究方案，尝试移除不理想的变量，然后再次分析。

(5) 数据分析要打组合拳，因子分析通常是预处理步骤。通常联合因子分析和多元回归分析解决共线性问题后的回归预测，组合因子分析与聚类分析用于降维后的聚类分析，或将因子分析与分类分析组合用于降维后的分类预测。

例 9-1 根据鸢尾花数据集，鸢尾花的特征包括萼片长度、萼片宽度、花瓣长度、花瓣宽度，试对这些特征进行因子分析。

SPSS 分析

(1) 打开 "D:\环境数据分析\第九章\例 9-1 鸢尾花.sav"。

(2) 依次选择【分析(A)】→【降维】→【因子分析(F)…】选项，打开因子分析主对话框，将本例中 4 组变量全部选入变量栏。

(3) 点击【描述(D)…】按钮，打开描述统计主对话框，选择【相关矩阵】栏中的 KMO 和 Bartlett 球形度检验，其他采用默认值。

(4) 点击【继续】→【抽取(E)…】按钮，打开抽取主对话框。依次选择抽取方法为【主成分】，分析【相关性矩阵】，输出【未旋转的因子解】及【碎石图】，因子的固定数量为【2】。

(5) 点击【继续】→【旋转(T)…】按钮，打开旋转主对话框。依次选择【最大方差法】→【旋转解】→【载荷图】选项。

(6) 点击【继续】→【得分(S)…】按钮，打开因子得分主对话框，依次选择【保存为变量】→【回归】→【显示因子得分系数矩阵】选项。

(7) 点击【继续】→【选项(O)…】按钮，打开选项主对话框，依次选择【按列表排除个案】→【按大小排序】选项。

(8) 点击【继续】→【确定】按钮，生成因子分析结果。

本例 KMO 值为 0.536，可用于做因子分析。Bartlett 球形度检验 $P=0.000<0.05$（表 9-1），变量具有相关性，适合因子分析。

表 9-1　KMO 值和 Bartlett 球形度检验

取样足够度的 Kaiser-Meyer-Olkin 度量		0.536
Bartlett 的球形度检验	近似卡方	706.361
	df	6
	Sig.	0.000

本例旋转后两个因子的累积方差贡献率为 95.801%，即总体 95.801%的信息由这两

个公因子来解释，丢失信息较少，故提取前两个公因子(表9-2)。

表9-2 解释的总方差

成分	初始特征值 合计	初始特征值 方差贡献率/%	初始特征值 累积贡献率/%	提取平方和载入 合计	提取平方和载入 方差贡献率/%	提取平方和载入 累积贡献率/%	旋转平方和载入 合计	旋转平方和载入 方差贡献率/%	旋转平方和载入 累积贡献率/%
1	2.911	72.770	72.770	2.911	72.770	72.770	2.704	67.595	67.595
2	0.921	23.031	95.801	0.921	23.031	95.801	1.128	28.206	95.801
3	0.147	3.684	99.485						
4	0.021	0.515	100.000						

采用Kaiser标准化的正交旋转法得到因子载荷矩阵(表9-3)。载荷范围介于-1~1，载荷接近-1或1，表明因子对变量的影响强；载荷接近0，表明因子对变量无影响。一般认为，因子载荷的绝对值<0.3为低载荷，绝对值≥0.4为高载荷。本例第一公因子更能代表萼片长度(0.959)、花瓣长度(0.945)和花瓣宽度(0.934)；第二公因子更能代表萼片宽度(0.986)。

表9-3 旋转成分矩阵

	成分 1	成分 2
萼片宽度	-0.139	0.986
花瓣长度	0.945	-0.301
花瓣宽度	0.934	-0.252
萼片长度	0.959	0.051

旋转后获得旋转空间成分图(图9-2)，图9-2中萼片长度、花瓣宽度和花瓣长度距离较近，可归于同一个公因子；萼片宽度可归于另外一个公因子。

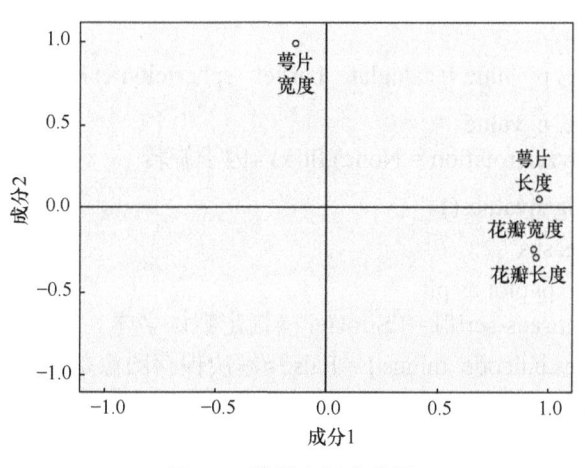

图9-2 旋转空间成分图

另外，获得成分得分系数矩阵表(表 9-4)，第一公因子 F1 支配了萼片长度、花瓣宽度和花瓣长度，第二公因子 F2 支配了萼片宽度，这与旋转空间成分图分析一致。

表 9-4　成分得分系数矩阵表

	成分 1	成分 2
萼片长度	0.415	0.268
萼片宽度	0.165	0.963
花瓣长度	0.330	−0.089
花瓣宽度	0.336	−0.042

由成分得分系数矩阵表获得因子得分方程如下：

$$F_1 = 0.415 萼片长度 + 0.165 萼片宽度 + 0.330 花瓣长度 + 0.336 花瓣宽度$$

$$F_2 = 0.268 萼片长度 + 0.963 萼片宽度 - 0.089 花瓣长度 - 0.042 花瓣宽度$$

Python 分析

运行"D:\环境数据分析\第九章\例 9-1 鸢尾花.ipynb"，主要代码及结果如下：

第一次运行需安装 factor_analyzer，在代码行执行如下安装命令：

pip install factor_analyzer

安装结束后，在下一代码行运行下列程序：

```
from factor_analyzer import FactorAnalyzer
from factor_analyzer.factor_analyzer import calculate_bartlett_sphericity,calculate_kmo
import numpy as np
import pandas as pd
data = pd.read_excel(r"D:\环境数据分析\第九章\例 9-1 鸢尾花.xlsx")
x = data.iloc[:, 0:]
kmo_all, kmo_model = calculate_kmo(x) # KMO 检验
print(kmo_model)
chi_square_value, p_value = calculate_bartlett_sphericity(x) # Bartlett 球形度检验
chi_square_value, p_value
FA = FactorAnalyzer(rotation = None).fit(x) #因子旋转
ev, v = FA.get_eigenvalues()
import seaborn as sns
import matplotlib.pyplot as plt
plt.rcParams['font.sans-serif'] = ['SimHei'] #指定默认字体
plt.rcParams['axes.unicode_minus'] = False #解决保存图像是负号'-'显示为方块的问题
plt.scatter(range(1, x.shape[1] + 1), ev) #绘制散点图
plt.plot(range(1, x.shape[1] + 1), ev) #绘制折线图
plt.xlabel("Factors")
```

plt.ylabel("Eigenvalue")
plt.show()
fv = FA.get_factor_variance() #查看方差贡献率
pd.DataFrame({'特征值': fv[0], '方差贡献率': fv[1], '方差累计贡献率': fv[2]})
#从结果可以看出前 2 个因子的特征值较大，且累计方差贡献率>80%
FA = FactorAnalyzer(2, rotation = None).fit(x) #公因子数设为 2 个，重新拟合
FA.loadings_ #查看成分矩阵
pd.DataFrame(FA.transform(x))
FA_two = FactorAnalyzer(2, method="principal",rotation="varimax").fit(x) #因子旋转，选择方法 principal 主成分，varimax 方差最大化
FA_two.get_communalities() #查看公因子方差
pd.DataFrame(FA_two.get_communalities(), index = x.columns) #查看每个变量公因子方差
FA_two.get_eigenvalues() #查看旋转后的特征值
pd.DataFrame(FA_two.get_eigenvalues()) #查看旋转后每个变量的特征值
pd.DataFrame(FA_two.loadings_, index = x.columns)
sd_two = FA_two.get_factor_variance() #查看方差贡献率
pd.DataFrame({'特征值': sd_two[0], '方差贡献率': sd_two[1], '方差累计贡献率': sd_two[2]})
FA_two.loadings_ #查看旋转后成分矩阵
df = pd.DataFrame(np.abs(FA_two.loadings_), index = x.columns)
df
plt.figure(figsize = (6,6))
ax = sns.heatmap(df, annot = True, cmap = "BuPu") #绘制热图
ax.yaxis.set_tick_params(labelsize = 12) #设置 y 轴字体大小
plt.ylabel("Sepal Width", fontsize = "xx-large") #设置 y 轴标签
plt.show()
FA_two.transform(x) #转成新变量

pd.DataFrame(FA_two.transform(x))
Python 输出结果如下。
(1) KMO 和 Bartlett 球形度检验结果：

0.5330608416236274
(710.2900439731588, 3.6703194137334406 × 10^{-150})。
Python 与 SPSS 的结果一致，说明本例适合进行因子分析。
(2) FA 结果：

	特征值	方差贡献率	方差累计贡献率
0	2.879133	0.719783	0.719783
1	0.584831	0.146208	0.865991
2	0.100096	0.025024	0.891015

前两个因子特征值较大，累计方差贡献率>80%，将公因子数设为 2，重新拟合 FA_two。

(3) FA_two 结果：

	特征值	方差贡献率	方差累计贡献率
0	2.706383	0.676596	0.676596
1	1.125656	0.281414	0.958010

本例因子分析 Python 和 SPSS 结论一致，图 9-3 中数值表示因子载荷，表明鸢尾花特征中萼片长度、花瓣宽度和花瓣长度高度相关，而萼片宽度与这三种特征不相关。

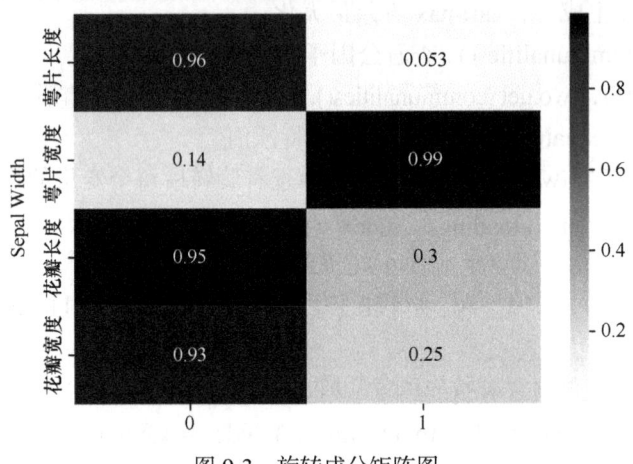

图 9-3　旋转成分矩阵图

GPT-4 分析

在 ChatGPT 官网(https://chat.openai.com/)选择 ChatGPT 图标，在下拉菜单点击"GPT-4"，输入"根据鸢尾花数据集中萼片长度、萼片宽度、花瓣长度、花瓣宽度的特征数据，进行因子分析。并分析每种因子支配的特征是什么？"指令，提交任务。部分交互界面如下：

(1) 数据加载界面。

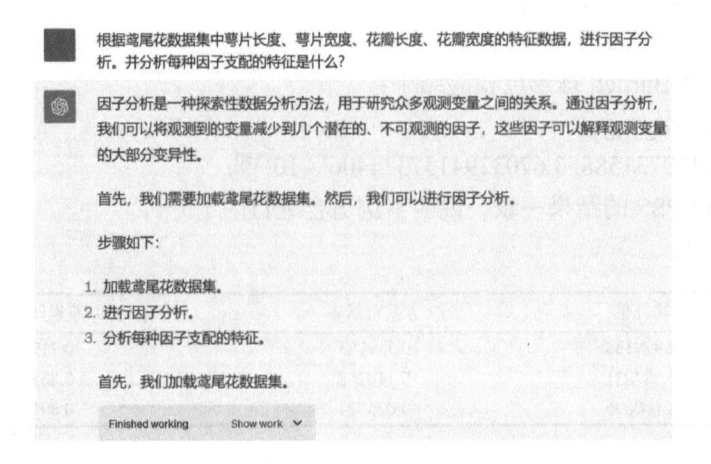

(2) 因子分析界面。

因子分析需要进行以下准备:
1. 数据标准化:因子分析对数据的尺度敏感,所以最好在进行因子分析前先对数据进行标准化。
2. 选择因子数:我们可以使用特征值大于1的准则或累积方差的比例来确定因子数。

首先,我们对数据进行标准化,然后进行因子分析。

```
from sklearn.preprocessing import StandardScaler
from sklearn.decomposition import FactorAnalysis
# 数据标准化
scaler = StandardScaler()
iris_std = scaler.fit_transform(iris_df)
# 因子分析
fa = FactorAnalysis(n_components=4)
iris_factors = fa.fit_transform(iris_std)
# 获取因子载荷矩阵
loadings = fa.components_
loadings_df = pd.DataFrame(loadings, columns=iris.feature_names)
loadings_df
```

(3) 结果输出及分析界面。

	sepal length (cm)	sepal width (cm)	petal length (cm)	petal width (cm)
Factor 1	0.8391	-0.3648	0.9203	0.9019
Factor 2	0.123	0.3398	-0.0193	-0.0091

因子载荷矩阵表示了每个观测变量与每个因子之间的关系。载荷值的大小(无论正负)表示了该变量与该因子的相关程度。载荷值越接近1或-1,表示变量与因子越相关;越接近0,表示越不相关。

从上面的因子载荷矩阵中,我们可以得到以下结论:
1. 第一个因子与所有的观测变量都有很高的相关性(尤其是与花瓣长度和花瓣宽度),这意味着这个因子可能是一个表示花的大小或形状的总体因子。
2. 第二个因子与萼片宽度有一定的正相关,但与其他变量的相关性很低。这意味着这个因子可能与花的某种特定特征有关,但与大小或形状关系不大。

注:本书仅以 GPT-4 为例,可采用其他类似功能大模型进行上述分析。

9.3 主成分分析

9.3.1 主成分分析概述

主成分分析(PCA)是被广泛使用的无监督线性降维方法,通过正交线性变换将大量原始变量转换为一组或几组线性维度无关的变量。PCA 主要适用于变量间相关性较强的数据。

PCA 由卡尔·皮尔逊(Karl Pearson)于 1901 年在生物学理论研究中首次引入,目前常用于多维数据的探索分析、人脸识别、数据压缩、权重计算及综合竞争力分析,是机器学习中特征提取的重要方法之一。

9.3.2 主成分分析算法

PCA 主要涉及以下四个步骤。

(1) 设原始矩阵 $X = (X_1, X_2, \cdots, X_p)^T$ 为 p 维随机向量,表示为

$$\begin{bmatrix} x_{1,1} & x_{1,2} & \cdots & x_{1,p} \\ \vdots & \vdots & & \vdots \\ x_{n,1} & x_{n,2} & \cdots & x_{n,p} \end{bmatrix}$$

(2) 计算样本的协方差矩阵，其中 $X_m = (x_{1,m}, x_{2,m}, \cdots, x_{n,m})^T, m = 1, 2, \cdots, p$。

$$\begin{bmatrix} \mathrm{Var}(X_1) & \mathrm{Cov}(X_1, X_2) & \cdots & \mathrm{Cov}(X_1, X_p) \\ \vdots & \vdots & & \vdots \\ \mathrm{Cov}(X_p, X_1) & \mathrm{Cov}(X_p, X_2) & \cdots & \mathrm{Var}(X_p) \end{bmatrix} \triangleq \Sigma$$

(3) 对协方差矩阵进行特征值分解，计算特征值与特征向量：$|\Sigma - \lambda I| = 0$，I 为单位向量，计算的 p 个特征值满足 $\lambda_1 \geq \lambda_2 \geq \cdots \geq \lambda_p$。$a_1, a_2, \cdots, a_p$ 为维度均为 p 的单位正交特征向量。

(4) 成分得分系数矩阵可表示为 $Z = (Z_1, Z_2, \cdots, Z_p)^T$，其中 $Z_i = a_i^T X$。

PCA 以方差衡量信息量，方差(特征值)越大，包含信息越多，方差最大的第一个线性组合(F_1)作为第一主成分。当 F_1 不足以代表样本的大部分信息时，再选取第二大方差的线性组合(F_2)，即第二主成分，F_1 包含的信息不会出现在 F_2 中，两者之间相互独立 $[\mathrm{Cov}(F_1, F_2) = 0]$，依次类推，构造出后续多个主成分。PCA 计算简单，主要是运输特征值分解。筛选主成分的一般标准是方差贡献率达到 80%以上的主成分、保留方差大于 1 的主成分以及碎石图中变化较大的前几个主要成分。

思考题 9-1 PCA 与因子分析有何异同？

因子分析和 PCA 均基于变量内部相关性进行转化处理，由较少的新变量代表原始变量大部分信息，两者主要差异如下。

(1) PCA 可看作因子分析的特例，因子分析则是 PCA 分析的扩展。因子分析以变量间相关性为基础，能厘清因子和变量间的对应关系。若 PCA 效果不佳，可考虑采用因子分析。

(2) PCA 从 m 个原始变量中提取 $k(k \leq m)$ 个互不相关的主成分；因子分析提取 $k(k \leq m)$ 个支配原始变量的公共因子和 1 个特殊因子，各公共因子间的相关性没有具体要求。

(3) PCA 实质上是线性变换，主成分的数量与原始变量的数量一致(仅解释的信息量不等)，无须进行因子旋转及假设检验。因子分析根据变异的累计贡献率指定因子数量，同时需要对载荷矩阵实施因子旋转，计算因子得分确定分析效果。

(4) 因子分析提取的公因子比 PCA 提取的主成分更具解释性，实际意义更明确。

(5) PCA 分析未涉及变量的度量误差问题，用线性组合的形式表示综合指标。因子分析的潜在变量校正了度量误差。

例 9-2 鸢尾花数据集为四维数据，试通过 PCA 进行降维，在二维平面进行可视化。
SPSS 分析

在 SPSS 中，PCA 的分析过程与因子分析相似(图 9-4)，只需在因子分析主对话框点击【抽取】，将【方法(M)】设置为【主成分】，其他步骤相同，具体操作及结果参考例 9-1 因子分析。

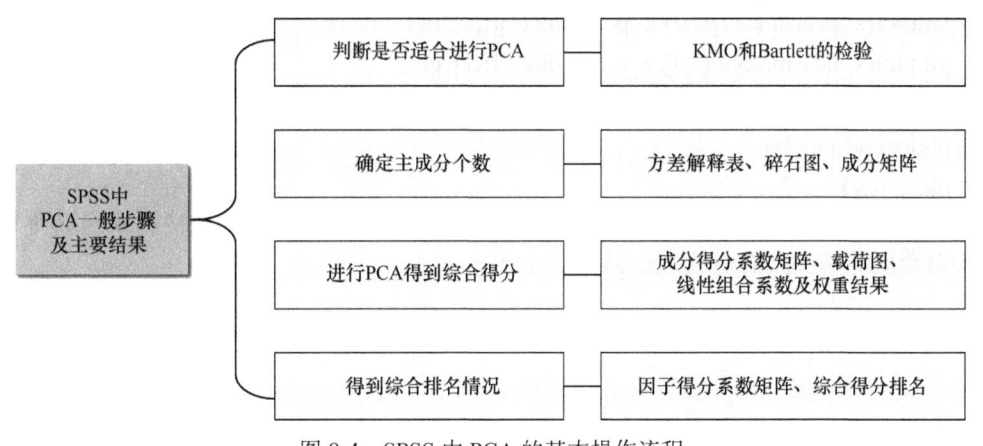

图 9-4 SPSS 中 PCA 的基本操作流程

Python 分析

运行"D:\环境数据分析\第九章\例 9-2 鸢尾花.ipynb",主要代码及结果如下:

```
from sklearn.decomposition import PCA
import numpy as np
import pandas as pd
import matplotlib.pyplot as plt
from sklearn import datasets
iris = datasets.load_iris()
x = iris.data
plt.figure(dpi = 600) #首先绘制累计可解释方差贡献率曲线
    sns.scatterplot(range(1, x.shape[1] +1),np.cumsum(PCA().fit(x). explained_variance_ratio_))
    plt.plot(range(1, x.shape[1] + 1),np.cumsum(PCA().fit(x).explained_variance_ratio_))
    plt.xlabel("number of components after dimension reduction")
    plt.ylabel("cumulative explained variance")
    plt.show()
    pca = PCA(n_components = 2).fit(x) #根据累积性方差选择 n_components = 2
x_pca = pca.transform(x)
pca.explained_variance_ #查看降维后的每个维度的方差,越大说明带的信息量越大
pca.explained_variance_ratio_ #查看降维后每个维度占原来总的信息量的百分比
    pd.DataFrame(x_pca)
    index1 = np.where(iris.target == 0)
    index2 = np.where(iris.target == 1)
    index3 = np.where(iris.target == 2)
    labels = ['setosa', 'versicolor', 'virginica']
```

```
plt.figure(dpi = 600)
plt.plot(x_pca[index1][:,0],x_pca[index1][:,1],'rh')
plt.plot(x_pca[index2][:,0],x_pca[index2][:,1],'gh')
plt.plot(x_pca[index3][:,0],x_pca[index3][:,1],'bh')
plt.legend(labels)
plt.show()
```

Python 输出结果如图 9-5 所示，通过 PCA 对 Iris 数据集鸢尾花特征从四维降至二维，对鸢尾花的类型有更直观的认识。

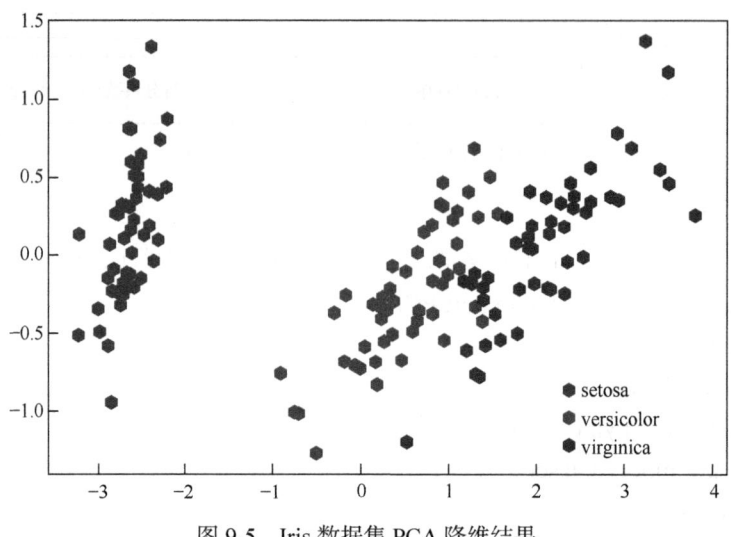

图 9-5　Iris 数据集 PCA 降维结果

GPT-4 分析

在 ChatGPT 官网(https://chat.openai.com/)选择 GhatGPT 图标，在下拉菜单点击"GPT-4"，输入"请对鸢尾花数据集使用 PCA 进行降维，并在二维平面进行可视化。"指令，提交任务。部分交互界面如下：

(1) 数据加载界面。

(2) PCA 降维界面。

我已成功加载了鸢尾花数据集。现在，我将使用PCA对数据进行降维到2D。

```
from sklearn.decomposition import PCA
# 初始化 PCA 并降维到 2D
pca = PCA(n_components=2)
df_pca = pca.fit_transform(df.iloc[:, :-1])
# 将 PCA 结果转换为 DataFrame
df_pca = pd.DataFrame(df_pca, columns=['PC1', 'PC2'])
df_pca['species'] = df['species']
df_pca.head()
```

(3) 结果可视化界面。

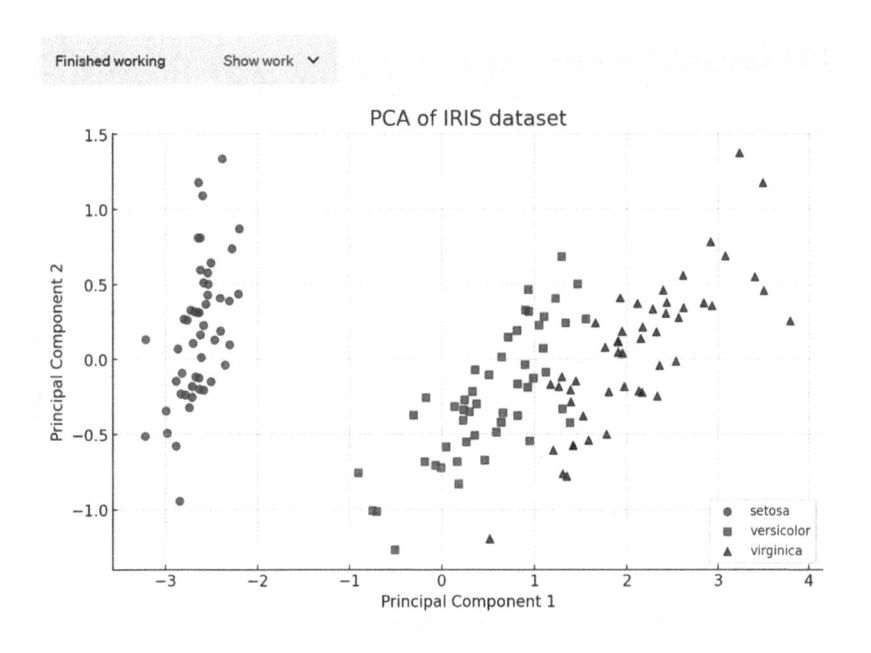

9.4 对应分析

9.4.1 对应分析概述

对应分析又称 R-Q 型因子分析，是通过分析多个品质变量(名义尺度或定序数据)而研究变量间相关关系的统计方法，是 R 型因子分析和 Q 型因子分析的结合。对应分析的基本思想于 1933 年由理查德森(M.W. Richardson)和库德(G.F. Kuder)提出，对应分析术语于 1970 年由法国统计学家让-保罗·贝内泽等(Jean-Paul Benzécri)提出。

对应分析采用名义变量或定序变量，适用于分析多分类变量数据，直观呈现变量类别间关系，分类变量越多，优势越明显。对应分析的前提是各因素间存在显著相关性，因素间不独立。若把名义变量转换为有序变量，需采用分类主成分分析。

9.4.2 对应分析算法

对应分析主要包括建立列联表和关联图，具体涉及编制交叉列联表，根据原始矩阵进行对应变换，分类降维处理行变量和列变量，最后绘制行列变量分类的对应分布图。

对应分析的算法分为三步：

(1) 设原始变量有 M 个样本，每个样本包含 n 个指标，表示为

$$X = [x_{ij}] = \begin{bmatrix} x_{11} & x_{12} & \cdots & x_{1n} \\ x_{21} & x_{22} & \cdots & x_{2n} \\ \vdots & \vdots & & \vdots \\ x_{m1} & x_{m2} & \cdots & x_{mn} \end{bmatrix}$$

式中，$i = 1, 2, \cdots, m$；$j = 1, 2, \cdots, n$。

(2) 对 X 进行变换，得到过渡矩阵 $Z = \left[z_{ij} \right]_{mn}$。

$$z_{ij} = \frac{x_{ij} - \dfrac{x_i \cdot x_j}{T}}{\sqrt{x_i \cdot x_j}}$$

式中，$i = 1, 2, \cdots, m$；$j = 1, 2, \cdots, n$；x_i、x_j、T 分别为 X 的行和、列和、总和。

(3) 对过渡矩阵进行因子分析。

R 型因子分析：计算变量协方差矩阵 $A = Z'Z$ 的特征根、单位特征向量及因子载荷，利用前两个公因子的因子载荷绘制变量的二维因子载荷平面图。

Q 型因子分析：样品协方差矩阵 $B = ZZ'$ 与变量协方差矩阵有相同的非零特征根，计算得到对应的单位特征向量和因子载荷，利用前两个公因子的因子载荷绘制二维因子载荷平面图。

例 9-3 针对 2022 年主要流域重点断面水质自动监测数据(数据来源于中国环境监测总站，根据《地表水环境质量标准》(GB 3838—2002)进行水质分类并利用对应分析研究水质情况。

SPSS 分析

(1) 打开"D:\环境数据分析\第九章\例 9-3 水质.sav"。

(2) 对数据文件进行处理。对应分析要求变量必须为名义变量，当有频率变量存在时，需先作加权处理。具体方法为点击【数据(D)】→【加权个案(W)…】按钮，打开加权个案主对话框，将【断面数】导入【频率变量(F):】选项栏，点击【确定】按钮。

(3) 依次选择【分析(A)】→【降维】→【对应分析(C)…】选项，打开对应分析主对话框。

(4) 选择行变量为【流域】，点击【定义范围(D)…】按钮，打开定义行范围主对话框。依次选择行变量为【流域】，其中最小值为【1】，最大值为【3】；列变量为【水质】，其中最小值为【1】，最大值为【6】，【无】类别约束。

(5) 点击【继续】→【模型(M)…】按钮，打开模型主对话框。依次选择【卡方】→【行和列均值已删除】→【对称】选项。

(6) 点击【继续】→【统计量(S)…】按钮，打开统计量主对话框。依次选择【对应表】→【行点概览】→【列点概览】→【行轮廓表】→【列轮廓表】选项。

(7) 点击【继续】→【绘制(T)…】按钮，打开图主对话框。依次选择【双标图】→【显示解中的所有维数】选项。

(8) 点击【继续】→【确定】按钮，生成对应分析结果。

本例摘要表(表9-5)类似于因子分析的总方差表，用于检验每个维度的行得分和列得分及其对分类变异的解释比例。"维数"表示特征值的个数；"奇异值"表示行得分和列得分的相关关系；"惯量"即为特征值，数值上等于奇异值的平方，值越大表示该维度对差异的解释越强；"卡方"表示对列联表作卡方检验得到的观测值；"Sig."为计算得到的检验值。

表9-5 摘要

维数	奇异值	惯量	卡方	Sig.	惯量比例 解释	惯量比例 累积	置信奇异值 标准差	置信奇异值 相关 2
1	0.422	0.178			0.557	0.557	0.091	0.072
2	0.376	0.142			0.443	1.000	0.152	
总计		0.319	18.210	0.052	1.000	1.000		

本例分析 P 值为 0.052＞0.05，认为行变量和列变量不存在显著相关关系。第一维度解释了所有分类变异的 55.7%，第二维度解释了所有分类变异的 44.3%，两个维度共同解释所有分类变异的 100.0%，可用于描述全部信息。

概述行点和概述列点表相当于因子分析的成分矩阵。"维中的得分"表示各行/列类别在第一、第二维度上的得分，也是散点图的坐标值；"贡献"表示点对维或者维对点变异的解释能力，其中"点对维惯量"表示行/列点在维度上的贡献值，"维对点惯量"表示维度对解释类别行/列点的贡献值。

本例海河流域对第一维度和第二维度影响的差异均最大，接近100%；第一、第二维度对所有流域的解释值(维对点惯量总贡献)均达到 95%以上，说明二维图形可较好地描述"流域"分类间的信息。Ⅰ类水质对第一维度和第二维度影响的差异最大，接近100%；第一、第二维度对所有流域的解释值(维对点惯量总贡献)均达到 95%以上，说明二维图形可以很好地反映"水质"分类间的大部分信息。

散点图(图9-6)反映变量间各分类值的位置关系，相邻区域内的分类值彼此之间有关联，且距离越近其关系越密切。

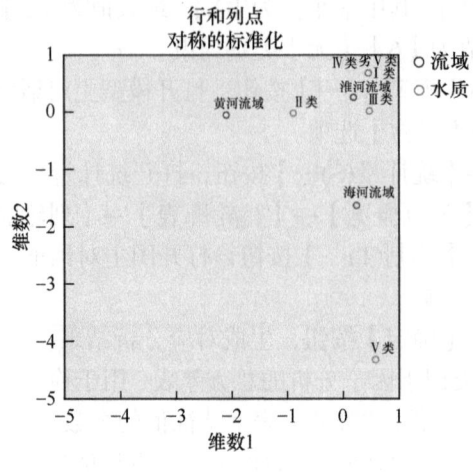

图 9-6　行与列点散点图

Python 分析

运行"D:\环境数据分析\第九章\例 9-3 水质.ipynb"，主要代码及结果如下：

第一次执行需安装 prince0.7.1 包，在代码行执行如下安装命令：

pip install prince == 0.7.1

安装结束后，在下一代码行运行如下程序：

import prince

import numpy as np

import pandas as pd

import matplotlib.pyplot as plt

plt.rcParams['font.sans-serif'] = ['SimHei']

plt.rcParams['axes.unicode_minus'] = False

data = pd.read_excel(r"D:\环境数据分析\第九章\例 9-3 水质.xlsx", index_col = 0)

CA = prince.CA(n_components = 2).fit(data) #对应分析

fig, ax = plt.subplots(dpi = 600)

CA.plot_coordinates(X = data, a x = ax)

plt.xlim(−1,5)#设置 x 轴刻度

plt.ylim(−1,5)#设置 y 轴刻度

ax.set_xlabel('Component 1', fontsize = 16)

ax.set_ylabel('Component 2', fontsize = 16)

Python 输出结果如图 9-7 所示，与 SPSS 分析结果一致，黄河流域和淮河流域以Ⅱ类和Ⅲ类水质为主；淮河流域水质跨度范围大，Ⅱ类、Ⅲ类和劣Ⅴ类水质兼具，在不同时间及断面差异较大。

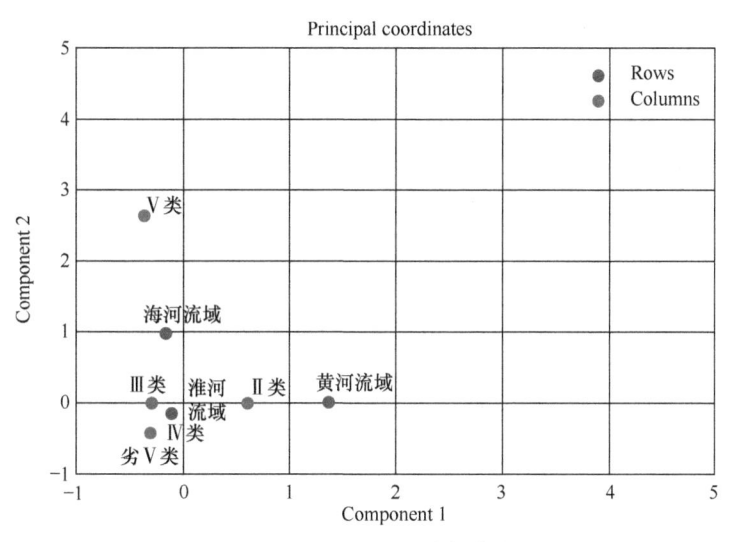

图 9-7　Python 的因子分析散点图

9.5　最优尺度分析

9.5.1　最优尺度分析概述

最优尺度(optimal scaling)分析是研究多组分类变量间关联关系的图形化方法,由美国气象学家朱尔·格雷戈里·查尼(Jule Gregory Charney)于 1948 年提出。最优尺度分析包括分类主成分分析(categorical principal component analysis, CATPCA)、多重对应分析(multiple correspondence analysis, MCA)及非线性典型相关分析(nonlinear canonical correlation analysis, NLCCA)。

最优尺度分析基本原理是在保证变换后各变量存在线性条件下,采用非线性变换方法进行重复迭代,为原始变量赋予相应分值,找出每个类别的最佳量化评分。最优尺度分析将分类变量转换为数值型,解决了分类变量的量化,突破了分类变量对分析模型选择的限制。其局限性在于需要综合经验和分析结果筛选变量,无法实现变量的自动筛选。

9.5.2　分类主成分分析

CATPCA 是在 PCA 基础上,对分类变量进行降维处理的方法,其本质仍然是 PCA。CATPCA 适用范围广,对变量所服从的分布类型没有特定要求。CATPCA 基本原理是通过最优尺度变换将变量间的相关性转换为线性关联,用转换后的量化评分代替原变量进行 PCA,最后将分析结果映射回原始类别。

例 9-4　随机对 100 名居民进行环境知识问卷调查,将调查结果分为 5 类,1(非常了解,时常关注当下最新消息)、2(了解大部分内容,具备一定的环境常识)、3(半知半解,偶尔关注相关信息)、4(了解少部分内容,被动接受信息)、5(不了解,不关心),试对这 5 种结果进行 CATPCA。

SPSS 分析

(1) 打开"D:\环境数据分析\第九章\例 9-4 环境知识调查问卷.sav"。在最佳尺度主对话框中，依次选择【某些变量并非多重标称】→【一个集合】选项。

(2) 选择所有 4 个变量作为分析变量，点击【离散化(C)…】按钮，打开离散化主对话框。默认【离散化(C)…】中所有选项。

(3) 点击【取消】→【缺失(M)…】按钮，打开缺失值主对话框。默认【缺失(M)…】中所有选项。

(4) 点击【取消】→【选项(I)…】按钮，打开选项主对话框。默认【选项】中所有选项。

(5) 点击【继续】→【输出(T)…】按钮，打开输出主对话框。依次选择【成分载入】→【转换变量的相关性】选项。

(6) 点击【继续】→【保存(V)…】按钮，打开保存主对话框。本例不保存任何项。

(7) 点击【继续】→【对象(O)…】按钮，打开对象图主对话框。依次选择【对象点】→【个案号】选项。

(8) 点击【继续】→【类别(G)…】按钮，打开类别图主对话框。将本例中 4 个变量全部选入【联合类别图】选项栏。

(9) 点击【继续】→【载入(O)…】按钮，打开载荷图主对话框。依次选择【显示成分载入(D)】→【所有变量(R)】选项。

(10) 点击【继续】→【确定】按钮，生成 CATPCA 结果。

本例表 9-6 模型汇总表中，第一维度方差为 35.905%，第二维度方差为 28.828%，两个维度累积达到 64.733，两个主成分可解释 64.733%的信息，可进行 CATPCA。

表 9-6 模型汇总

维数	Cronbach's Alpha	解释	
		总计(特征值)	方差的%
1	0.405	1.436	35.905
2	0.177	1.153	28.828
总计	0.818	2.589	64.733

成分负荷表(表 9-7)中，第一成分主要解释水方面(0.708)和大气方面知识(0.664)，第二成分主要解释固废方面知识(0.725)。

表 9-7 成分负荷

变量	维数	
	1	2
水方面知识	0.708	−0.328
大气方面知识	0.664	0.403
土壤方面知识	0.565	−0.598
固废方面知识	0.418	0.725

第 9 章 环境数据降维分析

成分负荷图(图 9-8)直观描述主成分和变量间的关系，每个变量在每个主成分中的相关性，以及变量间的相关性。本例图中维数 1 主要解释了水方面和大气方面知识，维数 2 主要解释固废方面知识。4 种变量之间相关性不强。

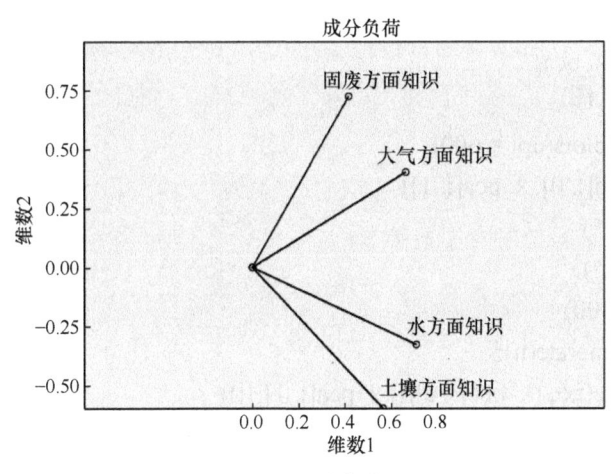

图 9-8 成分负荷图

Python 分析

运行 "D:\环境数据分析\第九章\例 9-4 环境知识调查问卷.ipynb"，主要代码及结果如下：

```
from sklearn.decomposition import PCA
import numpy as np
import pandas as pd
import matplotlib.pyplot as plt
plt.rcParams['font.sans-serif'] = ['SimHei']
plt.rcParams['axes.unicode_minus'] = False
data = pd.read_excel(r"D:\环境数据分析\第九章\例 9-4 环境知识调查问卷.xlsx")
x = data.iloc[:, 0:]
from sklearn.preprocessing import OrdinalEncoder #将分类特征转换为分类数值
OrdinalEncoder().fit(x).categories_
x = OrdinalEncoder().fit_transform(x)
#绘制累积可解释方差贡献率曲线
plt.figure(dpi = 600)
plt.scatter(range(1, x.shape[1] + 1),np.cumsum(PCA().fit(x).explained_variance_ratio_))
plt.plot(range(1, x.shape[1] + 1),np.cumsum(PCA().fit(x).explained_variance_ratio_))
plt.xlabel("number of components after dimension reduction")
plt.ylabel("cumulative explained variance")
plt.show()
pca = PCA(n_components = 2).fit(x) #根据累积性方差选择 $n$_components = 2
```

```
x_pca = pca.transform(x)
pca.explained_variance_ #查看降维后的每个维度的方差，越大说明带的信息量越大
pca.explained_variance_ratio_ #查看降维后每个维度占原来总的信息量的百分比
pca.components_ #查看降维后变量在每个维度的负荷
pd.DataFrame(x_pca)
#绘制对象散点图
fig,ax = plt.subplots(dpi = 600)
ax.scatter(x_pca[:, 0], x_pca[:, 1])
plt.xlabel("PC1")
plt.ylabel("PC2")
n = np.arange(100)
for i, txt in enumerate(n):
    ax.annotate(txt, (x_pca[:, 0][i],x_pca[:, 1][i]))
plt.show()
#输出成分负荷表
comp = np.transpose(pca.components_)
pd.DataFrame(comp)
#绘制成分负荷图
fig,ax = plt.subplots(dpi = 600)
ax.scatter(comp[:, 0], comp[:, 1])
plt.xlabel("PC1")
plt.ylabel("PC2")
n = np.arange(4)
for i, txt in enumerate(n):
    ax.annotate(txt, (comp[:, 0][i],comp[:, 1][i]))
plt.show()
```

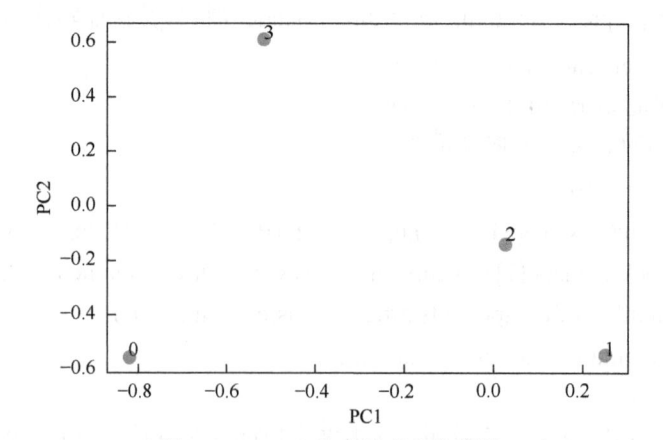

Python 输出结果如图 9-9 所示，和 SPSS 分析一致，本例 4 种变量间的相关性不强。

图 9-9　Python 生成的成分负荷图

9.5.3 多重对应分析

简单对应分析适用于研究两个分类变量的关系，当存在两个以上分类变量时，采用 MCA。MCA 基本原理是通过分析变量间的交互汇总表揭示各类别间的对应关系。

MCA 通过因子载荷图的形式，直观地反映多个变量内部及变量间的对应关系。不足之处在于仅采用一个 MCA 关联图包含大量的组别及变量信息，导致各分类点在关联图中交叉重合，缺乏固定判别标准，分析结果受人为因素影响较大。

例 9-5 对例 9-3 的信息做进一步分析，综合考虑所有断面的溶解氧(mg/L)、高锰酸盐指数(mg/L)、氨氮(mg/L)、总磷(mg/L)和总氮(mg/L)指标，试进行多重对应分析。

SPSS 分析

(1) 打开"D:\环境数据分析\第九章\例 9-5 水质指标.sav"。

(2) 依次选择【分析(A)】→【降维】→【最优尺度(O)…】选项，打开最佳尺度主对话框，依次选择【所有变量均为多重标称】、【一个集合】选项，点击【定义】按钮，打开多重对应分析主对话框。

(3) 选择所有 6 个变量作为分析变量，点击【离散化(C)…】按钮，打开离散化主对话框。默认【离散化(C)…】中所有选项。

(4) 点击【取消】→【缺失(M)…】按钮，打开缺失值主对话框。默认【缺失(M)…】中所有选项。

(5) 点击【取消】→【选项(I)…】按钮，打开选项主对话框。默认【选项】中所有选项。

(6) 点击【继续】→【输出(T)…】按钮，打开输出主对话框。依次选择【区分测量】→【转换变量的相关性】选项。

(7) 点击【继续】→【保存(V)…】按钮，打开保存主对话框。本例不保存任何项。

(8) 点击【继续】→【对象(O)…】按钮，打开对象图主对话框。依次选择【对象点】→【个案号】选项。

(9) 点击【继续】→【变量(B)…】按钮，打开变量图主对话框。将本例中 6 个变量全部选入【联合类别图】选项栏，选择【所有变量】生成单图。

(10) 点击【继续】→【确定】按钮，生成多重对应分析结果如图 9-10、图 9-11 所示。图 9-10 类别点联合图直观地反映变量间各分类值的位置关系。从图形中心(0,0)出发，若变量中某个类别的点，与其他变量中某个类别的点在同一方位上距离较近，表明二者有较强的相关性；若距离较远或不在同一方位，表明两者相关性弱。

本例海河流域、黄河流域及淮河流域水质状况有所差异。总体来说，各流域溶解氧基本达到 I 类水质指标，总氮则接近劣 V 类水质指标，氨氮和总磷基本达到 III 类水质指标以上。

图 9-11 对象点图对特殊点的判断极为有效。带有相似属性的对象位置接近，属性相差较大的对象远离。图 9-11 中 20 号及 50 号位点与绝大部分位点相距较远，且彼此间存在较大差异，说明这两个位点的水质状况比较特殊。

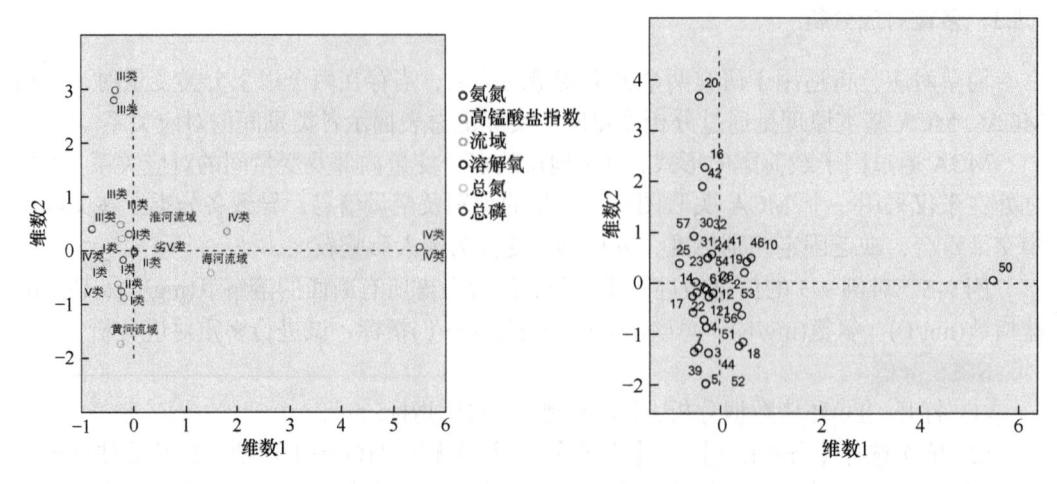

图 9-10　类别点联合图　　　　图 9-11　按案例数加注标签的对象点

Python 分析

运行"D:\环境数据分析\第九章\例 9-5 多重对应.ipynb",主要代码及结果如下:
import prince # prince 在例 9-3 已安装

import numpy as np

import pandas as pd

import matplotlib.pyplot as plt

import seaborn as sns

plt.rcParams['font.sans-serif'] = ['SimHei']

plt.rcParams['axes.unicode_minus'] = False

data = pd.read_excel(r"D:\环境数据分析\第九章\例 9-5 水质指标.xlsx")

data.columns = ['流域', '溶解氧', '高锰酸盐指数', '氨氮', '总磷', '总氮'] #指定数据类别

MCA = prince.MCA(n_components = 2).fit(data) #多重对应分析

fig, ax = plt.subplots(figsize = (6, 6), dpi = 600) #绘制类别图

　　MCA.plot_coordinates(X = data, ax = ax, show_row_points = False,show_column_labels = True)

　　ax.set_xlabel('Component 1', fontsize = 12)

　　ax.set_ylabel('Component 2', fontsize = 12)

　　fig, ax = plt.subplots(figsize = (6, 6),dpi = 600) #绘制对象点图

　　MCA.plot_coordinates(X = data,ax = ax, show_column_points = False,show_row_labels = True)

　　ax.set_xlabel('Component 1', fontsize = 12)

　　ax.set_ylabel('Component 2', fontsize = 12)

　　Python 输出结果如图 9-12、图 9-13 所示,与 SPSS 分析结果一致,MCA 在对特殊位点的排查方面较一般对应分析有着显著优势。

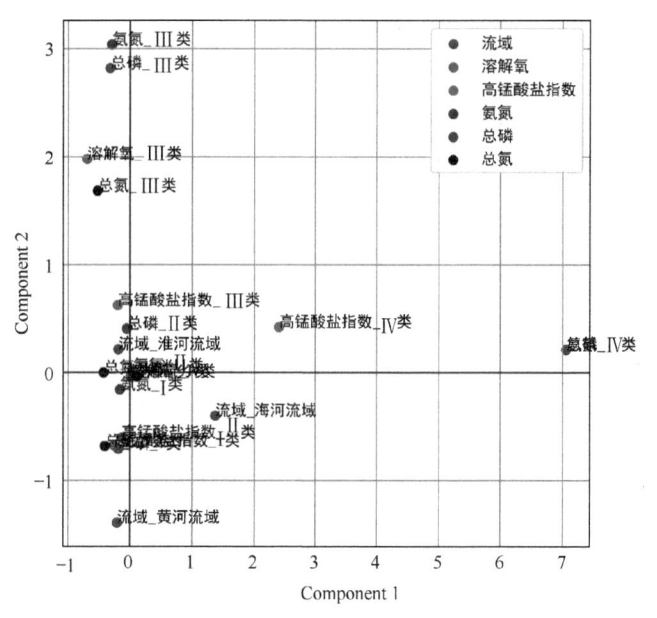

图 9-12　Python 生成的类别图

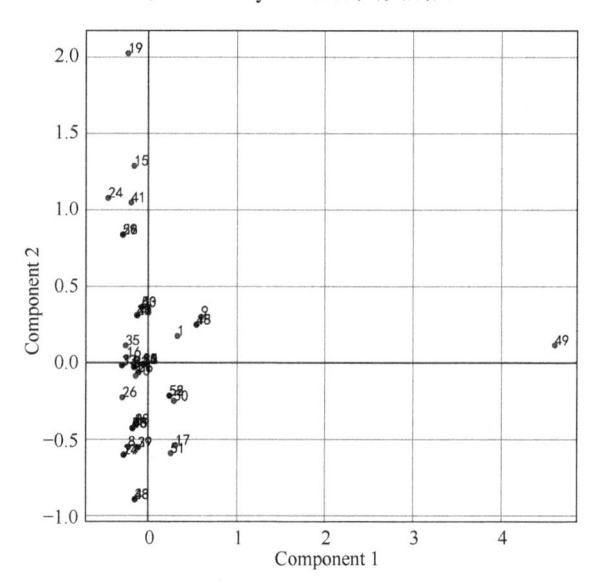

图 9-13　Python 生成的对象点图

9.5.4　非线性典型相关分析

NLCCA 通过非线性映射的方法将原始变量映射到高维空间，再利用线性算法间接地实现原始变量的求解。NLCCA 对数据要求较低，在探究变量的组间及组内整体相关性方面极为有效。NLCCA 为凸显数据间的差异，会首先对数据进行最优尺度转换，然后再按照典型相关分析方法进行分析。

例 9-6　对例 9-5 的信息做进一步补充，将每个断面在所属省的位置进行描述(1-西部，2-中部，3-东部)，试对流域、地区和高锰酸盐指数或氨氮的关系进行非线性典型相关分析。

SPSS 分析

(1) 打开"D:\环境数据分析\第九章\例 9-6 流域位置.sav"。

(2) 依次选择【分析(A)】→【降维】→【最优尺度(O)…】选项，打开最佳尺度主对话框。在最佳尺度主对话框中，依次选择【某些变量并非多重标称】→【多个集合】选项。点击【定义】按钮，打开非线性典型相关分析主对话框。

(3) 依次选择变量【流域】→【地区】选项。点击【定义范围和比例(D)…】按钮，打开定义范围和比例主对话框。选择流域范围为【1、3】，度量标度为【单标定】；选择地区范围为【1、3】，度量标度为【序数】。点击【下一张】按钮，依次选择变量【高锰酸盐指数】→【氨氮】选项，范围均为【1、6】，度量标度均为【序数】。

(4) 点击【选项】按钮，打开选项主对话框。依次选择【频率】→【质心】→【权重和成分载入】→【单拟合和多拟合】→【类别坐标】选项。

(5) 点击【继续】→【确定】，生成非线性典型相关分析结果。

根据权重和成分负荷表，流域在第二维度中权重和成分负荷较大；高锰酸盐指数在第一维度的权重和成分负荷值较大，氨氮在第二维度的权重和成分负荷值较大。

根据拟合表，流域在第一、第二维度中多拟合度和单一拟合度相差不大，高锰酸盐指数在第一维度多拟合度和单一拟合度较高，氨氮在第二维度多拟合度和单一拟合度较高。

图 9-14 直观地描述两集合元素间关系，坐标图上各分类值距离的远近表示彼此联系的密切程度。本例图中三个流域水质状况相对良好。海河流域可能存在氨氮污染，中部和西部地区高锰酸盐指数较东部地区高。

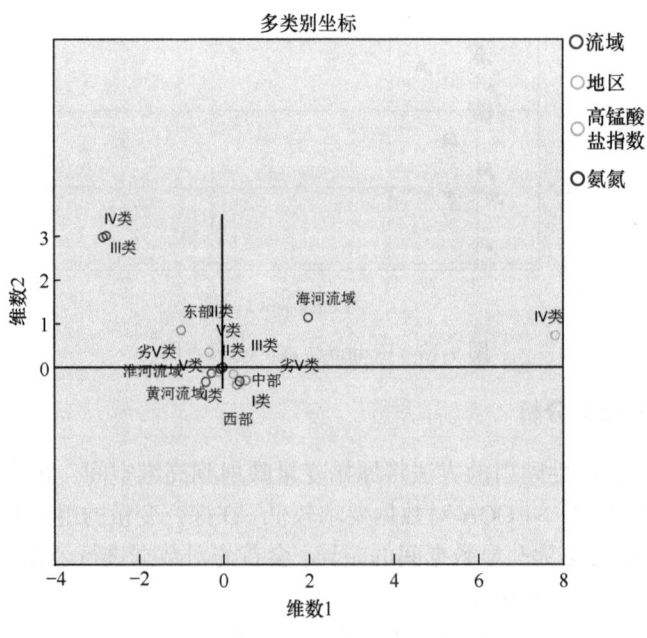

图 9-14 多类别坐标图

9.6 多维尺度分析

9.6.1 多维尺度分析概述

多维尺度(MDS)分析也称"相似度结构分析",是根据具有多维度的样本或变量间的相似性(距离近)或非相似性(距离远)进行分类,以可视化方式展现研究对象相似或相异程度的多元统计分析方法。MDS 分析常被用于分析不同对象间的关系,基本要求是数据的大小能反映出研究对象间的相似性或差异性程度。

9.6.2 多维尺度分析原理

MDS 将多个调查对象置于构建的低维空间中,同时保留各个对象之间的原始关系,若该低维空间为二维或三维,则可画出基于维度的可视化空间感知图,图中的点代表每个研究对象。点间距离表示对象间的相似性或相异性程度。通过观察点的聚集及各个点与坐标轴(维度)的距离,可分析不同维度所蕴含的信息,并推测其他潜在维度。

> **知识拓展 9-1 多维尺度分析与因子分析、对应分析、聚类分析的异同**
>
> MDS 分析和因子分析、对应分析都借助降维方法进行分析。因子分析侧重于分析变量间的相关性程度,MDS 分析侧重于分析相异性数据。MDS 分析通过距离分析变量间的差异。对应分析通过距离揭示变量间的关系。因子分析利用较少的共性因子代表整个变量组;若将研究对象降维并在直观图中表示出来进行分析时,可采用 MDS 分析。
>
> MDS 分析和聚类分析都具有检验变量间的相似性或相异性的功能;聚类分析涉及按质分组,将分组或聚类作为分析结果;MDS 分析主要是分析直观的多维尺度图。若对不同研究对象按标准分类,可采用聚类分析。一般分类观测同时采用聚类分析和 MDS 分析。
>
> MDS 模型拟合优度可采用应力(stress)系数进行检验。应力系数越小,表明拟合程度越高,并且空间图中数据关系与源数据越相近。应力系数与拟合优度的关系见表 9-8。

表 9-8 应力系数与拟合优度的关系

应力系数	拟合优度
≥20%	较差
≤10%	一般
≤5%	好
≤2.5%	很好
0	完全匹配

决定系数(R square) R^2 是指由自变量引起平方和占因变量的总平方和的比例,其大小决定能够在多大程度上解释总变异。决定系数能反映 MDS 模型的拟合程度,数值越接近 1,表明拟合优度越好,模型与总变异相关度越高。一般情况下决定系数需大于 0.6。

9.6.3 多维尺度分析类型

MDS 分析包括度量 MDS(metric MDS)分析与非度量 MDS(non-metric MDS)分析，其数据尺度可分为区间、比率、有序三种。

针对测量尺度为"区间""比率"的 MDS 分析，通常利用度量 MDS 比较分析研究对象两两之间的相似或差异程度或对其两点间距离进行对比。以是否采用欧氏距离作为考量距离标准，度量 MDS 可分为经典 MDS 分析和非经典 MDS 分析。

经典 MDS 模型是常用的度量模型，以欧氏距离 d 的差异近似代表数据间的差异性进行分析，测量的 d 值越大，差异程度就越大。经典 MDS 适用于分析单个矩阵，若数据包含不同研究对象的多个矩阵，则需进行重复 MDS 分析。

针对测量尺度为"有序"的 MDS 分析，由于不能准确计算其相似性或差异性，采用非度量 MDS 模型通过适当降维将相似性或差异性数据的排序信息在低维度空间中利用点与点之间的距离进行表示。在保留原始数据等级关系的基础上，用相同顺序的数列替代原始数据，并进行多次定量多维量表分析，直至获得最佳尺度差。

9.6.4 经典多维尺度分析

例 9-7 在某湖水中进行水样调查，采样点共 9 处，各个采样点分别命名为 D1、D2、D3、D4、D5、D6、D7、D8、D9，试以这 9 个采样点的距离进行多维尺度分析。

SPSS 分析

(1) 打开 "D:\环境数据分析\第九章\例 9-7MDS1.sav"。

(2) 在菜单栏中依次选择【分析(A)】→【度量(A)】→【多维尺度(ALSCAL)(M)…】选项，打开多维尺度主对话框。

(3) 在【距离】复选框中选择【数据为距离数据(A)】→【形状(S)…】，打开数据形状对话框，本例中选择【正对称(S)】。若数据集代表一组对象中的距离或者代表两组对象间的距离，需指定矩阵的形状才能得到正确结果。

(4) 单击【继续】→【模型(M)…】，打开模型对话框，本例中在模型对话框中依次选择【区间(I)】→【矩阵(M)】→【Euclidean 距离】，【维数】中【最小(M)】值为 2,【最大(X)】值为【2】，即默认值。

(5) 单击【继续】→【选项(O)…】，打开选项对话框，本例中在模型对话框中选择【组图(G)】→【个别主题图(I)】→【数据矩阵(D)】→【模型和选项摘要(M)】，其余均保留默认值，即【标准】中【S 应力收敛性(S)】为 0.001,【最小 S 应力值(N)】为 0.005,【最大迭代(X)】为 30。

(6) 单击【继续】→【确定】，得到经典 MDS 分析结果。

本例决定系数 = 0.99405，说明模型拟合效果好；Stress = 0.03438<5%，说明 MDS 模型对这 9 个采样点间距离的拟合程度较好。将源数据的相异程度转换为欧氏距离并由模型拟合线性散点图(图 9-15)，欧氏距离和实际距离之间呈良好的线性相关性，所有的散点集中在同一条线上，拟合效果较好。

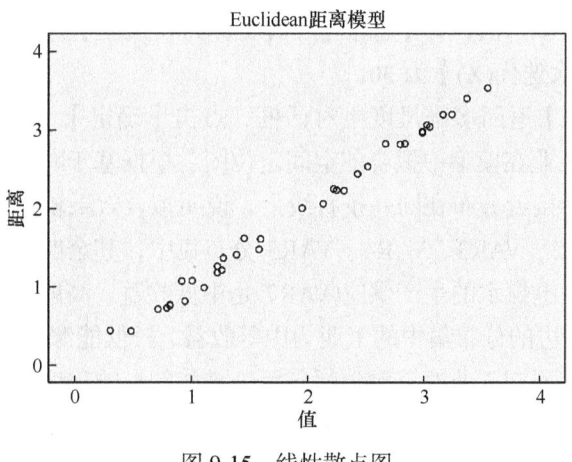

图 9-15 线性散点图

9.6.5 标准化多维尺度分析

针对多个研究对象的多个指标，采用手动输入相异性矩阵较为烦琐，可对数据进行矩阵创建，根据研究对象差异性获得空间定位图。另外，不同研究对象的多个指标往往具有不同量纲与量级，若直接使用原始数据进行分析，会导致结果发生偏差。因此，对不同指标进行标准化处理较为关键。

例 9-8 根据某城市重点工业行业资源消耗与"三废"治理情况，具体指标包括工业总产值、煤炭消耗量、水消耗量、固体废物产量、烟尘排放量、SO_2 排放量(本例中假设这些指标具有相同的权重)。分析不同行业对环境影响的差异程度，并解释导致这种差异性的原因。(本例暂不考虑个体差异，若考虑个体差异，数据形式需为矩阵，具体操作见例 9-9)

SPSS 分析

(1) 打开"D:\环境数据分析\第九章\例 9-8MDS2.sav"。

(2) 选择【分析(A)】→【度量(A)】→【多维尺度(ALSCAL)(M)…】选项。

(3) 将"A 工业总产值""B 煤炭消耗量""C 水消耗量""D 固体废物产量""E 烟尘排放量"选入【变量(V)】中。

(4) 在【距离】复选框中选择【从数据创建距离】→【度量(E)】，打开从数据创建距离对话框，在从数据创建度量对话框中选择【区间(N)】，并在【区间(N)】下拉框中选择【Euclidean 距离】，【转换值】中选择【标准化(S)】下拉框中的【Z 得分】→【按照变量(V)】，【创建距离矩阵】中选择【个案间(E)】。

(5) 单击【继续】→【模型(M)…】，打开模型对话框，本例中在模型对话框中依次选择【区间】→【矩阵(M)】→【Euclidean 距离】，【维数】中【最小(M)】值为 2，【最大(X)】值为【2】，即默认值。

(6) 单击【继续】返回多维尺度主对话框，在对话框中选择【选项(O)】，打开选项对话框，本例中在模型对话框中依次选择【组图(G)】→【数据矩阵(D)】→【模型和选项摘要(M)】，其余均保留默认值，即【标准】中【S 应力收敛性】为 0.001，【最小 S 应力值 (N)】为 0.005，【最大迭代(X)】为 30。

(7) 单击【继续】返回多维尺度主对话框，点击【确定】，获得派生的激励配置图(图 9-16)，即 8 个工业在模型中拟合的空间定位图。根据基于欧氏距离的模型拟合效果散点图，所有散点均接近分布在同一条直线上，说明拟合效果较好。

图 9-16 中 VAR2、VAR3、VAR4、VAR5 分布集中，其余四个行业分布较分散。位于空间图靠左位置的电煤水的生产供应(VAR7)是中低收益、高能源使用、高排放量的产业；而位于空间图右边的分布集中的工业为中等收益、较低能源使用、低排放量的产业，说明维度 1 可能反映不同工业对资源消耗与污染排放的影响程度。位于空间图靠上位置的机械设备制造(VAR6)为高收益、中等程度的能源使用与排放量的产业；与其余产业对比，维数 2 可能反映工业产值的情况。

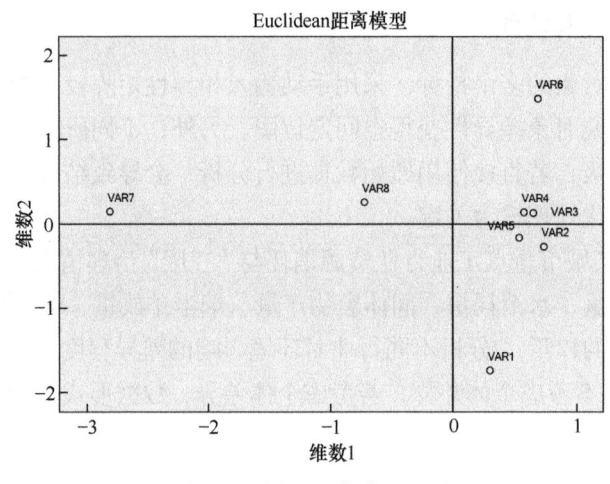

图 9-16　派生的激励配置图

Python 分析

运行"D:\环境数据分析\第九章\例 9-8 标准化多维度尺度分析.ipynb"，主要代码及结果如下：

```python
from sklearn.manifold import MDS
import numpy as np
import pandas as pd
import matplotlib.pyplot as plt
plt.rcParams['font.sans-serif'] = ['SimHei']
plt.rcParams['axes.unicode_minus'] = False
data = pd.read_excel(r"D:\环境数据分析\第九章\例 9-8MDS2.xlsx",index_col = 0)
mds = MDS(n_components = 2, metric = True, max_iter = 30, eps = 1e-3, dissimilarity = "euclidean")
data_mds = mds.fit_transform(data)
```

```
data_mds
fig,ax = plt.subplots(dpi = 600)
plt.scatter(data_mds [:,0], data_mds [:,1],s = 10)
plt.xlabel("component1")
plt.ylabel("component2")
n = np.arange(8)
txt = pd.read_excel(r"D:\环境数据分析\第九章\例 9-8MDS2.xlsx").loc[:,'行业'].values
for i in n:
    ax.annotate(txt[i],(data_mds[:, 0][i],data_mds[:, 1][i]), fontsize = 5)
plt.show()
```

Python 输出结果如图 9-17 所示，与 SPSS 类似，对每个象限做出初步解读，可根据这些工业所处象限的位置，观察不同工业在产值与环境影响方面的差异程度。

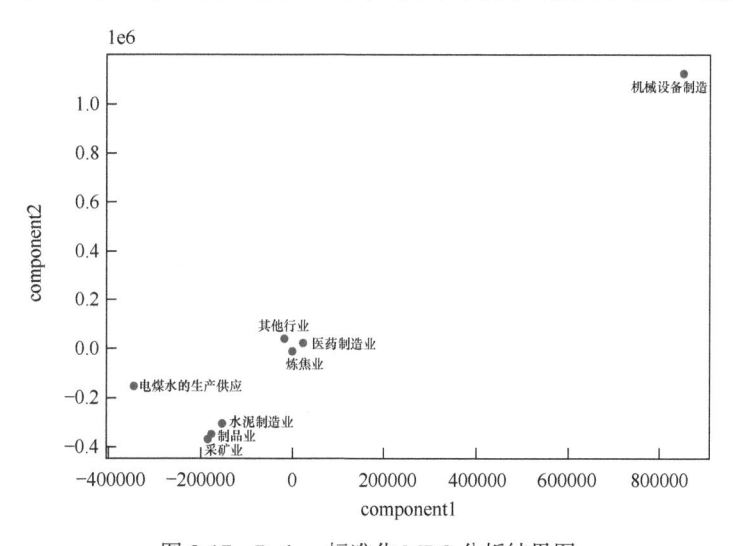

图 9-17 Python 标准化 MDS 分析结果图

9.6.6 考虑个体差异的多维尺度分析

实际研究中通常涉及多个研究对象(样本与变量)的数据，每个研究样本数据都可构成一个矩阵。当使用重复 MDS 模型分析不同样本矩阵中不同变量间的相异性时，无法考虑到个体间的差异，需要采用考虑个体差异的 MDS 模型即 INDSCAL (individual difference scaling)模型。INDSCAL 模型是在分析研究对象相似或差异程度的基础上，进一步分析不同个体间差异，并且将个体间的差异性纳入研究对象尺度差异分析。

例 9-9 针对四个地区的自然灾害损失情况(数据来自中国统计年鉴)，主要选取了农作物受灾，旱灾，洪涝、山体滑坡、泥石流和台风，低温冷冻和雪灾四种因素导致的面积损失。每个地区的数据形成了一个距离阵，4 个距离阵纵向叠加在一起，从中分析自然灾害中各因素的相异性。

SPSS 分析

(1) 打开"D:\环境数据分析\第九章\例 9-9 个体差异.sav"。

(2) 在菜单栏中依次选择【分析(A)】→【度量(A)】→【多维尺度(ALSCAL)(M)…】选项。

(3) 在多维尺度主对话框中将"农作物受灾""旱灾""洪涝、山体滑坡、泥石流和台风""低温冷冻和雪灾"四个变量选入【变量】列表框中。

(4) 在多维尺度主对话框【距离】选项框中选择【数据为距离数据】，在【形状(S)】列表框中选择【正对称】。

(5) 选择【模型(M)…】，打开模型对话框，依次选择【区间(I)】→【矩阵(M)】→【个别差异 Euclidean 距离(D)】，【维数】中【最小(M)】值为 2，【最大(X)】值为【2】，即默认值。考虑到每个地区具有一定的差异性，因此使用个体差异的多维尺度模型进行分析。

(6) 单击【继续】→【选项(O)】，打开选项对话框，选择【组图(G)】，其余采用默认值。

(7) 单击【继续】→【确定】，得到主要结果。根据 4 个矩阵分别拟合 MDS 模型，然后按照加权的方式进行模型效果的平均，发现不同地区拟合效果相差很大。最终加权平均后的总模型决定系数为 0.73018，应力系数为 0.11658，个体差异中的模型拟合效果较差，这是由于此模型纳入的只是单个个体。

图 9-18(a)为四个变量指标的空间定位图。这四种因素散落在坐标中的四个象限中，差异程度都较大。图 9-18(b)表示不同地区在各维度中的差异分配，实际上是不同主体模型在空间各维度中的重要性。不同地区存在一定差异。上述定位图可结合地区的方位、天气、地形等背景资料对驱动因素进行精确的定位和解释。

(a) 派生的激励配置
个别差异(加权的)Euclidean 距离模型

(b) 派生的主题权重
个别差异(加权的)Euclidean 距离模型

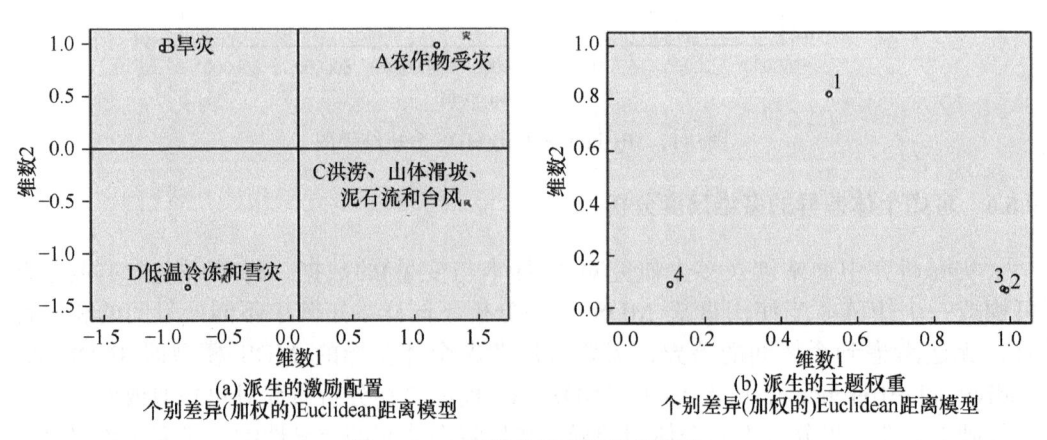

图 9-18 空间定位图和个体差异图

9.6.7 多维邻近尺度分析

MDS 分析仅能对相异性数据进行分析，无法直接评估相似性数据。为直接对相异性或相似性数据直接分析，在常规统计模型框架上可以对数据进行最优尺度变换，即多维邻近尺度(PROXSACAL)分析。PROXSCAL 分析除可以分析相似性数据外，还提供了更为丰富的 MDS 模型分析。PROXSCAL 分析的拟合效果一般采用标准化原始应力表示(表 9-9)。

表 9-9 标准化原始应力与拟合效果的关系

标准化原始应力	拟合效果
0.2	差
0.1	一般
0.05	良好
0.025	优
0	极优

例 9-10 为更好地比较 MDS 与 PROXCAL 两种模型的区别，以例 9-8 作为参照进行 PROXCAL 分析。

本例中数据属于差异性数据，分析时需考虑个体差异。针对 PROXCAL 分析操作，本例中适当修改内容："黑龙江"赋值为"1"；"湖南"赋值为"2"；"海南"赋值"3"；"四川"赋值为"4"，并创建数据文件例 9-10PROXSACAL.sav。

SPSS 分析

(1) 打开"D:\环境数据分析\第九章\例 9-10PROXSACAL.sav"。

(2) 依次选择【分析(A)】→【度量(A)】→【多维尺度(PROXSCAL)…】选项，打开多维尺度数据格式主对话框。

(3) 在多维尺度数据格式主对话框中依次选择【数据是近似值(X)】→【多个矩阵源(M)】→【堆积矩阵中的跨列近似值(T)】，单击【定义】按钮生成多维尺度(矩阵中的跨列近似值)主对话框，将"A 农作物受灾""B 旱灾""C 洪涝、山体滑坡、泥石流和台风""D 低温冷冻和雪灾"选入【近似值(X)】框中，"LOCATION"选入【源(S)】框中。

(4) 单击【模型(M)…】，打开模型对话框，依次选择【加权欧氏距离(W)】→【区间(V)】→【分别在每个源内(H)】→【下三角矩阵(L)】→【不相似值(D)】，【维数】中均为 2。

(5) 单击【继续】→【确定】，得到输出结果图 9-19 所示，本例拟合效果拟合比较好。图 9-19(a)显示自然灾害的空间定位情况。大致方向与前面分析一致，只是将各个散点间的距离拉开，进一步增加对维度的划分，有利于对图形中散点的分析。图 9-19(b)是不同地区的个体差异图，本例中每个主体间距离减小，极端样本数量相对减少。

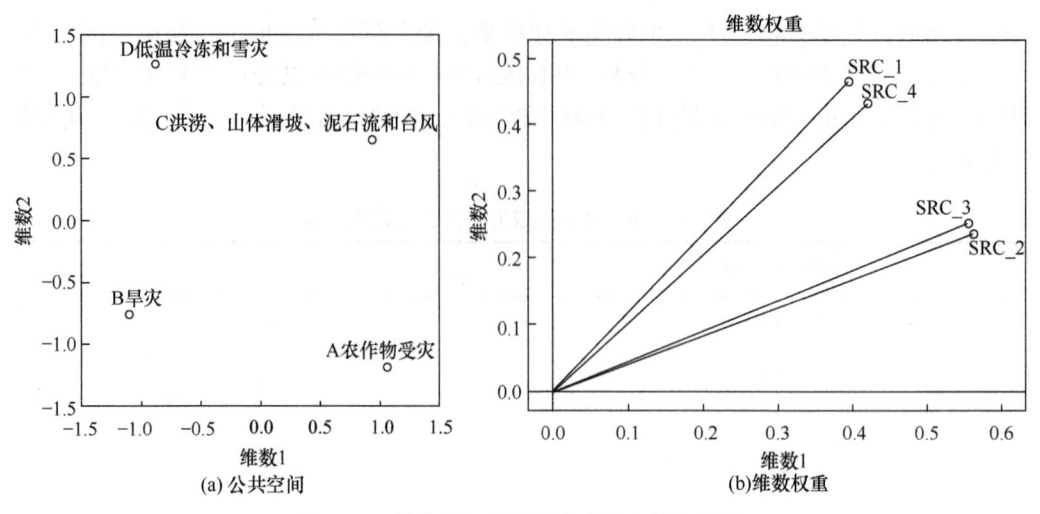

图 9-19　公共空间定位图及个体差异定位图

习　题

1. 基于 Kaggle 网站粮食生产排放温室气体数据(D:\环境数据分析\第九章\习 9-1 粮食生产.xlsx)，通过 SPSS 和 Python 进行主成分分析，研究粮食生产对环境的影响。
2. 根据 SPSS 自带的饮食失调数据(D:\环境数据分析\第九章\习 9-2 饮食失调.sav)，试通过 SPSS 进行分类主成分分析，确定症状和饮食失调类别的关系。
3. 根据 5000 位志愿者眼睛和头发的颜色调查数据(D:\环境数据分析\第九章\习 9-3 头发眼睛颜色.xlsx)，试通过 SPSS 和 Python 对应分析，研究头发和眼睛颜色间是否存在关联。
4. 根据全国各省五项社会经济指标(人口、教育、经济、城市建设、医疗服务)数据集(D:\环境数据分析\第九章\习 9-4 社会经济.xlsx)，为综合五项指标提取两个公因子对各省进行评价，试通过 SPSS 和 Python 对该数据进行标准化 MDS 分析。

第 10 章 环境数据聚类分析

10.1 聚类分析概述

10.1.1 聚类分析概念

聚类分析(cluster analysis)是将无类别标记的样本按照距离或性质相似程度分成不同类别的一种探索性数据分析方法，实质上是基于特定研究目的的样本数据的最优组合，属于非监督分类。

聚类分析的原则是"高的类内相似度，低的类间相似度"，即"同类相同、异类相异"。作为机器学习的重要算法之一，聚类分析常用于包括数据挖掘、模式识别、图像处理、模糊规则处理在内的领域。

知识拓展 10-1　聚类发展历史

(1) 1957 年，雨果·斯廷豪斯(Hugo Steinhaus)提出 K-均值的算法思想；同年，斯图尔特·劳埃德(Stuart Lloyd)提出 K-均值标准算法。

(2) 1963 年，乔·沃德(Joe H. Ward)提出类簇合并的思想，但当时并未提出类簇合并公式，只给出离差平方和公式。

(3) 1965 年，爱德华·福吉(Edward W. Forgy)发表了本质上相同的 K-均值方法，所以 K-均值算法有时也称为 Lloyd-Forgy 方法。

(4) 1967 年，戈弗·雷兰斯(Godfrey N. Lance)和威廉·托马斯·威廉姆斯(William Thomas Williams)基于乔·沃德的研究，提出 5 种类簇合并计算方法。

(5) 1967 年，詹姆斯·麦昆(James MacQueen)在论文 "Some Methods for Classification and Analysis of Multivariate Observations" 中首次使用术语 "K-means"。

(6) 1977 年，由阿瑟·登普斯特(Arthur Dempster)、纳恩·莱尔德(Nan Laird)和唐纳德·鲁宾(Donald Rubin)等正式提出 EM(expectation-maximum)算法，用于含有隐变量的概率模型参数的最大似然估计。

(7) 1987 年，纳德·考夫曼(Leonard Kaufmann)和彼得·卢梭(Peter Rousseeuw)提出围绕中心点的分割聚类(partitioning around medoids clustering)。

(8) 1995 年，Mean Shift 算法由 Yizong Cheng 进一步扩大应用范围，针对其统计特性有效性定义了一簇核函数。

(9) 1996 年，利用分层方法的平衡迭代规约和聚类(balanced iterative reducing and clustering using hierarchies, BIRCH)方法诞生，用于对大数据执行分级聚类。

(10) 2000 年，基于图论(graph theory)的谱聚类算法，将聚类问题转化为图切割问题。

10.1.2 聚类分析算法

聚类分析主要包括划分聚类(partitive clustering)、层次聚类(hierarchical clustering)、基于概率密度分布的聚类、基于数据密度的聚类、基于网格的聚类及基于图和神经网络等其他聚类方法(图10-1)。聚类分析从聚类关系和数据分析对象角度可进一步划分。

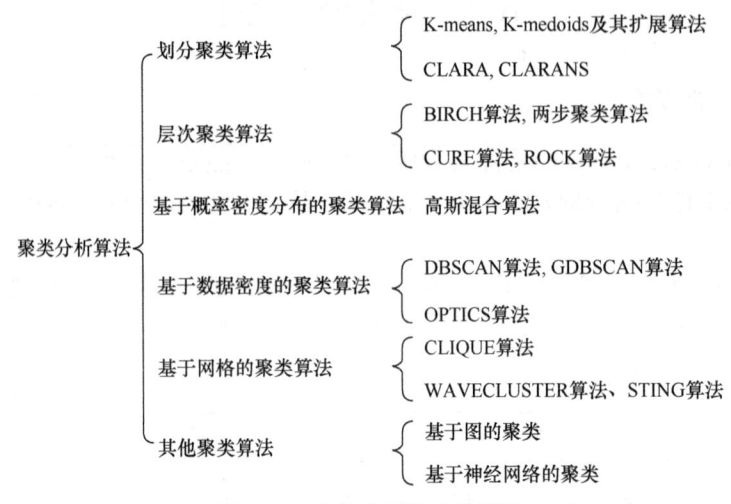

```
                    ┌ 划分聚类算法 ─┬ K-means, K-medoids及其扩展算法
                    │              └ CLARA, CLARANS
                    │
                    ├ 层次聚类算法 ─┬ BIRCH算法, 两步聚类算法
                    │              └ CURE算法, ROCK算法
                    │
聚类分析算法 ───────┤ 基于概率密度分布的聚类算法 ── 高斯混合算法
                    │
                    ├ 基于数据密度的聚类算法 ─┬ DBSCAN算法, GDBSCAN算法
                    │                        └ OPTICS算法
                    │
                    ├ 基于网格的聚类算法 ─┬ CLIQUE算法
                    │                    └ WAVECLUSTER算法、STING算法
                    │
                    └ 其他聚类算法 ─┬ 基于图的聚类
                                    └ 基于神经网络的聚类
```

图 10-1 聚类分析算法分类图

(1) 从聚类关系角度，聚类分析分为模糊聚类和非模糊聚类。模糊聚类的对象与聚类具有概率性的从属关系；非模糊聚类的对象与聚类具有属于或不属于的确定性从属关系。

(2) 从样本和变量角度，聚类分析主要分为对样本分类的 Q 型聚类分析和对变量分类的 R 型聚类分析。对变量的聚类分析通常采用因子分析或主成分分析，较少采用聚类分析。

10.1.3 聚类分析步骤

聚类分析主要包括数据预处理、关系矩阵构造、聚类算法选择等步骤(图10-2)。

(1) 数据预处理。对原始数据进行变换处理，避免不同变量的量纲差异影响相似性度量。通常将原始数据矩阵中的每个元素，基于特定算法转换为新的数值，数值变化与其他原始数据的新值无关。常用变换方法有标准化变换、规格化变换、极差标准化变换、中心化变换等。

(2) 关系矩阵构造。根据变换处理后的数据计算距离或相似系数等新的聚类统计量，用于表示样本或变量间的亲疏程度。

(3) 聚类算法选择。根据聚类统计量，选择最优聚类方法和划分数目，将距离相近或性质相似的样本或变量聚为一类，区分距离较远或性质不同的样本或变量。

(4) 聚类结果评价。根据在同一类别内部的对象具有高度相似性，不同类别的对象间不具有相似度的原则，借助内外部指标选择合适的参数进行综合评价。

```
┌─────────────────────┐      ┌─────────────────────┐      ┌─────────────────────┐
│ 步骤一：确定研究问题 │      │ 步骤二：研究设计     │      │ 步骤三：是否满足假设 │
├─────────────────────┤      ├─────────────────────┤      ├─────────────────────┤
│ 明确研究目的；       │ ───▶ │ 属于样品聚类还是变量 │ ───▶ │ 样本是否有代表性？   │
│ 分类探索；数据简化； │      │ 聚类？选择什么统计量：│     │ 变量是否存在共线性？ │
│ 揭示内在变量联系     │      │ "距离"/"相似系数"？ │      │                     │
│                     │      │ 数据是否需要标准化？ │      │                     │
└─────────────────────┘      └─────────────────────┘      └─────────────────────┘
                                                                    │
                                                                    ▼
┌─────────────────────┐      ┌─────────────────────┐      ┌─────────────────────┐
│ 步骤六：评价聚类结果 │      │ 步骤五：解释聚类结果 │      │ 步骤四：选择聚类算法 │
├─────────────────────┤      ├─────────────────────┤      ├─────────────────────┤
│ 使用内部指标/外部指标？│ ◀── │ 考察类别中心点是否存在差异？│ ◀── │ 采用什么聚类算法？ │
│ 选择什么参数进行评估？│     │ 是否可以对聚类结果进行类别命名？│  │ 聚成几类？        │
└─────────────────────┘      └─────────────────────┘      └─────────────────────┘
```

图 10-2　聚类分析步骤

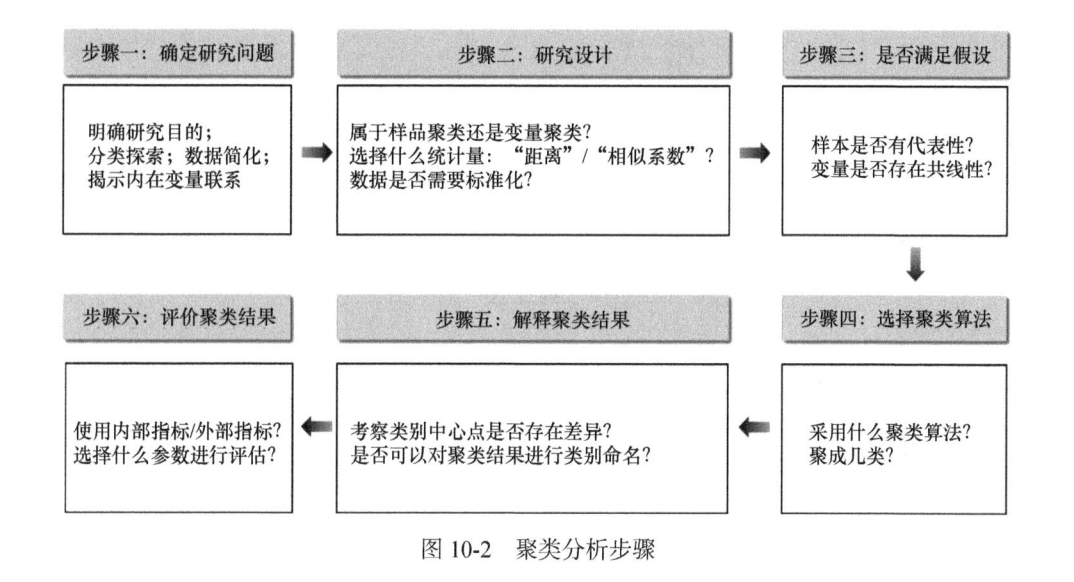

知识拓展 10-2　数据变换

设原始数据构成如下数据矩阵：

$$X = \begin{bmatrix} X_{11} & X_{12} & \cdots & X_{1j} \\ X_{21} & X_{22} & \cdots & X_{2j} \\ \vdots & \vdots & & \vdots \\ X_{i1} & X_{i2} & \cdots & X_{ij} \end{bmatrix}$$

式中，i 为样本数；j 为原始变量个数；X_{ij} 为第 i 个样本在第 j 个变量上的值。

1) 标准化变换

标准化变换在实际中应用最多，把原始数据转换为标准 Z 分数(Z score)的变换方法，其变换公式为

$$X'_{ij} = \frac{X_{ij} - \bar{X}_j}{S_j} \quad (i=1,2,\cdots,n;\ j=1,2,\cdots,p)$$

式中，X'_{ij} 为标准化数据；$\bar{X}_j = \frac{1}{n}\sum_{i=1}^{n} X_{ij}$ 为变量 j 的均值；S_j 为变量 j 的标准差，即

$$S_j = \sqrt{\frac{1}{n-1}\sum_{i=1}^{n}\left(X_{ij}-\bar{X}_j\right)^2}$$

则原始数据矩阵可表示为

$$X' = \begin{bmatrix} \dfrac{X_{11}-\bar{X}_1}{S_1} & \dfrac{X_{11}-\bar{X}_2}{S_2} & \cdots & \dfrac{X_{11}-\bar{X}_j}{S_j} \\ \dfrac{X_{21}-\bar{X}_1}{S_1} & \dfrac{X_{21}-\bar{X}_2}{S_2} & \cdots & \dfrac{X_{21}-\bar{X}_j}{S_j} \\ \vdots & \vdots & & \vdots \\ \dfrac{X_{i1}-\bar{X}_1}{S_1} & \dfrac{X_{i1}-\bar{X}_2}{S_2} & \cdots & \dfrac{X_{i1}-\bar{X}_j}{S_j} \end{bmatrix}$$

经过标准化变换后的数据矩阵式中每列数据的平均值为 0，方差为 1。

2) 规格化变换

规格化变换又称极差正规比变换，用数据矩阵中每个原始数据减去该变量中的最小值，再除以极差，即得规格化变换后的数据。其变换公式为

$$X'_{ij} = \frac{X_{ij} - \min\limits_{1 \leqslant i \leqslant n}\{X_{ij}\}}{\max\limits_{1 \leqslant i \leqslant n}\{X_{ij}\} - \min\limits_{1 \leqslant i \leqslant n}\{X_{ij}\}} \quad (i=1,2,\cdots,n;\ j=1,2,\cdots,p)$$

经过规格化变换后的数据矩阵式中每列的最大数据为 1，最小数据为 0，其余数据取值在 0~1。

3) 极差标准化变换

极差标准化变换公式为

$$X'_{ij} = \frac{X_{ij} - \bar{X}_j}{\max\limits_{1 \leqslant i \leqslant n}\{X_{ij}\} - \min\limits_{1 \leqslant i \leqslant n}\{X_{ij}\}} \quad (i=1,2,\cdots,n;\ j=1,2,\cdots,p)$$

经过极差标准化变换后的数据矩阵式中每列数据之和为 0，极差为 1，其余数据取值在 −1~1。

4) 中心化变换

中心化变换是一种坐标轴平移处理方法，用原始数据减去该变量的样本平均值，即得中心化变换后的数据，其变换公式为

$$X'_{ij} = X_{ij} - \bar{X}_j \quad (i=1,2,\cdots,n;\ j=1,2,\cdots,p)$$

经过中心化变换后的数据矩阵式中每列数据之和为 0。

上述方法都是通过对变量进行变换处理，也可以对样本进行变换处理，但是实际中应用较多的是变量变换处理。

10.1.4 聚类统计量

聚类统计量是用于测量样本或变量聚类尺度的指标，主要包括距离和相似系数。距离一般用于样品聚类分析，包括欧氏距离、切比雪夫距离、明考斯基距离、绝对值距离等。相似系数一般用于变量聚类分析，包括夹角余弦、相关系数等。

1) 距离(distance)

把每个个案看成 p(变量个数)维空间的一点,在 p 维坐标系中计算点与点之间的某种距离。根据点与点之间的距离进行分类,将距离较近的点归为一类,距离较远的点归为不同的类,各种距离的计算公式见表 10-1。

表 10-1 距离计算公式

距离计算方法	距离定义
欧氏距离 (Euclidean distance)	第 i 个样本与第 k 个样本之间的每个变量值之差的平方和之平方根,即 $d_{ik}=\sqrt{\sum_{j=1}^{p}(X_{ij}-X_{kj})^2}$
欧氏距离平方 (squared Euclidean distance)	欧氏距离的平方,即样本间距离是每个变量值之差的平方和
切比雪夫距离 (Chebychev distance)	第 i 个样本与第 k 个样本之间的任意一个变量值之差的最大绝对值,即 $d_{ik}=\max_{1\leq j\leq p}\left\{\left|X_{ij}-X_{kj}\right|\right\}$
明考斯基距离 (Minkowski distance)	第 i 个样本与第 k 个样本之间的每个变量值之差的 q 次方值的绝对值之和的 q 次方根,即 $d_{ik}=\left[\sum_{j=1}^{p}\left|X_{ij}-X_{kj}\right|^q\right]^{1/q}$
绝对值距离 (block distance)	第 i 个样本与第 k 个样本之间的每个变量值之差的绝对值总和,即 $d_{ik}=\sum_{j=1}^{p}\left|X_{ij}-X_{kj}\right|$
自定义距离 (customized distance)	用户指定指数 q_1 和开方次数 q_2,(q_1、q_2 可取 1~4 的不同值),即 $d_{ik}(q_1,q_2)=\left[\sum_{j=1}^{p}\left|X_{ij}-X_{kj}\right|^{q_1}\right]^{1/q_2}$

2) 相似系数(similarity)

无论是行、列,相似系数的计算一般有两种方法:一种是夹角余弦;另一种是相关系数。

距离与相似系数有这样的关系:$d_{ij}^2+r_{ij}^2=1$。越相近的样本或变量,它们的相似系数越接近 1 或-1;而彼此关系越疏远的样本或变量,它们的相似系数则越接近 0。这样,就可以根据样本或变量的相似系数大小,把比较相似的样本或变量归为一类,把不相似的样本或变量归为不同的类。

(1) 夹角余弦:在 p 维空间中,如果 $\cos\theta_{ik}$ 表示第 i 行和第 k 行数据值的夹角余弦,则有

$$\cos\theta_{ik}=\frac{\sum_{j=1}^{p}X_{ij}\cdot X_{kj}}{\sum_{j=1}^{p}X_{ij}^2\cdot X_{kj}^2} \quad (i,k=1,2,\cdots,n)$$

将所有行之间的夹角余弦都算出来，则构成一个 $n \times n$ 的夹角余弦矩阵：

$$\cos\theta = \begin{bmatrix} \cos\theta_{11} & \cos\theta_{12} & \cdots & \cos\theta_{1n} \\ \cos\theta_{21} & \cos\theta_{22} & \cdots & \cos\theta_{21} \\ \vdots & \vdots & & \vdots \\ \cos\theta_{n1} & \cos\theta_{n2} & \cdots & \cos\theta_{nn} \end{bmatrix}$$

如果 X_i 和 X_k 比较相似，则它们的夹角接近 0，$\cos\theta_{ik}$ 接近 1。

在 n 维空间中，向量 $X_i = (X_{1i}, X_{2i}, \cdots, X_{ni})'$ 与 $X_j = (X_{1j}, X_{2j}, \cdots, X_{nj})'$ 的夹角记作 α_{ij}，则变量第 i 列和第 j 列的数据余弦为

$$\cos\alpha_{ij} = \frac{X_i' X_j}{\sqrt{X_i' X_i} \sqrt{X_j' X_j}} = \frac{\sum_{k=1}^{n} X_{ki} X_{kj}}{\sqrt{\sum_{k=1}^{n} X_{ki}^2} \sqrt{\sum_{k=1}^{n} X_{kj}^2}} \quad (i, j = 1, 2, \cdots, p)$$

将所有列之间的夹角余弦都算出来，则构成一个 $p \times p$ 的夹角余弦矩阵：

$$\cos\alpha = \begin{bmatrix} \cos\alpha_{11} & \cos\alpha_{12} & \cdots & \cos\alpha_{1p} \\ \cos\alpha_{21} & \cos\alpha_{22} & \cdots & \cos\alpha_{2p} \\ \vdots & \vdots & & \vdots \\ \cos\alpha_{p1} & \cos\alpha_{p2} & \cdots & \cos\alpha_{pp} \end{bmatrix}$$

X_i 与 X_j 比较相似，则它们的夹角接近 0，$\cos\theta_{ij}$ 接近 1。

(2) 相关系数：在 p 维空间中，如果以 r_{ik} 表示第 i 行和第 k 行数据的相关系数，则有

$$r_{ik} = \frac{\sum_{j=1}^{p}(X_{ij} - \bar{X}_i)(X_{kj} - \bar{X}_k)}{\sqrt{\sum_{j=1}^{p}(X_{ij} - \bar{X}_i)^2 \sum_{j=1}^{p}(X_{kj} - \bar{X}_k)^2}} \quad (i, k = 1, 2, \cdots, n)$$

将所有行之间的相关系数都算出来，就构成一个 $n \times n$ 的相关系数矩阵：

$$R = \begin{bmatrix} r_{11} & r_{12} & \cdots & r_{1n} \\ r_{21} & r_{22} & \cdots & r_{2n} \\ \vdots & \vdots & & \vdots \\ r_{n1} & r_{n2} & \cdots & r_{nn} \end{bmatrix}$$

行之间(即样本之间)越相近，它们的相关系数就越接近 1 或-1；彼此无关的样本，它们的相关系数就越接近 0。

在 n 维空间中，如果以 r_{ij} 表示第 i 列和第 j 列数据值的相关系数，则有

$$r_{ij} = \frac{\sum_{k=1}^{n}(X_{ki}' - \bar{X}_i')(X_{kj}' - \bar{X}_j')}{\sqrt{\sum_{k=1}^{n}(X_{ki} - \bar{X}_i)^2 \sum_{k=1}^{n}(X_{kj} - \bar{X}_j)^2}} \quad (i, j = 1, 2, \cdots, p)$$

将所有列之间的相关系数都算出来,就构成一个 $p \times p$ 的相关系数矩阵:

$$R = \begin{bmatrix} r_{11} & r_{12} & \cdots & r_{1p} \\ r_{21} & r_{22} & \cdots & r_{2p} \\ \vdots & \vdots & & \vdots \\ r_{p1} & r_{p2} & \cdots & r_{pp} \end{bmatrix}$$

同行与行之间的相关系数一样,如果列之间(即变量之间)越相近,它们的相关系数就越近 1 或–1;彼此无关的变量,它们的相关系数就越接近 0。

10.1.5 聚类分析评估指标

聚类分析评估是聚类分析的重要一环。衡量聚类分析算法优劣的主要原则是:同一类别内部的对象具有高度相似性,不同类别的对象间不具有相似度。评估聚类分析需综合考虑数据的相似性、聚类方法、可伸缩性、聚类形状以及局外点等因素。聚类分析评估指标包括外部指标和内部指标。

(1) 外部指标:聚类结果通过使用未被用来做训练集的数据进行评估,通常称为有监督的度量聚类分析指标。通过聚类结果和已知结果比较,来衡量聚类分析算法的适用性及性能。

常用指标有 F 值(F-measure)、Jaccard 相似系数(Jaccard similarity coefficient)、FMI (fowlkes and mallows index)、纯度(purity)等。

其中 F 值计算方法:

$$P = \text{Precision} = \frac{\text{TP}}{\text{TP+FP}}$$

$$R = \text{Recall} = \frac{\text{TP}}{\text{TP+FN}}$$

$$F_\beta = \frac{\left(1+\beta^2\right) P \times R}{\beta^2 P + R}$$

式中,P 为准确率;R 为召回率;β 为赋予召回率的权重;TP 为真阳性;FP 为假阳性;FN 为假阴性。

FMI 计算方法:

$$\text{FMI} = \frac{\text{TP}}{\sqrt{(\text{TP+FP})(\text{TP+FN})}}$$

纯度计算方法:

$$\text{Purity}(\Omega, C) = \frac{1}{N} \sum_k \max_j \left| w_k \cap c_j \right|$$

式中,$\Omega = \{w_1, w_2, \cdots, w_k\}$,为聚类的集合;$w_k$ 为第 k 个聚类的集合;$C = \{c_1, c_2, \cdots, c_j\}$,为文档的集合;$c_j$ 为第 j 个文档。

(2) 内部指标:利用聚类样本评价聚类结果,不借助外部模型,属于无监督的度量聚类分析指标,利用样本结构信息的紧凑性、集中样本点与聚类中心间的距离等衡量聚类结果。

常用指标有和方差(SSE)、卡林斯基-哈拉巴斯指标(Calinski-Harabaz index)、簇内平方和(cluster sum of square)、轮廓系数(silhouette coefficient)、曼哈顿距离(Manhattan distance)、邓恩指标(Dunn validity index)等。主要不足是对个别算法的偏好性以及高分算法应用场景的局限性。

和方差计算通过拟合聚类数据和原始数据点误差的平方和来评价聚类结果,计算方法:

$$\mathrm{SSE} = \sum_{i=1}^{n}(y_i - \hat{y}_i)^2$$

卡林斯基-哈拉巴斯指标通过计算同类点与聚类中心的距离平方和来表征类间紧密度,计算方法为

$$s(k) = \frac{\mathrm{tr}(B_k)(m-k)}{\mathrm{tr}(W_k)(k-1)}$$

式中,m 为训练样本数量;k 为类别数;B_k 为类别间的协方差矩阵;W_k 为类别内部的协方差矩阵;tr 为矩阵的迹。

10.2 主要聚类算法

划分聚类将整个数据集划分为 K 类,相似的点划分为同一个簇(cluster),不相似的点划分为不同簇。划分聚类实质上是针对数据集寻找一个最优的划分方案,是聚类分析中最常用、最普遍的方法,常用算法有K-均值(K-means)、K-medoids、CLARA等。

10.2.1 K-均值聚类

K-均值分析是最经典的聚类分析算法。首先将样本集设为 K 组,随机选择 K 个样本为初始聚类中心,针对样本到 K 个聚类中心的欧氏距离远近,将各样本划分到距离最小的簇,重新计算聚类中心,通过多次迭代计算,将样本最终划分 K 类(图10-3)。簇中所有样本均值向量(mean vector)的平均值就是簇的质心(centroid)。簇内样本距离越近,相似度越大。

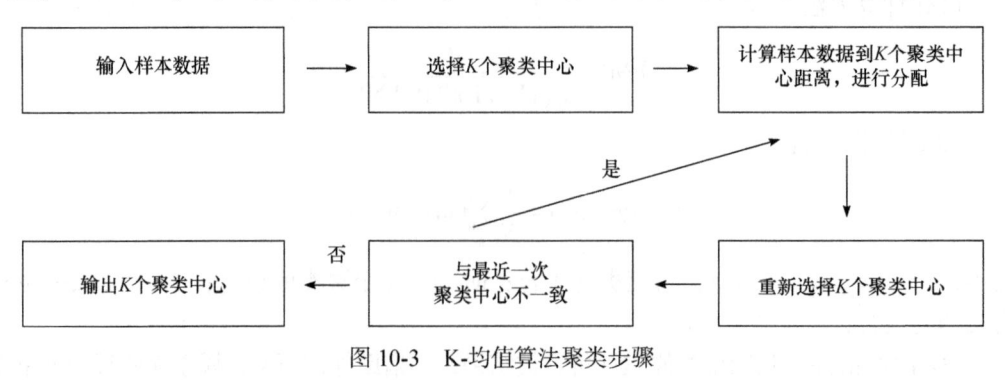

图 10-3 K-均值算法聚类步骤

K-均值算法优点：
(1) 算法简单，计算量小，具有对大规模数据分析的可伸缩性和高效性。
(2) 主要参数是簇数 K。
(3) 算法可解释度强，收敛速度快，聚类结果较优。

K-均值算法缺点：
(1) 对异常数据和数据噪声比较敏感，必须在平均值有意义的情况下使用。
(2) 对连续性变量进行样品聚类(Q 型聚类)分析，不进行变量聚类(R 型聚类)分析。
(3) 平衡情况下的聚类效果一般。
(4) 人工预设 K 值，且该值和真实数据分布未必吻合。

知识拓展 10-3　K-均值算法的改进模型

K-均值算法的分类收敛速度因初始点的选取而有所区别，其对初始质心较为敏感，因此提出了一种弱化初始质心的算法——K-means++。K-means++算法在初始质心选取的基本思路是：初始的聚类中心之间的相互距离要尽可能远。基本步骤为：①从数据集中任选一个节点作为第一个聚类中心；②对数据集中的每个点 x，计算 x 到所有已有聚类中心点的距离和 $D(x)$，基于距离和，采用线性概率选择下一个聚类中心点(距离较远的点成为新增的聚类中心点)；③重复步骤 2 直到找到 n 个聚类中心点。

例 10-1　根据 sklearn 鸢尾花数据集萼片长度(sepal_length)、萼片宽度(sepal_width)、花瓣长度(petal_length)、花瓣宽度(petal_width)等特征，试对鸢尾花的种类进行 K-均值聚类分析。

SPSS 分析
(1) 打开"D:\环境数据分析\第十章\例 10-1 鸢尾花数据集.sav"。
(2) 选择【分析(A)】→【分类(F)】→【K-平均值聚类…】，打开 K 平均值聚类分析对话框，聚类数选择 3，如图 10-4 所示。

图 10-4　K-均值算法 SPSS 过程设置图

(3) 单击【迭代(I)…】,弹出迭代对话框,最大迭代次数选择 20,收敛性标准输入 0.02。

(4) 单击【保存(S)…】,弹出保存对话框,打开保存新变量对话框,选择聚类成员、与聚类中心的距离。

(5) 单击【选项(O)…】,打开选项对话框,选择每个个案的聚类信息。

(6) 单击【继续】→【确定】,得出主要结果(表 10-2、表 10-3),显示聚类数为 3 类,初始聚类中心与最终聚类中心不同。

表 10-2 最终聚类中心

	聚类中心		
	1	2	3
萼片长度	6.85	5.01	5.9
萼片宽度	3.07	3.42	2.75
花瓣长度	5.74	1.46	4.39
花瓣宽度	2.07	0.24	1.43

表 10-3 显示聚类结果,可看到 Iris-setosa 品类的鸢尾花基本被划分为同一类。

表 10-3 K-均值算法 SPSS 聚类结果

萼片长度	萼片宽度	花瓣长度	花瓣宽度	鸢尾花种类	聚类结果	聚类距离
5.10	3.50	1.40	0.20	Iris-setosa	2	0.14694
4.90	3.00	1.40	0.20	Iris-setosa	2	0.43817
4.70	3.20	1.30	0.20	Iris-setosa	2	0.41230
4.60	3.10	1.50	0.20	Iris-setosa	2	0.51884
5.00	3.60	1.40	0.20	Iris-setosa	2	0.19797
5.40	3.90	1.70	0.40	Iris-setosa	2	0.68381
4.60	3.40	1.40	0.30	Iris-setosa	2	0.41520
5.00	3.40	1.50	0.20	Iris-setosa	2	0.05993
4.40	2.90	1.40	0.20	Iris-setosa	2	0.80999

Python 分析

运行"D:\环境数据分析\第十章\例 10-1kmeans 聚类.ipynb",主要代码及结果如下:

from sklearn import datasets
import pandas as pd

```
import matplotlib.pyplot as plt
import seaborn as sns
dataset = datasets.load_iris() #导入鸢尾花数据集
data = pd.DataFrame(dataset["data"]) #提取鸢尾花特征并转化为表格数据结构
X1 = data.iloc[:,[0,1,2,3]] #提取 data 前四列数据
x = data.iloc[:,0]
y = data.iloc[:,1] #挑选出萼片长度，萼片宽度作为 x 轴和 y 轴
from sklearn.cluster import KMeans #导入需要的程序包
kmeans = KMeans(n_clusters = 3) #设置 K-means 算法聚类数量为 3
kmeans.fit(X1) #训练模型
y_kmeans = kmeans.predict(X1) #输出 K-means 算法聚类结果
sns.set(style = 'darkgrid') #设置图片格式
plt.xlabel("sepal_length")
plt.ylabel("sepal_width")
fig = sns.scatterplot(x = x, y = y, hue = y_kmeans, palette = "bright")
scatter_fig = fig.get_figure()
scatter_fig.savefig(r"D:\环境数据分析\第十章\例 10-1kmeans 散点图.png",dpi = 1200)
```

Python 输出聚类结果如图 10-5 所示。

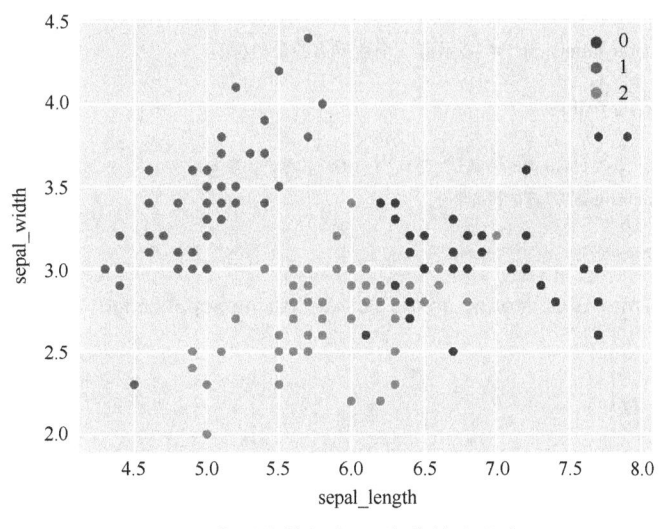

图 10-5　鸢尾花数据集 K-均值算法聚类图

GPT-4 分析

在 ChatGPT 官网(https://chat.openai.com/)选择 ChatGPT 图标，在下拉菜单点击"GPT-4"，输入"请根据鸢尾花数据集中的萼片长度、萼片宽度，对鸢尾花的种类进行 K-均值聚类分析。"指令，并提交任务。部分交互界面如下：

(1) 数据加载界面。

> 请根据鸢尾花数据集中的萼片长度、萼片宽度，对鸢尾花的种类进行K-均值聚类分析。
>
> 好的，我将使用K-均值聚类算法（K-means）对鸢尾花数据集的萼片长度和宽度进行聚类。
>
> 步骤如下：
> 1. 提取鸢尾花数据集的萼片长度和宽度。
> 2. 使用K-means进行聚类。由于鸢尾花数据集有三个种类，我们将设置 $k=3$。
> 3. 可视化聚类结果。
>
> 首先，我们从数据集中提取萼片长度和宽度。
>
> Finished working   Show work ∨

(2) K-均值算法聚类分析界面。

> 接下来，我将使用K-means算法进行聚类。我们选择 $k=3$，因为鸢尾花数据集有三个种类。
>
> Finished working   Hide work ∧

```
from sklearn.cluster import KMeans
# 使用 K-means 进行聚类
kmeans = KMeans(n_clusters=3, random_state=42)
cluster_labels = kmeans.fit_predict(X)
cluster_labels[:5]   # 显示前 5 个数据点的聚类标签
```

(3) 结果可视化界面。

> 现在，我将可视化聚类结果。在图中，我们将使用不同的颜色来表示每个聚类，同时还会显示K-means算法确定的聚类中心。
>
> Finished working   Show work ∨

K-means Clustering on Iris Dataset (Using Sepal Length & Width)

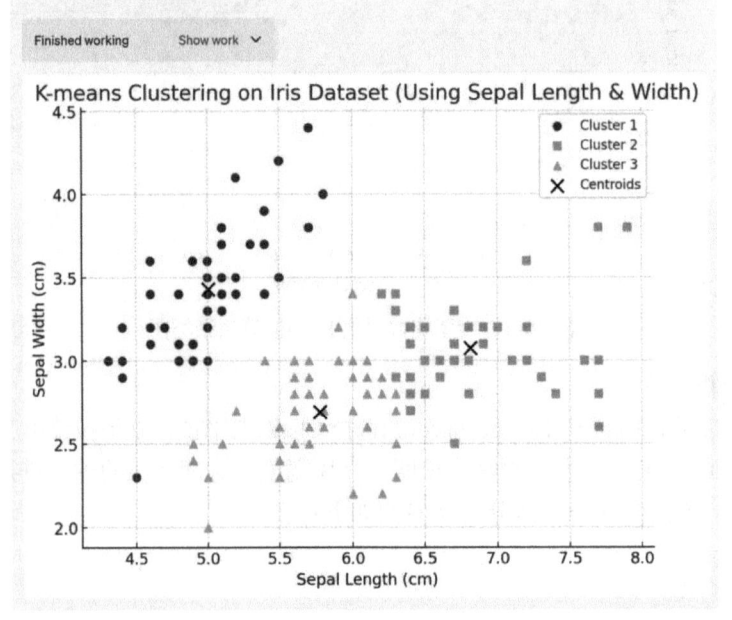

(4) 与其他聚类算法进行比较界面。

> 请用其他聚类方法进行分析,并与K-均值聚类进行对比,以表格的形式输出差异及优缺点。

> 好的,我会使用以下几种常用的聚类方法对数据进行分析,并与K-means进行对比:
>
> 1. 层次聚类 (Agglomerative Clustering)
> 2. DBSCAN
> 3. 谱聚类 (Spectral Clustering)
>
> 接下来,我将使用上述方法对数据进行聚类,并将结果可视化。然后,我会总结这几种方法的差异及其各自的优缺点。
>
> Finished working   Show work ∨

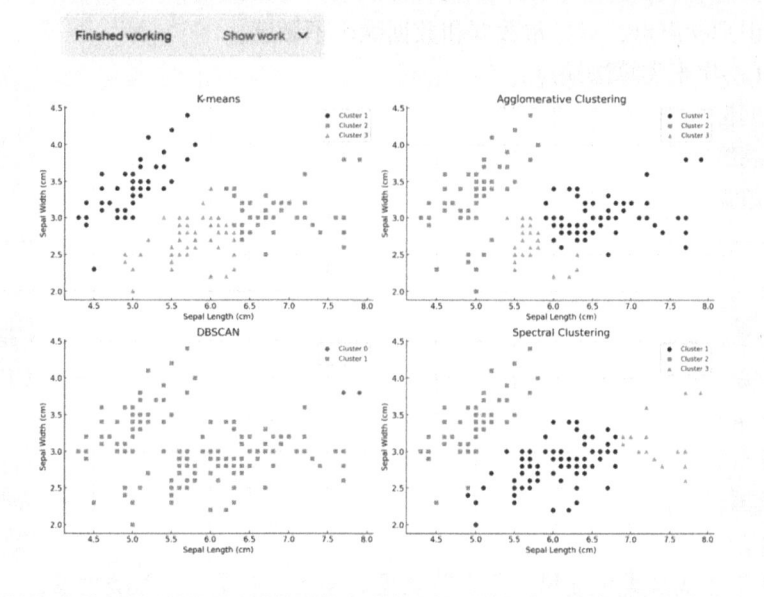

方法名称	差异	优点	缺点
K-means	基于距离的优化来形成球形的聚类。	简单、易于理解,适用于大数据集。	可能会陷入局部最优,对于非球形的数据结构可能不够准确。需要预先设定聚类数量。
层次聚类	通过递归地合并或分割数据点来形成聚类。	不需要预先设定聚类数量,可以形成树状结构提供多级聚类。	对大数据集计算量大。
DBSCAN	基于密度的方法,可以发现任意形状的聚类,并识别噪声点。	可以找到复杂形状的聚类,不需要预设聚类数量。	密度变化大的数据可能难以确定合适的参数。
谱聚类	基于数据的相似度矩阵,使用图论的方法进行聚类。	可以捕获复杂的聚类结构,对非球形的数据结构有良好的表现。	对大数据集计算量大,需要预设聚类数量。

10.2.2 BIRCH 层次聚类

层次聚类是对样本一层层地聚类,基于分裂法进行自上而下的大的类别的分割,或采用聚合法进行自下而上的小的类别的聚合；通过计算数据点间的相似度或距离并进行排序，重新链接各节点并创建嵌套聚类树，从而得到聚类结果。整个聚类过程用一个聚类谱系图表示。层次聚类分析常用的算法有 BIRCH、两步聚类、AGNES 等。

BIRCH(balanced iterative reducing and clustering using hierarchies)算法是综合的层次聚类算法，利用树结构进行快速聚类，将所有数据点依次输入，通过聚类特征(clustering feature, CF)形成一个聚类特征树(CF tree)，每个节点里的样本点就是一个聚类的簇。

BIRCH 层次聚类算法优点：
(1) 聚类速度快，适用于样本量大、类别数大的数据库。
(2) 能识别噪声点，对异常数据和数据噪声不敏感。

BIRCH 层次聚类算法缺点：
(1) 数据插入顺序影响聚类结果。
(2) 对高维数据特征聚类效果不理想。
(3) 对数据分布不类似于超球体或凸数据的数据集聚类效果不理想。

知识拓展 10-4　聚类特征(CF)与聚类特征树(CF Tree)

聚类特征：每个 CF 是一个三元组，可以用(N，LS，SS)表示。其中 N 指 CF 中拥有的样本点的数量；LS 指 CF 中拥有的样本点各特征维度的和向量，SS 指 CF 中拥有的样本点各特征维度的平方和。

在生成聚类特征树前，需要定义内部/叶节点的最大 CF 数 B/L，叶节点每个 CF 的最大样本半径阈值 T。在聚类的过程中，依次输入数据点，在最大样本半径阈值 T 范围内划为相同簇，在最大样本半径阈值 T 范围外划为不同簇，在满足内部/叶节点的最大 CF 数 B/L 条件下生成聚类特征树，每个节点里的样本点就是一个聚类的簇。

例 10-2　根据鸢尾花数据集中的鸢尾花特征，如萼片长度(sepal_length)、萼片宽度(sepal_width)、花瓣长度(petal_length)、花瓣宽度(petal_width)，试对鸢尾花种类进行 BIRCH 聚类分析。

Python 分析

运行"D:\环境数据分析\第十章\例 10-2BIRCH 聚类.ipynb"，主要代码及结果如下：

```
from sklearn import datasets
import pandas as pd
import matplotlib.pyplot as plt
import seaborn as sns
dataset = datasets.load_iris() #导入鸢尾花数据集
data = pd.DataFrame(dataset["data"]) #提取鸢尾花特征并转化为表格数据结构
X1 = data.iloc[:,[0,1,2,3]] #提取 data 前四列数据
x = data.iloc[:,0]
y = data.iloc[:,1] #萼片长度、萼片宽度作为 $x$ 轴和 $y$ 轴
```

```
from sklearn.cluster import Birch
birch = Birch(n_clusters = 3) #设置 birch 算法聚类数量为 3
birch.fit(X1)
y_birch = birch.predict(X1)
sns.set(style = 'darkgrid')
plt.xlabel("sepal_length")
plt.ylabel("sepal_width")
fig = sns.scatterplot(x = x, y = y, hue = y_birch, palette = "bright")
scatter_fig = fig.get_figure()
scatter_fig.savefig(r"D:\环境数据分析\第十章\例 10-2BIRCH 散点图.png",dpi = 1200)
```
Python 输出聚类结果如图 10-6 所示。

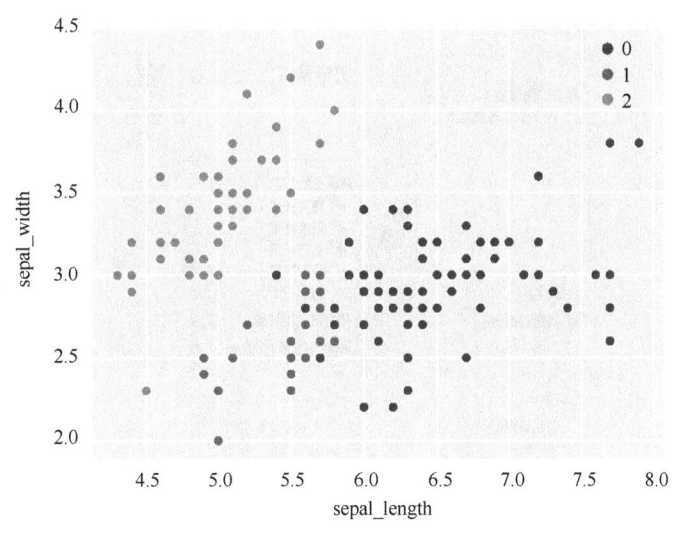

图 10-6 鸢尾花数据集 BIRCH 算法聚类图

10.2.3 两步聚类

两步聚类分析(two step cluster analysis)是揭示数据集自然分组(分类)的探索性分析方法，是 BIRCH 层次聚类算法的改进版本。两步聚类采用似然距离度量(likelihood distance measure)处理分类变量和连续变量，假设所有变量独立，分类变量服从多项分布，连续变量服从正态分布。

在这种假设下，两步聚类包括预聚类和正式聚类两个步骤。预聚类针对每个记录，从根开始进入聚类特征数，并依照节点中条目信息的指引找到最接近的子节点，建立聚类特征树。子节点的数量就是预聚类数量。正式聚类利用层次聚类法对特征树上每个节点进行组合，生成不同聚类数的聚类方案，根据 Schwarz Bayesian(BIC)或 Akaike 信息准则(AIC)自动确定最优聚类数。

两步聚类算法优点：
(1) 均适用于连续变量和离散变量，无须对离散变量进行连续化处理。

(2) 算法占用内存小，适用于处理大数据。

两步聚类算法缺点：

(1) 易受到分类变量的影响。

(2) 对较高维度数据不适用。

例 10-3 两步聚类算法案例，根据鸢尾花的特征萼片长度(sepal_length)、萼片宽度(sepal_width)、花瓣长度(petal_length)、花瓣宽度(petal_width)，试对鸢尾花种类进行两步聚类分析。

SPSS 分析

(1) 打开 "D:\环境数据分析\第十章\例 10-3 鸢尾花数据集.sav"。

(2) 选择【分析(A)】→【分类(F)】→【两步聚类(T)…】，打开二阶聚类分析对话框，指定聚类数量为 3，如图 10-7 所示。

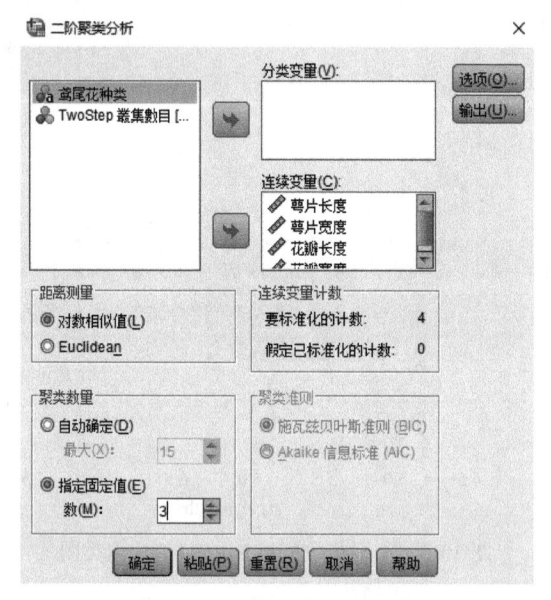

图 10-7 两步聚类分析步骤

(3) 单击【选项(O)…】，打开选项对话框，选择使用噪声处理。

(4) 单击【输出(U)…】，打开输出对话框，选择透视表、图标和表格、创建聚类成员变量。

(5) 单击【继续】→【确定】，得出结果，如表 10-4 所示。质心表显示三类指标的平均值和标准差。

表 10-4 质心表

		萼片长度		萼片宽度		花瓣长度		花瓣宽度	
		平均值(E)	标准偏差	平均值(E)	标准偏差	平均值(E)	标准偏差	平均值(E)	标准偏差
聚类	1	5.006	0.352	3.418	0.381	1.464	0.174	0.244	0.107
	2	5.875	0.438	2.723	0.280	4.413	0.544	1.438	0.305
	3	6.867	0.476	3.105	0.270	5.677	0.555	2.049	0.299
	组合	5.843	0.828	3.054	0.434	3.759	1.764	1.199	0.763

10.2.4 高斯混合聚类

基于概率密度分布的聚类算法假设每个簇的样本服从相同的概率密度分布，通过构建反映样本点分布的概率密度函数来定位聚类。在数据集上进行聚类分析首先需要假定数据集中的对象类别存在差异，可以假定不同的数据类别代表数据空间的不同分布，使用不同的概率密度函数(或者分布函数)进行确定的表示，从而得到稳健的聚类结果。

高斯混合模型(Gaussian mixed model, GMM)与 K-均值聚类算法类似，使用最大期望算法(expectation maximization, EM)算法求解。GMM 采用概率模型刻画每个样本簇类，假设所有簇的数据满足高斯分布，各个簇高斯分布的叠加效果能体现当前数据分布。GMM 不定性判断样本所属类，它使用将数据点软分配(概率性)到不同聚类的方法，获得更好的聚类效果，也称为"软聚类"。

GMM 聚类算法优点：
(1) 具有更强的稳健性和适用性，能够表征不同聚类的数据点的不确定性。
(2) 对圆形聚类没有偏见，能够很好地处理非线性数据分布。

GMM 聚类算法缺点：
(1) 计算复杂度高，小数据量的聚类效果不理想。
(2) 难以对高维数据进行有效聚类。

知识拓展 10-5　GMM 算法原理

(1) 考虑数据性质情况下选择合适概率模型对数据进行表示。假设数据可以看作由多个高斯分布生成，当前数据呈现的分布就是各个簇的高斯分布叠加在一起的结果，每个单独的分模型都属于标准高斯模型，其均值 μ_i 和方差 $\sum i$，此外，每个分模型都还有权重或生成数据的概率参数 π_i，高斯混合模型公式如下：

$$p(x) = \sum_{i=0}^{K} \pi_i N(x| \mu_i, \sum i)$$

(2) 在概率表示的基础上，使用 EM 算法进行估计。①E-step：对于每个点，找到权重，并且定量每个样本在每个聚类中的可能性；②M-step：对于每个聚类，更新它的位置，归一化和基于所有数据点上的形状，使用所有权重。最终使用确定参数的概率模型对输入数据进行划分。

思考题 10-1　分析高斯混合模型与 K-均值算法的异同。

相同点：①都是聚类算法；②都需要指定 K 值；③均用 EM 算法求解；④通常只收敛于局部最优。

不同点：K-均值算法简单，容易理解。计算量不大，收敛快。可以很方便地进行分布式计算。默认所有属性对距离的影响是相同的，默认所有数据均匀分布在聚类中。高斯混合算法不易理解。假设各个特征的权重不同，各个聚类中的数据分布不均匀，理论上可以拟合任何连续函数，但计算量较大。如果其中一个聚类的数据并不服从正态分布、偏态分布，聚类算法会出现偏差。

例 10-4 根据鸢尾花特征萼片长度(sepal_length)、萼片宽度(sepal_width)、花瓣长度(petal_length)、花瓣宽度(petal_width)，试对鸢尾花种类进行高斯混合聚类分析。

Python 分析

运行 "D:\环境数据分析\第十章\例 10-4 高斯混合聚类.ipynb"，主要代码及结果如下：

```
from sklearn import datasets
import pandas as pd
import matplotlib.pyplot as plt
import seaborn as sns
dataset = datasets.load_iris()
data = pd.DataFrame(dataset["data"]) #提取鸢尾花特征并转化为表格数据结构
X1 =    data.iloc[:,[0,1,2,3]] #提取 data 前四列数据
X = data.iloc[:,0]
y = data.iloc[:,1]
from sklearn.mixture import GaussianMixture
gmm = GaussianMixture(n_components = 3, covariance_type = 'full').fit(X1) #高斯混合参数
y_pred = gmm.predict(X1)
sns.set(style = 'darkgrid')
plt.xlabel("sepal_length")
plt.ylabel("sepal_width") #设置横纵坐标轴名
fig = sns.scatterplot(x = X, y = y, hue = y_pred, palette = "bright")
scatter_fig = fig.get_figure()
scatter_fig.savefig(r"D:\环境数据分析\第十章\例 10-4 高斯混合散点图.png",dpi = 1200)
```

Python 输出聚类结果如图 10-8 所示。

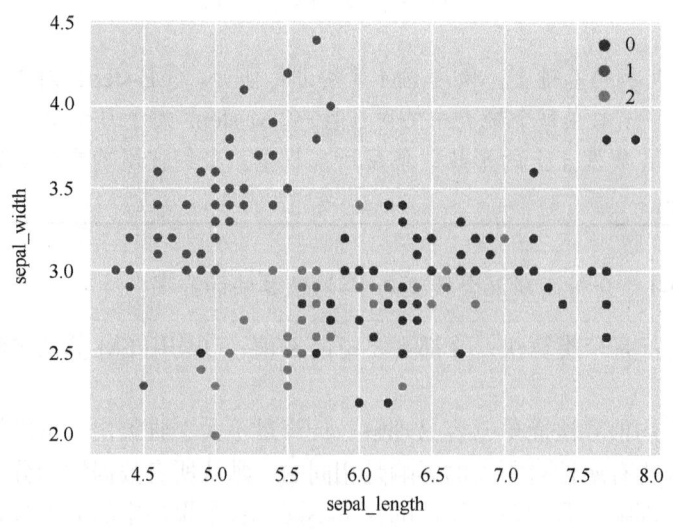

图 10-8　鸢尾花数据集高斯混合算法聚类图

10.2.5 DBSCAN 聚类

数据密度聚类算法主要包括具有噪声的基于密度的空间聚类应用(density-based spatial clustering of application with noise, DBSCAN)以及密度最大值聚类应用(maximum density clustering application, MDCA)。

数据密度聚类算法基于样本密度分析样本间的可连续性，将样本进行聚类，当邻近区域样本密度超过特定阈值后，不断扩大聚类簇。在相同类别中，邻近任意数据点周围存在相似的数据点，通过算法将紧密相连的数据点划分在一起，得到一个聚类类别。通过将各组紧密相连的数据点划分为不同类别，得到最终聚类结果。其优点在于能够发现凸聚类，还能划分任意形状的聚类。

DBSCAN 聚类算法是一个具有代表性的密度聚类算法，相比于基于划分聚类和层次聚类方法，DBSCAN 聚类算法将簇定义为密度相连的点的最大样本集合(图 10-9)，能够对高密度的区域进行划分，由密度可达关系计算获得最大密度相连的集合形成最终聚类，该算法在具有噪声的空间数据下能够划分任意形状的簇。

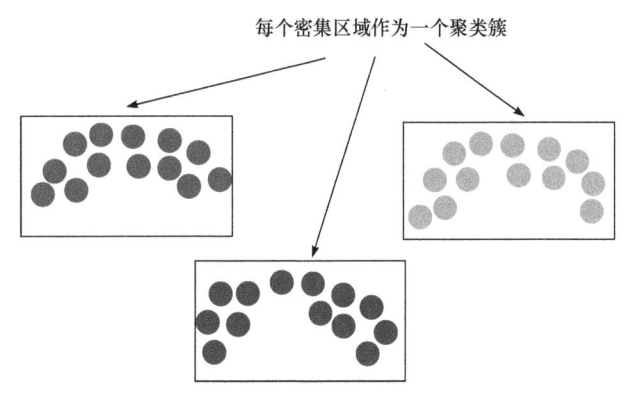

图 10-9 DBSCAN 算法聚类思想

DBSCAN 聚类算法优点：
(1) 能够处理随意形状的聚类簇。
(2) 能识别噪声点，对异常数据和数据噪声不敏感。

DBSCAN 聚类算法缺点：
(1) 算法对输入参数较为敏感。
(2) 需要人为对数据点半径和聚类最少数量进行参数设定。

例 10-5 根据鸢尾花的特征萼片长度(sepal_length)、萼片宽度(sepal_width)、花瓣长度(petal_length)、花瓣宽度(petal_width)，对鸢尾花种类进行 DBSCAN 聚类分析。

Python 分析

运行"D:\环境数据分析\第十章\例 10-5DBSCAN 聚类.ipynb"，主要代码及结果如下：

```
from sklearn import datasets
import pandas as pd
import matplotlib.pyplot as plt
```

```
import seaborn as sns
dataset = datasets.load_iris()
data = pd.DataFrame(dataset["data"])
X1 =    data.iloc[:,[0,1,2,3]]
x = data.iloc[:,0]
y = data.iloc[:,1] #挑选出萼片长度，萼片宽度作为 x 轴和 y 轴
from sklearn.cluster import DBSCAN
y_pred = DBSCAN(eps = 0.5,min_samples = 10,).fit_predict(X1) #设置 DBSCAN 参数
sns.set(style = 'darkgrid')
plt.xlabel("sepal_length")
plt.ylabel("sepal_width")
fig = sns.scatterplot(x = x, y = y, hue = y_pred, palette = "bright")
scatter_fig = fig.get_figure()
scatter_fig.savefig(r"D:\环境数据分析\第十章\例 10-5DBSCAN 散点图.png",dpi = 1200)
```

Python 输出聚类结果如图 10-10 所示。

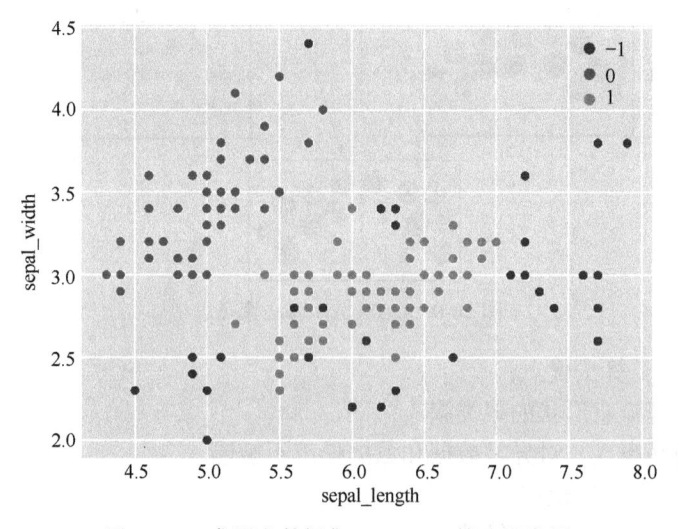

图 10-10　鸢尾花数据集 DBSCAN 算法聚类图

10.2.6　CLIQUE 聚类

网格聚类(grid cluster)算法将数据空间划分成为有限个单元(cell)的网格结构，所有聚类处理均以单个单元为对象。该方法执行速度快，仅依赖于网格分割时间，不依赖于数据集样本的数目，对参数敏感。网格聚类代表算法有 CLIQUE 算法、STING 算法、WaveCluster 算法。

CLIQUE 聚类算法融合网格聚类和密度聚类的思想，通过子空间聚类对高维度大数据进行处理。需要输入网格步长用于确定空间划分，输入密度阈值用于确定稠密网格。

CLIQUE 聚类算法把 n 维数据空间划分若干互不重叠的矩形单元，把样本嵌入空间划分成稠密网格和稀疏网格，通过算法输入参数密度阈值进行判别：若映射到相应网格的样本数超过密度阈值，则为稠密网格；若映射到相应网格的样本数未超过该密度阈值，则为稀疏网格。

CLIQUE 聚类算法优点：
(1) 对样本对象输入顺序不敏感。
(2) 数据维数增加时具有较好的可扩展性。

CLIQUE 聚类算法缺点：
(1) 对参数敏感，聚类结果非常依赖于密度阈值的选择。
(2) 随着维度的增加，空间中网格单元个数指数增长，需要进行必要的简化，容易导致聚类效果不理想。

例 10-6 根据鸢尾花的特征萼片长度(sepal_length)、萼片宽度(sepal_width)、花瓣长度(petal_length)、花瓣宽度(petal_width)，试对鸢尾花种类进行 CLIQUE 算法聚类分析。

Python 分析

运行"D:\环境数据分析\第十章\例 10-6CLIQUE 聚类.ipynb"，主要代码及结果如下：
#需安装 pyclustering 程序包，在代码行执行如下安装命令：

pip install pyclustering
#安装结束后在下一代码行执行如下程序：

from sklearn import datasets
import pandas as pd
import seaborn as sns
import matplotlib.pyplot as plt
import numpy as np
dataset = datasets.load_iris()
data = pd.DataFrame(dataset["data"])
X1 =   data.iloc[:,[0,1,2,3]]
from sklearn.decomposition import PCA
pca = PCA(n_components = 2,random_state = 99)
data1 = X1
pca = pca.fit(X1)
data = pca.transform(X1) #对鸢尾花数据进行 PCA 降维分析
intervals = 7
threshold = 1 #设置密度阈值

from pyclustering.cluster.clique import clique
from pyclustering.cluster.clique import clique_visualizer
clique_instance = clique(data, intervals, threshold) #设置算法参数
clique_instance.process()
clique_cluster = clique_instance.get_clusters()

```
sns.set(style='darkgrid') #设置图片格式
fig, ax = plt.subplots()
cluster_labels = ['0', '1', '2']
for i, cluster in enumerate(clique_cluster):
    points = data[cluster]
    x, y = points[:, 0], points[:, 1]
    ax.scatter(x, y, label=cluster_labels[i], marker='o')
ax.set_xlabel('sepal_length')
ax.set_ylabel('sepal_width')
ax.legend()#显示图例
plt.show()#显示聚类结果图
```
Python 输出聚类结果如图 10-11 所示。

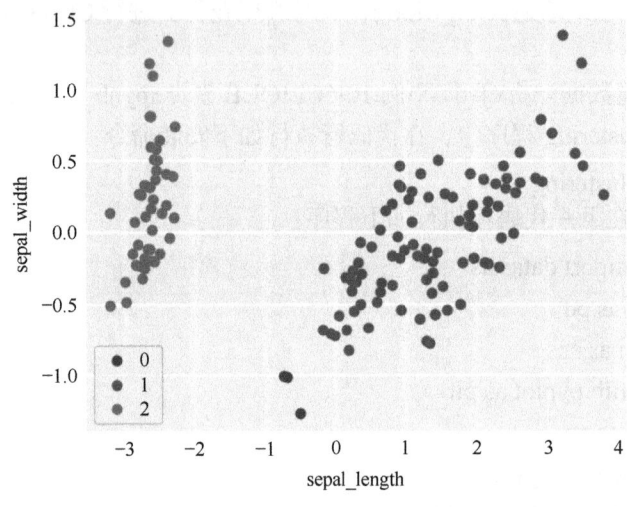

图 10-11 鸢尾花数据集 CLIQUE 算法聚类图

聚类分析要点：熟稔数据背景，方可事半功倍。

聚类分析评价主观性较强，处理数据时需要避免挑剔异常数据刻意优化结果的情况。针对不同场景，需选合适的算法、数据特征、评价指标来充分发挥聚类算法的特点。这要求数据分析人员对数据有深入了解，对场景需求有明确目标，对参数选取有丰富经验。对于环境数据分析，掌握环境数据数字背后的环境意义和专业知识背景能助推环境大数据聚类分析。

习 题

1. 根据 Kaggle 的红酒数据集(D:\环境数据分析\第十章\习 10-1 不同酒类别数据库.xlsx)，使用 K-均值聚类对不同类红酒进行聚类分析，并绘制平面二维图。
2. 针对 2879 个化合物的降维后 RDKit 分子描述符(D:\环境数据分析\第十章\习 10-2 化合物类别数据

库.csv),试对各化合物进行 BIRCH 和高斯混合聚类分析。
3. 针对 31 座城市气候指标(D:\环境数据分析\第十章\习 10-3 城市天气数据库.xlsx),包含年平均气温($x1$,℃)、年平均相对湿度($x2$,%)、全年降水量($x3$,mm)及全年日照时数($x4$,h)等数据,试根据气候指标进行 K-均值和 DBSCAN 聚类分析。

第11章　环境数据分类分析

11.1　分类分析概述

11.1.1　分类分析定义

分类(classification)是基于自变量的定量指标对因变量进行分类的一种技术，是机器学习的基本功能。分类分析针对已有数据进行监督学习，建立从特征(feature)到标签(label)的映射(模型)，进而判断待测数据的属性类别，实现分类。

> **知识拓展 11-1　机器学习分类简史**
>
> (1) 1952 年，亚瑟·塞缪尔(Arthur Samuel)创造并定义了"机器学习"。
> (2) 1957 年，弗兰克·罗森布拉特(Frank Rosenblatt)提出以神经科学为背景的感知器。
> (3) 1960 年，伯纳德·威德罗(Bernard Widrow)发明 Delta 学习规则，创造线性分类器。
> (4) 1963 年，弗拉基米尔·万普尼克(Vladimir Vapnik)提出支持向量机算法。
> (5) 1967 年，最近邻算法(the nearest neighbor algorithm)出现。
> (6) 1969 年，马文·明斯基(Marvin Minsky)提出感知器数据线性不可分。
> (7) 1981 年，保罗·沃博斯(Paul Werbos)提出将反向传播算法应用到多层感知器。
> (8) 1986 年，杰弗里·辛顿(Geoffrey Hinton)和大卫·鲁梅尔哈特(David Rumelhart)首次介绍反向传播算法在神经网络模型中的应用。
> (9) 1986 年，罗斯·昆兰(Ross Quinlan)提出决策树 ID3 算法。
> (10) 1990 年，罗伯特·夏皮雷(Robert Schapire)提出 Boosting 算法。
> (11) 1995 年，达纳·科尔特斯(Dana Cortes)和弗拉基米尔·万普尼克(Vladimir Vapnik)开发了 SVM。
> (12) 1995 年，约夫·弗雷德(Yoav Freund)和罗伯特·夏皮雷(Robert Schapire)改进 Boosting 算法，提出了 AdaBoost 算法。
> (13) 2001 年，里奥·布莱曼(Leo Breiman)提出随机森林算法。
> (14) 2006 年，杰弗里·辛顿(Geoffrey Hinton)提出深度学习概念。

11.1.2　分类分析类别

按照类别个数及类型，可分为二分类(binary classification)、多分类(multiple-class classification)以及多标签分类(multiple-label classification)。

二分类：将数据集分成两类，输出变量只有两个值的分类。

多分类：实质上是二分类的扩展，输出变量有多个类别的值。

多标签分类：是特殊类型分类，采用标签子集表达特定实例，每个实例输出多个变量。

11.1.3 特征与标签

(1) 特征：是数据属性的量化描述，自变量，用 X 表示，是标签的一个维度(图 11-1)。

葡萄糖	血压	胰岛素	BMI	年龄	是否患有糖尿病
148	72	0	33.6	50	1
85	66	0	26.6	31	0
183	64	0	23.3	32	1
89	66	94	28.1	21	0
137	40	168	43.1	33	1
116	74	0	25.6	30	0

除最后一列，每一列表达样本的一个特征(feature)；最后一列称为标记(label)；数据整体称为数据集(data set)；每行数据称为一个样本(sample)。

图 11-1 数据集中的特征和标签

(2) 标签：是对研究对象的结论性描述，因变量用 y 表示。分类分析中训练数据标签是离散值(0 或 1)，回归分析中训练数据标签为连续值，一个标签可包含多个特征。

(3) 样本：是特征的封装，分为有标签样本和无标签样本。

(4) 数据集：包括训练集(training set)、验证集(validation set)和测试集(test set)。

(5) 模型：是基于特征与标签的关联建立的程序，包括训练模型和预测模型。

在机器学习分类过程中，首先标记训练集标签，提取属性特征，通过分类算法训练模型，基于外部验证集验证模型，借助模型预测未含标签信息的测试集的标签。具有良好特征的训练集是机器学习的关键。

11.1.4 分类分析基本流程

分类分析的基本流程如图 11-2 所示。

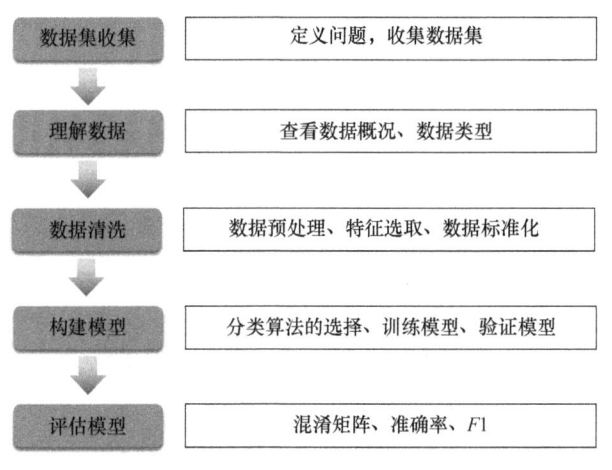

数据集收集	定义问题，收集数据集
理解数据	查看数据概况、数据类型
数据清洗	数据预处理、特征选取、数据标准化
构建模型	分类算法的选择、训练模型、验证模型
评估模型	混淆矩阵、准确率、$F1$

图 11-2 分类分析的基本流程

11.1.5 常用分类算法

单一的分类算法主要包括 K 最近邻(K-nearest neighbor，KNN)、决策树(decision tree，DT)、随机森林(random forest，RF)、支持向量机(support vector machine，SVM)、朴素贝叶斯模型(naive Bayesian model，NBM)和逻辑回归(logistic regression，LR)等(图 11-3)。组合单一分类方法的集成学习算法包括 Bagging、Boosting 和 Stacking。

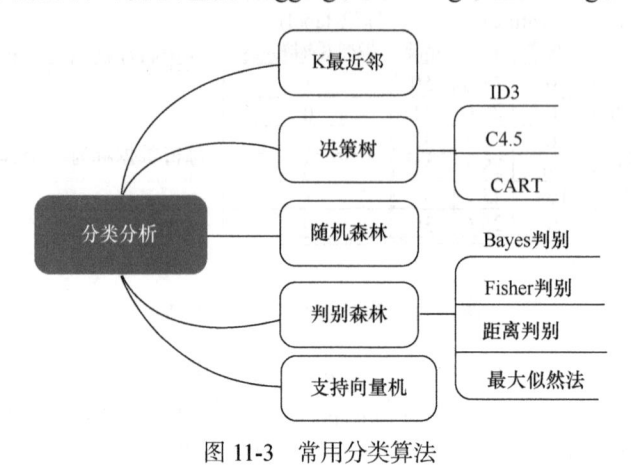

图 11-3　常用分类算法

11.1.6 分类算法选择

采用分类算法构建模型时，可从数据集的缺失值/异常值占比、冗余特征以及是否需要特征权重等方面综合考虑算法的选择(表 11-1)。

表 11-1　分类算法的选择依据

模型	对缺失值、异常值敏感度	对冗余特征敏感度	是否得到特征权重
KNN	不敏感	不敏感	不可以
决策树	不敏感	不敏感	可以
随机森林	不敏感	不敏感	可以
支持向量机	敏感	敏感	不可以
朴素贝叶斯模型	不敏感	敏感	不可以
逻辑回归	敏感	一般敏感	可以

(1) 数据集大小。当数据集较小时，可选择低偏差/高方差的分类算法，如朴素贝叶斯模型、支持向量机等；当数据集较大时，可选择高偏差/低方差的分类算法，如 KNN、决策树和支持向量机等。

(2) 预测准确度。模型的准确度是评估分类器性能的指标，表示预测输出值与正确输出值的匹配程度。在追求高准确度时还应检查模型是否存在过拟合的问题。

(3) 训练时间。当对大数据集进行分析时，还需考虑训练模型所需时间。

(4) 数据集是否存在线性关系。输入变量和目标变量间并不总存在线性关系。检查线性的最佳方法是拟合线性线或通过逻辑回归或 SVM 查找残差。误差较高表明非线性。

(5) 模型鲁棒性。还需考虑模型的稳定性和鲁棒性，评估算法对数据变化的容忍度。

11.2 K 最近邻分类器

11.2.1 K 最近邻分类概述

KNN 是数据挖掘技术中最基本的算法之一。KNN 算法以样本间距离为分类依据，常采用欧氏距离计算不同特征值间的距离。通过计算待分类对象与所有样本的欧氏距离，取距离最近的 K 个样本的类别作为待分类对象的类别归属(图 11-4)。可简单理解为：基于离待分类对象最近的 K 个样本的类别来确定该对象的类别。

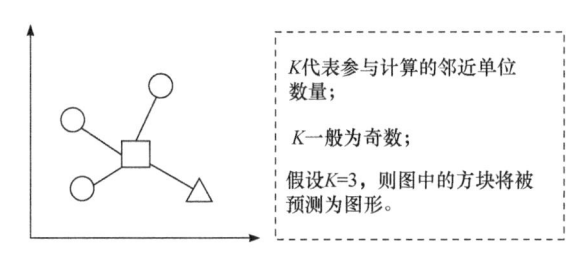

图 11-4 KNN 分类思想

KNN 算法步骤：

(1) 计算当前点、与已知类别数据集中各点之间的距离。
(2) 按照距离递增次序排序。
(3) 选取与当前点距离最小的 K 个点。
(4) 确定前 K 个点所在类别的出现频率。
(5) 选取频率最高的前 K 个点的类别作为当前点的预测类别。

K 值对 KNN 分类结果影响较大。一般采用交叉验证，将样本数据按照一定比例，拆分出训练用的数据和验证用的数据，按照从小到大原则选取 K 值，计算验证集合的方差，最终找到比较合适的 K 值。

KNN 算法优点：

(1) 既适用于分类问题，又适用于回归问题。
(2) 无数据输入的假定，对数据的特征类型无明确要求。
(3) 精度、准确度高，对异常值不敏感。

KNN 算法缺点：

(1) 计算复杂性高，空间复杂性高。
(2) 在样本数量不平衡的情况下，对稀有类别的预测准确率低。
(3) 无法给出数据的内在含义，可解释性差。
(4) 当输入量较大时，模型准确度降低。

11.2.2 Python 中的 KNN 分类器

sklearn 中采用 KNeighborsClassifier 分类器，主要参数如下：
KNeighborsClassifier(n_neighbors,weights,algorithm = , leaf_size = , p = , metric_params, n_job)

n_neighbors：整数，可选参数用于 kneighbors 查询的默认邻居数量。

weights：权重，默认为'uniform'，在每个邻居区域里的点的权重都是一样的。

algorithm：算法，可选参数，{'auto', 'ball_tree', 'kd_tree', 'brute'}，默认为'auto'.

具体调用：

from sklearn.neighbors import KNeighborsClassifier #导入需要的模块
clf = KNeighborsClassifier() #指定 KNN 分类器，确定参数
clf = clf.fit(X_train,y_train) #用训练集数据训练模型

例 11-1　Kaggle 皮马印第安人糖尿病数据集有 8 个特征和 1 个标签，特征分别是葡萄糖测试值(Glucose)、血压(Blood Pressure)、皮肤厚度(Skin Thickness)、胰岛素(Insulin)、身体质量指数(BMI)、糖尿病遗传函数(Diabetes Pedigree Function)、怀孕次数(Pregnancies)和年龄(Age)。标签为糖尿病，1 表示有糖尿病，0 表示无糖尿病。试采用 KNN 算法构建预测糖尿病患者的分类模型。

通过 KNeighborsClassifier 进行分类，运行"D:\环境数据分析\第十一章\例 11-1 糖尿病数据集.ipynb"，主要代码和结果如下：

import pandas as pd
import numpy as np
df = pd.read_excel('D:/环境数据分析/第十一章/例 11-1 糖尿病数据集.xlsx')
label_need = df.keys() #读取变量名
X = df[label_need].values[:,0:8] #定义 X 数据
y = df[label_need].values[:,8] #定义 y 数据
from sklearn.model_selection import train_test_split
X_train, X_test, y_train, y_test = train_test_split(X, y, test_size = 0.2)
from sklearn.neighbors import KNeighborsClassifier
clf = KNeighborsClassifier(n_neighbors = 10)
clf.fit(X_train, y_train)
y_pred = clf.predict(X_test)
num_correct = np.sum(y_pred = = y_test) #统计预测正确的个数
accuracy = float(num_correct) / X_test.shape[0] #计算准确率
print("正确个数：{:.0f}".format(num_correct),"准确率: {:.3f}".format(accuracy))

结果输出正确个数和准确率。

思考题 11-1　KNN 与 K-均值主要有哪些区别？

KNN 与 K-均值主要区别见表 11-2。

表 11-2　KNN 与 K-均值的区别

	KNN	K-均值
算法类型	KNN 是分类算法，属于监督学习	K-均值是聚类算法，属于非监督学习
前期训练	没有明显前期训练过程	有明显的前期训练过程
K 的含义	某个样本 x 最近的 K 个数据点中类别个数最多的即为 x 的所属类	K 是事先固定好的数字，利用训练数据输出 K 个类别

11.3　决策树分类器

11.3.1　决策树概述

决策树是一种非参数的监督学习方法，通过总结属性和类别间的关系，对未知类别样本进行分类预测。该算法从一系列包含特征和标签的数据中学习决策规则，采用自上向下的递归方式，在内部节点进行属性比较，并根据不同属性值判断如何向下分支，最终在叶节点得出分类结果。常见的决策树算法有三种：ID3、C4.5 和 CART。

决策树主要有四个要素构成：①决策节点；②方案枝；③状态节点；④概率枝(图 11-5)。决策树主要以决策节点代表决策问题，用方案枝代表可供选择的方案，用概率枝代表方案可能出现的各种结果。沿决策树从上到下遍历时，一次划分即为一次决策。

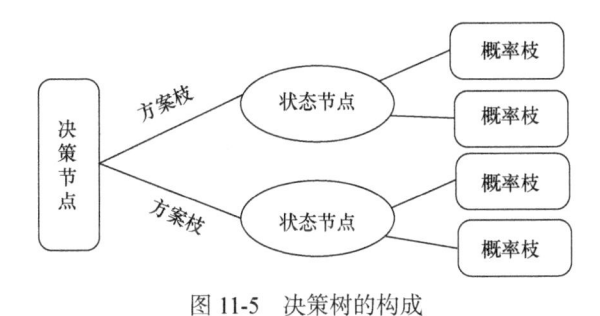

图 11-5　决策树的构成

决策树算法优点：
(1) 易于理解和解释，可以进行可视化分析。
(2) 能同时处理含有数据型和常规型属性的数据。
(3) 对缺失值不敏感，适合处理有缺失属性的样本。
(4) 能够处理不相关的特征数据。
(5) 时间复杂度较小，效率高。

决策树算法缺点：
(1) 易发生过拟合。
(2) 易忽略数据集中属性的相互关联。
(3) 对各类样本数量不一致数据划分属性时，不同判定准则会带来不同属性选择倾向。

知识拓展 11-2　常见的决策树算法

(1) ID3 是一种用于构造决策树的贪心算法。该算法在每次划分时计算每个属性的信息增益，选择信息增益最高的属性作为标准，重复进行上述过程，直至得出一个有较好分类结果的决策树。

(2) C4.5 是 ID3 的一个改进，采用信息增益率进行划分，解决了用信息增益选择属性时的偏向问题，同时可对连续属性的离散化和不完整数据进行处理。

(3) CART 分类树使用基尼(Gini)系数作为分裂标准来构建决策树，采用后剪枝操作对该算法进行优化。相比 ID3 和 C4.5 算法，CART 算法能够简化决策树的规模，提高决策树生成效率。

决策树的三类算法比较见表 11-3。

表 11-3　决策树的三类算法比较

算法	支持模型	树结构	特征选择	连续值处理	缺失值处理	剪枝
ID3	分类	多叉树	信息增益	不支持	不支持	不支持
C4.5	分类	多叉树	信息增益比	支持	支持	支持
CART	分类，回归	二叉树	基尼系数，均方差	支持	支持	支持

11.3.2　Python 中的决策树

sklearn 中采用 DecisionTreeClassifier 分类器，部分参数如下：

tree.DecisionTreeClassifier(criterion = gini′, splitter = best′, max_depth = None, min_samples_split = 2, min_samples_leaf = 1, min_weight_fraction_leaf = 0.0, max_features = None, random_state = None)

criterion：决定不纯度的计算方法，可选择信息熵(entropy)或基尼系数。
splitter：控制决策树中的随机选项，可选参数，{'best','random'}。
random_state：设置分支中的随机模式参数，默认 None。

当采用 sklearn 进行决策树建模时，基本流程包括：

(1) 实例化：建立评估模型对象。
(2) 通过模型接口训练模型。
(3) 通过模型接口提取需要的信息。

决策树对应代码：

```
from sklearn import tree
clf = tree.DecisionTreeClassifier()
clf = clf.fit(X_train, y_train)
result = clf.score(X_test, y_test)
```

11.4 随机森林分类器

11.4.1 随机森林概述

随机森林通过集成学习思想将多棵树进行集成，基本单元是决策树(图 11-6)。随机森林本质属于 Bagging 集成算法，既可用于分类，又可用于回归。

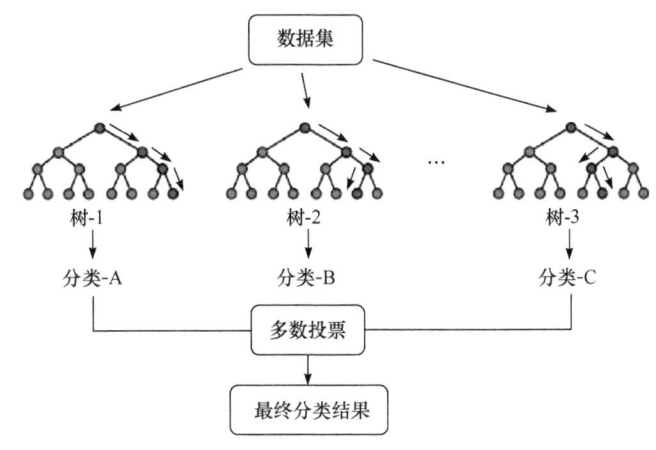

图 11-6 随机森林分类过程

随机森林优点：
(1) 可高度并行化，大样本训练速度有优势。
(2) 在样本特征维度高的情况下，仍可以有效训练模型。
(3) 能够给出各个特征对输出的重要性。
(4) 采用随机采样，训练出的模型方差小，泛化能力强。
(5) 对特征缺失不敏感。

随机森林缺点：
(1) 在某些噪声比较大的样本集上，易过拟合。
(2) 特征取值划分过多会影响模型拟合效果。
(3) 不能很好地对小数据或低维数据分类。
(4) 产生大量决策树，算法速度慢。

知识拓展 11-3　Bagging 集成算法

集成算法大致分为 Bagging、Boosting 和 Stacking 三大类型。Bagging 是一种有放回抽样方法：取出一个样本加入训练集，再将该样本放回原始样本空间，通过这种方式，可取出 T 个包含 m 个样本的训练集。随机森林在 Bagging 基础上，进一步引入随机性来训练决策树，在决定划分属性时，随机选择一个包含 K 个属性的子集，从中选择最优属性进行划分。

11.4.2 Python 中的随机森林

sklearn 中采用 RandomForestClassifier 分类器，部分参数如下：

sklearn.ensemble.RandomForestClassifier(n_estimators = 10,criterion = 'gini',max_depth = None,min_samples_split = 2,min_samples_leaf = 1,min_weight_fraction_leaf = 0.0,class_weight = None)

criterion：不纯度的衡量指标，有基尼系数和信息熵两种选择。

max_depth：树的最大深度，超过最大深度的树枝都会被剪掉。

min_samples_leaf：一个节点在分枝后的每个子节点包含的最少训练样本。

min_samples_split：一个节点必须包含的最少训练样本。

当采用随机森林作为训练模型时，具体调用如下：

from sklearn.ensemble import RandomForestClassifier

clf = RandomForestClassifier( )

clf = clf.fit(X_train,y_train)

例 11-2 sklearn 红酒(Wine)数据集包括酒精(Alcohol)、苹果酸(Malic_acid)、灰分(Ash)、酒精含量(Alcalinity_of_ash)和黄烷醇(Flavanoids)等特征。试采用决策树模型和随机森林模型进行红酒种类预测。

Python 分析

具体运行"D:\环境数据分析\第十一章\例 11-2 红酒数据集.ipynb"，主要代码和结果如下：

from sklearn.datasets import load_wine

wine = load_wine()

from sklearn.model_selection import train_test_split

Xtrain, Xtest, ytrain, ytest = train_test_split(wine.data,wine.target,test_size = 0.3)

from sklearn.tree import DecisionTreeClassifier #决策树分类器

from sklearn.ensemble import RandomForestClassifier #随机森林分类器

clf1 = DecisionTreeClassifier(random_state = 0)

clf2 = RandomForestClassifier(random_state = 0)

clf1 = clf1.fit(Xtrain,ytrain)

clf2 = clf2.fit(Xtrain,ytrain)

score_c = clf1.score(Xtest,ytest)

score_r = clf2.score(Xtest,ytest)

print("决策树:{:.2f}".format(score_c),"随机森林:{:.2f}".format(score_r))

#交叉验证两种算法分类效果

from sklearn.model_selection import cross_val_score

import matplotlib.pyplot as plt

clf1 = DecisionTreeClassifier()

clf1_s = cross_val_score(clf1,wine.data,wine.target,cv = 10)

clf2 = RandomForestClassifier(n_estimators = 25)
clf2_s = cross_val_score(clf2,wine.data,wine.target,cv = 10)
plt.plot(range(1,11),clf1_s, label = "Decision Tree")
plt.plot(range(1,11), clf2_s, linestyle = ′ ′, label = "RandomForest")
plt.legend()
plt.show()

结果输出决策树及随机森林模型准确度, 两种方法交叉验证效果如图 11-7 所示。

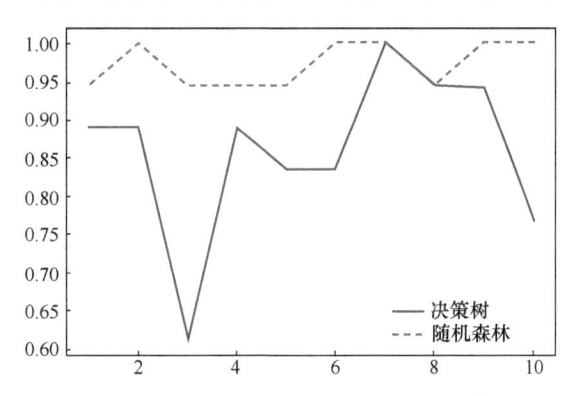

图 11-7 随机森林和决策树在交叉验证下的效果对比图

GPT-4 分析

在 ChatGPT 官网 (https://chat.openai.com/) 选择 ChatGPT 图标, 在下拉菜单点击 "GPT-4", 在对话框输入 "针对 sklearn 红酒数据集中酒精、苹果酸、灰分、酒精含量和黄烷醇的特征数据, 决策树模型和随机森林模型哪种分类效果好? 为什么?" 指令, 并提交任务。部分交互界面如下:

(1) 数据加载界面。

> 针对sklearn红酒数据集中酒精、苹果酸、灰分、酒精含量和黄烷醇的特征数据, 决策树模型和随机森林模型哪种分类效果好? 为什么?

要回答这个问题, 我们可以按照以下步骤进行:

1. 加载红酒数据集。
2. 选择特定的特征: 酒精 (Alcohol)、苹果酸 (Malic acid)、灰分 (Ash)、酒精含量 (Alcalinity of ash) 和黄烷醇 (Total phenols)。
3. 将数据分为训练集和测试集。
4. 训练决策树和随机森林模型。
5. 评估两种模型在测试集上的分类效果, 例如使用准确率。
6. 对比两种模型的性能, 并给出结论。

现在, 我将按照上述步骤进行操作, 看看哪种模型的分类效果更好。

Finished working   Hide work ∧

(2) 分类器训练模型界面。

现在，我将按照上述步骤进行操作，看看哪种模型的分类效果更好。

```
from sklearn.datasets import load_wine
from sklearn.model_selection import train_test_split
from sklearn.tree import DecisionTreeClassifier
from sklearn.ensemble import RandomForestClassifier
from sklearn.metrics import accuracy_score
# 1. 加载红酒数据集
wine_data = load_wine()
X = wine_data.data[:, [0, 1, 2, 3, 6]]
y = wine_data.target
# 2. 将数据分为训练集和测试集
X_train, X_test, y_train, y_test = train_test_split(X, y, test_size=0.3, random_state=42)
# 3. 训练决策树和随机森林模型
dt_model = DecisionTreeClassifier(random_state=42)
rf_model = RandomForestClassifier(random_state=42)
dt_model.fit(X_train, y_train)
rf_model.fit(X_train, y_train)
# 4. 评估两种模型在测试集上的分类效果
dt_predictions = dt_model.predict(X_test)
rf_predictions = rf_model.predict(X_test)
dt_accuracy = accuracy_score(y_test, dt_predictions)
rf_accuracy = accuracy_score(y_test, rf_predictions)
dt_accuracy, rf_accuracy
```

(3) 结果分析界面。

决策树模型在测试集上的准确率为 88.89%，而随机森林模型的准确率为 90.74%。

因此，基于这次实验，随机森林模型的分类效果略好于决策树模型。

为什么随机森林效果更好呢？随机森林是一个集成方法，它由多个决策树组成。通过对每个决策树的预测进行平均或投票，随机森林可以减少模型的方差，从而提高模型的总体性能。此外，随机森林在构建每棵树时都会随机选择特征子集，这可以提高模型的多样性，使其更具鲁棒性。这就是为什么随机森林通常比单一的决策树性能更好的原因。

思考题 11-2 为何随机森林比单个决策树分类效果好？

随机森林采用 Bagging 集成算法，通过对基评估器的预测结果进行平均或用多数表决原则来决定集成评估器的结果。假设随机森林模型建立了 25 棵树，在平均或多数表决原则下，仅当 13 棵以上的树判断错误时，随机森林才判断错误，若一棵树判断错误的可能性 $\varepsilon = 0.2$，则随机森林判断错误的可能性：

$$e_{\text{random\_forest}} = \sum_{i=13}^{25} C_{25}^{i} \varepsilon^{i}(1-\varepsilon)^{25-i} = 0.000369$$

从结果来看，随机森林集成的效果比单个决策树好。

随机森林集成多个决策树，引入特征随机性，提高抗噪能力，能够显著提高分类效果。

11.5 支持向量机分类器

11.5.1 支持向量机概述

SVM 属于一般化线性分类器，其最大特点是依据结构风险最小化准则，通过构造最优分类超平面以最大化分类间隔来提高模型的泛化能力，有效解决了非线性、高维数、局部极小点等问题。

11.5.2 支持向量机基本思想

SVM 是从线性可分的最优分类面演化而来的监督学习算法(图 11-8)。在线性可分情况下，SVM 的结果是一个超平面，它表示为在二维情况下是直线或判别函数，将训练样本分为正、负两类。

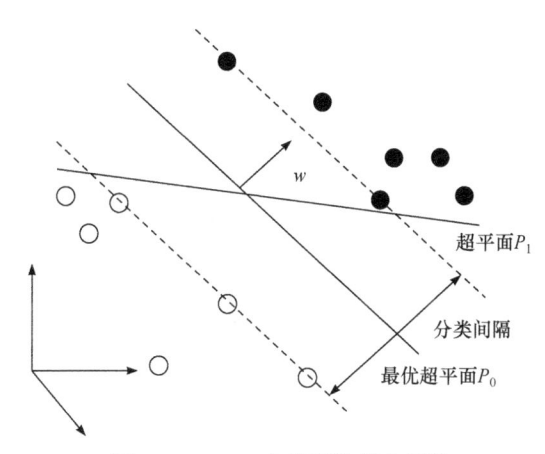

图 11-8　SVM 分类器的基本思想

按经验风险最小化的要求，这样的超平面有无数个。但图 11-8 中的超平面 P_1，虽然该超平面对训练样本分类较好，但泛化能力却不理想。按照结构风险最小化的要求，学习结果应是最优的超平面 P_0，即该平面不仅能正确分类两类训练样本，而且使其分类间隔最大，从而具备良好的泛化能力。这实际上是 SVM 的核心思想之一。

当样本线性可分时，在原空间寻找两类样本的最优分类超平面。当样本线性不可分时，SVM 采用松弛变量的方法，通过非线性映射将低维度输入空间的样本映射到高维度空间，使样本线性可分，从而在新的特征空间中寻找最优分类超平面。

支持向量机优点：

(1) 高维数据表现好。

(2) 可解决小样本下的机器学习问题。
(3) 在决策函数中使用训练点的子集(称为支持向量)，具有内存效率。
(4) 可以为决策函数指定不同的内核函数，具有多功能性。
(5) 泛化能力比较强。
(6) 不会陷入局部最优解的困境。

支持向量机缺点：
(1) SVM 算法效果与核函数的选择关系很大，需尝试多种核函数。
(2) 对核函数敏感，对核函数的高维映射解释力不强。
(3) 常规 SVM 只支持二分类问题，对于多分类问题的解决效果并不理想。
(4) 对缺失数据敏感。

例 11-3 根据 sklearn 鸢尾花数据集，采用 SVM 算法构建预测鸢尾花种类的模型。

运行"D:\环境数据分析\第十一章\例 11-3 鸢尾花数据集.ipynb"，主要代码和结果如下：

from sklearn.datasets import load_iris

data = load_iris()

from sklearn.model_selection import train_test_split

Xtrain,Xtest,ytrain,ytest = train_test_split(data.data, data.target,test_size = 0.2, random_state = 55)

from sklearn import svm #导入 SVM 分类器

clf = svm.SVC(kernel = 'linear',decision_function_shape = 'ovr')

clf = clf.fit(Xtrain,ytrain)

clf_1 = clf.score(Xtrain,ytrain)

clf_2 = clf.score(Xtest,ytest)

print("训练准确率：{:.3f}".format(clf_1),"预测准确率：{:.3f}".format(clf_2))

结果输出：训练准确率：0.992，预测准确率：0.967。

11.6 朴素贝叶斯分类器

11.6.1 朴素贝叶斯概述

朴素贝叶斯是一种基于贝叶斯原理和假设特征条件间相互独立的监督学习模型。在给定训练集中，将某一个类别所有属性的条件概率相乘，计算数据实例属于某一个类别的概率，计算数据属于每个类别的概率，选择最高概率的类别作为最终预测结果。朴素贝叶斯模型针对类型区分度很高、维度较高且模型复杂度不重要的数据。

朴素贝叶斯优点：
(1) 可调参数少，实现方式简单。
(2) 训练和预测速度快。
(3) 模型可解释性好。

(4) 在输入变量具有分类值的情况下表现良好。
(5) 适用于小规模的数据和增量式训练，能够处理多分类任务。
(6) 对缺失数据不太敏感，广泛应用于文本分类。

朴素贝叶斯缺点：
(1) 基于样本属性独立性假设，当样本属性有关联时效果不好。
(2) 对输入数据的表达形式敏感。
(3) 需要计算先验概率。
(4) 分类决策存在错误率。

知识拓展 11-4　高斯朴素贝叶斯与多项式朴素贝叶斯

高斯朴素贝叶斯(Gaussian Naive Bayes)是最易理解的朴素贝叶斯分类器，通过假设特征服从高斯分布(也就是正态分布)，来估计每个特征下每个类别上的条件概率；基于训练样本集计算特征所属标签的均值和标准差，可估计某个特征属于某个类别的概率。高斯朴素贝叶斯常用于连续特征的概率计算。

多项式朴素贝叶斯(Multinomial Naive Bayes)假设概率分布服从简单多项式分布，主要适用于离散特征的概率计算。多项式朴素贝叶斯多用于文本分类，可计算出一篇文本为某些类别的概率，最大概率类型就是该文本的类别。

11.6.2　Python 中的朴素贝叶斯

sklearn 中采用 RandomForestClassifier 分类器，主要参数如下：

sklearn.naive_bayes.GaussianNB (priors = None, var_smoothing = 1e-09)

priors：可输入任何类数组结构，形状为(n_classes，)，表示类的先验概率。如果不指定，则自行根据数据计算先验概率。

var_smoothing：浮点数，默认值 $=1\times 10^{-9}$，在估计方差时，为追求估计稳定性，将所有特征方差中最大的方差以某个比例添加到估计方差中。该比例由 var_smoothing 参数控制。

具体调用如下：

from sklearn.naive_bayes import GaussianNB
clf = GaussianNB( ) #指定朴素贝叶斯分类器
clf = clf.fit(X_train,y_train) #基于训练集数据训练模型

例 11-4　根据 sklearn 库自带乳腺癌(breast_cancer)数据集，试根据有块厚度、细胞大小的一致性、单个上皮细胞大小和裸核等特征，采用朴素贝叶斯算法构建乳腺癌预测模型。

通过 GaussianNB 算法进行分类，运行"D:\环境数据分析\第十一章\例 11-4 乳腺癌数据集.ipynb"，主要代码和结果如下：

from sklearn.datasets import load_breast_cancer
cancer = load_breast_cancer()
from sklearn.model_selection import train_test_split
X_train,X_test,y_train,y_test = train_test_split(cancer.data,cancer.target,random_state = 38)

```
from sklearn.naive_bayes import GaussianNB
clf = GaussianNB()
clf.fit(X_train,y_train)
print('预测准确率：%.3f'%clf.score(X_test,y_test))
print('训练准确率：%.3f'%clf.score(X_train,y_train))
```
结果输出：预测准确率：0.944，训练准确率：0.948。

11.7 集成学习分类器

集成学习(ensemble learning)是通过构建并结合多个基学习器(base learner)完成学习任务的一类算法。集成学习具体基于训练集数据训练若干弱学习器，采用一定结合策略，最终将弱学习器生成一个强学习器，从而提高单个弱分类算法的识别率。

集成学习算法步骤包括：①构建基学习器，生成一系列基学习器；②构建组合基学习器。最常见组合方法有用于分类的多数投票和用于回归的权重平均。

集成学习构建方法包括平行方法和顺序化方法。平行方法的代表算法是 Bagging 系列算法，它构建多个独立的学习器，取平均预测结果。个体学习器间不存在强依赖关系，一系列个体学习器可基于相同基学习算法并行生成。顺序化方法的代表算法是 Boosting 系列算法，它依次构建多个学习器。个体学习器需采用不同基学习算法串行生成，个体学习器间存在强依赖关系。

GBDT(gradient boosting decision tree)常被用于多分类、点击率预测、搜索排序等任务，利用弱分类器(决策树)迭代训练以得到训练效果好、不易过拟合的最优模型。

LightGBM(light gradient boosting machine)是一个实现 GBDT 算法的框架，常用于处理结构化数据，支持高效率并行训练，具有更快训练速度、更低内存消耗、更高准确率等优势。

11.7.1 AdaBoost 算法

AdaBoost(adaptive boosting)是一种迭代算法。它的自适应表现在能够自动根据前一个弱分类器对样本预测的误差率来调整样本权重，通过调整权重后的样本来训练下一个弱分类器。重复上述过程，直到基模型的个数达到设定值或者预设的错误率足够小后停止，最后将所有训练的基模型通过组合策略进行集成，得到最终的模型。

AdaBoost 算法分为三个步骤(图 11-9)：

(1) 初始化训练数据的权值分布 D_i。假设有 N 个训练样本数据，则每一个训练样本最开始时都会被赋予相同的权值：$D_i = 1/N$。

(2) 训练弱分类器 i。若某个训练样本被当前的弱分类器 i 准确分类，其权值会降低；相反，若某个训练样本点被错误分类，它的权值就会升高。权值更新过的样本被用于训练下一个弱分类器，按此方式不断迭代。

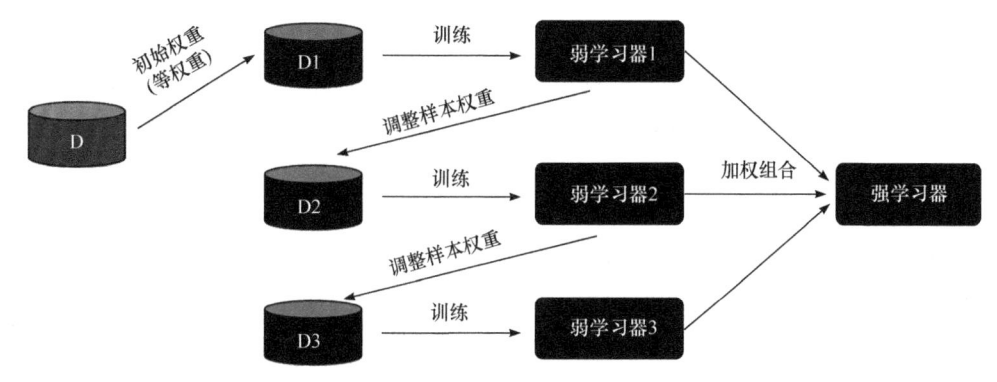

图 11-9 AdaBoost 分类器的基本思想

(3) 组合训练所得的弱分类器。赋予分类误差率小的弱分类器较高的权重，同时降低分类误差率大的弱分类器的权重，即确保误差率低的弱分类器在最终分类器中占的权重较大，最终得到一个强学习器。

11.7.2 Python 中的 AdaBoost 算法

sklearn 中采用 RandomForestClassifier 分类器，主要参数如下：

ensemble.AdaBoostClassifier（base_estimator=None, n_estimators=50, learning_rate=1.0, algorithm='SAMME.R', random_state=None）

base_estimator：基分类器，默认是决策树，在该分类器基础上进行 Boosting，理论上可以是任意一个分类器，但如果是其他分类器时需要指明样本权重。

n_estimators：提升(循环)次数，默认 50 次，值过大，模型易过拟合；值过小，模型易欠拟合。

learning_rate：学习率，表示梯度收敛速度，默认为 1，如果过大，易错过最优值；如果过小，则收敛速度会较慢。

algorithm：有 SAMME 和 SAMME.R 两种 Boosting 算法，默认 SAMME.R。

朴素贝叶斯分类器具体调用如下：

from sklearn.ensemble import AdaBoostClassifier #导入需要的模块
clf = ensemble.AdaBoostClassifier( ) #指定 AdaBoost，确定参数
clf = clf.fit(X_train,y_train) #用训练集数据训练模型

AdaBoost 优点：

(1) 很好地利用弱分类器进行级联。
(2) 可以采用不同的分类算法作为弱分类器。
(3) 具有很高的精度。
(4) 充分考虑每个分类器的权重。
(5) 不易发生过拟合。

AdaBoost 缺点：

(1) AdaBoost 迭代次数需要通过交叉验证设定。
(2) 数据的不平衡会导致分类精度下降。

(3) 对异常样本敏感，异常样本在迭代中可能会获得较高的权重，影响预测的准确性。

例 11-5 根据 sklearn 鸢尾花数据集，采用 AdaBoost 构建鸢尾花种类分类模型。运行 "D:\环境数据分析\第十一章\例 11-5 鸢尾花数据集.ipynb"，主要代码和结果如下：

```
import pandas as pd
import numpy as np
from sklearn.datasets import load_iris
iris = load_iris()
df = pd.DataFrame(iris.data, columns=iris.feature_names)
df['label'] = iris.target
df.columns = ['sepal length', 'sepal width', 'petal length', 'petal width', 'label']
data = np.array(df.iloc[:100, [0, 1, -1]])  #取前 100 个数，第一列、第二列和最后一列
X, y = data[:,:-1], data[:,-1]  #最后一个特征为标签
from sklearn.model_selection import train_test_split
X_train, X_test, y_train, y_test = train_test_split(X, y, test_size=0.2)
from sklearn.ensemble import AdaBoostClassifier
from collections import Counter
clf = AdaBoostClassifier(n_estimators=100, learning_rate=0.5)
clf.fit(X_train, y_train)
clf.score(X_test, y_test)
print('准确率：%.3f'%clf.score(X_test,y_test))
```

结果输出：准确率：0.950。

知识拓展 11-5　常用分类器、回归器及调用函数(表 11-4)

表 11-4　部分机器学习分类器及回归器

类别	名称	函数调用
分类器	SVM Classifier	from sklearn.svm import SVC
	KNN Classifier	from sklearn.neighbors import KNeighborsClassifier
	Logistic Regression Classifier	from sklearn.linear_model import LogisticRegression
	Decision Tree Classifier	from sklearn.tree import DecisionTreeClassifier
	Random Forest Classifier	from sklearn.ensemble import RandomForestClassifier
	AdaBoost Classifier	from sklearn.ensemble import AdaBoostClassifier
	Gradient Boosting Decision Tree Classifier	from sklearn.ensemble import GradientBoostingClassifier

续表

类别	名称	函数调用
分类器	XGBoost Classifier	from xgboost import XGBClassifier
	lightGBM Classifier	from lightgbm import LGBMClassifier
	BaggingClassifier	from sklearn.ensemble import BaggingClassifier
	ExtraTreeClassifier	from sklearn.tree import ExtraTreeClassifier
	GaussianNB	from sklearn.naive_bayes import GaussianNB
	MultinomialNB	from sklearn.naive_bayes import MultinomialNB
回归器	SVM Regressor	from sklearn.svm import SVR
	KNN Regressor	from sklearn.neighbors import KNeighborsRegressor
	Decision Tree Regressor	from sklearn.tree import DecisionTreeRegressor
	Random Forest Regressor	from sklearn.ensemble import RandomForestRegressor
	AdaBoost Regressor	from sklearn.ensemble import AdaBoostRegressor
	Gradient Boosting Decision Tree Regressor	from sklearn.ensemble import GradientBoostingClassifier
	XGBoost Regressor	from xgboost import XGBRegressor
	lightGBM Regressor	from lightgbm import LGBMRegressor
	Bagging Regressor	from sklearn.ensemble import BaggingRegressor
	ExtraTree Regressor	from sklearn.tree import ExtraTreeRegressor

习　题

1. 以 sklearn 库自带的乳腺癌数据集为例，试采用 KNN、决策树、随机森林、支持向量机、朴素贝叶斯和 AdaBoost 构建乳腺癌的预测模型，并比较各类算法的优劣。
2. sklearn 的手写数字识别数据集共包含 1797 个样本，输出 10 个类别手写数字 0~9，试采用朴素贝叶斯构建通过识别手写体图片判断数字的预测模型。
3. 以 sklearn 鸢尾花数据集为例，试采用决策树算法构建一个预测鸢尾花种类的模型。
4. 某毒性数据集包含 40000 个化合物（D:\环境数据分析\第十一章\习 11-4 毒性数据.csv），每个样本有 207 个分子描述符和一个类标签，试通过梯度提升树模型进行建模分类并输出模型在测试集上的准确度。

第 12 章　环境数据机器学习

12.1　机器学习概述

12.1.1　机器学习定义

机器学习(machine learning)是基于大量数据进行分析与预测的一类技术，包括深度学习(deep learning)，是人工智能(artificial intelligence，AI)领域分支(图 12-1)。机器学习采用回归、分类、聚类及降维等多种算法，对数据进行训练学习，构建预测模型，用于分类或预测事物的演变趋势。机器学习是数据科学的核心，在数据挖掘、自然语言处理、人机交互、图像处理、计算机视觉等领域应用广泛，为多学科提供研究新范式。

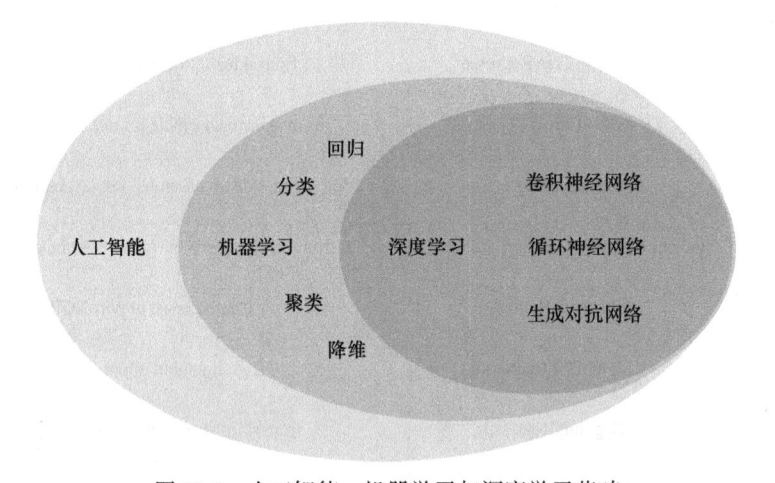

图 12-1　人工智能、机器学习与深度学习范畴

知识拓展 12-1　机器学习发展阶段

(1) 知识推理期(20 世纪 50 年代中期到 70 年代初期)。1956 年，达特茅斯会议首次提出人工智能概念，标志着人工智能正式诞生。这一时期主要研究系统的控制参数以改进系统执行能力，代表性工作有赫伯特·西蒙(Herbert Simon)和艾伦·纽厄尔(Allen Newell)的"逻辑理论家"(Logic Theorist)程序和"通用问题求解"(General Problem Solving)程序等。

(2) 知识工程期(20 世纪 70 年代中期到 80 年代初期)。这一时期主要研究将各个领域的知识植入系统，通过机器模拟人类学习过程，采用图结构及逻辑结构作为机器内部描述，提出关于学习概念的各种假设，代表性工作有帕特里克·温斯顿(Patrick Winston)的结构学习系统和海斯·罗思(Hayes Roth)等的基于逻辑的归纳学习系统。

(3) 归纳学习期(20 世纪 80 年代初期到 21 世纪初)。1980 年在美国卡耐基梅隆大学举行第一届机器学习研讨会(IWML)，标志着机器学习研究的兴起。1988年国际杂志《机器学习》(Machine learning)创刊，更展示出机器学习蓬勃发展趋势。这一阶段研究最多的是"从样例中学习"，即从训练样例中归纳学习结果。

(4) 深度学习(21世纪初期至今)。21世纪初掀起了"深度学习"的热潮，人工智能正式进入深层神经网络阶段。

12.1.2 机器学习分类

根据学习范式不同，机器学习分为监督学习(supervised learning)、无监督学习(unsupervised learning)、强化学习(reinforcement learning)、半监督学习(semi-supervised learning)等。其中监督学习、无监督学习和强化学习是主流的三种机器学习范式(图12-2)。

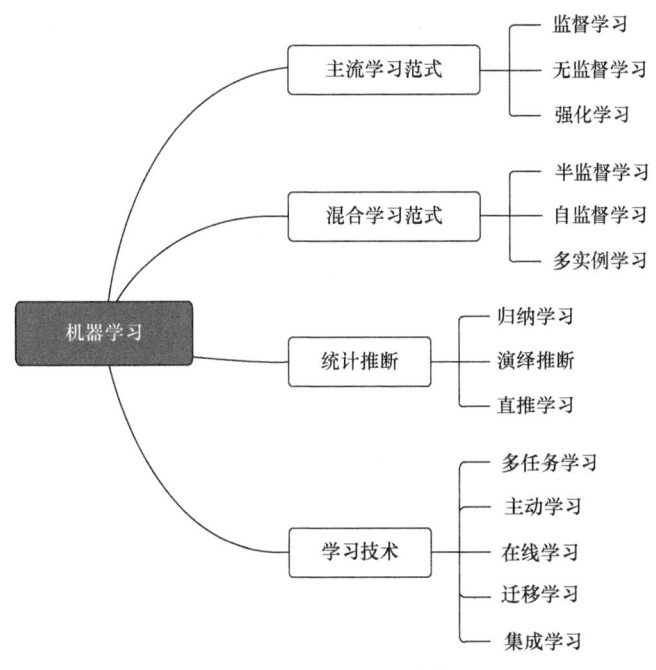

图12-2 机器学习分类

(1) 监督学习：基于已知标签的样本训练模型，对任意给定的输入进行预测。
(2) 无监督学习：基于未知标签的样本训练模型，对输入样本进行分类或分群。
(3) 强化学习：基于样本和环境互作不断更新迭代模型，获取最优策略。

12.1.3 机器学习流程

机器学习流程包括数据导入、数据预处理、模型训练、模型评估和模型应用(图12-3)。
(1) 数据导入：数据集大小和数据质量决定预测模型性能。
(2) 数据预处理：通过缺失值处理、数据清洗、数据标准化/归一化、数据变换等方法对数据集进行建模前的预处理。

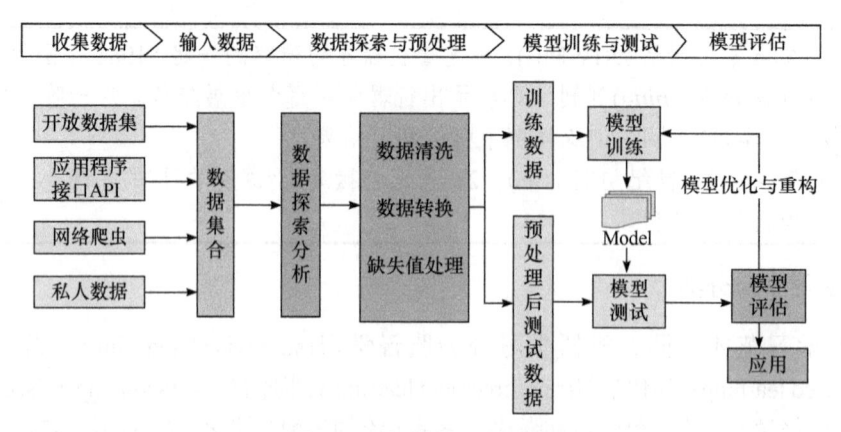

图 12-3 机器学习流程图

(3) 模型训练：针对训练集的数据特征，选择合适算法进行模型训练。

(4) 模型评估：基于外部数据，采用混淆矩阵、基尼系数、ROC 曲线等指标，对模型进行评估。通过调整模型参数，重复训练和评估过程，找到超参数的最优组合。

(5) 模型应用：模型泛化能力和应用域评估合格后，可用于新数据的预测，并进一步基于模型开发相关软件。

例 12-1 以鸢尾花数据集为例，通过 SVM 算法建立鸢尾花卉分类预测模型。

运行"D:\环境数据分析\第十二章\例 12-1 鸢尾花.ipynb"，主要代码及结果如下：

```
import pandas as pd
import matplotlib.pyplot as plt
import seaborn as sns
from sklearn.datasets import load_iris
dataset = load_iris() #加载 iris 数据集
X = dataset.data #取 dataset 的 data 数据为特征矩阵
y = dataset.target #取 dataset 的 target 数据为目标向量
from sklearn.model_selection import train_test_split
X_train, X_test, y_train, y_test = train_test_split(X, y, test_size = 0.25, random_state = 0) #划分数据
from sklearn.svm import SVC    #导入 SVM 分类器
clf = SVC(C = 0.8, kernel = 'linear', decision_function_shape = 'ovr', probability = True)
clf.fit (X_train, y_train)
y_pred = clf.predict(X_test)
from sklearn.metrics import confusion_matrix
cm = confusion_matrix(y_test, y_pred) #创建混淆矩阵
class_names = dataset.target_names #获取目标分类的名称列表
matrix = pd.DataFrame(cm, index = class_names, columns = class_names)
sns.heatmap(matrix, annot = True, cbar = None, cmap = 'Blues') #绘制热图
plt.title('Confusion Matrix')
```

plt.tight_layout()
plt.ylabel('True Class')
plt.xlabel('predcted class')
plt.show()
from sklearn.metrics import classification_report
print(classification_report(y_test, y_pred)) #生成评估报告

输出结果如图 12-4，混淆矩阵显示 SVM 分类器做出 38 个预测，准确预测 setosa 类 13 个、versicolor 类 15 个、virginica 类 9 个，实际样本 setosa 类 13 个、versicolor 类 16 个、virginica 类 9 个。

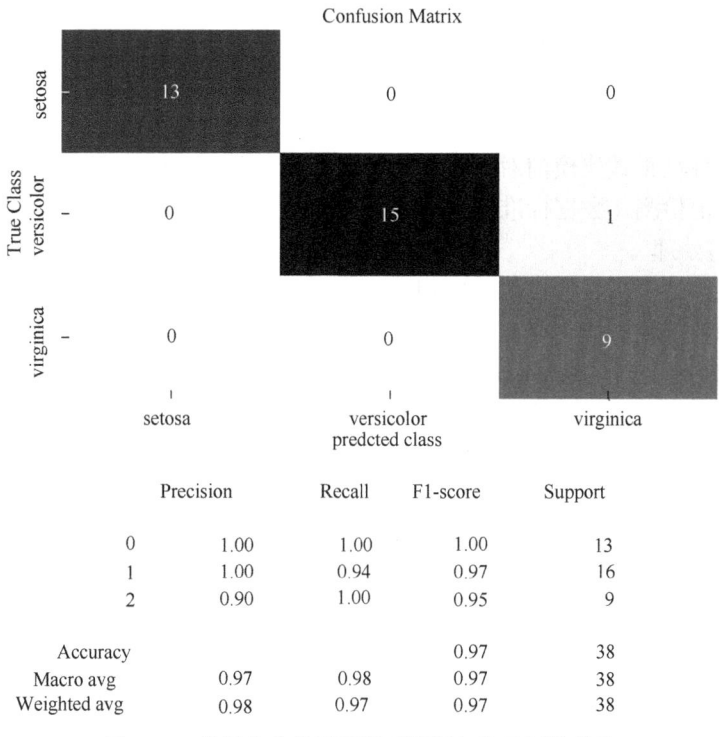

	Precision	Recall	F1-score	Support
0	1.00	1.00	1.00	13
1	1.00	0.94	0.97	16
2	0.90	1.00	0.95	9
Accuracy			0.97	38
Macro avg	0.97	0.98	0.97	38
Weighted avg	0.98	0.97	0.97	38

图 12-4　鸢尾花分类预测模型混淆矩阵及评估报告

对构建的 SVM 分类模型进行精确度(Precision)，召回率(Recall)，F1 分数(F1-score)和准确度(Accuracy)评估(图 12-4)，模型预测准确度为 0.97，加权平均(Weighted avg)后精确度、召回率、F1 分数分别为 0.98、0.97 和 0.97，显示 SVM 预测模型的良好性能。

12.2　数据收集与预处理

12.2.1　数据来源

(1) 网络爬虫：按一定规则自动抓取网站信息，如图片、文字、数字等。
(2) 公共数据库：可从各种类型公共数据库下载用于机器学习的数据集。

(3) 应用程序接口：sklearn、Keras、Tensorflow 等提供 API 接口获取一些基准数据集。

(4) 自主收集：当没有足够可用数据或者检索数据过于复杂时，可从线下收集、调查问卷等收集数据，也可创建数据集或扩展现有数据集。

机器学习常用数据库：

(1) UCI 数据库：美国加州大学欧文分校(UCI)建立的模式识别和机器学习开源数据库，https://archive-beta.ics.uci.edu。

(2) Kaggle：全球最大的数据科学分析与竞赛平台，https://www.kaggle.com/datasets。

(3) GitHub：全球最大的代码托管平台，https://github.com。

(4) VisualData：计算机视觉数据集平台，https://visualdata.io/discovery。

除上述公共数据库外，还有大量的专业数据库，如 PubChem 有机小分子生物活性数据、DrugBank 数据库、MIMIC-Ⅲ 数据库、ImageNet 数据库等。

12.2.2 数据预处理

数据预处理是正式建模前对所收集数据进行检查和纠正的过程，包括空值和缺失值的处理、异常值检测、数据标准化/归一化、数据转换等。

1) 缺失值处理

缺失值是由缺少信息造成的数据删除或截断，分为完全随机缺失、随机缺失和非随机缺失。处理数据缺失值主要有两种方法。

(1) 缺失值删除：在被删除缺失值对象占原始数据集比例非常小的情况下有效。若缺失数据较大，或缺失数据呈非随机分布时，删除缺失值可能导致数据偏差以及模型性能降低。

(2) 缺失值填充：根据初始数据集中其余数据的分布情况，通过生成新的值来补充缺失数据，从而使数据集完整化。具体方法包括人工填补、特殊值填充、均值填充、K 近邻填充、回归、随机森林填充等。

💻 SimpleImputer 库

库的导入：from sklearn.impute import SimpleImputer

参数实例：SimpleImputer(missing_values = np.nan, strategy = 'mean')

missing_values：指定需要处理缺失值对象，一般情况处理对象为空值(np.nan)。

strategy：表示处理策略，有四种选择，分别为均值填充(mean)、中位数填充(median)、众数填充(most_frequent)和自定义填充(constant)。

2) 不平衡数据处理

数据不平衡是指不同类别样本量差异大。处理不均衡数据是机器学习中常见现象。

对不平衡数据集的处理可分两种：一种是从数据角度出发，对数据重新抽样和组合来重新平衡数据，代表方法有欠采样、过采样、SMOTE 等；另一种是从算法角度出发，针对算法进行改进或集成，使其更适应于不平衡数据。

随机欠采样方法是从多类样本中选取与少类样本数目相当的样本，组成新数据集，实现新数据集中样本比例的均衡。

💻 RandomUnderSampler 库

库的导入：from imblearn.under_sampling import RandomUnderSampler

参数实例：RandomUnderSampler (sampling_strategy)

sampling_strategy：表示采样策略，可输入浮点值或字典，指定转换数据集中少数类与多数类的比率；或传入字符 majority, not minority, not majority, all, auto，指定重采样的目标类，使不同类别的样本数量相等。默认为 auto，即重新采样除少数类以外的所有类。

随机过采样方法与随机欠采样相反，它通过从少类样本中抽取多次，达到样本比例均衡。

💻 RandomOverSampler 库

库的导入：from imblearn.over_sampling import RandomOverSampler

参数实例：RandomOverSampler (sampling_strategy)

sampling_strategy：表示采样策略，默认为 auto。

SMOTE 算法是在随机过采样方法上的改进，舍弃过采样简单复制的策略，对少数类样本利用 KNN 合成新样本，使样本更具有代表性。

💻 SMOTE 库

库的导入：from imblearn.over_sampling import SMOTE

参数实例：SMOTE(sampling_strategy, k_neighbors = 5)

sampling_strategy：表示采样策略，默认为 auto。

k_neighbors：表示指定近邻个数，默认为 5 个。

此外，通过调整算法对每个类别的惩罚权重，增加小类样本的权值，降低大类样本的权值。常见算法有 penalized-SVM、penalized-LDA、逻辑回归、梯度增强等。

3) 数据归一化

数据归一化就是把特征变换到相同尺度范围内，减少规模、特征、分布差异等对模型的影响。常用数据归一方法有 min-max 标准化和 Z-score 标准化。

min-max 标准化也称离差标准化，是对原始数据的线性变换，利用数据的最小值和最大值，将所有数据缩放到 0～1。

💻 MinMaxScaler 库

库的导入：from sklearn.preprocessing import MinMaxScaler

参数实例：MinMaxScaler(feature_range = (0, 1), copy = True)

feature_range：表示所需转换的数据范围，默认为 0～1。

copy：表示拷贝属性，默认为 True，表示对原数据组拷贝操作，变换操作后元数组不变，False 表示变换操作后，原数组也跟随变化。

Z-score 标准化也称均值归一化，是基于原始数据的均值和标准差对数据进行标准化。处理后数据符合标准的正态分布，即均值为 0，标准差为 1。

💻 StandardScaler 库

库的导入：from sklearn.preprocessing import StandardScaler

参数实例：StandardScaler (copy = True, with_mean = True, with_std = True)

copy：表示拷贝属性，默认为 True，表示对原数据组拷贝操作，这样变换后元数组不变，False 表示变换操作后，原数组也跟随变化。

with_mean：表示将数据均值规范到 0，默认为 True。

with_std：表示将数据方差规范到 1，默认为 True。

12.3 特征工程

12.3.1 特征工程定义

特征工程(feature engineering)是指从原始数据中提取特征并将其转化为适合机器学习模型的数据格式。特征工程是数据科学和机器学习的重要环节，将提取重要特征运用到预测模型能提高数据的预测精度。

12.3.2 特征工程步骤

广义的特征工程包括特征使用方案、特征获取、特征处理和特征监控四大部分。特征处理是特征工程的核心内容(图 12-5)，包括特征选择及特征提取。

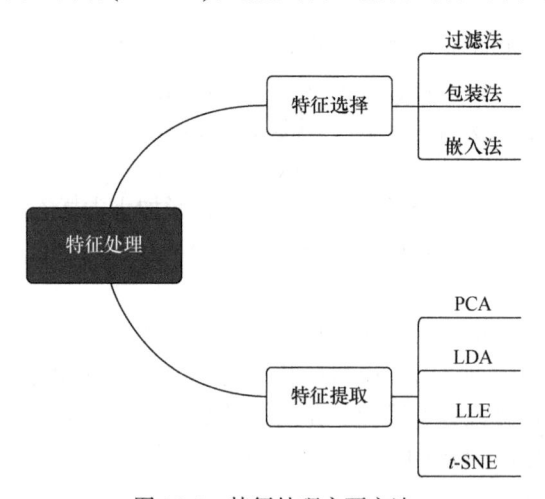

图 12-5 特征处理主要方法

12.3.3 特征选择

特征选择根据各种统计检验的分数及相关性指标，从原始特征中剔除不相关或冗余特征，选出最有效特征子集以降低数据集的维度，降维后的数据集保留原数据集的大部分信息。特征选择可降低计算复杂度，提高模型精确度以及可解释性。根据评价准则的不同，特征选择方法分为过滤法(filter)、包装法(wrapper)和嵌入法(embedding)。

1) 过滤法

过滤法按照统计检验分数以及相关性对各个特征进行评分，设定阈值或待选阈值的个数完成特征选择。过滤法完全独立于机器学习算法，通常用作预处理步骤。按照评分标准不同，过滤法分为方差过滤和相关性过滤。

方差过滤是使用方差作为评分标准来选择特征，其目的是在维持算法性能的前提下，筛选出更有分辨的特征。方差过滤适用于离散型特征，连续型特征需要离散化后使用。由于实际情况中方差较小的特征很少，方差过滤一般作为特征选择的预处理步骤，再结合其他方法进行特征选择。

🖥 VarianceThreshold 库

库的导入：from sklearn.feature_selection import VarianceThreshold

参数实例：VarianceThreshold(threshold = 0.0)

threshold：表示方差阈值，舍弃所有方差小于 threshold 的特征，不填默认为 0，即删除所有记录都相同的特征。

相关性过滤是通过评判特征与标签之间的相关性来选择特征，其目的是移除特征相关性过高的特征。sklearn 有卡方过滤、F 检验、互信息法三种常用方法。

(1) 卡方过滤，是用于计算每个非负特征与标签间的卡方统计量的过滤方法，即解决分类问题。在 sklearn 中，卡方检验使用 feature_selection 模块的 chi2 包，针对标签是离散型变量的数据，依照卡方统计量由高到低进行特征排名。

(2) F 检验，是用于捕捉每个特征与标签之间的线性关系的过滤方法，既可以做分类又可做回归分析。在 sklearn 中，F 检验使用 feature_selection 模块的 f_classif 和 f_regression 包。f_classif 针对离散型变量的数据标签，用于分类；f_regression 针对连续型变量的数据标签，用于回归。

(3) 互信息法，是用于捕捉每个特征与标签间的线性或非线性关系的过滤方法，可做分类或回归分析。在 sklearn 中，互信息法使用 feature_selection 模块的 mutual_info_classif 和 mutual_info_regression 包。mutual_info_classif 针对离散型变量的数据标签，用于互信息分类；mutual_info_regression 针对连续型变量的数据标签，用于互信息回归。

🖥 SelectKBest 库

库的导入：from sklearn.feature_selection import SelectKBest

参数实例：SelectKBest(score_func, k = 10)

score_func：表示特征选择的标准，默认 f_classif。

k：表示取特征得分最高的前 k 个特征，默认为 10。

2) 嵌入法

嵌入法进行特征选择的主要依据是特征的权值系数，如决策树和树的集成模型中的 feature_importances_ 属性。对于有 feature_importances_ 的模型，若特征重要性低于阈值参数，则认为不重要。feature_importances_ 的取值范围是[0,1]。

🖥 SelectFromModel 库

库的导入：from sklearn.feature_selection import SelectFromModel

参数实例：SelectFromModel(estimator, threshold = None, prefit = False, max_features = None)

estimator：表示实例化后的评估器。

threshold：表示特征重要性的阈值，重要性低于这个阈值的特征将被删除。

prefit：判断是否将实例化后的模型直接传递给构造函数，默认 False。

max_features：表示阈值设定下选择的最大特征数。

3) 包装法

包装法与嵌入法相似，特征选择和算法训练同时进行，让算法决定使用哪些特征。包装法的目的是选取性能最佳的特征子集，依赖于目标函数完成特征选择，主要用于输入维数相对较低的数据集。

包装法包括反向特征消除和前向特征选择。在反向特征消除中，所有分类算法先用 n 个特征进行训练；每次训练删除 1 个特征，用剩余的特征训练模型 n 次，得到 n 个模型；删除对模型性能影响最小的特征；一直删除，一直筛选，直到不再能删除任何变量。前向特征选择是反向特征消除的反过程，所有分类算法先用 1 个特征进行训练，用每个特征训练模型 n 次，得到 n 个模型；选择模型性能最佳的特征作为初始特征；每次训练添加一个特征，保留让分类器性能提升最大的特征；一直添加，一直筛选，直到模型性能不再有明显提高。

💻 RFE 库

库的导入：from sklearn.feature_selection import RFE
参数实例：RFE(estimator, n_features_to_select = None, step = 1)
estimator：表示实例化后的评估器。
n_features_to_select：表示想要选择的特征个数。
step：表示每次迭代中希望移除的特征个数。

sklearn 中 RFECV 包通过在交叉验证循环中执行 RFE 以找到最佳数量的特征，增加参数交叉折数 cv，可简化学习曲线的画法，其他用法与 RFE 一致。

📖 思考题 12-1 如何恰当选用特征选择方法？

特征方法的选择需根据具体数据具体分析。当数据量较大时，优先使用方差过滤和互信息法，再结合其他特征选择方法。若特征是分类，使用卡方过滤或基于树的模型进行特征选择。若进行二元分类，考虑使用支持向量机作为特征选择模型。若特征是定量变量，使用线性模型及基于相关性的模型效果更好。在不确定选择何种方法时，优先使用过滤法。

12.3.4 特征提取

特征提取是自动将观测值降维到小数据集的方法，在降低数据维度的前提下仍能做出准确预测。特征选择最终得到的数据集是原始数据集的一个子集；而特征提取通过数据映射获得新的低维特征子集。特征提取的主要算法有主成分分析(PCA)、线性判别分析(linear discriminant analysis, LDA)、t 分布随机近邻嵌入(t-stochastic neighbor embedding, t-SNE)等。

1) 线性判别分析

LDA 是 1936 年由罗纳德·艾尔默·费希尔(Ronald Aylmer Fisher)提出的一种经典的线性学习算法。LDA 寻找解释数据的最佳变量线性组合，常用作分类任务的预处理。

LDA 基本思想是最大化类间均值，最小化类内方差。对于给定训练集，将所有样本投影到一条直线，使得数据集的样例投影到该直线时，同类样例的投影点尽可能接近，不同类样例的投影点尽可能远离。在对新样本进行分类时，将其投影到同一条直线，根据投影点位置确定新样本的类别。

💻 LDA 库

库的导入：from sklearn.discriminant_analysis import LinearDiscriminantAnalysis

参数实例：LinearDiscriminantAnalysis (n_components = 2)

n_components：表示降维后的维数，默认 2 维。

2) t 分布随机近邻嵌入

t-SNE 是 2008 年由劳伦斯·范德马滕(Laurens van der Maaten)及杰弗里·辛顿(Geoffrey Hinton)提出的经典流形学习算法，通常将 n 维数据映射到 2 维或 3 维数据，将相似特征聚集一起。t-SNE 主要用于可视化和高维数据探索，常用于基因组数据、单细胞测序数据分析、医学信号处理等。

t-SNE 的主要思路是通过仿射(affinitie)变换把数据点映射到概率分布，将点与点间的欧式距离转换为条件概率，每个概率分布对应一个"样本间距离远近"的关系。从所选数据点附近的数据点获得更多的相似度值，而距离与所选数据点较远的数据点将获得较少的相似度值；进一步利用相对熵计算损失函数度量高维和低维数据概率分布间的差异，用梯度下降方法不断更新数据，使损失函数达到最小，最终得到满足要求的低维数据。

📖 思考题 12-2　t-SNE 与 PCA 的异同

PCA 属于线性降维，通过最大化方差保持较大的成对距离，计算相对简单。若利用 PCA 进行可视化，无法保持数据集的局部结构，可能导致"拥挤现象"，难以揭示特征间的复杂多项式关系。t-SNE 是非线性降维，主要保留小的成对距离，降维维度大，计算相对复杂，针对大型数据集的多维数据，计算速度易受影响。t-SNE 注重保留原始数据的聚类结构特征，但其基于概率分布，重复运行时可能导致结果存在差异。

💻 t-SNE 库

库的导入：from sklearn.manifold import TSNE

参数实例：TSNE(n_components = 2, init = 'pca', random_state = 42, n_iter = 1500)

n_components：表示降维后的维数，默认 2 维。

init: 嵌入的初始化方法，默认为 random，多采用 pca。pca 初始化不用于预先计算距离，通常比 random 初始化运行更稳定。

n_iter：表示优化的最大迭代次数，不少于 250，默认 1000。

知识拓展 12-2　t-SNE 在医学、生物数据分析中的应用

(1) 识别肿瘤亚群。质谱成像技术可同时提供组织中数百个生物分子的空间分布，利用 t-SNE 对数据进行降维可视化，更好地解析生物分子肿瘤内异质性，辅助医疗诊断。

(2) 寻找标志基因。利用 t-SNE 对单细胞测序数据进行降维可视化，更好地观察基因在各个亚群之间的表达情况，确定每个亚群的标志基因。

12.4 模型构建

机器学习的核心是模型训练。为构建模型，通常将数据集划分为训练集、验证集和测试集。训练集用于训练模型，验证集用于优化模型，通过交叉验证、性能度量和超参数调优确定最优模型，最后通过测试集评估模型性能。

12.4.1 数据分割

数据分割是消除机器学习中训练数据偏差的必要条件。训练集、验证集和测试集三者比例通常设定为 6∶2∶2。当仅采用训练集和测试集训练模型时，二者比例通常设定为 7∶3 或 8∶2。具体建模需根据实际数据集规模及建模需求设定数据划分的比例。

数据分割常用方法包括留出法(hold-out)、k 折交叉验证法(k-fold cross-validation)和自助法(bootstrapping)。

1) 留出法

留出法直接将数据集划分为互斥集合，较大比例的子集作为训练集，较小比例的子集作为测试集。数据划分时，需保持数据分布的一致性，避免因数据划分引入额外偏差。样本的不同划分方式易导致模型评估结果存在差别。在使用留出法时，一般采用若干次随机划分，重复评估后取平均值作为留出法的评估结果。

 💻 train_test_split 库

库的导入：from sklearn.model_selection import train_test_split

参数实例：train_test_split(x, y, test_size = None, train_size = None, shuffle = True, stratify = None)

test_size：表示测试集的大小，可输入浮点数，范围为(0,1)，表示测试集所占比例；或者输入整数，表示测试集的具体样本数。默认为 0.25。

train_size：表示训练集的大小，默认为 0.75。

shuffle：表示分割数据前，是否需要把数据重新排序。默认为 True，即需要重新排序。

stratify：参数指定按照某一特征进行分层抽样，当 stratify = y 时，抽样后训练集和测试集数据在关键特征上和总体数据集分布一致。

2) k 折交叉验证法

k 折交叉验证法将数据集分为 k 个互斥子集，其中 k–1 份为训练集，剩余一份为验证集，进行 k 次训练和测试，最后返回 k 次测试结果的均值。k 值的选取决定评估结果的可靠性和稳定性。与留出法相比，k 折交叉验证法减少由样本划分带来的偏差，使验证结果更加稳定，提高了训练数据的利用率。当 k 等于数据本身大小，即每次保留一个数据作为测试集时，这种方法称为留一法(leave-one-out cross validation)，该方法规避了随机效应，适用于数据量少的数据集。

 💻 KFold 库

库的导入：from sklearn.model_selection import KFold

参数实例：KFold(n_splits = 5, shuffle = False, random_state = None)

n_splits：表示划分折数，默认 5 折。
shuffle：表示分割数据前，是否需要把数据重新排序。默认为 False，即不需重新排序。
random_state：表示随机数种子，传递一个整数来保证重复实验下获得可复制的输出。
3) 自助法
自助法以自助采样法为基础，从初始样本重复随机替换抽样，生成一个或一系列待检验的样本集合。自助法使用有放回重复采样的方式进行数据采样，在数据集小、难以有效划分数据集时有优势。自助法产生的数据集改变了初始数据集的分布，引入估计偏差，当初始数据量足够时，采用留出法或交叉验证法更为合理。

12.4.2 模型训练

1) 算法选择
首先根据建模目标合理选择算法。根据数据类型判断监督学习、无监督学习或强化学习类别，再根据输出结果确定具体范畴(图 12-6)。利用数据集对各个算法进行反复测试，考虑算法精度、训练时间和易用性因素，综合评估算法表现，筛选合适的目标算法。

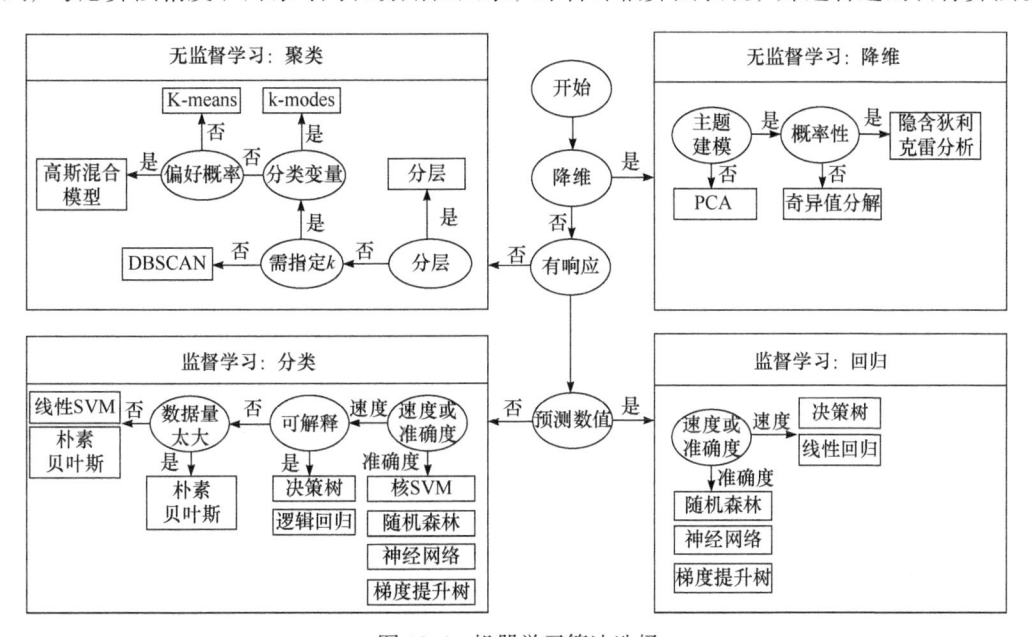

图 12-6 机器学习算法选择

2) 交叉验证
选择算法最佳方法是测试各种不同算法，通过交叉验证选择最佳算法。交叉验证可用于评估给定算法对特定数据集的泛化能力，调用 cross_val_score 函数基于交叉验证得分(及其平均值)进行判断。

💻 cross_val_score 库
库的导入：from sklearn.model_selection import cross_val_score
参数实例：cross_val_score(estimator, X, y = None, scoring = None, cv = None)
estimator：表示需要使用交叉验证的算法。

X：表示输入样本数据；y 表示样本标签。

scoring：表示选择的评价指标。

cv：表示交叉验证生成器或可迭代的次数，默认为 5 折。

知识拓展 12-3　交叉验证常见错误

(1) 折数的错误选择。k 值越小，模型训练次数越少，但验证集精度偏差更大。k 值越大，模型训练的次数越多，验证集偏差越小，但容易导致过拟合。

(2) 数据划分后再采样。验证集用来反映模型的泛化能力，需先采样再划分验证集，而不是先划分数据再采样，这样能够保证训练集和验证集同分布。

(3) 验证集过拟合。使用验证集进行特征提取和转换易造成验证集过拟合。正确做法应先将数据集划分为训练集和验证集，在训练集上处理，再在验证集上进行映射。

(4) 时序划分乱序。时间序列中的数据按照次序出现，在划分验证集时需考虑时间的先后次序，将验证集划分在训练集之后。

---

3) 超参数调优(hyperparameter turning)

超参数是用来控制算法性能的参数，不同超参数对模型性能影响不同。超参数调优又称超参数优化(hyperparameter optimization)，是为机器学习算法选择一组最优超参数的过程，在给定参数空间内搜索并比较不同参数下的模型性能，确定最佳超参数集。

在调优过程中不能使用测试集进行评估，用测试集调参可能导致模型过拟合，降低泛化能力。一般采用验证集进行参数优化，测试集进行泛化误差评估。常用超参数调整技术有手动调参、网格搜索、随机搜索、贝叶斯优化等。

网格搜索是应用最广泛的超参数调整技术，通过查找搜索范围内的所有超参数值来确定最优值。网格搜索一般先采用较大搜索范围和步长，确定全局最优值范围，然后逐渐缩小搜索范围和步长，来寻找最优值。

💻　GridSearchCV 库

库的导入：from sklearn.model_selection import GridSearchCV

参数实例：GridSearchCV(estimator, param_grid, scoring = None, cv = None)

estimator：表示使用的估计器，并且传入需调参之外的其他参数。

param_grid：表示优化参数的取值，输入为字典或列表。

scoring：表示模型评价标准，默认为 None，使用 estimator 的误差估计函数。

cv：表示交叉验证参数，默认为 5 折。

随机搜索与网格搜索类似，在预设定的定义域内随机选取超参数组合。随机搜索可搜索连续数值并设定更大搜索空间，用较少搜索次数达到更好效果，提高重要参数的搜索效率。

💻　RandomizedSearchCV 库

库的导入：from sklearn.model_selection import RandomizedSearchCV

参数实例：RandomizedSearchCV(estimator, param_distributions, n_iter = 10, scoring = None, cv = None) estimator：表示使用的估计器，并且传入需调参之外的其他参数。

param_distributions：表示参数分布，输入为字典。对于字典中超参数，若搜索范围是 distribution，根据给定 distribution 随机采样；若搜索范围是 list，根据给定 list 概率采样。

n_iter：表示随机寻找参数组合的数量，默认为 10。

scoring：表示模型评价标准，默认为 None，使用 estimator 的误差估计函数。

cv：表示交叉验证参数，默认为 5 折。

贝叶斯优化是 2012 年由贾斯珀·斯诺克(Jasper Snoek)提出的基于模型的超参数调整技术。其主要思想是给定优化的目标函数，通过不断添加样本点更新目标函数的后验分布，直到后验分布基本契合真实分布。每一次采样会根据之前的评估结果选择有更好结果的新的候选参数。贝叶斯优化比网格搜索和随机搜索在测试集上表现得更加优异，减少了采样次数，提高了超参数的搜索效率。可通过 pip install bayesian-optimization 安装应用包。

💻 bayesian-optimization 库

库的导入：from bayes_opt import BayesianOptimization

参数实例：BayesianOptimization(function, param_grid)

function：表示使用的优化目标函数。

param_grid：表示优化参数的取值，输入为字典或列表。

12.5 模型评估

模型评估是对于已建立的一个或多个模型，根据其类别不同，选择不同的指标评价其性能优劣的过程，主要包含预测误差、拟合程度、模型稳定性等方面。

12.5.1 预测误差评估

模型预测误差是评估的重点，包括机器学习过程中对训练数据良好的学习能力，以及对新数据良好的泛化(generalization)能力。通常利用测试集评估模型的泛化能力。

1) 分类常用指标

混淆矩阵(confusion matrix)：是一种用于比较分类结果和实际测值的可视化手段(表 12-1)。每一列代表预测结果，预测为正 P(Positive)，预测为负 N(Negative)。每一行代表数据的真实类别，属于真 T(True)或假 F(False)。

表 12-1 标准二分类混淆矩阵

混淆矩阵		预测类别	
		Positive	Negative
实际类别	Positive	TP	FN
	Negative	FP	TN

真阳性(true positive, TP)：样本真实类别是正例，模型预测结果为正例。
真阴性(true negative, TN)：样本真实类别是负例，模型预测结果为负例。
假阳性(false positive, FP)：样本真实类别是负例，模型预测结果为正例。
假阴性(false negative, FN)：样本真实类别是正例，模型预测结果为负例。

基于混淆矩阵，可计算准确度(accuracy)、精确度(precision)、召回率(recall)、F1 分数(F1-score)、假阴性率(false negative rate)、真阴性率(true negative rate)及特异度(specificity)等指标(表 12-2)。

表 12-2　分类模型评估指标

名称	公式	名称	公式
准确度(accuracy)	$\dfrac{TP+TN}{TP+TN+FP+FN}$	平衡准确率(balanced accuracy)	$\dfrac{\dfrac{TP}{TP+FN}+\dfrac{TN}{TN+FP}}{2}$
精确度(precision)	$\dfrac{TP}{TP+FP}$	误报率(false discovery rate)	$\dfrac{FP}{TP+FP}$
召回率(recall)	$\dfrac{TP}{TP+FN}$	阴性预测值(negative predictive value)	$\dfrac{TN}{TN+FN}$
F1 分数(F1-score)	$\dfrac{2TP}{2TP+FP+FN}$	阳性似然比(positive likelihood ratio)	$\dfrac{TP\times(FP+TN)}{FP\times(TP+FN)}$
特异度(specificity)	$\dfrac{TN}{TN+FP}$	阴性似然比(negative likelihood ratio)	$\dfrac{FN\times(FP+TN)}{TN\times(TP+FN)}$
假阳性率(false positive rate)	$\dfrac{FP}{TN+FP}$	假阴性率(false negative rate)	$\dfrac{FN}{FN+TP}$

🖥 confusion_matrix 库

库的导入：from sklearn.metrics import confusion_matrix

参数实例：confusion_matrix (y_true, y_pred)

y_true：表示真实标签。二分类和多分类情况下是一列，多标签情况下是标签的索引。

y_pred：表示预测标签。二分类和多分类情况下是一列，多标签情况下是标签的索引。

准确度：是所有预测正确的样本(TP+TN)占总样本的比例，是分类问题最简单直观的评价指标。对于不平衡数据集，准确度无法反映出少数类别错误分类情况，此时可考虑精确率、召回率等指标评估分类不平衡问题。

🖥 accuracy_score 库

库的导入：from sklearn.metrics import accuracy_score

参数实例：accuracy_score(y_true, y_pred)

精确度：是指分类器预测为 Positive 的正确样本(TP)占所有预测为 Positive 样本(TP+FP)的比例。它是对部分样本的统计量，侧重对分类器判定为正类数据的统计。

🖥 precision_score 库

库的导入：from sklearn.metrics import precision_score

参数实例：precision_score (y_true, y_pred)

召回率：是指分类器预测为 Positive 的正确样本(TP)占所有实际为 Positive 样本

(TP+FN)的比例。它是对部分样本的统计量，侧重对实际正类样本的统计。

💻 recall_score 库

库的导入：from sklearn.metrics import recall_score

参数实例：recall_score (y_true, y_pred)

F1 分数：是精确度和召回率的调和平均值，主要用于评估模型的稳健性。

💻 f1_score 库

库的导入：from sklearn.metrics import f1_score

参数实例：f1_score (y_true, y_pred)

Kappa 系数：用于一致性检验，衡量预测结果和实际结果是否一致，取值范围在–1～1。

💻 cohen_kappa_score 库

库的导入：from sklearn.metrics import cohen_kappa_score

参数实例：cohen_kappa_score (y_true, y_pred)

马修斯相关系数：代表实际分类与预测分类间的相关系数，考虑了真阳性、真阴性、假阳性和假阴性，适用于不平衡数据分类，取值范围在–1～1。

💻 matthews_corrcoef 库

库的导入：from sklearn.metrics import matthews_corrcoef

参数实例：matthews_corrcoef (y_true, y_pred)

思考题 12-3 *如何权衡召回率与精确率？*

精确度和召回率是一对矛盾的度量。一般而言，精确度高时召回率往往偏低，召回率高时，精确度相对偏低。需根据机器学习任务具体选择召回率和精确度。当目标场景要求误报率小时，更看重高精确度；当目标场景要求漏报率小时，更看重高召回率。可通过绘制 Precision-Recall(P-R)曲线，对召回率与精确度进行直观观测，做出权衡。

2) 线性回归常用指标

平均绝对误差(MAE)：将每个实际值和预测值的差值相加，最后除以观察次数。

💻 mean_absolute_error 库

库的导入：from sklearn.metrics import mean_absolute_error

参数实例：mean_absolute_error (y_true, y_pred)

均方误差(MSE)：取每个实际值和预测值间的差值，将差值平方并相加，最后除以观测数量。相较于 MAE，MSE 使用平方函数，可用作损失函数。

💻 mean_squared_error 库

库的导入：from sklearn.metrics import mean_squared_error

参数实例：mean_squared_error (y_true, y_pred)

均方根误差(RMSE)：MSE 的平方根，表示预测值和观测值之间差异(残差)的样本标准差，其大小代表样本的离散程度。

决定系数(R^2)：是衡量因变量的全部变异能通过回归关系被自变量解释的比例，是反映模型拟合优度的重要统计量，数值范围为[0,1]。R^2 越接近 1，说明拟合效果越好。

💻 r2_score 库

库的导入：from sklearn.metrics import r2_score

参数实例：r2_score (y_true, y_pred)

12.5.2 拟合程度评估

模型训练通常会经历从欠拟合(underfitting)到过拟合(overfitting)的过程(图 12-7)。最初训练时，训练误差和验证集误差均较高，模型处于欠拟合状态。随训练时间及模型复杂度的增加，训练误差和验证集误差逐渐下降。在到达一个拟合最优的临界点后，训练误差下降，验证集误差上升，模型进入过拟合状态。

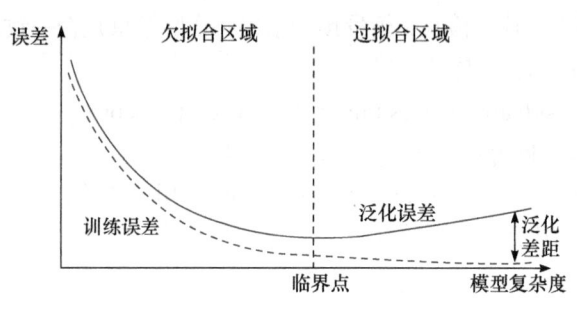

图 12-7 模型复杂度与误差关系

预测模型在遇到未知样本时做出正确的判别，说明具有很好的泛化能力。预测模型训练不佳的最直观表现是模型欠拟合和过拟合。

1) 欠拟合

欠拟合是指模型不能在训练集上获得足够小的误差，从而对训练数据和预测数据均不能获得好的预测效果。

欠拟合主要原因包括：①特征量少，缺乏足够信息支持模型学习；②模型复杂度低，模型对训练数据的学习不充分，在测试集上难以做出正确判断。

欠拟合解决方案包括：①增加新特征，进行特征组合、高次特征等操作来增大假设空间；②增加模型复杂度，尝试更加复杂的模型如核 SVM、集成学习、深度学习等。

2) 过拟合

过拟合是指训练误差和测试误差之间的差距太大，模型过于精确地匹配了训练集，不能很好地拟合其他数据或预测未来观察结果的现象，导致模型泛化能力差。解决过拟合问题，就要减少测试误差而不过度增加训练误差，可采用增加训练数据，减少模型复杂度等措施。

过拟合主要原因包括：①训练集样本单一，样本不足，导致选取的样本数据不足以代表预定的分类规则；②训练数据噪声过大，导致模型将部分噪声误认为特征；③模型过于复杂，完全拟合训练数据但对其他数据难以变通，泛化能力差。

过拟合解决方案——正则化：正则化(regularization)是解决模型过拟合的主流方法，通过在成本函数中加入一个正则化项(惩罚项)，惩罚模型的复杂度，避免过拟合。正则化可分为：①直接提供正则化约束参数的方法，如 L1/L2 正则化；②通过工程技巧实现更低泛化误差的方法，如提前终止(early stopping)和 Dropout；③不直接提供约束的隐式正则化法，如数据增强等。

12.6 机器学习基本框架

Python 是机器学习领域常用的编程语言，提供了大量的模块和程序库支持机器学习。Python 机器学习库 Scikit-learn 几乎囊括了所有主流机器学习算法，是入门机器学习的主流工具。

12.6.1 机器学习模板

(1) 导入库：from sklearn.函数位置 import 函数名

import numpy as np

import pandas as pd

(2) 导入数据：可采用 pandas 导入本地数据、网上数据或 Scikit-learn 自带数据。df = pd.read_csv(r"D:\环境数据分析\第十二章\dataset.csv")

一般采用 X 代表 train_data(X = train_data)，y 代表 train_target(y = train_target)：

X = df.iloc[:, [2, 3]].values #指定第三列、第四列特征的数值为自变量

y = df.iloc[:, 4].values #指定第五列数值为因变量

(3) 数据集划分：采用 train_test_split()函数将 train_data 数据划分为训练集(X_train)和测试集(X_test)，并设定训练集标签(y_train)和测试集标签(y_test)：

from sklearn.model_selection import train_test_split

X_train, X_test, y_train, y_test = train_test_split(X, y, test_size, random_state, shuffle)

其中 test_size 是分割比例，即 X_test 占总数据集的比例，默认为 0.25。random_state 为随机数种子，默认值 None。shuffle 代表是否需打乱数据再进行划分，默认为 True。

(4) 特征缩放：采用 StandardScaler()函数对数据进行标准化。fit_transform()用于计算 X_train 的均值和方差并将训练集转换成标准正态分布，X_test 根据训练集计算出来的均值和方差进行标准化。

from sklearn.preprocessing import StandardScaler

sc = StandardScaler()

X_train = sc.fit_transform(X_train)

X_test = sc.transform(X_test)

(5) 模型训练：选择具体算法，定义模型，训练模型。

导入算法：from sklearn.neighbors import KNeighborsClassifier #KNN 算法

定义模型：模型名 = 算法名(模型参数)

模型名是用户自定义的英文名称,算法名是导入的算法名称，算法后是具体参数。

clf = KNeighborsClassifier (algorithm = 'auto',leaf_size = 30, metric = 'minkowski')

训练模型：clf. fit(X_train, y_train) #拟合模型：以 X_train 为训练数据，y_train 为标签

(6) 模型预测：基于训练模型对测试集进行预测。

y_pred = clf.predict(X_test) #对测试集(X_test)的标签进行预测

(7) 生成混淆矩阵：

from sklearn.metrics import confusion_matrix
cm = confusion_matrix(y_test, y_pred) #导入混淆矩阵函数

import seaborn as sns
sns.heatmap(cm, annot = True, cmap = "magma") #采用 seaborn 绘制热图

from sklearn.metrics import classification_report
print(classification_report(y_test, y_pred))

(8) 生成 ROC-AUC 曲线：

from sklearn.metrics import roc_curve
from sklearn.metrics import roc_auc_score
from matplotlib import pyplot as plt
y_pred = clf.predict_proba(X_test)[:,1] #返回测试数据的概率估值

fpr,tpr,thresholds = roc_curve(y_test, y_pred,pos_label = True)
roc_auc = roc_auc_score(y_test, y_pred) #计算 AUC 取值

plt.figure(figsize = (10,8))
plt.plot(fpr,tpr, color = 'red', label = 'ROC curve (roc_auc = %0.3f)' % roc_auc)
plt.plot([0, 1], [0, 1], color = 'black', linestyle = '--')
plt.xlim([–0.05, 1.05])
plt.ylim([–0.05, 1.05])
plt.xlabel('False Positive Rate')
plt.ylabel('True Positive Rate')
plt.legend(loc = "lower right")
plt.show()

(9) 交叉验证：

from sklearn.model_selection import cross_val_score
from sklearn.metrics import precision_score, accuracy_score
from sklearn.metrics import recall_score, f1_score, roc_auc_score
mean_acc = cross_val_score(clf,x,y,cv = 5,scoring = "accuracy").mean()
std_dev = cross_val_score(clf,x,y,cv = 5,scoring = "accuracy").std()
cross_val = cross_val_score(clf,x,y,cv = 5,scoring = "accuracy")
roc_auc =   roc_auc_score(y_test,clf.predict(x_test))
precision_scr = precision_score(y_test,clf.predict(x_test))
accuracy_scr = accuracy_score(y_test,clf.predict(x_test))
recallscore = recall_score(y_test,clf.predict(x_test))
f1score = f1_score(y_test,clf.predict(x_test))
print("模型得分: " ,'\n',
    "Mean accuracy score is : ",mean_acc,'\n',
    "Std deviation score is : ",std_dev,'\n',

```
"Cross validation score is : ",cross_val,'\n',
"AUC score            is : " ,roc_auc ,'\n',
"Precision score      is : ",precision_scr,'\n',
"Accuracy score       is : ",accuracy_scr,'\n',
"F1 score             is : ",f1score,'\n',
"Recall score         is : ",recallscore)
```

上述代码搭建了基于 Scikit-learn 的机器学习基本框架。针对具体机器学习任务，只需在导入数据部分修改具体数据名称、路径，在导入算法、定义模型部分改动具体算法名称即可。若采用多个算法，需定义多个模型并分别进行训练。

(10) 模型应用：将最优模型保存成文件，为后续应用提供模型接口。

```
import joblib
joblib.dump(clf, "model.pkl") #保存为 model. pkl 文件
classifier = joblib. load("model.pkl") #加载模型进行预测
new_observation = [] #输入新的数据，即新的 y_test
classifier.predict(new_observation) #预测新数据
```

12.6.2 机器学习案例分析

例 12-2　以 UCI 数据库的 1055 个化学品的生物降解数据集为例，每个样本有 41 个分子描述符和一个类标签，试通过 KNN 算法手动构建模型并结合 ChatGPT 对生物可降解与不可降解分子进行分类预测。

Python 分析

参照机器学习模板构建预测模型，运行"D:\环境数据分析\第十二章\例 12-2 生物降解.ipynb"，主要代码运行结果如下：

```
import pandas as pd
import numpy as np
bio=pd.read_csv(r'D:\环境数据分析\第十二章\例 12-2 生物降解.csv')
from sklearn.model_selection import train_test_split
from sklearn.preprocessing import StandardScaler
from sklearn.neighbors import KNeighborsClassifier
X=bio.values[:,:-1]
y=bio.iloc[:,-1]
X_train,X_test,y_train,y_test=train_test_split(X,y,random_state=42,shuffle=True)
sc = StandardScaler() #标准化数据
X_train = sc.fit_transform(X_train)
X_test = sc.transform(X_test)
clf=KNeighborsClassifier(algorithm='auto',leaf_size=30,metric='minkowski',metric_params=None, n_jobs=1, n_neighbors=5, p=2, weights='uniform')
clf.fit(X_train,y_train) #模型训练
```

```python
from sklearn.model_selection import cross_val_score
from sklearn.metrics import precision_score, accuracy_score
from sklearn.metrics import recall_score, f1_score, roc_auc_score
mean_acc = cross_val_score(clf,X_train,y_train,cv=5,scoring="accuracy").mean()
std_dev = cross_val_score(clf,X_train,y_train,cv=5,scoring="accuracy").std()
cross_val = cross_val_score(clf,X_train,y_train,cv=5,scoring="accuracy")
cross_val =[np.round(i,3) for i in cross_val]
precision_scr = precision_score(y_test,clf.predict(X_test))
roc_auc=roc_auc_score(y_test,clf.predict(X_test))
accuracy_scr = accuracy_score(y_test,clf.predict(X_test))
recallscore = recall_score(y_test,clf.predict(X_test))
f1score = f1_score(y_test,clf.predict(X_test))
print("模型得分如下 : ",'\n',
      "Mean accuracy score is :{:.3f} ".format(mean_acc),'\n',
      "Std deviation score is :{:.3f} ".format(std_dev),'\n',
      "Cross validation scores are:",cross_val,'\n',
      "AUC score            is:{:.3f}".format(roc_auc) ,'\n',
      "Precision score      is : {:.3f}".format(precision_scr),'\n',
      "Accuracy score       is :{:.3f} ".format(accuracy_scr),'\n',
      "F1 score             is : {:.3f}".format(f1score),'\n',
      "Recall score         is :{:.3f} ".format(recallscore))
from sklearn.metrics import roc_curve
from matplotlib import pyplot as plt
y_pred=clf.predict_proba(X_test)[:,1] #返回测试数据的概率估值
fpr,tpr,thresholds = roc_curve(y_test, y_pred,pos_label=True) #绘制 ROC 曲线
plt.figure(figsize=(10,8))
plt.plot(fpr,tpr, color='red', label='ROC curve (roc_auc = %0.3f)' % roc_auc)
plt.plot([0, 1], [0, 1], color='black', linestyle='--')
Font={'size':18, 'family':'Times New Roman'}
plt.legend(loc = 'lower right', prop=Font)
plt.xlim([-0.05, 1.05])
plt.ylim([-0.05, 1.05])
plt.ylabel('True Positive Rate', Font)
plt.xlabel('False Positive Rate', Font)
plt.tick_params(labelsize=15)
plt.show()
```

模型得分如下：

Mean accuracy score is :0.851

Std deviation score is :0.016

Cross validation scores are: [0.836, 0.861, 0.854, 0.829, 0.873]

AUC score　　　　　　is:0.798

Precision score　　　　is : 0.654

Accuracy score　　　　is :0.795

F1 score　　　　　　　is : 0.722

Recall score　　　　　is :0.805

运行结果如图 12-8 所示。

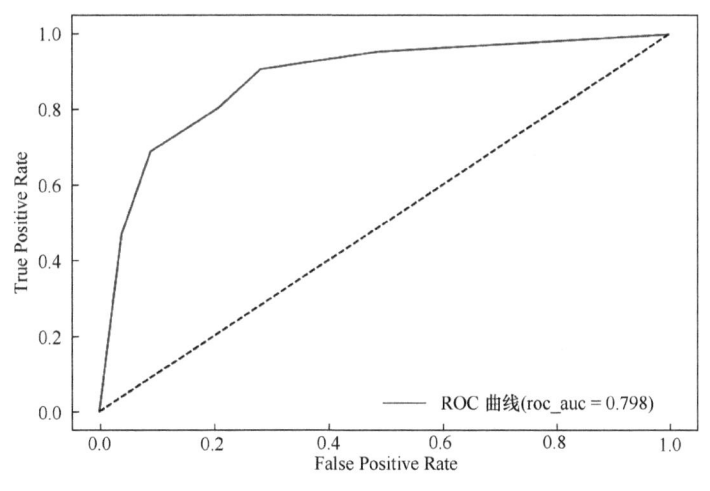

图 12-8　KNN 分类 ROC 曲线

GPT-4 分析

在 ChatGPT 官网（https://chat.openai.com/）选择 ChatGPT 图标，在下拉菜单点击"GPT-4"，在对话框点击"+"号上传"例 12-2 生物降解.csv 数据文件"（或直接将文件拖入对话框），然后输入"针对该数据集，采用 KNN 算法进行预测并构建模型，进一步和其他算法比较。"指令，并提交任务。部分交互界面如下：

（1）数据读取及输入命令界面。

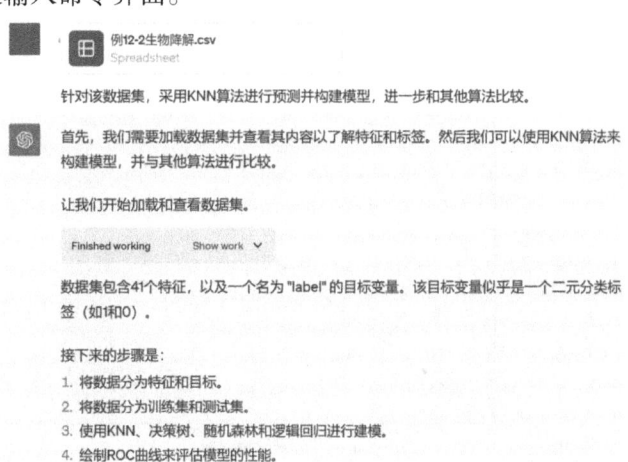

(2) 数据预处理及机器学习建模界面。

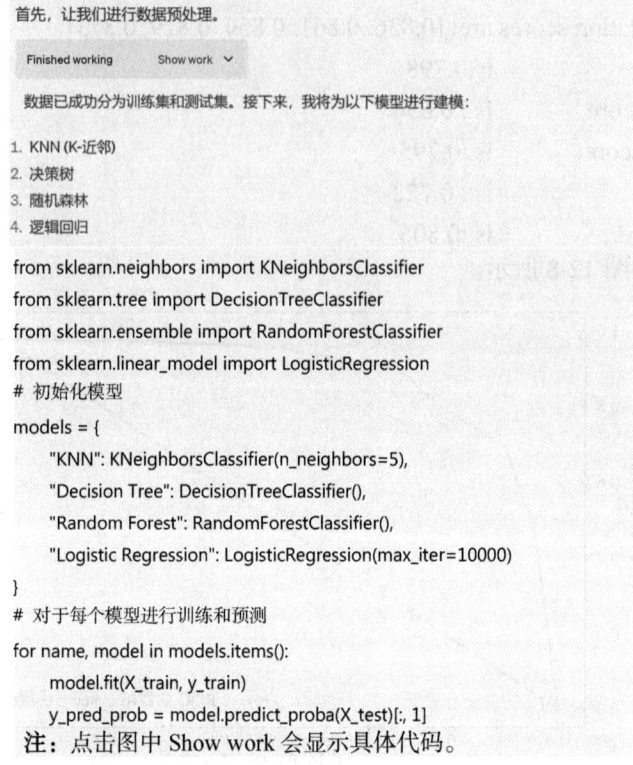

首先，让我们进行数据预处理。

Finished working   Show work ∨

数据已成功分为训练集和测试集。接下来，我将为以下模型进行建模：

1. KNN（K-近邻）
2. 决策树
3. 随机森林
4. 逻辑回归

```
from sklearn.neighbors import KNeighborsClassifier
from sklearn.tree import DecisionTreeClassifier
from sklearn.ensemble import RandomForestClassifier
from sklearn.linear_model import LogisticRegression
# 初始化模型
models = {
    "KNN": KNeighborsClassifier(n_neighbors=5),
    "Decision Tree": DecisionTreeClassifier(),
    "Random Forest": RandomForestClassifier(),
    "Logistic Regression": LogisticRegression(max_iter=10000)
}
# 对于每个模型进行训练和预测
for name, model in models.items():
    model.fit(X_train, y_train)
    y_pred_prob = model.predict_proba(X_test)[:, 1]
```

注：点击图中 Show work 会显示具体代码。

(3) 结果输出及可视化界面。

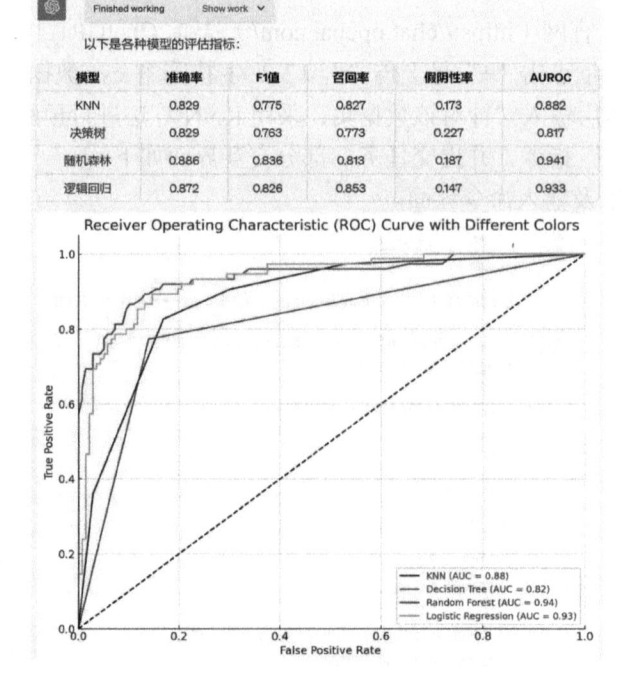

请以表格的形式输出各模型的准确率，F1值，召回率，假阴性率，AUROC，并绘制ROC曲线图

Finished working   Show work ∨

以下是各种模型的评估指标：

模型	准确率	F1值	召回率	假阴性率	AUROC
KNN	0.829	0.775	0.827	0.173	0.882
决策树	0.829	0.763	0.773	0.227	0.817
随机森林	0.886	0.836	0.813	0.187	0.941
逻辑回归	0.872	0.826	0.853	0.147	0.933

Receiver Operating Characteristic (ROC) Curve with Different Colors

KNN (AUC = 0.88)
Decision Tree (AUC = 0.82)
Random Forest (AUC = 0.94)
Logistic Regression (AUC = 0.93)

> **知识拓展 12-4 建筑能源星级得分预测**

该项目基于建筑能源数据，预测建筑物能源星级得分，分析影响评分的因素(https://github.com/756212/Energy-Star-score-Prediction)。代码详细展现机器学习基本流程，特别演练数据预处理、特征工程与特征选择、超参数调优等重要步骤。代码中文介绍请参考 D:\环境数据分析\第十二章\建筑能源得分预测\ Energy Star score prediction.ipynb 文件。

12.7 深度学习

12.7.1 深度学习定义

深度学习是机器学习领域新的分支，是一种通过多层人工神经网络(artificial neural network, ANN)对数据进行表征学习的算法。1943 年神经科学家沃伦·麦卡洛克(Warren McCulloch)和数学家沃尔特·皮茨(Walter Pitts)提出了第一个神经网络数学模型(MCP model)。1958 年心理学家弗兰克·罗森布拉特(Frank Rosenblatt)建立了第一个包含双层神经元的人工神经网络，并命名为感知机(perceptron)。

人工神经网络由多个节点(神经元)相互连接组成，主要包括输入层、隐藏层和输出层(图 12-9)。节点代表特定的输出函数，称为激励函数(activation function)，节点间的连接都代表对于通过该连接信号的加权值，称为权重，节点紧密互连并组织形成隐藏层。输入层接受输入数据，数据依次通过隐藏层，最终输出层根据传输的数据进行预测。随着人工神经网络的连接方式、权重值以及激励函数的变化，输出结果也会相应变化。

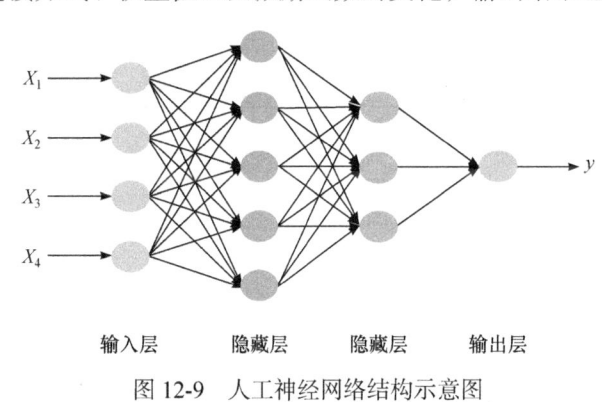

图 12-9 人工神经网络结构示意图

> **知识拓展 12-5 深度学习发展历程**

(1) 1943 年，沃伦·麦卡洛克(Warren McCulloch)和数学家沃尔特·皮茨(Walter Pitts)提出了麦卡洛克-皮茨氏神经模型(McCUlloch-Pitts neuron model)。

(2) 1958 年，弗兰克·罗森布拉特(Frank Rosenblatt)建立了人工神经网络。

(3) 1969 年，人工智能之父马文·明斯基(Marvin Minsky)证明感知器本质上是一种线性模型，无法处理非线性分类问题。

(4) 1986 年，深度学习之父杰弗里·辛顿创建了适用于多层感知器的 BP(backpropagation)

算法，有效地解决了非线性分类问题。

(5) 1995~2000 年，随着支持向量机(SVM)、增强学习算法(AdaBoost)等多种浅层机器学习算法的提出及应用，深度学习再次陷入寒冬期。

(6) 2006 年，杰弗里·辛顿团队提出深层网络训练中梯度消失问题的解决方案，掀起了深度学习在学术界与工业界的浪潮。

(7) 2009 年，这是 GPU 领域飞速发展的一年，众多理念与技术均得到了全面发展。

(8) 2011 年，ReLU 激活函数被提出，能够有效抑制梯度消失问题。

(9) 2012 年，杰弗里·辛顿团队在 ImageNet 图像识别大赛中提出的图卷积神经网络 AlexNet，颠覆了图像识别领域，深度学习正式进入人们的视野。

(10) 2022 年，美国 OpenAI 公司发布 ChatGPT 大模型，采用 transformer 的深度神经网络模型，引发了大模型时代变革。

(11) 2023 年，美国 OpenAI 公司发布多模态大模型 GPT-4，包括 1.8 万亿参数，成为扩展深度学习的最新里程碑。

12.7.2 深度学习主流算法

深度学习主流算法按使用目的分为五类(表 12-3)，包括用于图片、影像数据分析处理的卷积神经网络(convolutional neural network, CNN)，用于特征提取、数据编码的受限玻尔兹曼机(restricted Boltzmann machines, RBM)，用于高维数据降维和特征提取的自动编码器(auto encoder, AE)，用于序列数据处理的循环神经网络(recurrent neural network, RNN)，以及用于构建输入数据描述函数的稀疏编码(sparse coding, SC)。

表 12-3 深度学习主流算法特性

属性	CNN	RBM	AE	RNN	SC
泛化能力	强	强	强	强	强
无监督学习	不支持	支持	支持	不支持	支持
特征学习	支持	较强支持	较强支持	支持	不支持
数据增强	强烈支持	不支持	不支持	不支持	较强支持
生物学解释	较强支持	不支持	不支持	不支持	不支持

1) 卷积神经网络

CNN 是一类包含卷积计算的前馈神经网络，在语音识别和图像处理方面有独特优越性。典型 CNN 有 LeNet、AlexNet 等。CNN 通常包含输入层、卷积层、线性整流层、池化层和全连接层(图 12-10)。卷积层用于提取局部特征，线性整流层主要作用是对卷积层输出做非线性映射，池化层主要作用是对卷积层的输出结果进行下采样，降低数据维度。这三层可堆叠使用，将前一层输出作为后一层输入，形成具有多个隐藏层的深度神经网络。最后全连接层通过将所有局部特征结合变成全局特征，实现分类结果的输出。CNN 具有权重共享、局部连接和平移不变性等属性，在图像识别、推荐引擎和自然语言识别等方面应用广泛。

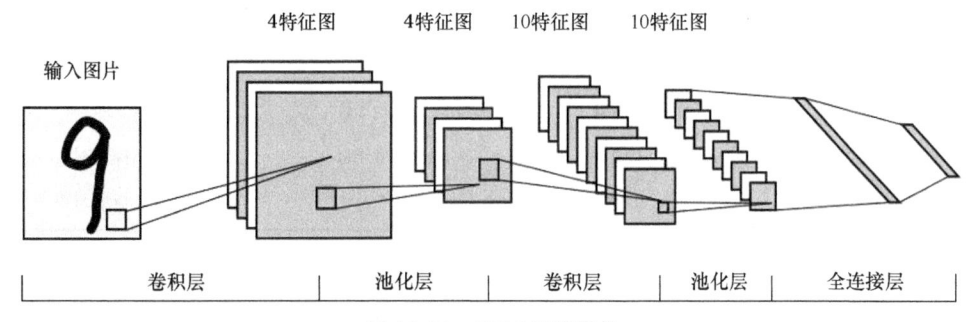

图 12-10 CNN 组织架构

2) 受限玻尔兹曼机

RBM 是一种学习数据概率分布的随机生成神经网络,具有两层网络结构,可见层与隐藏层,层内无连接,层间全连接,当输入信号通过可见层输入传播到隐藏层后,各隐藏层神经元的激活条件独立;反之当给定隐藏层信号反向传播到可见层时,可见层神经元的激活条件也独立。RBM 在分类、降维、协同过滤、特征学习和主题建模等领域广泛应用,以 RBM 为基础的深度玻尔兹曼机和深度置信网等多层神经网络促进了深度学习的发展。

3) 自动编码器

AE 是一种无监督神经网络模型,由输入层、隐藏层(编码层)和解码层构成。编码层学习输入数据的隐含特征,解码层将学习到的新特征恢复到原始数据。AE 主要应用于数据去噪与可视化降维,比 PCA 更灵活,可将其作为网络层构建深度学习网络。

4) 循环神经网络

RNN 是一类以序列数据为输入,在序列前进过程进行递归且所有节点链式连接的递归神经网络。RNN 隐藏层间节点有连接,隐藏层输出不仅包括输入层输出,还包括上一时刻隐藏层输出,形成具有环路的网络结构。RNN 适用于序列数据处理,如图像字幕、机器翻译、语音识别、时间序列预测等,常见 RNN 模型有双向循环神经网络和长短期记忆网络。

5) 图深度学习算法

目前图深度学习(graph deep learning)成为深度学习领域的热点,将图数据转换为传统数据,可有效挖掘图像背后的数据价值。基于图的深度学习算法分为半监督、无监督和新进展方法三大类(表 12-4),半监督方法包括图神经网络(graph neural network, GNN)和图卷积网络(graph convolutional network, GCN),无监督方法包括图自动编码器(graph auto encoder, GAE),最新的高级方法有图循环神经网络(graph recurrent neural network, GRN)和图强化学习(graph reinforcement learning, GRL)。

表 12-4 图深度学习算法属性

算法名称	类型	节点属性/标签	对应的深度学习
图神经网络	半监督	有	递归神经网络

续表

算法名称	类型	节点属性/标签	对应的深度学习
图卷积网络	半监督	有	卷积神经网络
图自动编码器	无监督	部分有	自动编码器
图循环神经网络	不固定	部分有	循环神经网络
图强化学习	半监督	有	强化学习

知识拓展 12-6 GNN 与 Transformer 融合模型

Transformer 是基于自注意力(self-attention)机制的深度学习模型，与 GNN 和 RNN 相比，Transformer 显著提高了模型精度和性能，在自然语言处理、计算机视觉任务等领域受到广泛关注。目前，GNN 结合 Transformer 模型的趋势越来越明显。Graphormer 是 Transformer 在图神经网络上的成功应用，利用了 Transformer 能跨任务泛化的大型预训练模型优势，推进了人工智能与分子科学交叉领域的前沿研究与应用。

12.7.3 深度学习框架

在深度学习快速发展阶段，出现多种成熟的深度学习框架，如 TensorFlow、Keras、PyTorch、PaddlePaddle、Theano、Caffe、MXNet 和 CNTK 等。

(1) TensorFlow：由 Google Brain 团队于 2015 年基于 DistBelief 开发的第二代 AI 学习系统，拥有多层级结构，是当前发展迅速的深度学习框架。

(2) Keras：由 Google AI 开发人员开发并于 2015 年开源发布，支持简易和快速的网络设计，以 TensorFlow、Theano 和 CNTK 等为后端，2017 年被整合进 TensorFlow。

(3) PyTorch：由 Facebook 人工智能研究院于 2017 年开发，具有简易、灵活、高效内存使用、动态计算图的优点，以及基于 GPU 加速的张量(tensor)计算。

(4) PaddlePaddle：由百度公司开发的深度学习框架，代码简洁，易于使用，自带服务器和移动端推理部署引擎，2016 年 9 月开源发布，支持 DNN、CNN、RNN 等图机器学习。

(5) Caffe：由加利福尼亚州大学伯克利分校开发的深度学习框架，支持自然语言处理、时序预测及 CNN、RCNN、LSTM 等模型搭建，面向机器视觉处理，2018 年并入 PyTorch。

(6) Theano：由约书亚·本吉奥(Yoshua Bengio)为首的团队于 2007 年开发，是基于 Python 的多维数组处理库，适合与其他深度学习库结合使用。

(7) MXNet：亚马逊的官方深度学习平台，具有高度扩展性和灵活性，支持多种深度学习模型和编程语言以及跨设备运行。

(8) CNTK：由微软公司开发的开源深度学习工具包，提供 C++、C#和 Python 接口，支持 RNN 和 CNN 类型的模型搭建。

Tensorflow 以及 PyTorch 安装方法简述如下：

Tensorflow 安装：安装命令 pip install tensorflow，也可借助清华大学镜像网站快速安装。GPU 版本安装命令：pip install tensorflow-gpu == 2.2 -i https://pypi.tuna.tsinghua.edu.cn/simple；CPU 版本安装命令：pip install tensorflow == 2.2 -i https://pypi.tuna.tsinghua.edu.cn/simple。目前 Keras 已成为 Tensorflow 的高级 API，可在 tensorflow 中调用 tf.keras 包。

PyTorch 安装：在 Anaconda prmtop 下，通过 conda 命令安装并激活 PyTorch 环境；在 PyTorch 官网 https://pytorch.org/，选择 CPU 或对应 CUDA 版本的 PyTorch 安装命令，在 PyTorch 环境下进行安装。

知识拓展 12-7 迁移学习与联邦学习

当前深度学习模型迅速发展，未来可进一步结合迁移学习(transfer learning)和联邦学习(federated learning)，构建更加高效、通用的深度学习模型。

(1) 迁移学习：从已学习相关任务中转移知识来改进新任务，通过找到不同的数据和模型间的关系，迁移标注数据或知识结构，达到改进目标任务的学习效果。

(2) 联邦学习：是一种分布式机器学习框架，在保护多方的数据隐私和安全的基础上，不统一收集数据集，由多方各自训练模型，提供模型参数协同进行机器学习模型训练。

(3) 联邦迁移学习：通过联邦学习对数据进行隐私保护，是联邦学习概念的推广，比联邦学习更具普适性。

12.7.4 深度学习流程

深度学习流程在总体上与机器学习相似，均包含数据导入、数据预处理、模型训练、模型应用等部分(图 12-11)。深度学习中模型构建囊括神经网络搭建和优化过程。训练前，需设置 GPU 及个数，若无 GPU，可选择使用 CPU。

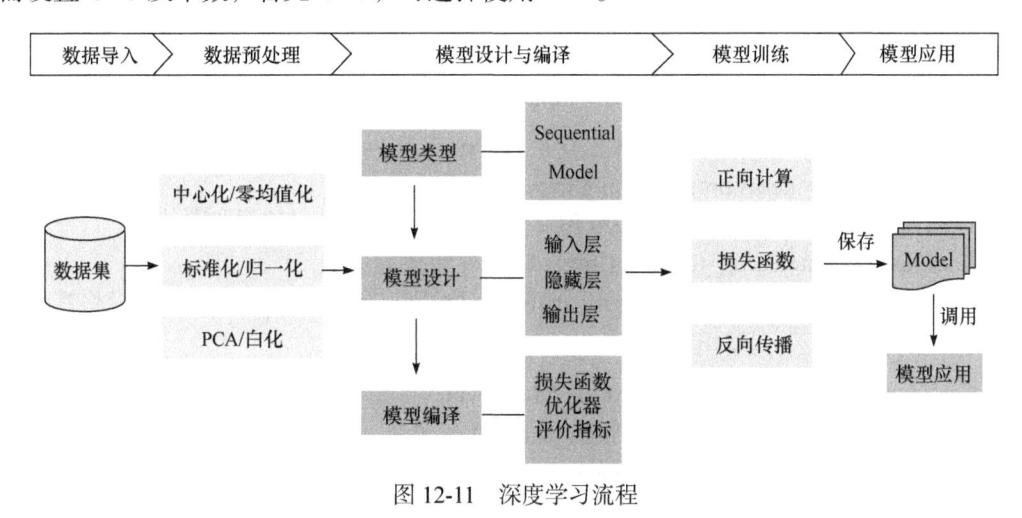

图 12-11 深度学习流程

(1) 数据导入：与机器学习类似，数据集可由实验采集或搜索网络公开数据等途径获取。

(2) 数据预处理：数据预处理在深度学习算法中起重要作用，常用数据预处理方法包括数据中心化/零均值化、标准化/归一化、PCA/白化等。对于图像数据或 CNN 模型，一般采用数据归一化方法。one-hot 独热编码将类别标签转化为独热编码，适用于多分类情况。

(3) 模型设计：确定网络类型，设计网络结构，包括网络层类型与出现次序。神经网络的基本结构包括输入层、隐藏层和输出层，其中隐藏层具有卷积层、池化层、全连接层等多种形式。每层网络需定义神经元个数和激活函数，用于前向计算。通过组合不同的隐藏层来确定相应的网络结构。

(4) 模型编译：配置模型训练，包括损失函数、优化器、评价指标等。损失函数用于衡量预测值与真实值间误差，可传入已有函数或自定义。优化器是寻找模型最优参数使损失函数最小化的算法，常用的优化算法有随机梯度下降(stochastic gradient descent, SGD)和自适应学习率算法(adaptive moment estimation, Adam)。评价指标传入已有指标或用户自定义函数。

(5) 模型训练：在训练集上拟合模型，需设置训练迭代次数和单次迭代采用的样本数量。模型每轮训练包括正向计算、损失函数和反向传播三个步骤：数据输入神经网络后正向计算得预测值，损失函数计算模型预测值与实际值间误差，将该误差从输出层向前反向传播，调整参数值。通过不断迭代，使误差趋于收敛，模型训练完毕。

(6) 模型应用：保存训练好的模型及参数，应用时再次调用模型。

12.7.5　基于 Keras 的深度学习模板

使用 Tensorflow、Keras 搭建基本神经网络基本过程如下。

(1) 导入库：

import tensorflow as tf

通过 tf.random.set_seed()设置固定随机数，保持结果一致性。

(2) 导入数据：可导入本地数据，也可直接读取网上数据或调用 Keras 自带数据库。指定训练集的输入(X_train)和标签(y_train)，以及测试集的输入(X_test)和标签(y_test)。

from tensorflow.keras.datasets import mnist
(X_train, y_train), (X_test, y_test) = mnist.load_data() #调用自带数据库

针对图像数据，采用 load_image0 函数读取，并通过 img_to_array()转换为数组。

from tensorflow.keras.preprocessing import image
img = image.load_img(r"D:\环境数据分析\第十二章\xxx.jpg")#读取图片
img_keras = image.img_to_array(img) #将图片转换为数组

(3) 数据预处理：采用 to_categorical()函数对类别标签进行独热编码处理，将其转换为二进制的矩阵表示，具体命令：

from tensorflow.keras.utils import to_categorical
y_train = to_categorical(y_train, num_classes)
y_test = to_categorical(y_test, num_classes)

其中 num_classes 是总类别数，根据输入数据确定。

针对图像数据，ImageDataGenerator()函数可进行图像归一化、白化、数据增强等操作。

```
from tensorflow.keras.preprocessing.image import ImageDataGenerator
datagen = ImageDataGenerator(featurewise_center, rescale, rotation_range, width_shift_range, height_shift_range, horizontal_flip, vertical_flip, zca_whitening) #图片预处理
datagen.fit(X_train) #获取统计参数
```

其中 featurewise_center 表示每个样本去中心化，默认为 False；rescale 表示数据缩放，默认为 None；rotation_range 表示旋转度数范围；width_shift_range 和 height_shift_range 分别表示水平和垂直方向平移范围；horizontal_flip 和 vertical_flip 分别表示水平和垂直翻转，默认为 False。zca_whitening 表示对数据 zca 白化，默认为 False。

(4) 网络设计：

首先采用 Keras 顺序模型构建模型对象。

```
from tensorflow.keras import models
model = models.Sequential()
```

采用 add()函数向模型中添加网络层 layers，搭建神经网络架构。

```
from tensorflow.keras import layers
model.add(layers.Conv2D(units, kernel_size, activation, input_shape)) #添加卷积层

model.add(layers.Conv2D(units, kernel_size, activation))
model.add(layers.MaxPool2D(pool_size, strides)) #添加池化层

model.add(layers.Conv2D(units, kernel_size, activation))
model.add(layers.MaxPool2D(pool_size, strides))
model.add(layers.Flatten()) #添加展平层
model.add(layers.Dense(units,activation)) #添加全连接层
model.add(layers.Dropout(rate)) #添加 Dropout 层
model.add(layers.Dense(units,activation))
```

其中 Conv2D 表示卷积层；MaxPool2D 表示最大池化层；Flatten 表示展平层；Dense 表示全连接层；units 为神经元节点个数；activation 表示激活函数，默认为 None；kernel_size 表示卷积核尺寸；pool_size 表示池化窗口大小；strides 表示池化步长，默认等于 pool_size；rate 表示舍弃神经元的比例，格式为 0～1 浮点数。第一层需指明输入数据大小 input_shape，最后一层 units 即为分类类别个数。

(5) 模型编译：采用 compile()函数进行模型编译，配置模型训练时所需的优化器、损失函数和评估标准。

```
model.compile(optimizer, loss, metrics)
```

其中 optimizer 表示优化器；loss 表示损失函数。对于回归，损失函数使用均方误差 (MSE)，二分类使用对数损失(binary crossentropy)，多分类使用多类对数损失(categorical crossentropy)。metrics 表示除损失值之外的评估指标，分类问题最常使用准确率。

(6) 模型训练：以 X_train 为训练数据，y_train 为标签，拟合模型。

```
model.fit (X_train, y_train,batch_size,epochs, validation_data = (X_test, y_test))
```

其中 batch_size 表示单次训练选取的样本数量；epochs 为迭代次数；validation_data 表示模型验证集，以元组形式输入。

(7) 模型评估：采用 evaluate()函数评估模型性能，返回模型损失值和具体评估标准。

loss, metrics = model.evaluate(X_test,y_test,verbose)

(8) 模型预测：采用 predict_classes()函数预测类别。

label_pred = model.predict_classes(X_test,verbose)

(9) 模型保存：采用 save()函数保存整个模型，默认格式为 TensorFlow SavedModel 格式。使用时采用 load_model()函数，重新加载模型。

model.save('path/to/location') #保存模型

models.load_model('path/to/location') #加载模型

12.7.6 深度学习案例分析

例 12-3 以鸢尾花数据集为例，构建两层隐藏层人工神经网络来预测鸢尾花卉类别。

Python 分析

运行 "D:\环境数据分析\第十二章\例 12-3 鸢尾花.ipynb"，主要代码及结果如下：

需提前安装 tensorflow，在代码行执行：

pip install tensorflow

安装结束后，在下一代码行执行如下程序：

```
import numpy as np
import tensorflow as tf
import random
random_seed = 42
random.seed(random_seed ) #设置 python 随机种子
np.random.seed(random_seed ) #设置 numpy 随机种子
tf.random.set_seed(random_seed ) #设置 tensorflow 随机种子
from sklearn.datasets import load_iris
dataset = load_iris()
X= dataset.data #取 dataset 的 data 数据为特征矩阵
y = dataset.target #取 dataset 的 target 数据为目标向量
from sklearn.model_selection import train_test_split
X_train, X_test, y_train, y_test = train_test_split(X, y, test_size=0.25, random_state=0)
from sklearn.preprocessing import StandardScaler
ss = StandardScaler().fit(X_train) #数据标准化
X_scale_train = ss.transform(X_train)
X_scale_test=ss.transform(X_test)
from tensorflow.keras.utils import to_categorical
y_train = to_categorical(y_train, num_classes=3) #one hot 编码
y_test = to_categorical(y_test, num_classes=3)
from tensorflow.keras.models import Sequential
from tensorflow.keras.layers import Dense
```

第12章 环境数据机器学习

model = Sequential() #构建顺序式模型
model.add(Dense(128, activation='relu', input_dim=4)) #输入层，输入节点128个，激活函数为relu，输入数据维度4
model.add(Dense(64, activation='relu')) #隐藏层1，隐藏层节点64，激活函数为relu
model.add(Dense(64, activation='relu')) #隐藏层2，隐藏层节点64个，激活函数为relu
model.add(Dense(3, activation='softmax')) #输出层，输出节点3个，激活函数为softmax
model.compile(loss='categorical_crossentropy',optimizer='adam',metrics=["accuracy"]) #模型编译，损失函数为categorical_crossentropy，优化器为Adam，评估指标为准确度
model.fit(X_scale_train,y_train, epochs=30, batch_size=15, validation_data =(X_scale_test,y_test)) #模型训练，迭代次数30，单次迭代样本15个
score = model.evaluate(X_scale_test, y_test) #模型评估，输出模型损失值和准确度
print('预测损失:{:.3f}'.format(score[0]))
print('预测准确度:{:.3f}'.format(score[1]))
输出结果：损失值: 0.070，准确度: 0.974。

GPT-4 分析

在 ChatGPT 官网（https://chat.openai.com/）选择 ChatGPT 图标，在下拉菜单点击"GPT-4"，然后输入"请以鸢尾花数据集为例，构建两层隐藏层人工神经网络来预测鸢尾花卉类别。"指令，并提交任务。部分交互界面如下：

(1) 数据加载及预处理界面。

> 请以鸢尾花数据集为例，构建两层隐藏层人工神经网络来预测鸢尾花卉类别。

> 好的，我将采取以下步骤来完成这个任务：
> 1. 加载鸢尾花数据集。
> 2. 数据预处理：将数据分为训练集和测试集，然后标准化。
> 3. 构建两层隐藏层的神经网络模型。
> 4. 训练模型。
> 5. 评估模型。
>
> 首先，我将加载鸢尾花数据集并进行初步的数据分析。
>
> Finished working Show work ∨
>
> 这是鸢尾花数据集的前几行。数据集包含4个特征：萼片长度、萼片宽度、花瓣长度和花瓣宽度，以及一个目标变量`species`，它表示鸢尾花的类别（有3个类别：0、1和2）。
>
> 接下来，我将进行数据预处理，包括：
> 1. 将数据分为训练集和测试集。
> 2. 标准化数据。
>
> 开始处理数据。
>
> Finished working Show work ∨

(2) 深度学习建模及结果输出界面。

现在，我将使用Scikit-learn的MLPClassifier来构建和训练模型。

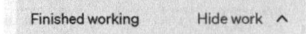

```
from sklearn.neural_network import MLPClassifier
# 使用 scikit-learn 的 MLPClassifier 创建神经网络模型
mlp = MLPClassifier(hidden_layer_sizes=(8, 8), max_iter=1000, random_state=42,
activation='relu', solver='adam')
# 训练模型
mlp.fit(X_train, y_train.ravel())
# 评估模型在训练集和测试集上的准确性
train_accuracy = mlp.score(X_train, y_train)
test_accuracy = mlp.score(X_test, y_test)
train_accuracy, test_accuracy
```

模型在训练集上的准确度为约97.14%，而在测试集上的准确度为100%。

这说明模型在训练集上表现得很好，并且在我们的测试集上完美地预测了所有的样本。但是，请注意，鉴于测试集的大小和数据的随机性，完美的测试精度可能是偶然的。在实践中，使用更大的数据集进行测试或使用交叉验证会更为稳健。

(3) 结果可视化界面。

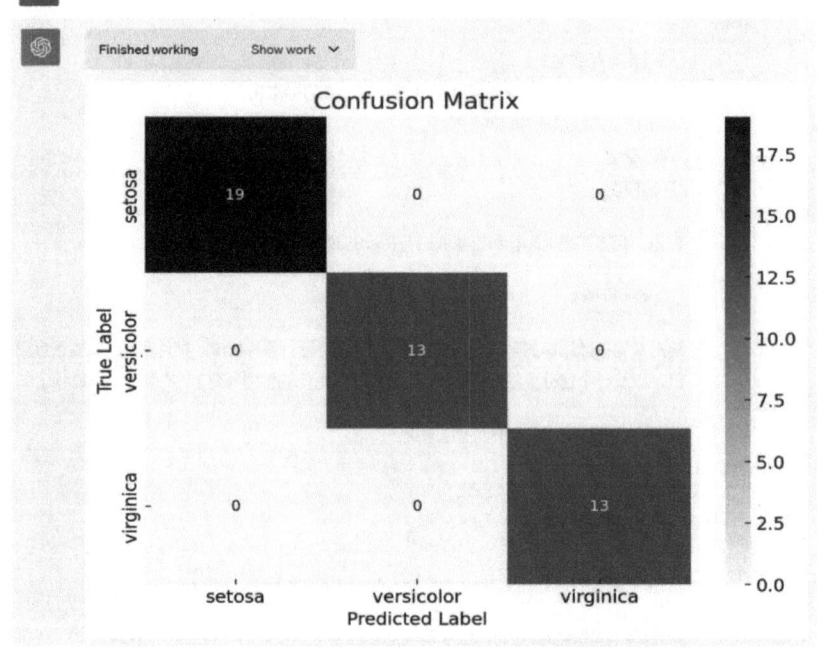

知识拓展 12-8　信用卡欺诈预测

该项目基于 Kaggle 网站信用卡交易数据，构建预测模型，判断交易是否存在欺诈。代码详细展现数据探索性分析、数据预处理、下采样、上采样等主要步骤。针对数据不平衡问题，采用随机下采样和 SMOTE 过采样方法处理。利用机器学习及深度学习神经网络模型构建分类模型。代码介绍请参考 D:\环境数据分析\第十二章\信用卡欺诈预测\非平衡数据处理.ipynb 文件 (https://www.kaggle.com/code/janiobachmann/credit-fraud-dealing-with-imbalanced-datasets/notebook)。

习　题

1. 以 UCI 的 QSAR 生物降解数据集为例(D:\环境数据分析\第十二章\例 12-2 生物降解.csv)，使用交叉验证对分类模型进行网格调参，目标模型为 KNN，对应的超参数范围近邻数 n_neighbors 为 1～11 整数，试为模型选择最优的参数。
2. 以 sklearn 的乳腺癌数据集为例，该数据集共包含 569 组数据，其中单个数据有 33 个特征属性，试以随机森林作为估计器，采用递归特征消除方法(RFE)对该数据集进行特征选择。
3. Kaggle 蘑菇分类数据集(D:\环境数据分析\第十二章\习 12-3 蘑菇分类.csv)包含 8124 个样本，分为可食用(4208 个)和有毒(3916 个)两类，每个样本包含 22 个特征属性。试分别采用 PCA 和 t-SNE 对数据集进行降维，比较两种方法性能差异。
4. Keras 的 minst 手写数据集共包含 7 万张 28 像素 × 28 像素大小的手写图片，输出 10 个类别手写数字(0～9)，试构建两层隐藏层人工神经网络，评估模型在训练集和测试集上的表现。
5. Kaggle 垃圾分类图像数据集(D:\环境数据分析\第十二章\习 12-5 垃圾分类)包含 2527 张图像，分为 6 类：cardboard(403)、glass(501)、metal(410)、paper(594)、plastic(482)和 trash(137)，通过搭建卷积神经网络模型实现对垃圾所属归类。
6. 以 Kaggle 蘑菇分类数据集为例(D:\环境数据分析\第十二章\习 12-3 蘑菇分类.csv)，试构建单层隐藏层人工神经网络，建立蘑菇可食用性的预测模型。
7. Kaggle 银行客户流失预测数据集(D:\环境数据分析\第十二章\习 12-7 银行客户.csv)包含 10000 个客户样本，其中有 2037 个流失客户，每个样本包含年龄、工资、信用卡限额、信用卡类别等信息。试构建多层人工神经网络，使用分类报告评估模型性能。
8. Kaggle 泰坦尼克号幸存者数据集(D:\环境数据分析\第十二章\习 12-8 泰坦尼克)中每个样本包含乘客年龄、性别、座舱等信息。试按机器学习流程进行操作，包括数据预处理、特征选择、模型训练、超参数调优，并对测试数据进行生存率预测。
9. Torchvision 的 CIFAR-10 数据集共包含 6 万张 32 × 32 的彩色图片，输出 10 个类别。试采用 t-SNE 对数据集进行降维并可视化。

参 考 文 献

耿远昊. 2022. pandas 数据处理与分析. 北京：人民邮电出版社.
郭秀花. 2023. 医学统计学与 SPSS 软件实现方法. 3 版. 北京：科学出版社.
何福贵. 2020. Python 深度学习：逻辑、算法与编程实战. 北京：机械工业出版社.
何宏. 2022. 高维数据的聚类分析. 上海：上海交通大学出版社.
黄柏琴, 张继昌, 张有方. 2022. 工程数学：线性代数、概率论、数理统计. 4 版. 杭州：浙江大学出版社.
李航. 2012. 统计学习方法. 北京：清华大学出版社.
李金昌. 2018. 统计学三要素：问题、数据和方法. 中国统计, (3): 40-42.
李志辉, 刘日辉, 刘汉江. 2020. PASS 检验功效和样本含量估计. 北京：电子工业出版社.
李志辉, 罗平. 2015. SPSS 常用统计分析教程（SPSS 22.0 中英文版）. 4 版. 北京：电子工业出版社.
刘文卿. 2005. 实验设计. 北京：清华大学出版社.
刘瑜. 2020. Python 编程从数据分析到机器学习实践. 北京：中国水利水电出版社.
乔尔·格鲁斯. 2021. 数据科学入门. 2 版. 岳冰, 高蓉, 韩波, 译. 北京：人民邮电出版社.
盛骤, 谢式千, 潘承毅. 2020. 概率论与数理统计. 5 版. 北京：高等教育出版社.
唐亘. 2018. 精通数据科学：从线性回归到深度学习. 北京：人民邮电出版社.
魏永越, 陈峰. 2019. 科学研究不唯 P. 中华预防医学杂志, 53(5): 441-444.
吴恩达. 《2022 新版机器学习》视频. https://www.bilibili.com/video/BV1CW4y167YW. 2022-6-23.
吴恩达. 《深度学习》视频. https://www.bilibili.com/video/BV1ev4y1U7j2/. 2022-11-6.
杨维忠, 陈胜可. 2022. SPSS 统计分析从入门到精通. 5 版. 北京：清华大学出版社.
余明友, 张帆. 2019. 大数据时代样本与总体关系探析. 中国统计, (9): 68-70.
岳晓宁, 赵宏伟. 2019. 统计分析与数据挖掘技术. 北京：清华大学出版社.
张利田, 卜庆杰, 杨桂华, 等. 2007. 环境科学领域学术论文中常用数理统计方法的正确使用问题. 环境科学学报, 27(1): 171-173.
周元哲. 2022. 机器学习入门：基于 Sklearn. 北京：清华大学出版社.
Bobb J F, Valeri L, Henn B C, et al. 2014. Bayesian kernel machine regression for estimating the health effects of multi-pollutant mixtures. Biostatistics, 16(3): 493-508.
Geirhos R, Jacobsen J H, Michaelis C, et al. 2020. Shortcut learning in deep neural networks. Nature Machine Intelligence, 2(11): 665-673.
Ghahramani Z. 2015. Probabilistic machine learning and artificial intelligence. Nature, 521(7553): 452-459.
LeCun Y, Bengio Y, Hinton G. 2015. Deep learning. Nature, 521(7553): 436-444.